Les mathématiques
Plaisir & Nécessité

Albert Ducrocq & André Warusfel

Un parcours guidé dans l'univers des mathématiques

Vuibert

Chez le même éditeur

René DESCOMBES, *Les carrés magiques. Histoire, théorie et technique du carré magique, de l'Antiquité aux recherches actuelles*, 496 pages

Gilles PAGÈS & Claude BOUZITAT (avec le concours de Fabrice CARRANCE et Frédérique PETIT), *En passant par hasard. Les probabilités de tous les jours*, dessins d'Yves Guézou, 288 pages

Henri BACRY, *La symétrie dans tous ses états*, 448 pages

Jean-Pierre BOUDINE, *La géométrie de la chambre à air*, dessins d'Yves Guézou, 192 pages
– *Homo mathematicus. Les mathématiques et nous*, 208 pages

Collectif sous la direction de H.-D. EBBINGHAUS,
Les nombres, leur histoire, leur place et leur rôle, de l'Antiquité aux recherches actuelles,
464 pages, traduit et adapté de l'allemand par François Guénard

Henri BERNA, *Cryptarismes, graphes et autres énigmes mathématiques*, 144 pages
– *Palindromes, monotypes et autres bizarreries numériques*, 144 pages
– *Jeux numériques et magiques dans la troisième dimension*, 176 pages

André SAINTE-LAGÜE, *Avec des nombres et des lignes. Récréations mathématiques*, 384 pages.
Réimpression de l'édition de 1937 augmentée d'une étude inédite d'André Deledicq et de Claude Berge

Émile FOURREY, *Curiosités géométriques*, 448 pages.
Réimpression de l'édition de 1907 augmentée d'une étude inédite d'Évelyne Barbin
– *Récréations arithmétiques*, 288 pages.
Réimpression de l'édition de 1899 augmentée d'une étude inédite de Jean-Louis Nicolas

Jean-Pierre MAURY, *Une histoire de la physique sans les équations*,
illustré par Marianne Maury-Kaufmann, 240 pages

Jean-Marc LÉVY-LEBLOND, *La physique en questions. Mécanique*,
dessins d'Yves Guézou, 144 pages

André BUTOLI & Jean-Marc LÉVY-LEBLOND, *La physique en questions. Électricité et magnétisme*,
dessins d'Yves Guézou, 144 pages

Istvan BERKES, *La physique de tous les jours*, dessins d'Yves Guézou, 376 pages

Typographie et mise en page : Arnaud Martin
Relecture et correction : Éliane Mounier
Édition : Marc Jammet
Illustration de couverture : Puvis de Chavannes, *Le bois sacré* (cliché © Giraudon)
Photographie de page iii : les auteurs, cliché Alain Luguet

ISBN 2-7117-5266 6

Première édition : décembre 2000; deuxième tirage : avril 2001

Site internet : http://www.vuibert.fr

Sommaire

Table des matières

L'admiration, a-t-on dit, est le principe du savoir [...] ; je m'autoriserai de cette pensée pour exprimer le désir qu'on fasse la part plus large, pour les étudiants, aux choses simples et belles.

Charles HERMITE

O mathématiques sévères, je ne vous ai pas oubliées depuis que vos savantes leçons, plus douces que le miel, filtrèrent dans mon cœur comme une onde rafraîchissante.

LAUTRÉAMONT, *Les chants de Maldoror* (Chant deuxième)

« Dans la clairière d'un bois sacré, au centre, est assise une figure symbolique de la SORBONNE. À ses côtés, deux génies porteurs de palmes et de couronnes, hommage aux vivants et aux morts glorieux. Debout, l'ÉLOQUENCE célébrant les conquêtes de l'esprit humain. Autour d'elle les figures diverses de la POÉSIE. Du rocher s'écoule la source vivifiante : la jeunesse s'y abreuve avidement. La vieillesse aux mains tremblantes y fait remplir sa coupe. À gauche la PHILOSOPHIE représentée par la lutte du spiritualisme et du matérialisme. L'HISTOIRE interrogeant les antiques débris exhumés sous ses yeux.
À droite, la SCIENCE : la MER et la TERRE lui offrent leurs richesses, la BOTANIQUE appuyée sur un fossile, les deux génies de la PHYSIOLOGIE tenant l'un un flacon l'autre un scalpel, la PHYSIQUE entrouvrant ses voiles devant un essaim de jeunes gens lui présentant comme prémices de leurs travaux la flamme de l'électricité, la GÉOMÉTRIE figurée par un groupe absorbé dans la recherche d'un problème. »

(Intégralité du texte figurant sous la peinture murale [1887-1889]
de Puvis de Chavannes dans le grand amphithéâtre de la Sorbonne.)

Prologue

La couverture de ce volume est un symbole. D'après Puvis de Chavannes, auteur de cette représentation des activités de l'esprit qui décore le grand amphithéâtre de la Sorbonne, les mathématiciens sont placés à l'écart (orgueil revendiqué ou malice volontaire du peintre ?), semblant parfaitement heureux du privilège de leur colloque privé. Ainsi, l'un des lieux les plus prestigieux de l'Université française paraît suggérer que les mathématiciens ne sauraient être plus à l'aise que dans une extrême solitude.

Nous voudrions expliquer ici qu'une telle vue témoigne d'une totale méconnaissance de ce que font, ont toujours fait et feront certainement les mathématiciens tant qu'il y aura des cellules grises.

On ne choisit pas son époque. Il y a vingt ans encore, nous aurions mis l'accent sur le **Plaisir.** « Aussi fascinant qu'un premier amour. Je n'avais pas imaginé qu'il y avait au monde quelque chose d'aussi délicieux [...] ce fut la première fois qu'il me vint à l'esprit que je pouvais avoir quelque intelligence » se rappelait Bertrand Russell dans son autobiographie en 1914, en parlant de sa découverte d'Euclide à l'âge de onze ans. C'est bien en effet un immense plaisir que de parcourir et de faire parcourir certaines des plus belles œuvres de notre esprit, même si les limites du médiateur le contraignent à n'effleurer que la surface.

Mais aujourd'hui, au seuil du XXIe siècle, il nous faut en outre prouver que ces constructions fascinantes sont fécondes, et établir la **Nécessité** des mathématiques, nécessité pour comprendre un monde tout entier soumis aux sciences et aux techniques, mais qui paradoxalement n'a jamais été si peu curieux de connaître le pourquoi des choses.

Deux objectifs ambitieux

Nous entendons d'abord souligner le caractère exaltant des mathématiques, science passionnante de toujours, exigeante, ayant compté pour chacun des auteurs de façon décisive dans sa formation initiale mais aussi continue, comme Roland Barthes jubilait sur le plaisir du texte. Par leur aspect mystérieux — l'adjectif est de Fermat — les nombres furent à toutes les époques des sources d'un grand enthousiasme. Or c'est une autre dimension que prend cette fascination alors que l'esprit accède aujourd'hui à maints mondes mentaux : la culture mathématique donne accès à tous. Dans le métro parisien, une affiche nous rappelle que, si nous écoutons en hifi Brel, Mozart ou Duke Ellington, c'est grâce aux mathématiques. En ce sens, 95% de notre texte devrait apparaître lisible par quiconque veut découvrir cette évolution même s'il n'est pas géomètre. Les 5% restants — dont des mathématiciens auraient été fondés à déplorer l'absence — lui donneront l'occasion de visiter la plus extraordinaire des entreprises, par laquelle, au-dessus de notre univers physique, un prodigieux univers immatériel est aménagé.

Un tel discours n'était pas toujours tenu hier. Mais là est notre second objectif : rassurer ceux que put troubler un haro inconsidérément jeté sur les mathématiciens.

En fait, il relève du passé : globalisation implique mathématisation, le mouvement étant bel et bien amorcé. Les signes se multiplient, annonciateurs d'un grand renouveau. Ainsi, lors du centenaire de la Société de physique des États-Unis au printemps de 1999 à Atlanta, la science mathématique était, selon l'avis unanime des grands scientifiques et conseillers des présidents, de Eisenhower à Clinton, la seule discipline qui devait être substantiellement renforcée. Selon eux, toutes les disciplines risquent de se trouver ralenties, voire bloquées, faute d'outils mathématiques ! Dans notre pays même, des physiciens, des enseignants et chercheurs en sciences de la vie et de la Terre s'inquiétent maintenant des graves dysfonctionnements qui ne manqueront pas de surgir d'une *« vision caricaturale de cette science »*. Nous tirons cette citation d'un texte réunissant soixante-quinze académiciens des sciences et membres correspondants de toutes disciplines, sous le titre « Les mathématiques méritent considération », dont nous ne résistons pas au plaisir de donner *in extenso* l'extrait suivant :

« Les concepts mathématiques, par leur généralité, leur simplicité et leur puissance, constituent un apport précieux pour toutes les sciences, et en forment parfois une base essentielle. Sciences, industries et services font appel aux mathématiques à des degrés divers. D'ailleurs, les mathématiques émergent de toutes les sciences et les alimentent de façon parfois imprévue. Ce mouvement, constant au cours de l'histoire, s'accélère aujourd'hui. Développant à la fois imagination et rigueur, l'enseignement mathématique a un rôle

important à jouer dans la culture de notre temps. De nombreux pays sont conduits à encourager le développement des mathématiques. »

Et encore le professeur Jacques Treiner, responsable de la rédaction de programmes scolaires de physique pour la rentrée 2000, sur France-Culture le 29 février de cette même année :

« *Le rôle des mathématiques ne se réduit pas, pour [les physiciens], à la simple représentation formelle d'un phénomène déjà identifié. Ne voir dans les mathématiques qu'un outil masque l'essentiel, qui est l'intrication des deux disciplines. Le miracle, c'est le suivant : on écrit une équation pour un cas particulier, mais les solutions sont plus générales, et peuvent conduire à d'authentiques découvertes. Il y a plus, dans les équations, que ce qu'on a mis pour les écrire. Il y a des cadeaux à récolter. Il en fut ainsi pour la condensation de Bose-Einstein, pour la découverte de ce qu'on appelle, de façon trompeuse, l'anti-matière, pour celle de la déviation de la lumière par la matière, plus récemment pour celle du chaos dans les systèmes dynamiques. Les exemples sont légion.* »

L'année mondiale des mathématiques

L'année 2000 a été déclarée par l'Unesco « **année mondiale des mathématiques.** » L'idée d'une telle distinction remonte à 1990, lors de l'assemblée générale de l'Union mathématique internationale à Kobe. Elle a été décidée, sur la suggestion de la puissante American Mathematical Society, aussitôt approuvée par Jacques-Louis Lions, alors président de l'UMI.

L'opération World Mathematics Year avait trois buts :

- Passer en revue les grands défis de la discipline à l'aube du XXIe siècle, en s'appliquant à prendre en considération plus d'orientations que de problèmes. Contrairement à l'année 1900, qui avait vu David Hilbert poser ses mémorables vingt-trois problèmes le 8 août lors du IIe congrès international des mathématiciens, l'esprit collégial ne mettra pas particulièrement en avant des noms de pays ou de mathématiciens.
- Favoriser partout l'enseignement des mathématiques et l'accès à leur information.
- Donner enfin une image positive des mathématiques dans les médias du monde entier.

Les acteurs de cette célébration se doivent donc d'informer, par exemple par des livres, mais aussi de privilégier le contact humain par d'innombrables manifestations, conférences, expositions...

Une formule heureuse de Jean-Pierre Kahane, président d'une commission ministérielle de réflexion sur l'enseignement des mathématiques, résume bien cette tâche : « **faire sortir les mathématiques de leur invisibilité, c'est refuser d'entériner leur image comme arme secrète des riches et des puissants.** »

Nous ignorons quels seront les métiers des cinquante prochaines années, mais nous sommes sûrs que les mathématiques seront là — comme les téléphones portables qui en sont bourrés — et que l'essentiel des pages qui suivent sera encore actuel. Nous pensons que l'on aura alors totalement oublié le point de vue issu d'une certaine école américaine selon laquelle il suffirait de très peu de grands mathématiciens inventeurs, chercheurs, concepteurs face à une foule de gens d'applications, auxquels la théorie importerait peu. Des élèves professeurs se sont récemment entendu dire par leur responsable hiérarchique que *« quatre-vingts pour cent des mathématiciens vivants sont statisticiens »*. Pensait-il aux enquêteurs des sociétés de sondage ? S'il est exact, d'après Dieudonné, que les vrais créateurs seront toujours en très petit nombre, il faut qu'ils soient entourés par des équipes de véritables mathématiciens, riches en hommes aux compétences variées, du chercheur capable de synthétiser et de mettre en place les idées des génies au-dessus de lui au plus modeste enseignant transmettant la flamme. Chacun a sa place et sa part d'honneur dans le travail commun.

Nous pensons donc avec Laurent Schwartz (peut-être trop optimiste pour le présent, mais qui aura certainement raison dans peu de temps) que *« tous les grands pays industrialisés aussi bien que les pays en voie de développement accroissent à un rythme accéléré la formation des jeunes en mathématiques, que les mathématiques sont de plus en plus utilisées dans les autres sciences [...] qu'elle ont fait des progrès gigantesques dans les dernières décennies. »*

Continuons avec Jean-Pierre Bourguignon, ancien président de la Société mathématique de France, qui a lui aussi tenté de *« faire rêver et émerveiller »* pour combler *« un décalage entre la "perception ordinaire des mathématiques" et leur "nouvelle relation à la société" »*, marquée entre autres raisons par leur *« pénétration dans la vie quotidienne. »*

Bourguignon, après avoir traité des mathématiques, jusque dans leur relation avec les moyens modernes de calcul, insiste sur leur importance pour nos sociétés modernes, les systèmes biologiques, les télécommunications, le traitement des données, les sondages, l'automatique et les systèmes asservis, l'optimisation des formes, les produits financiers, et enfin les statistiques. Il est d'ailleurs intéressant de coupler cette étude à la publication brute, dans *Homo mathematicus* de Jean-Pierre Boudine (même éditeur), d'un catalogue de quatre pages de titres de colloques et de résumés de thèses récents prouvant l'omniprésence de notre science dans toutes les autres ; et réciproquement, bien sûr !

Pas plus qu'il n'y a lieu d'opposer sciences humaines et sciences mathématiques, on ne saurait au sein de celles-ci décréter un antagonisme entre recherche et application. Les mathématiques ont assurément une place croissante dans la société. Des algorithmes régulent la circulation des voitures dans les villes ; quand nous nous déplaçons en avion, si son moteur se comporte idéalement, c'est parce que les mathématiques ont permis de calculer les changements de la pression instantanée sur les aubes du compresseur. Et si des prévisions météo sont élaborées, c'est grâce à une théorie des systèmes dynamiques.

Mais si les outils mathématiques actuels sont efficaces, il faut savoir que d'autres pourront être meilleurs encore, de sorte que la recherche mathématique apparaît comme le plus judicieux des investissements. Un pays qui renoncerait à se doter de nouveaux outils serait handicapé pour longtemps compte tenu du délai important nécessaire à la formation de mathématiciens, battu d'avance par qui aurait pris en temps voulu les mesures nécessaires. Les enjeux européens d'une telle situation sont remarquablement soulignés par Hubert Curien — ancien et futur ministre de la Recherche — le 10 décembre 1987 dans le cadre du colloque « Mathématiques à venir » organisé conjointement par la Société mathématique de France et la Société de mathématiques appliquées et industrielles.

Les problèmes du Clay Mathematics Institute

L'année mondiale des mathématiques s'est ouverte sur un magnifique succès, hélas difficile à médiatiser, même s'il se situe en droite ligne de la démonstration du théorème de Fermat en 1994 : la conjecture cinquantenaire de Taniyama-Shimura-Weil vient d'être démontrée dans sa forme complète à la suite d'un remarquable travail d'équipe (Richard Taylor, Fred Diamond, Brian Conrad...) dans lequel s'est illustré un jeune polytechnicien de la promotion 1989, Christophe Breuil, de l'université d'Orsay. On doit aussi citer les noms de nos compatriotes Laurent Lafforgue et Loïc Mérel, travaillant chacun dans des cadres un peu différents mais toujours liés à cette conjecture. Lafforgue est par exemple l'un de ceux qui ont fait notablement progresser la réalisation du « programme » du canadien Robert Langlands, et Mérel a résolu en 1995, avec Henri Darmon, l'équation $x^p + y^p = 2z^p$, qui n'a que des racines triviales $x = y = z$ comme l'avait conjecturé Dénes en 1952, et ne rentre pas dans la catégorie des équations relevant des méthodes d'Andrew Wiles. La recherche mathématique internationale se porte très bien. Mais cela ne fait guère la une des journaux.

Un peu de bonne publicité a pourtant été faite en faveur de notre discipline à l'occasion d'une très importante rencontre tenue au Collège de France, le 24 mai 2000. Parmi les différentes annonces, dont celle de la remise d'un important prix à Laurent Lafforgue, le *Clay Institute* fondé par le mécène Landon T. Clay a annoncé sept dotations de un million de dollars chacune, offertes aux éventuels vainqueurs de sept conjectures qui paraissent essentielles en cet anniversaire — avec deux mois et demi d'avance — de la célèbre conférence de Hilbert.

Devant un aréopage étincelant (Atiyah, Coates, Connes, Conway, Tate, Wiles...), ces sept problèmes ont été présentés en détail. Nous ne pouvons malheureusement les évoquer ici que très brièvement : au moins deux d'entre eux sont vraiment très techniques, même pour une simple allusion de quelques lignes.

Trois de ces problèmes sont présentés dans ce livre : les fameuses conjectures de Poincaré et Riemann (voir le chapitre sur les quarante problèmes), et $P \neq NP$: s'il suffit d'un temps polynômial pour vérifier qu'une certaine solution proposée pour un problème donné en est vraiment une, en va-t-il de même pour trouver une telle solution ? (voir le chapitre « Mathématiques et information (2) »).

Les conjectures de Hodge ne donneront pas ici matière à développement : pour les comprendre, il faut au minimum savoir ce qu'est une variété, une forme différentielle... Mais le lecteur suffisamment armé en cohomologie en humera une certaine fragrance (comme de la conjecture BSD dont l'étude suit) en se reportant par exemple au remarquable article *Zeta functions* qui clôt le troisième et dernier tome de l'*Encyclopedic Dictionary of Mathematics* de la Société mathématique japonaise (pages 1694 à 1720 de la traduction anglaise de 1987, tout spécialement 1715-1716). Cette question obscure dans sa description, même pour les non-initiés, reste très difficile à attaquer avec les outils d'aujourd'hui.

La conjecture de Bryan Birch et de H.P.F. Swinnerton-Dyer est née en 1963-1965 à la suite de calculs intensifs sur ordinateurs concernant le rang du groupe de points rationnels sur une *courbe elliptique*. On pourra se reporter par exemple aux pages 385-387 de *A course in Computational Algebraic Number Theory* du Bordelais Henri Cohen où sont rappelés, par exemple, les travaux remarquables de Jean-François Mestre et de son étudiant Stéfane Fermigier pour construire des courbes elliptiques dont le rang est grand, confortant ainsi des analogies nées de travaux de 1967 de Igor Shafarevitch et John Tate. On en est aujourd'hui à 24. Le premier résultat vraiment significatif date de 1977, où John Coates et Andrew Wiles (le même !) ont prouvé une forme « faible » de la conjecture dite BSD. Peut-être cette dernière, que beaucoup croient avoir été initiée par trois personnes distinctes, est-elle l'une de celles qui pourraient être résolues relativement vite.

Les problèmes posés aux mathématiciens par une équation fondamentale en physique mathématique due à Yang et Mills sont tout aussi redoutables, et demanderont des idées profondément nouvelles tant en mathématiques qu'en physique proprement dite. L'introduction volontaire d'un tel sujet, qui ne rentre pas entièrement dans le champ de notre discipline, est intéressante parce qu'elle montre — c'est un postulat de la démarche des auteurs de ce livre — que les liens entre ces deux sciences sont très loin d'avoir été coupés. D'ailleurs, un siècle auparavant, Hilbert ne s'était-il pas consacré, après tant de succès en mathématiques, à la physique qu'il aurait aimé dominer avec autant de force ? Ce n'est pas le moindre point commun entre 1900 et 2000.

Le lien avec la physique est également très clair pour un autre problème concernant les solutions exceptionnelles des équations de Navier-Stokes, évoquées dans notre chapitre sur les sciences de la Terre. George Stokes (1819-1903) a travaillé à partir de 1842 en mécanique des fluides, retrouvant ces fameuses équations mises au point en 1821 par Claude Navier (1785-1836), puis huit ans plus tard par Denis Poisson (1781-1840).

Les équations de Navier-Stokes

Donnons pour les curieux le système de quatre équations aux dérivées partielles connu sous ce nom : il s'agit de déterminer les fonctions u^α de quatre variables (ξ^1, ξ^2, ξ^3, t) où t est le temps et les ξ^i des coordonnées, le paramètre α variant de 1 à 3. Pour décrire le mouvement d'un fluide visqueux, il existe deux constantes ρ et ν — cette dernière décrivant la viscosité — telles que l'on ait :

$$\sum_{\alpha=1}^{3} \frac{\partial u^\alpha}{\partial \xi^\alpha} = 0 \qquad \text{(condition d'incompressibilité)},$$

$$\frac{\partial u^\alpha}{\partial t} - \nu \, \Delta u^\alpha + \frac{1}{\rho} \frac{\partial p}{\partial \xi^\alpha} + \sum_{\beta=1}^{3} u_\beta \frac{\partial u^\alpha}{\partial \xi^\beta} = 0$$

où les u^α sont les composantes de la vitesse de l'écoulement, Δ est le laplacien et p la pression, fonction des ξ^β et du temps comme les u^α.

En 1934, dans un article fondamental des *Acta mathematica* développant une Note aux Comptes Rendus des l'Académie des sciences du 20 février 1933 — année de sa thèse —, le grand analyste et mécanicien des fluides Jean Leray (1906-1998) démontrait l'essentiel de ce que l'on sait sur le comportement des solutions de ces équations, notamment grâce à des *quasi-dérivées* en lesquelles on peut voir l'une des sources des distributions de Laurent Schwartz. La situation est extrêmement complexe : contrairement au cas des équations différentielles ordinaires, gouvernées par les conditions de Cauchy-Lipschitz, il existe des solutions « turbulentes », sur lesquelles nous ne pouvons nous appesantir, contraires au déterminisme laplacien : rien ne permet d'affirmer l'unicité d'une solution turbulente correspondant à un état initial donné. Plus de soixante ans plus tard, les questions de Leray restent ouvertes pour l'essentiel : on ne sait toujours pas prédire le comportement des solutions des équations de base de la mécanique des fluides.

Pour jeter un peu de lumière sur les liens profonds et compliqués mathématiques-physique, il est peut-être bon de citer justement Leray qui déclarait en 1971 à Rome : *« Comme tout être vivant, pour ne pas mourir la mathématique doit se recréer sans cesse. Ainsi, la mort de la recherche mathématique serait la mort de la pensée mathématique, c'est-à-dire du langage même de la science. Car expérimenter n'est pas seulement employer nos sens et nos mains, c'est aussi schématiser la petite partie de la réalité physique que nous observons, c'est mettre en relations le monde physique et le monde abstrait que nous révèlent les mathématiques. Notre civilisation n'est pas mécanique mais scientifique ; il est vital qu'elle transmette l'essentiel de sa science aux jeunes générations ; la science ne peut se stocker exclusivement dans les bibliothèques ; elle n'est pas lettre morte, elle est une pensée vivante ; il faut qu'elle vive dans nos esprits ; si elle y meurt, ni nos machines, ni nous-mêmes n'y survivrons. Nous avons donc tous besoin que la jeunesse développe toutes ses capacités intellectuelles en ayant bonne conscience et foi en son avenir. »*

Nous avions visé de faire paraître cet ouvrage durant le dernier trimestre d'une année 2000 dont nous avions toutes les raisons de penser qu'elle serait féconde. Et tel fut le cas, à la fois avec des travaux ou initiatives dont la rédaction des chapitres a tenu compte et par des manifestations ayant mis en valeur de jeunes mathématiciens. Ainsi le IIIe Congrès international de mathématiques, tenu à Barcelone du 10 au 14 juillet 2000, a-t-il vu dix prix récompenser des chercheurs de moins de trente-cinq ans, dont ces cinq français : Raphaël Cerf, Emmanuel Grenier, Vincent Lafforgue (frère cadet de Laurent), Paul Seidel et Wendelin Werner.

À chacun de dire, après nous avoir lu, si nous avons échoué, ou pu apporter notre pierre modeste à une action qui mérite largement de réussir : réconcilier le pays de Viète, Descartes, Fermat, Desargues, Pascal, Lagrange, Laplace, Cauchy, Fourier, Galois, Hermite, Poincaré, Borel, Baire, Lebesgue, Weil, Leray et... Bourbaki, avec ce qui a peut-être été la partie scientifique la plus fertile de toute son histoire intellectuelle.

Chapitre Premier
Le matin des mathématiciens

Ce n'est assurément pas le fait du hasard : l'essor des mathématiques révèle d'étranges similitudes avec l'aventure biologique sur notre planète. La chaîne des êtres vivants se noua quand la Terre commença à jouir d'une tranquillité relative, après une prime structuration passablement agitée dans un système solaire où des objets de toute taille se déplaçaient sur les orbites les plus diverses. Alors, des impacts d'astéroïdes souvent énormes bouleversaient notre monde au point que, si une frêle vie s'était esquissée, tout aurait été à reprendre.

Pareillement, une histoire des mathématiques débute au moment où elles peuvent être transmises par des témoignages au second ou au troisième degré, voire des bribes, pas forcément représentatives. À quelque époque du passé, des Descartes dont nous ignorerions le nom et l'œuvre pourraient avoir existé.

Si les mathématiques répondirent à un besoin de résoudre des problèmes que l'homme se posait, il s'imposerait en effet de les présumer aussi anciennes que la conscience elle-même. Mais leur perpétuation fut tributaire de moyens pour les sauvegarder, fort peu fiables à l'heure de communications rares et d'agressions multiples : la parole qui vole, répétée par des personnes qui l'entendent chacune à leur manière, l'écriture aux empreintes fragiles sur le papyrus, solides sur la pierre et dans l'argile mais de création fastidieuse. Elle consigne une information limitée, toujours destructible. Surtout, c'est une information à laquelle s'intéresse seulement qui est capable de l'extraire.

De ce fait, l'âge des « mathématiques connues » est précédé par une longue nuit. Lorsqu'elle se dissipe lentement au cours des millénaires précédant notre ère, à l'heure de frêles liaisons entre l'Égypte, la Mésopotamie et la vallée de l'Indus, nous les entrevoyons dans différents corps de métiers.

Des actuaires ou des comptables. Ramsès II (1301-1235) a décidé de distribuer les terres à qui les cultiverait, pour collecter des impôts : il convient de les fixer proportionnels aux aires octroyées. Ainsi les Égyptiens deviennent-ils d'habiles géomètres, capables de recalculer les surfaces lorsque les crues du Nil ont fait disparaître les bornes des propriétés.

Des esprits curieux. Très tôt, dans nombre de pays, on a été intrigué par le fait qu'un triangle dont les côtés valent 3, 4 et 5 possède forcément un angle droit. On a remarqué que, dans un triangle rectangle, le carré construit sur son grand côté est toujours la somme des carrés construits sur ses deux petits. On veut expliquer — parce qu'en le comprenant, on est convaincu de percer un mystère de l'univers — pourquoi il en est ainsi. Des centaines de démonstrations de ce théorème ont été données, sans que la liste soit close : apparemment, on en enregistre toujours de nouvelles. Les plus anciennes semblent relever du puzzle chinois ou du carré englobant des Indiens. La plus solennelle fait appel aux rotations et symétries d'un Léonard de Vinci (1452-1519). La plus surprenante, en même temps que l'une des plus courtes, est probablement celle que proposera un président des États-Unis en 1881 *(figures 1, 2, 3)*.

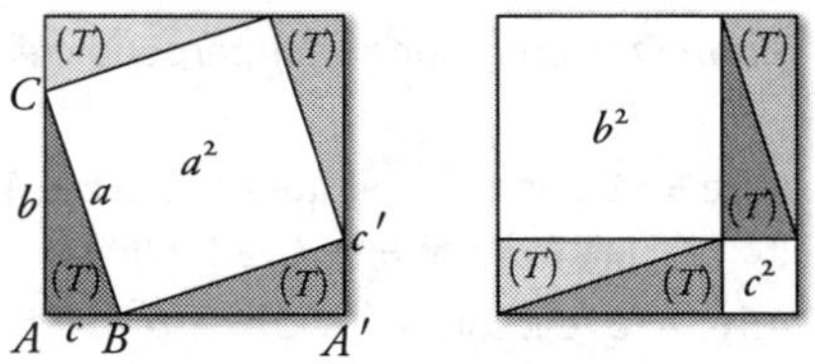

figure 1. Le puzzle asiatique

Aujourd'hui présent dans nombre de manuels scolaires (après en avoir été longtemps banni au nom d'une recherche de l'abstraction), ce puzzle a le mérite d'être singulièrement parlant.

On doit d'ailleurs noter que la dernière démonstration *(figure 3)*, due au (ou plutôt popularisée par le) président américain James Garfield (1831-1881), peut aussi se lire dans le carré de gauche du puzzle, sans le coefficient (1/2), puisqu'en décomposant ce carré en cinq aires plus élémentaires, on en déduit aussitôt $(b+c)^2 = a^2 + 4(bc/2)$, soit encore $b^2 + c^2 = a^2$; coupée en deux par une oblique bien placée, ce carré redonne exactement le trapèze de Garfield. On en obtiendrait encore une autre en plaçant cette fois-ci les quatre triangles à l'intérieur du carré de côté a, ce qui donne alors $(b-c)^2 = a^2 - 4(bc/2)$, et donc toujours $b^2 + c^2 = a^2$. Nous proposerons enfin une dernière démonstration du théorème de Pythagore, absolument extraordinaire, à la fin de ce livre.

Des observateurs qui bénéficient de conditions très diverses pour contempler un ciel grandiose. En Chine, on peut regarder le Soleil quand une tempête de sable le voile ; cela permet, très tôt semble-t-il, de découvrir les taches qui, parfois, apparaissent à sa surface et que l'on peut contempler sur l'image donnée par un simple

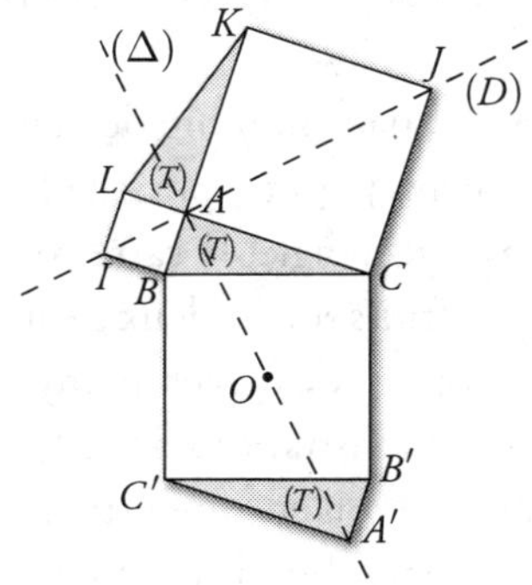

figure 2. La construction de Léonard de Vinci

Élégante autant que torturée, la solution imaginée par Léonard de Vinci considère :

- Une symétrie d'axe (D) montrant l'égalité des aires $IBCJ$ et $JKLI$.
- Une symétrie de centre O, sur la droite (Δ) perpendiculaire à (D) en A qui transforme ABC en $A'B'C'$.
- Une rotation de centre B et d'angle droit qui transforme $ABC'A'$ en $IBCJ$, ce qui permet de conclure à l'égalité des aires $IBCJ$ et $A'B'CA$.

Alors : $(IBCJKL) = (ABC'A'B'C)$, soit : $a^2 + 2T = b^2 + c^2 + 2T$.

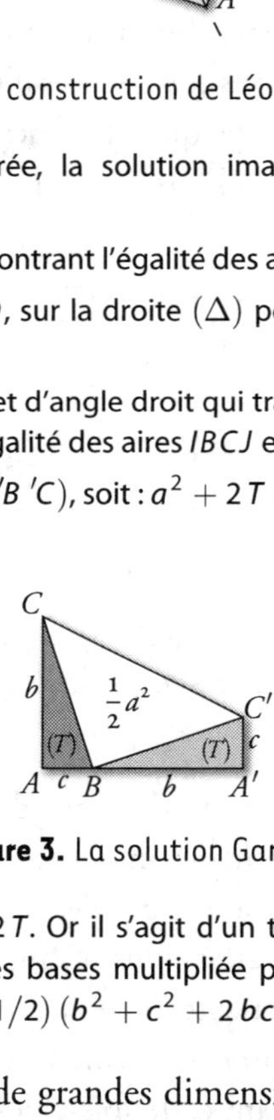

figure 3. La solution Garfield

$(CAA'C') = (1/2)\,a^2 + 2T$. Or il s'agit d'un trapèze dont en conséquence l'aire est la demi-somme des bases multipliée par sa hauteur. Elle vaut donc $(1/2)\,(b+c)\times(b+c)$ soit $(1/2)\,(b^2+c^2+2bc)$ ou $(1/2)\,b^2+(1/2)\,c^2+2T$.

trou dans la paroi d'un édifice de grandes dimensions (voyez à Paris la méridienne dans l'église Saint-Sulpice). *A contrario*, le ciel clair de la Chaldée est propice aux investigations nocturnes ; des formes, pas encore assimilées à des astres et encore moins à des sphères, sont contemplées pour des raisons psychologiques autant que pratiques.

Les éclipses donnent lieu à des descriptions circonstanciées : leurs heures et leurs durées sont, grâce à des clepsydres, mesurées en us (nombre de gouttes qui s'écoulent en quatre minutes, temps pendant lequel la voûte céleste fait 1/360e de tour). Cela permet des compilations et des recoupements. Les éclipses partielles sont fréquentes et l'on constate que, souvent, une éclipse de Soleil a été précédée, ou sera suivie, à quinze jours d'intervalle, par une éclipse de Lune ; mais alors deux saisons s'écouleront avant que le phénomène se répète. Patiemment effectuées pendant des siècles à Uruk ou à Nippur, les observations sont consignées sur des milliers de tablettes. Les Babyloniens dégagent des enseignements : même si l'architecture de l'univers, *a fortiori* sa mécanique, leur échappe, ils se hasardent à des prévisions basées sur la statistique.

Surtout, on assiste à une institutionnalisation de la science. Elle doit être une affaire d'État, a considéré le fondateur du grand Empire assyrien : Teglathphalassar III (745-727) a décidé de financer un service de sages pour qu'ils puissent judicieusement conseiller le prince par une meilleure connaissance de la Terre et du ciel. Cela place la recherche sous la dépendance du pouvoir, mais assure sa pérennité ; des centres sont créés pour une conservation des découvertes en attendant les écoles dans lesquelles le savoir sera dispensé.

À partir de la Babylonie — mais également de l'Égypte et d'autres régions — une pensée gagne ainsi la grande Grèce, à la fois riche en cités qui se gouvernent elles-mêmes et ouverte sur le reste du monde par son commerce. Elle a besoin de matières telles que le bois de gros œuvre et l'étain (elle trouve celui-ci en Afghanistan). Autour d'un noyau constitué par le monde grec lui-même, elle possède au demeurant des appendices en Asie mineure et, à l'ouest, un monde colonial. Quelque cent cinquante États la constituent, aux relations souvent difficiles au point de faire parler de guerres endémiques, mais plusieurs vont constituer autant de berceaux pour de prodigieuses écoles mathématiques.

Thalès

D'abord, un rôle important est joué par l'opulente Milet, la plus riche des cités ioniennes, patrie présumée d'Homère, pas très éloignée de la légendaire Troie. Elle est célèbre au VIIe siècle av. J.-C. pour ses terres de lave. Des céramiques sont produites et une activité industrielle se développe autour de constructions métallurgiques. On a besoin d'ingénieurs et d'architectes.

Né en Phénicie vers 627 av. J.-C. Thalès s'installa à Milet. Il fut l'un des sept sages de la Grèce, homme politique doublé d'un ingénieur sous Crésus : ce roi de Lydie était alors en quête de moyens pour gagner la guerre contre les Mèdes. Aussi habile commerçant que stratège, Thalès se rendit en Chaldée et également en Égypte où il aurait appris au roi Amasis à connaître la hauteur d'un édifice : si, à un moment, l'ombre d'un bâton représente deux fois celui-ci, il en va de même pour une pyramide dont on pourra en conséquence évaluer la taille.

Sans doute, en fait, le moyen aurait déjà été connu des Égyptiens, si l'on s'en réfère au papyrus Suhina, appelé Rhind du nom de son acquéreur, écrit en hiéroglyphes par le scribe Ahmès vers 1650 av. J.-C., dans lequel sont relatées des découvertes présumées faites de longs siècles auparavant. Mais rien ne permet d'affirmer que Thalès aurait vu ce papyrus, déchiffré par les Européens en 1868 seulement : 25 problèmes attestent que les Égyptiens ont développé la géométrie et l'astronomie pour la construction de pyramides comme pour les besoins de leur agriculture. Ils utilisaient la numération de base 10 et étaient experts dans le calcul des aires d'un carré, d'un rectangle ou d'un triangle. *A contrario*, les Grecs étaient plus directement intéressés par les applications navales, notamment pour évaluer les distances en mer.

À une propriété de similitude, le nom de Thalès est resté attaché : si deux triangles présentent le même aspect, tous leurs côtés sont dans un même rapport. La parternité de Thalès en a également été contestée. Paul Tannery (1843-1904), dans son ouvrage consacré à la géométrie grecque publié en 1887, met l'accent sur la ténuité de nos sources. La quasi-totalité de nos informations quant à cet âge reculé des mathématiques grecques provient de Geminus, ayant vécu aux environs de l'an 100 de notre ère et du philosophe grec Proclus, chef de l'école d'Athènes au Ve siècle, soit un millénaire après Thalès. Le doute quant à la paternité du théorème de similitude vient d'une déclaration de Plutarque citant Eudème de Rhodes, un historien des mathématiques disciple d'Aristote.

Selon la savante égyptienne Pamphila (Ier siècle), on avait d'autre part déjà établi que la somme des angles d'un triangle est égale à deux angles droits. La discussion corrobore que dès sa naissance la chaîne grecque bénéficia d'un incontestable apport extérieur, sans compter que la redécouverte de propositions dut être monnaie courante aux temps des jeunes mathématiques.

Nul ne contestera à Thalès, en plus de son rôle de chef d'une école — il épousa l'une de ses élèves, Théono —, un génie ajouté à l'héritage reçu. En outre, le consensus est souvent général quant à sa contribution directe à certains théorèmes de géométrie, tel celui affirmant l'égalité des angles à la base d'un triangle ayant deux côtés égaux. On attribue également à Thalès le moyen permettant, d'un point A extérieur à une droite (D), de mener une perpendiculaire à celle-ci.

D'aucuns ne manqueront assurément de trouver mineure cette contribution. Or elle mérite quelque attention, d'abord pour noter son caractère non évident. Bien sûr, si la droite est horizontale (1), le réflexe du fil à plomb joue pour faire désigner

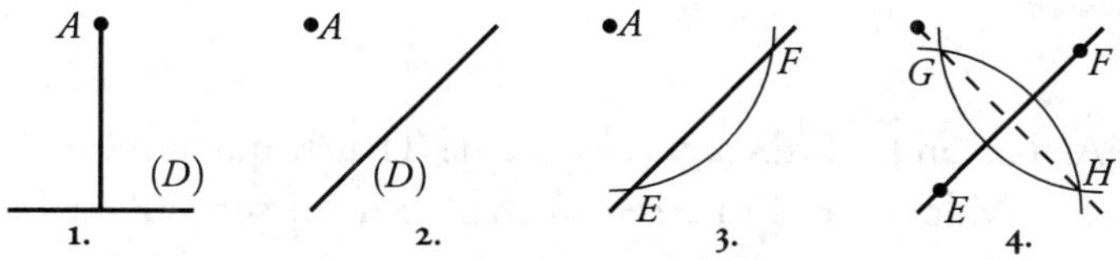

figure 4. La construction de Thalès

la verticale, sans autre justification. Mais qu'en sera-t-il (2) pour une direction quelconque de (D) ? Gageons qu'aujourd'hui assez peu de personnes donneraient la solution rigoureuse de Thalès. Elle consiste à tracer un arc de cercle de centre A coupant (D) en deux points E et F, puis à prendre E et F comme centre de cercles sécants ayant un même rayon : la droite GH joignant leurs points d'intersection est la perpendiculaire que le mathématicien dit « abaissée » de A sur (D), quelle que soit l'orientation de celle-ci.

Et la discipline de l'esprit instaurée par la géométrie naissante aurait à elle seule justifié que ses créateurs soient immortalisés : cela, Eudème le soulignera. Le rôle de Thalès fut au demeurant considérable à une époque où la pensée était le fief d'un cénacle. Les idées y circulaient, puis se répandaient à l'extérieur, selon un processus méritant d'être analysé si l'on entend comprendre le destin de brillantes mathématiques, oubliées quand elles n'eurent plus de récipiendaire.

Lorsque vous prenez aujourd'hui le brevet d'un dispositif, vous le décrivez en des termes suffisamment explicites pour qu'une autre personne puisse le reproduire, mais la paternité et les bénéfices de l'invention vous reviendront. Les créations du mathématicien sont abstraites. Elles relèvent elles-mêmes d'une pensée qui sera reçue si elle est comprise et si elle intéresse, au même titre qu'un inventeur doit trouver un utilisateur pour que son œuvre perdure. À une époque où la communication est largement verbale et où l'on se soucie parfois peu de conserver la pensée des autres, dont il n'existe en tout état de cause qu'un nombre réduit de dépositaires, le savoir implique une équipe. Autour d'un maître, une école est le groupe de personnes imprégnées de sa pensée qu'elles enrichissent, avec l'habitude de se comporter comme si tout venait du maître. On en sera encore là au XIXe siècle lorsque Le Verrier, directeur de l'observatoire de Paris, entendra s'approprier toute découverte faite dans son établissement. Pour traduire qu'un état d'esprit a été instauré dans une communauté, le sociologue Célestin Bouglé (1870-1940) parlera de *germe.*

Il est transmis d'école à école aux temps héroïques des mathématiques, lorsqu'il n'a pas encore pris la forme d'un écrit, en attendant sa prolifération éventuelle dans un contexte redevenu favorable. Ce pourra être après des décennies ou des siècles s'il a été conservé.

Anaximandre

C'est Anaximandre (610-547), disciple de Thalès, qui succède à celui-ci à la tête de l'école de Milet dont il va créer un établissement sur le Pont-Euxin à Apollonia. Seule une très petite partie de son œuvre nous est toutefois parvenue, de sorte qu'il est difficile de se prononcer quant à l'ampleur de sa contribution mathématique. On sait seulement qu'il fut surtout intéressé par les applications de la géométrie à la cartographie et à l'astronomie. Ainsi, Anaximandre proposa un premier modèle de la voûte céleste : tournant autour d'un point fixe proche de la Polaire, les étoiles effectuent un parcours quotidien d'autant plus important qu'elles en sont plus éloignées. Cela fait entrevoir les concepts d'équateur céleste et d'écliptique, trajectoire du Soleil sur la sphère céleste au cours de l'année. Anaximandre a inventé le gnomon, ce bâton vertical permettant de constater que l'ombre du Soleil est plus ou moins longue selon la saison. Il a établi que l'écliptique coupe l'équateur céleste en deux points et qu'il fait avec lui un certain angle.

Sans songer à attribuer ce fait à une inclinaison de l'axe de rotation de notre planète. Et pour cause : cette rotation lui échappe. Il a compris que la Terre est ronde mais en l'imaginant comme un disque plat dont les hommes auraient occupé une face, d'où le réflexe de faire tenir dans un cercle la carte du monde connu. En revanche, Anaximandre a réalisé que la Lune ne brille pas par elle-même, sa lumière étant celle du Soleil qu'elle nous renvoie.

Anaximène (550-480) est le dernier représentant de l'école de Milet et c'est également au ciel qu'il semble s'être surtout intéressé, ayant fait la distinction entre d'une part les étoiles qui tournent en bloc — chacune garde le même emplacement par rapport à ses voisines, d'où les schèmes de constellations que les hommes habilleront de leurs légendes — et d'autre part des objets qui brillent comme les étoiles mais vagabondent à travers le ciel et seront en conséquence appelées planètes *(errantes)*.

Avec un disciple d'Anaximène, Pythagore, une autre école va naître — on serait tenté de dire une autre dynastie — dont l'arithmétique sera le thème par excellence.

Pythagore

Si nous lions les mathématiques à la pensée, le concept de nombre était apparu très tôt, suggéré par la comparaison. On appariait les pièces de deux chasseurs afin de savoir lequel avait été le plus performant. On décomptait les jours de la lunaison par des entailles sur un arbre ou par des traits sur des os.

C'est toutefois à une époque beaucoup plus récente, remontant peut-être à cinq millénaires — le rapprochement s'impose avec l'essor de l'écriture — que les hommes calculent, entendons qu'ils se livrent à des opérations à partir des nombres, représentés d'abord par des traits côte à côte. Le commerce a donné naissance aux pièces de monnaie dont l'histoire est révélatrice : elles se présentent, en Chine au VIIe siècle av. J.-C. comme des miniatures d'objets avant d'être circulaires et porteuses d'une inscription. On semble avoir assisté à une grandiose évolution parallèle au cours du Ier millénaire avant notre ère. Le British Museum conserve une pièce circulaire fabriquée à Syracuse en 415 av. J.-C. dont le motif aurait été inspiré par la victoire remportée sur les Athéniens que commandait Alcibiade.

Alors, un nombre très grand peut déjà être désigné — lorsque sa prise en considération est nécessaire à des initiés — grâce à une combinatoire dans le système de numération. Pour créer celui-ci, la base la plus rationnelle eût été 12, ce nombre admettant 4 diviseurs stricts. La plus irrationnelle eût été 11, qui n'en a aucun. Les Babyloniens — dont on sait qu'ils résolvaient des systèmes d'équations du premier et du second degré, calculaient des intérêts composés et évaluaient certaines aires — avaient jeté leur dévolu sur les bases 10 et 60 : nous en avons hérité notre heure de 60 minutes et une division de la circonférence en 360 degrés. La base 10 devait largement s'imposer du fait qu'elle permet de compter sur les doigts. Mais si le choix d'une base et de signes pour représenter les chiffres fut concrètement important, on retiendra son caractère contingent puisque les propriétés des nombres demeurent les mêmes, quelles que soient la base et la représentation.

Les nombres chanceux

On connaît l'histoire (vraie) de l'automobiliste qui, venant de franchir une frontière, voit un chat noir traverser la route. Il arrête son véhicule et dit à sa femme : « Cela annonce un malheur, il ne faut pas aller plus loin, je vais chercher une chambre pour passer la nuit. » Il sort de son véhicule et est tué sur le coup par une voiture qui arrivait à vive allure. Les « signes » valent par l'interprétation que nous leur donnons et la conduite que nous adoptons. Ainsi n'y a-t-il pas de nombre qui « porte malheur ». Et aux tirages d'une loterie, ce n'est pas parce que des chiffres sont « en retard » qu'ils ont davantage de chances de sortir.

C'est un sens très particulier que Stanislaw Ulam — directeur de la division Mathématiques au laboratoire de Los Alamos — a donné à l'épithète *chanceux*, l'associant à certains nombres que des simulations sur ordinateur l'ont conduit à considérer en 1956. Ils sont obtenus par une variante du crible d'Eratosthène en commençant, dans la suite $\mathbb{N}$ des entiers naturels, à supprimer un nombre sur 2, puis un nombre sur 3, puis un nombre sur 7, ce qui donne 1, 3, 7, 9, 13, 15, 21, 25, 31, 33... Parmi ces nombres chanceux figure donc le fameux 13. D'aucuns préféreront parler de « nombres fastes » ou encore de « nombres de Ulam ».

On est enclin à croire que, toujours, leur suite offre des nombres de type n et $n+2$ — nombres chanceux jumeaux — et par ailleurs que la conjecture de Goldbach leur serait applicable, en ce sens que tout nombre pair serait la somme de deux nombres chanceux comme il est la somme de deux nombres premiers (du moins le croit-on).

Cela est bien compris par Pythagore. Présumé né vers 585 av. J.-C., il vit longtemps à Samos, une petite île proche de l'Asie Mineure qui doit son nom *(élevée)* à ses rives abruptes et à ses collines escarpées. Lorsqu'elle est dominée par le tyran Polycrate, Pythagore se rend à Crotone, en Calabre, où bientôt ses dizaines de disciples, en contact avec des centaines d'adeptes, répandent à travers l'Italie méridionale une pensée inspirée par la métempsycose — Pythagore interdit de maltraiter les animaux, manger de la viande, procéder à des sacrifices ou s'habiller de laine — et par l'arithmétique, avec la considération que le nombre est ce qu'il y a de plus beau en même temps que de plus fondamental (un est l'unité primordiale, deux le symbole femelle, trois le symbole mâle, quatre la félicité...). La musique et l'univers lui doivent leur symphonie : Pythagore montre comment on crée les harmoniques d'une note en pinçant la corde d'un instrument à la moitié ou aux deux tiers de sa longueur. Toutes les choses sont des nombres...

D'où la nécessité de commencer par étudier ceux-ci, éternels à l'instar de leurs attributs. Pythagore s'intéresse au nombre parfait (comme 6 ou 28) qui est égal à la somme de ses diviseurs stricts, ou aux nombres amicaux lorsque l'un est la somme des diviseurs stricts de l'autre. Il cite le couple 220 et 284. Les diviseurs de $220 = 4 \times 5 \times 11$, autres que 220, sont en effet les entiers 1, 2, 4, 5, 10, 11, 20, 22, 44, 55 et 110 : leur somme est 284. Et ceux de $284 = 2^2 \times 71$ sont les entiers 1, 2, 4, 71 et 142 dont la somme est 220 ; Fermat trouvera 17 296 ($2^4 \times 23 \times 47$) et 18 416 ($2^4 \times 1151$), Descartes 9 437 056 ($2^7 \times 73727$) et 9 363 584 ($2^7 \times 191 \times 383$) ; à l'âge des ordinateurs, les couples de nombres amicaux (encore dits *amiables*) foisonneront, mais on ne connaît toujours pas grand-chose de l'ensemble qu'ils forment.

Cela, sans souci d'application immédiate mais avec la perspective de résoudre beaucoup de problèmes si l'on a percé les secrets des nombres. Un pont est par ailleurs jeté entre nombre et géométrie : un polygone a un nombre entier de côtés et un polyèdre un nombre entier de faces. Cependant, les polyèdres réguliers — à la différence des polygones réguliers — sont en nombre fini, à savoir 5.

Les pythagoriciens connaissent quatre de ces polyèdres : le tétraèdre (dont les 4 faces sont des triangles équilatéraux, ses 6 sommets pouvant être les centres des faces d'un cube), le cube (dont les 6 faces sont des carrés), l'octaèdre (dont les 8 faces sont des triangles équilatéraux), le dodécaèdre (dont les 12 faces sont des pentagones réguliers). Ils ignorent le réciproque de celui-ci, à savoir l'icosaèdre (dont les 20 faces sont des triangles équilatéraux). Et il semble que la découverte du dodécaèdre ait été à l'origine de vifs remous : Hippasos s'en serait attribué la paternité, quitte à encourir les foudres, meurtrières, de la communauté.

Une autre explication donnée au fait qu'Hippasos dut quitter la secte — certains croient qu'elle le fit périr — est en rapport avec le théorème dit de Pythagore dans les manuels d'enseignement. Le célèbre « pont aux ânes », affirmant que, dans un triangle rectangle, le carré de l'hypoténuse est égal à la somme des carrés des côtés de l'angle droit. Non seulement, nous le rapportions ci-dessus, la proposition avait été établie bien avant, mais nous ignorons quelle démonstration Pythagore aurait imaginée de ce théorème auquel son nom continue d'être attaché. En tout état de cause, il est certain qu'il donna lieu de sa part à de profondes méditations et à une très grande perplexité quand les côtés de l'angle droit valent 1 et 1. On rencontre ce cas lorsqu'on calcule la diagonale d'un carré de côté 1. Elle est mesurée par un nombre dont le carré doit être égal à 2. Or aucun nombre rationnel, aucune fraction, quelles que soient les valeurs données à son numérateur et à son dénominateur, ne peut avoir 2 pour carré.

Cette contradiction révèle l'existence de nombres autres que rationnels, des nombres qu'il va s'imposer d'appeler incommensurables. Ils permettront un jour aux mathématiques de vigoureusement progresser dans une voie qu'ils auront ouverte. Mais sur le moment, les pythagoriciens, aux yeux desquels tout l'univers découle du jeu des entiers, sont déconcertés. Ils en auraient voulu à Hippasos d'avoir introduit ces intrus, et telle aurait pu être l'origine d'un schisme.

Euclide et Pappus

L'essaimage et le dynamisme de l'école pythagoricienne vont permettre à la pensée mathématique grecque de rester extraordinairement vivace. Elle l'est au VIe siècle av. J.-C., alors toujours largement inspirée par son aile asiatique proche de la Babylonie. Cnide a au demeurant, comme Milet et Samos, vu naître une école d'abord dominée par Ctésias, médecin à la cour de Perse.

Un rôle considérable est ainsi joué par Eudoxe de Cnide (406-355) auquel on doit une première mesure de l'angle fait par l'écliptique avec l'équateur céleste. Il a d'autre part rapporté d'un voyage en Égypte la meilleure détermination de la durée de l'année : 365 jours 1/4. Et cet astronome est doublé d'un mathématicien, inventeur de courbes comme l'hippopède (en raison de sa similitude avec les évolutions d'un cheval que l'on dresse) et la kampyle dont nous reparlerons. Surtout, Eudoxe donne une définition du nombre, à partir de deux quantités variables, qui n'est pas vraiment différente de celle que proposera Dedekind vingt-deux siècles plus tard. Elle le conduit à élaborer une théorie des proportions qui permettra de calculer aires et volumes.

Un élève d'Eudoxe, Ménechme, est présumé avoir, le premier, étudié les trois sections coniques, afin d'apporter une solution à la duplication du cube par l'intersection de la parabole $x^2 = a\,y$ et de l'hyperbole $xy = ab$. Ératosthène parle de « la triade de Ménechme ».

Alors, les mathématiques se sont constituées en un corps autonome : un disciple de Pythagore, Archytas de Tarente (428-350), leur a attribué quatre branches — géométrie, arithmétique, astronomie, musique — dont l'étude exige un effort mental pour apprendre à apprendre. Les mathématiques ont leur charte, Aristote (384-322) s'intéresse à leur essence..

Ce disciple de Platon, courroucé de ne pas lui avoir succédé, s'est rendu en Asie Mineure où il a créé un centre d'enseignement avant de revenir fonder le Lycée à Athènes et ériger la logique en un système formel. La différence est fondamentale, explique Aristote, entre la physique, ou philosophie naturelle, qui étudie les choses du monde matériel, et les mathématiques qui, dans un monde mental auquel nous avons accès, traitent des abstractions auxquelles ces choses sont liées. De ces abstractions, nous pouvons prendre des copies : la connaissance est l'opération par laquelle nous les introduisons en nous, mathématique venant de *matermata* ou savoir appris. Nous constituons notre propre univers mental en répétant cette opération que permet la démonstration, une démarche de l'esprit dans laquelle, aujourd'hui, nous voyons une réplique de la marche ou de l'escalade dans un espace physique. Singulièrement, la démonstration permet un essor de la géométrie.

Euclide, présumé né à Athènes vers 330, délivre des documents extraordinaires. Non content d'avoir enseigné au Musée, il nous a en effet, à la différence de Thalès et de Pythagore, laissé plusieurs ouvrages. Ses *Éléments* resteront à jamais célèbres pour avoir jeté en 465 propositions les bases d'une géométrie dite euclidienne. Ils ont pendant plus de deux millénaires constitué une base de l'enseignement : c'est, après la Bible, l'ouvrage ayant été le plus édité et traduit, singulièrement en ce qui concerne les livres I à IV consacrés à la géométrie plane. Les livres V et VI traitent des proportions, les livres VII à IX de l'arithmétique et le livre X aborde la question des nombres irrationnels. Ce sont enfin quatre livres de géométrie dans l'espace.

L'ensemble de son œuvre était très connu au temps d'Héron, ingénieur et mathématicien du Ier siècle de notre ère, mais seule une partie nous en est parvenue et nous n'avons rien de cet autre grand ouvrage d'Euclide : *Porismes.* Nous savons seulement par Proclus et Pappus qu'il avait lui-même pour objet les mathématiques, à l'instar de *Données* et d'autres livres qui auraient eu pour thèmes les surfaces et les sections coniques. *La Division du canon* traite des proportions musicales. Enfin, dans *Optique*, Euclide étudie les rayons lumineux par la géométrie.

Comme pour tous les autres mathématiciens grecs, il n'a pas été possible de faire la part entre un apport spécifique d'Euclide et des découvertes antérieures qu'il se serait contenté de rapporter ; ainsi, les livres V et XII des *Éléments* semblent avoir été directement inspirés par Eudoxe. On ne sait pas davantage si les textes sont d'Euclide lui-même ou d'une école qu'il aurait animée. Il est enfin plausible que des additions aient été faites à son œuvre : on impute à Hypsiclès la substance du livre XIV des *Éléments.* Mais ce que l'on ne saurait lui dénier, et là réside essentiellement le mérite d'Euclide, c'est d'avoir, en conjuguant son travail avec celui de ses prédécesseurs, réussi à faire d'un ensemble de théorèmes un tout cohérent d'une remarquable logique.

À coup sûr, Euclide a dominé la géométrie. Sa réputation n'est pas usurpée si l'on prend en compte la rigueur qu'il a introduite dans cette discipline dont il doit être reconnu comme le père. Avec lui, l'enchaînement des raisonnements devient prodigieux : toutes les propositions de la géométrie découlent les unes des autres à partir d'un ensemble de définitions (23), de demandes ou *postulats,* terme latin équivalant au précédent (5) — entendons de vérités devant être admises bien que l'on ne puisse pas les démontrer ; le plus célèbre de ces postulats, naguère présenté comme le *postulatum* d'Euclide, intervenant dans la démonstration de la 29ᵉ proposition : il affirme que, d'un point extérieur à une droite, on peut mener au plus une parallèle à celle-ci. Il faut y ajouter des notions communes ou axiomes (5 ou 10 selon les manuscrits). Lobatchevsky et Riemann étudieront les situations instaurées quand on n'accepte pas ce point de vue, considérant que le nombre de parallèles est supérieur à un, donc infini, ou nul (ce qui contredit la proposition 29 du livre I et un certain nombre des suivantes).

La question reste entière de savoir s'il fut donné à Euclide de se rendre à Alexandrie. Car, entretemps, un événement a secoué la Grèce : la soudaine prédominance de l'une de ces deux « ethnées » septentrionales, la Macédoine, à l'initiative de son roi Philippe, père d'Alexandre le Grand qui lui succède en 356 av. J.-C. Non content d'avoir bientôt conquis la Grèce, ce dernier s'est emparé de l'Empire perse et a pénétré en Inde. Ayant créé un réseau de routes et une marine, il a bouleversé le monde méditerranéen ; en Égypte, la ville d'Alexandrie sera, de très longs siècles durant, le plus extraordinaire des phares culturels, abritant notamment une école mathématique ayant accueilli Pappus.

C'est en effet à peu près à la même époque que vit cet autre grand géomètre dont on ne peut donner, même de façon approximative, les dates de sa naissance et de sa mort. Le seul repère est son récit d'une éclipse de Soleil à laquelle il assista à Alexandrie le 30 octobre de l'an 320 av. J.-C.

Pappus se réfère souvent à Euclide. Il est l'auteur de *Sinagoge ou la Collection mathématique,* un ouvrage expliquant comment on construit la moyenne arithmétique $(a+b)/2$ de deux nombres a et b, leur moyenne géométrique $\sqrt{ab}$ et leur moyenne harmonique h telle que $2/h = 1/a + 1/b$. Nous trouvons dans ce livre la démonstration de ce que l'on présentera, dix-huit siècles plus tard, comme le théorème de Guldin : le volume engendré par une surface plane S tournant autour d'une droite (D) se trouvant dans son plan et ne la coupant pas, est égal au produit de l'aire de S par la longueur de la circonférence que décrit son centre de gravité.

Fabuleux Archimède

Archimède (287-212) est né à Syracuse. Il se rend à Alexandrie, puis, revenu dans sa Sicile natale, décide de se consacrer à la science, s'illustrant par des travaux d'une étonnante fécondité, théoriques et pratiques. Son nom est attaché au « principe » dont un bain lui aurait donné l'inspiration : tout corps plongé dans un fluide subit de la part de celui-ci une poussée verticale, dirigée de bas en haut, égale au poids du fluide déplacé. Ainsi lui doit-on l'ouverture de nouveaux domaines aux mathématiques : l'hydrodynamique et la statique avec le concept de centre de gravité. Et les bases de la mécanique sont jetées avec cette conséquence : si l'on disposait d'un point d'appui, un levier soulèverait le monde.

Archimède n'est peut-être pas l'inventeur de la vis sans fin. Il est celui des poulies mobiles et des moufles : Hiéron, roi de Syracuse qu'Archimède avait déjà étonné en lui donnant un moyen de déceler la présence frauduleuse d'argent dans un objet en or, a été stupéfié de les voir tirer un lourd navire. Archimède a imaginé l'engrenage. Pendant la deuxième guerre punique, il a dirigé la défense de Syracuse et tenu Marcellus en échec trois années durant. On a rapporté qu'il aurait utilisé des miroirs pour concentrer les rayons du Soleil sur les galères romaines. Puis cela a été présenté comme un mythe. C'est aujourd'hui une énigme face à laquelle Pierre Thuillier, spécialiste d'histoire des sciences, conseille la prudence : l'exploit prêté à Archimède n'aurait dans l'absolu pas été impossible si plusieurs dizaines de boucliers avaient été utilisés comme miroirs ainsi que l'a montré une reconstitution...

Mais l'œuvre d'Archimède la plus remarquable se situe dans sa somme de réflexions, d'abord pour déterminer le rapport entre la circonférence d'un cercle et son diamètre. Pour cela, il calcule le périmètre d'un polygone régulier dont on ferait croître régulièrement le nombre des côtés. Pour désigner ce rapport, la lettre π — initiale de périmètre — sera introduite pour la première fois en 1647 par William Oughtred (1574-1660), reprise par Isaac Barrow (1630-1677), puis adoptée de nouveau en 1706 par William Jones (1675-1749) et surtout Leonhard Euler en 1748 (dans l'introduction à l'analyse infinitésimale), tous en mémoire d'Archimède qui avait appelé périmètre la longueur de la circonférence dans son petit traité *Dimensio circuli.*

La suite des polygones retenus par Archimède débute par l'hexagone dont les Babyloniens savaient le côté égal à la moitié du diamètre, de sorte que son périmètre vaut 3. Le côté du dodécagone est calculé à partir de celui de l'hexagone grâce au théorème de Pythagore. Si l'on appelle R le rayon du cercle, sa valeur est $R\sqrt{2-\sqrt{3}}$, faisant conclure à un périmètre supérieur à 3,1058... On trouve ensuite 3,1326... pour le périmètre du polygone de 24 côtés. Archimède poursuit le calcul jusqu'au polygone de 96 côtés, et même (d'après Héron d'Alexandrie) jusqu'à celui de 192 côtés dont le périmètre atteint 3,141465... Il considère par ailleurs la suite des polygones réguliers circonscrits au cercle, dont le côté se calcule d'une manière à peine différente. Le polygone circonscrit de 192 côtés a pour périmètre 3,14188... On a là une estimation par excès de π dont, à ce stade, la valeur est connue avec trois chiffres significatifs : on peut retenir l'approximation d'Archimède pour 96 côtés sous la forme $3+\frac{10}{71}<\pi<3+\frac{1}{7}$, soit environ $\pi = 3{,}141...$ puisque compris entre 3,140845 et 3,142858.

C'est plus satisfaisant que les valeurs empiriques — 3 ou 22/7 ou $4 \times (8/9)^2$ selon le papyrus de Rhind — utilisées auparavant. Certaines approximations seront meilleures que celle d'Archimède. Mais celui-ci restera le grand vainqueur pour avoir suivi une démarche permettant de prétendre à une précision aussi grande que l'on voudra sous réserve de se livrer à des calculs en conséquence. Ils sont certes très vite fastidieux et c'est le côté négatif de la recette : la perspective que l'on ne parviendra jamais à un résultat exact. Il y a toutefois là ce grand enseignement : pour résoudre un problème devant lequel on bute, une voie peut être de lui substituer un ensemble de problèmes que l'on sait résoudre, d'autant plus nombreux que l'on voudra un résultat plus précis. Un pas sera franchi au XVIIe siècle, avec la démonstration que π peut être calculé au prix non d'une infinité d'opérations mais par une seule addition, celle-ci comportant un nombre infini de termes. La course à ses décimales restera jusqu'à nos jours un sport intellectuel.

Archimède a calculé π avec 3 décimales ; 7 seront données vers 480 par Tsu Chung Chih, 16 par Al-Kashi vers 1430. Viète, qui proposa le premier une formule pour obtenir la valeur de π sous la forme d'une expression infinie en 1593 (*Variorum de rebus mathematicis responsorum Liber VIII*), se livrera également à un doublement de l'hexagone jusqu'à 6×2^{16} côtés, soit 393 216, ce qui a assuré 9 décimales. Ludolph von Ceulen, de Cologne, (1540-1610), poussera en 1609 le calcul jusqu'à 35 décimales,

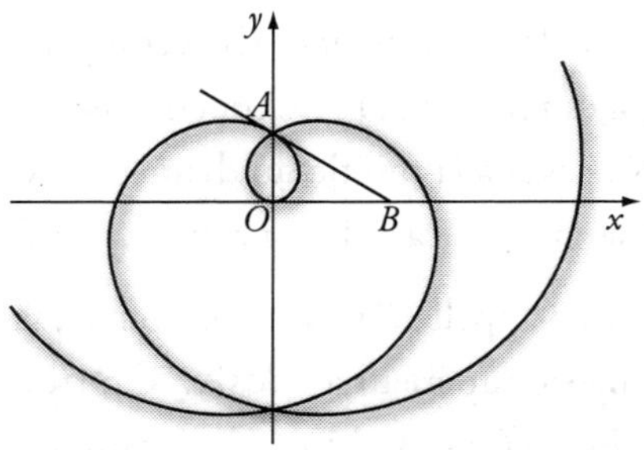

figure 5. La spirale d'Archimède

gravées sur sa pierre tombale, au point que π sera pendant un temps, en Allemagne, le « nombre de Ludolph ».

Ne pourrait-on pas obtenir π par une voie géométrique ? C'est possible, par exemple, a montré Archimède, en considérant la spirale arithmétique $\rho = k\omega$, courbe décrite par un point M qui s'éloigne de l'origine O ($\rho = OM$) avec une vitesse constante sur une droite (D) qui tourne autour de O animée d'une vitesse angulaire elle-même constante. Il suffit, lorsque M est en A, point d'intersection de la spirale avec l'axe $y'Oy$ distinct de O mais le plus proche de lui, de mener à la courbe ce que nous appelons sa tangente, un concept qui aujourd'hui va de soi, mais qui était encore difficile à concevoir pour des courbes autres que les coniques. C'est pour Archimède un concept cinématique, préparant ainsi de longue main l'intuition géniale de Newton. Il prouve que, si l'on appelle B le point où l'axe $x'Ox$ est coupé par cette tangente en A à la spirale, $\pi = 2 \times OB/OA$. Cette courbe possède aussi d'autres propriétés mirifiques : par exemple, la normale au point A et celles de tous les autres points situés sur l'axe $y'Oy$ se coupent en l'un des deux points de l'axe $x'Ox$ situés à la distance k de O.

L'exploit consistant à déterminer une longueur égale à π est en revanche impossible quand on s'interdit de recourir à une courbe telle qu'une spirale de ce genre, et plus généralement quand on se donne la condition restrictive d'utiliser seulement le compas ou, ce qui revient au même, la règle non graduée et le compas.

Une variante sera la quadrature du cercle, à savoir la recherche d'un moyen pour obtenir géométriquement, à partir d'une longueur R, une autre longueur a telle que le cercle de rayon R ait même surface que le carré de côté a. Ce problème, dont Charles-Quint fera l'objet d'un concours doté de 100 000 ducats, est d'autant plus intrigant qu'au IVe siècle av. J.-C. un début de solution semblait avoir été trouvé par Hippocrate de Chio (contemporain du père de la médecine, Hippocrate de Cos), avec la quadrature non pas du cercle entier, mais d'une lunule remarquable. Ce nom de

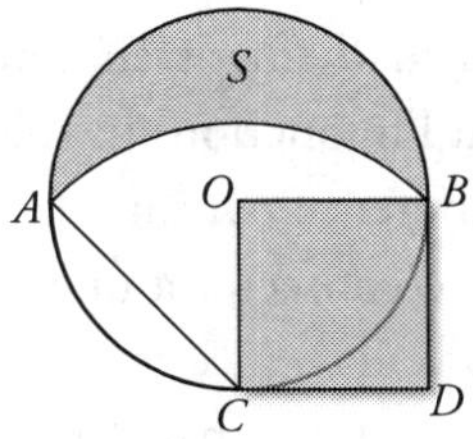

figure 6. La quadrature de la lunule

lunule est donné à la surface S comprise entre deux arcs de cercle, en l'occurrence la partie grisée de la figure ci-contre, limitée supérieurement par la demi-circonférence de diamètre AB, inférieurement par le quart de la circonférence de centre C et de rayon CA. Hippocrate de Chio montre qu'elle vaut R^2 ; elle est donc équivalente au carré $COBD$. De là à croire que l'on parviendra à une quadrature de tout le cercle, il semble n'y avoir qu'un pas : il ne sera jamais franchi avec la règle non graduée et le compas, en dépit d'innombrables recherches.

Elles mobiliseront amateurs et curieux pour une entreprise que nous contera en 1758 un historien des mathématiques : Jean-Étienne Montucla (1725-1799) passera en revue la gamme des tentatives. Elles ne pouvaient être que vaines pour une raison péremptoire donnée en 1882 lorsque Ferdinand von Lindemann (1852-1939) établira la transcendance de π, autrement dit le fait que ce nombre ne saurait être racine d'une équation algébrique.

Le calcul est toutefois programmable de maintes manières notamment à partir de la formule de John Machin (1680-1752) ($\pi/4 = 4\,\text{Arctan}\ 1/5 - \text{Arctan}\ 1/239$) ou d'une version plus élaborée ($\pi/4 = 12\ \text{Arctan}\ 1/18 + 8\ \text{Arctan}\ 1/57 - 5\ \text{Arctan}\ 1/239$) due à Carl Friedrich Gauss (1777-1855), utilisée en 1974 par Jean Guilloud et Martine Bouillé. Il y a aussi les formules d'Eugène Salamin, de Srinivasa Ramanujan (1887-1920), des frères Jonathan et Peter Borwein... Lorsque le XXe siècle s'achève, non seulement on connaît plus de deux cents milliards de décimales de π, mais même un algorithme stupéfiant de 1995, dû à David Bailey, Peter Borwein et Simon Plouffe, puissamment aidés par un ordinateur, qui les a conduits à la formule :

$$\pi = \sum_{k=0}^{+\infty} \frac{1}{16^k} \left(\frac{4}{8k+1} - \frac{2}{8k+4} - \frac{1}{8k+5} - \frac{1}{8k+6} \right).$$

Elle permet d'obtenir, pour un entier n *a priori* quelconque, la « décimale » d'ordre n dans le développement de π en base 16, puis en base 2. Une formule de même type avec un 10 au lieu d'un 16 donnera, quand on l'aura trouvée, les vraies décimales de π que l'on pourra pêcher dans un ordre totalement arbitraire.

Archimède n'est pas seulement la triple incarnation de l'habile ingénieur militaire ayant défendu sa cité, du mathématicien éminent et de l'homme passionné au point de n'avoir pas entendu l'injonction du soldat romain qui, Syracuse ayant été investie, répondit à son indifférence par un coup de lance. Cette attitude devait convaincre Sophie Germain de se consacrer à une science ayant alors compté pour Archimède plus que sa vie : elle veillera à ce que Gauss ne connaisse pas pareil sort quand les troupes françaises, commandées par Pernety, arriveront en Prusse.

On doit voir en Archimède le grand prophète du calcul infinitésimal.

Un jeu de disques

Si vous devions, sans la trahir, essayer de traduire dans un langage actuel la pensée d'Archimède pour comprendre sa contribution à la gestation du calcul infinitésimal, nous proposerions une variante de la tour de Hanoï, avec trois jeux de disques, en l'occurrence de cylindres extrêmement plats, A, C et S. Chacun comporte 200 disques, ayant uniformément 1 mm d'épaisseur et un petit trou central pour que l'on puisse les enfiler sur trois tiges verticales aussi fines que l'on voudra. Cela permet d'obtenir trois solides ayant 20 cm de hauteur mais différents.

Tous les disques du jeu A sont identiques, leur rayon étant de 10 cm. Tel est en conséquence le rayon du cylindre formé par leur empilement.

Le jeu C comporte 100 paires, à savoir deux disques de 10 cm, deux disques de 9,9 cm, deux disques de 9,8 cm... jusqu'à deux disques de 0,1 cm. En bas, on commence par mettre un disque de 10 cm sur lequel on place un disque de 9,9 cm, puis un disque de 9,8 cm et ainsi de suite. Et lorsque l'on a utilisé un disque de 0,1 cm, on repart alors en sens inverse avec d'abord le disque de 0,1 cm de l'autre demi-jeu jusqu'au disque de 10 cm. Cela donne, au-dessus de la structure d'un cône, son symétrique. On sera enclin à évoquer deux cônes : le mathématicien fait remarquer qu'ils ont les mêmes génératrices ; il parle en conséquence des deux nappes d'un même cône.

Nous n'avons évidemment pris des valeurs numériques que pour fixer les idées. R étant le rayon des disques du jeu A, il s'agissait de créer d'abord un cylindre de hauteur $2R$ dont le volume, produit de la base (πR^2) par cette hauteur, vaut $V = 2\pi R^3$. Et par ailleurs un cône ayant ce même rayon et cette même hauteur : son volume, tiers du produit de sa base par sa hauteur, sera $V/3$.

Venons-en alors à notre troisième jeu S. Il est lui-même constitué de 100 paires dont le rayon r est tel qu'à chaque niveau d'empilement le volume du disque

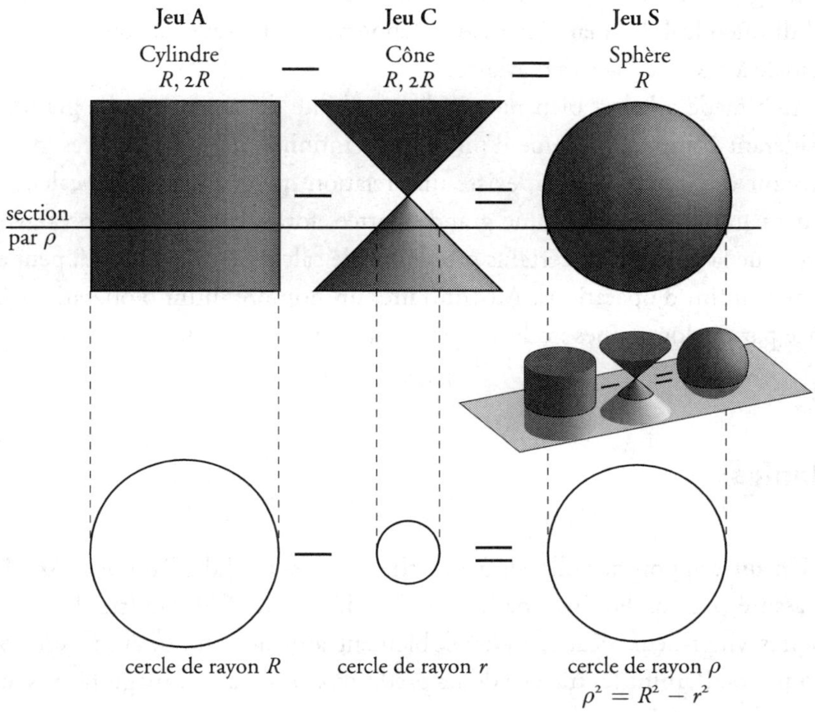

figure 7.

représente la différence de celui des disques se trouvant à la même hauteur sur les jeux A et C. Tel sera le cas si $r^2 = R^2 - h^2$, h étant la distance entre le niveau considéré et le centre O du solide. Mais cette valeur de r est celle du rayon du cercle, section d'une sphère de rayon R par un plan se trouvant à une distance h de son centre. Ainsi le solide constitué par le jeu de disques S est une sphère dont on peut affirmer que le volume vaut $V - V/3$ ou $2V/3$ soit $4\pi R^3/3$.

Telle fut la démarche ayant permis à Archimède de trouver le volume de la sphère par soustraction au volume d'un cylindre du volume d'un cône.

Le raisonnement présente assurément un point faible. Si, vus de loin, les solides C et S donnent l'impression d'un cône et d'une sphère, on leur découvre un profil d'escalier quand on les regarde de près. Mais qu'à cela ne tienne : on diminue la hauteur des marches avec des jeux comportant davantage de disques plus minces. Rien dans l'absolu, a compris Archimède, n'empêche le mathématicien d'envisager un nombre de disques aussi élevé que l'on voudra afin de rendre aussi peu perceptible qu'on le souhaitera l'écart entre le solide S et une vraie sphère. Il n'est pas question ici de la rigueur du calcul infinitésimal de nos jours, mais le concept de passer à l'actuel disque idéal des mathématiciens dépourvu d'épaisseur est sous-jacent. Cette idée géniale a dix-neuf siècles d'avance.

Archimède a bel et bien montré la possibilité de connaître une grandeur en la considérant comme la somme d'un nombre infiniment grand d'autres grandeurs dès l'instant où, entre celles-ci, existe une relation qui permet un tel calcul. C'est assurément une découverte d'une grande portée, fort réconfortante après avoir dû constater que la solution de certains problèmes, le calcul de π l'a montré, peut exiger un nombre infini d'opérations. Au contraire, un nombre infini d'opérations est ici remplacé par quelques-unes : cela apparaît plus impressionnant encore.

Apollonius

Un autre apport de taille à la géométrie — après Euclide, Pappus et Archimède — est assuré par Apollonius, mathématicien de l'école d'Alexandrie dont le nom reste, après vingt-deux siècles, indissolublement attaché à toute étude sur les sections coniques. Il unifie les travaux de ses prédécesseurs dans une magnifique synthèse dégageant l'essence de la conique.

Une conique est, comme le nom l'indique, la courbe obtenue en coupant un cône droit par un plan P. Il s'agit d'un cercle si ce plan est perpendiculaire à l'axe du cône, à l'instar de ce que nous évoquions avec les disques d'Archimède.

Le cercle serait-il une conique ? Assurément. C'est la plus simple et la plus connue, définie comme « l'ensemble des points à égale distance d'un point intérieur appelé centre ».

Modifiez légèrement l'orientation du plan P afin qu'il fasse avec l'axe du cône non plus un angle de 90° mais un angle voisin de cette valeur et alors vous aurez une ellipse, qui devient de plus en plus allongée — le mathématicien nous dit que son excentricité croît — si l'inclinaison augmente. Avec la possibilité de donner pour cette courbe une définition peu différente de celle du cercle : une ellipse est en effet l'ensemble des points dont la somme des distances à deux points fixes F et F', les foyers de la conique, est constante. Si vous appelez $2a$ cette somme et posez $FF' = 2c$, alors l'excentricité de votre ellipse est c/a, égale à zéro si $FF' = 0$. Ainsi faut-il voir dans un cercle une ellipse dont les deux foyers sont confondus, l'excentricité étant nulle.

Si l'on raisonne dans le plan méridien du cône qui est perpendiculaire à P, on montre que F et F' sont les points de contact de la droite BC — trace de P — avec

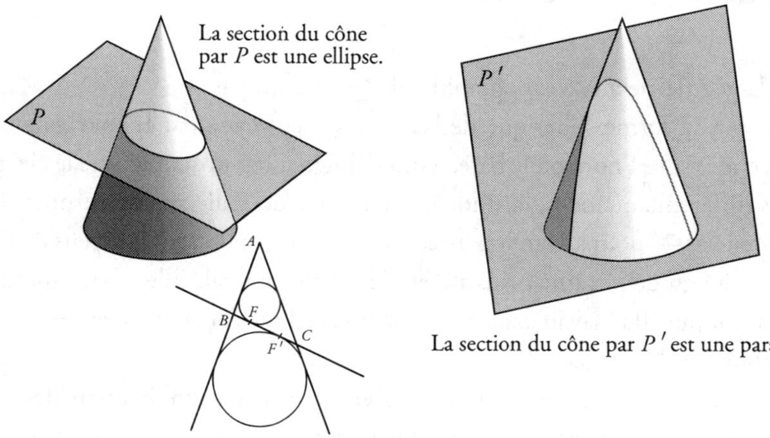

figure 8. Sections du cône

le cercle inscrit dans le triangle ABC et avec son cercle ex-inscrit dans l'angle A. La figure était hier abstraite pour le potache. Elle devient un enchantement avec la magie des images de synthèse et compositions colorées.

Apollonius ne disposait évidemment pas de tels moyens, ni seulement d'un matériel traditionnel. Son mérite n'en apparaîtra que plus grand d'avoir dominé le sujet en expliquant que, l'inclinaison du plan P croissant toujours, l'excentricité de l'ellipse atteint la valeur 1 lorsque ce plan est devenu parallèle à une génératrice du cône. Alors l'un des sommets de l'ellipse se trouve rejeté à l'infini : elle est devenue une parabole, autre conique elle-même riche en propriétés spécifiques.

Augmentez toujours l'inclinaison et vous vous apercevrez qu'au-delà de ce cas d'une section parabolique P coupe l'autre nappe du cône à laquelle nous faisions allusion avec l'image des disques d'Archimède. Une hyperbole est une conique d'excentricité supérieure à 1. On peut en donner une définition géométrique en considérant l'ensemble des points dont la différence des distances à deux points F et F', toujours appelés foyers, est constante. C'est une courbe à deux branches qui tendent à se rapprocher de ses asymptotes.

Cette terminologie est déjà présente à la fin du IIIe siècle av. J.-C. chez Apollonius. Mieux : celui-ci avait mis les coniques en équation non pas certes dans notre langage actuel mais avec, ce qui est peut-être plus remarquable, la pensée que ce langage traduit.

Mesures de la Terre et du ciel

De la géométrie à la cosmographie, il n'y a qu'un pas.

Très tôt, la forme sphérique de la Terre est entrevue par les navigateurs : ils voient descendre sous l'horizon le bateau qui s'éloigne. Ils constatent que le ciel prend des aspects différents quand la latitude change. Plus de mille ans avant notre ère, le pilote de Ménélas — poursuivant en direction de l'est les ravisseurs troyens de la belle Hélène — a été guidé par une brillante étoile du ciel austral. Elle porte aujourd'hui son nom : Canopus. Il la savait assez haute dans le ciel près des côtes égyptiennes mais au ras de l'horizon à Rhodes.

La courbure de la Terre peut se calculer à partir de cette hauteur des étoiles, différente lorsqu'on se déplace sur un méridien, mais l'essentiel manque : une volonté de connaître. Elle est inexistante alors que les hommes n'ont pas encore le concept d'objet céleste. Des siècles vont s'écouler avant qu'il soit entrevu par Anaxagore (500-428). Ce maître de Périclès voit dans la Terre une planète du Soleil qu'un disciple de Platon, Héraclide (388-340), fait tourner sur elle-même pour expliquer la rotation de la voûte céleste au-dessus de nos têtes.

Bénéficier du recul qui permettrait d'en avoir le cœur net, par une contemplation de notre monde, est impossible. À défaut, on observe l'ombre de la Terre lors d'une éclipse de Lune, explique Aristarque (310-230) : son arrondi confirme qu'elle est une boule. Des triangulations sommaires ont par ailleurs suffi à Aristarque pour comprendre que le Soleil est considérablement plus loin que la Lune : le fait qu'il ait le même diamètre apparent implique qu'il est beaucoup plus gros. Cela corrobore le point de vue d'Héraclide : il est plus logique d'imaginer la Terre tournant autour de cet astre énorme que de prétendre le contraire...

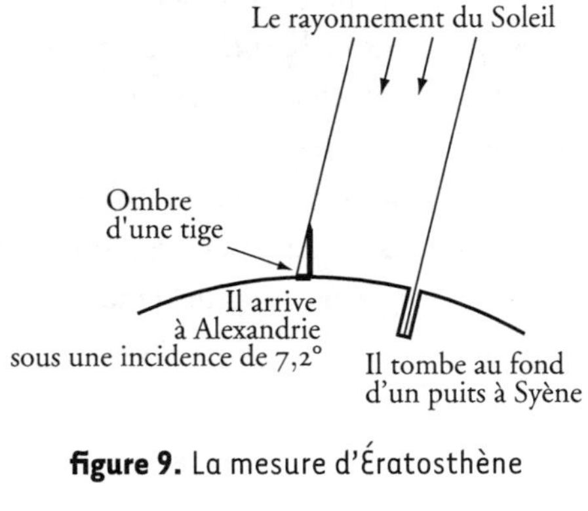

figure 9. La mesure d'Ératosthène

Notre globe est mesuré par Ératosthène (275-194) qui, d'abord, place à sa surface méridiens et parallèles : on ne saurait encore parler de coordonnées mais l'idée est sous-jacente qu'un point peut être repéré par l'intersection de deux lignes, respectivement parallèle et perpendiculaire à l'équateur. Ératosthène a été appelé en Égypte par Ptolémée III qui en a fait le précepteur de son fils. Bibliothécaire à Alexandrie où se trouvent réunis tous les rapports des divers événements d'une année, il apprend que, peu avant le solstice d'été, le Soleil se réfléchit à midi au fond d'un puits à Syène (aujourd'hui Assouan) alors que, le même jour à Alexandrie, l'ombre d'un pilier révèle une arrivée des rayons du Soleil sous un angle faisant avec la verticale 7,2°, soit la 50e partie de la circonférence. Or les courriers reliant les deux sites affirment que 5 040 stades les séparent. Ératosthène en conclut que le tour de la Terre doit représenter 50 fois une telle distance soit 252 000 stades. On ignore de quels stades il s'agissait, car la valeur de cette unité, adoptée pour des épreuves sportives, variait suivant les régions. Au cas où il se serait agi du stade égyptien (157,5 m), comme ce serait assez plausible, cela assignerait 39 690 km au tour de la Terre et donc un peu plus de 6 300 km à son rayon qui aurait déjà été connu avec deux chiffres significatifs.

Naissance de la trigonométrie et de l'astrométrie

À défaut de pouvoir être touché, un objet céleste est caractérisé par sa direction que font connaître de grandes installations : les mathématiciens doivent s'intéresser aux angles.

Une discipline nouvelle, la trigonométrie, prend ainsi son essor à l'instigation d'Hipparque. Ayant vécu entre 180 et 125 av. J.-C. il est souvent appelé Hipparque de Rhodes car c'est dans cette ville qu'il effectue ses observations. Elles le conduisent à calculer les cordes d'un cercle divisé en 360 degrés (il considère des angles de 0,5°, 1°, 1,5°... tandis que le rayon est divisé en 60 parties).

La trigonométrie est souvent présentée comme une science d'autant plus théorique qu'elle est historiquement associée à des arcs sur la sphère céleste. Elle présente en fait des aspects très concrets : quand vous gravissez une côte, l'effort à fournir est d'autant plus grand qu'est plus important le gain d'altitude assuré par le franchissement d'une certaine distance. Il ne vous est pas facile de mesurer l'angle de la côte avec l'horizontale. En revanche, vous pouvez calculer le rapport entre ce gain d'altitude et la distance que vous avez parcourue : il est le sinus de cet angle dont vous

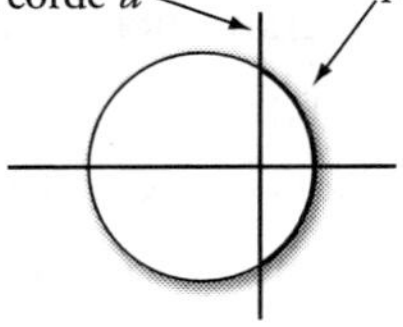

figure 10. Principe des «tables des cordes»

avez la valeur si vous avez préalablement créé des tables. Elles vous apprendront qu'à un sinus ayant pour valeur 0,1 correspond un angle de 5,7°.

Des tables ont d'abord été calculées pour les besoins de l'astronomie alors qu'un langage mathématique n'existe pas encore. On ne trouve pas le terme de sinus chez Hipparque qui, en 140 av. J.-C., a en fait créé des « tables de cordes ». Elles consignent les rapports entre une corde d et l'arc α qu'elle sous-tend ($d = 2 \sin \alpha/2$), avec considération de la perpendiculaire à cette corde par laquelle sera suggéré le cosinus. Ces livres de tables d'Hipparque, il faut le souligner, ne nous sont pas parvenus ; ils sont présumés avoir été au nombre de douze. Nous n'en avons eu connaissance que de façon indirecte. Mais Hipparque a bel et bien donné les recettes dont naîtront les formules de notre trigonométrie, notamment celle par laquelle, à partir des lignes d'un angle α, on obtient le sinus de l'angle $\alpha/2$ en divisant $\sin \alpha$ par la racine carrée de $2\,(1 + \cos \alpha)$.

Hipparque est ainsi, en même temps que le père de la trigonométrie, celui de l'astrométrie par laquelle la position des étoiles peut être donnée dans des systèmes de coordonnées. Pour produire le premier catalogue stellaire, dans lequel 1020 étoiles vont figurer avec indication de leur luminosité, Hipparque utilise deux systèmes, prenant pour référence l'équateur céleste avec nos actuelles conceptions d'ascension droite (longitude céleste) et de déclinaison (latitude céleste) et un système de repères par rapport à l'écliptique.

Et Hipparque n'hésite pas à leur rapporter les observations qu'avaient faites, cent trente ans plus tôt, Aristylle et Timocharis : c'est la confrontation des données, concernant notamment l'Épi de la Vierge et Regulus du Lion, qui lui fait découvrir le phénomène dit de la précession des équinoxes, traduisant que l'orientation de l'axe de la Terre change au cours du temps. Il effectue une révolution en vingt-six mille ans. Ainsi le point où il perce la voûte céleste décrit un cercle. Il est actuellement très près de la Polaire. Il en était plus éloigné au temps d'Hipparque, un peu plus au temps d'Aristylle. Il était proche de α du Dragon sous Ménès et de la belle Véga il y a quatorze mille ans.

Ménélaus, ayant vécu à Rome aux environs de l'an 100 de notre ère, fut le continuateur de l'œuvre d'Hipparque. Il publia 6 livres de tables de cordes, ayant elles-mêmes été perdues. Il a marqué l'histoire des mathématiques par un austère théorème clef. Si l'on considère un triangle ABC et une droite (D) coupant BC, CA, AB ou leurs prolongements en P, Q, R, Ménélaus a établi que le produit des trois rapports algébriques $\overline{BP}/\overline{PC}, \overline{CQ}/\overline{QA}, \overline{AR}/\overline{RB}$ est égal à -1. La relation est précieuse pour permettre, au-delà de la trigonométrie plane, de jeter les bases d'une trigonométrie sphérique dont Ménélaus doit être regardé comme le créateur. Son *Traité des sphériques* a survécu.

Une autre contribution importante à la trigonométrie a été apportée au IIe siècle de notre ère par Claude Ptolémée, dont le nom restera fâcheusement associé à un système plaçant la Terre au centre du monde, faisant oublier qu'il était d'abord un mathématicien. En dépit du fait qu'il adopta 3 pour valeur de π, il inscrivit à son actif des résultats remarquables, ayant donné des formules, en termes de cordes, équivalentes à $\sin^2 + \cos^2 = 1$, $\sin(x + y) = \sin x \cos y + \sin y \cos x$. De cette dernière se déduit $\sin 2x = 2 \sin x \cos x$. Ptolémée a ébauché une syntaxe mathématique. Il a établi que, dans un triangle quelconque, chaque côté est proportionnel au sinus du côté opposé ($a/\sin A = b/\sin B = c/\sin C$). Il a calculé les cordes sous-tendues par des arcs de 36 degrés ou 72 degrés, ayant donc explicité le côté du pentagone et celui du décagone réguliers...

Diophante

Les Grecs ont, à ce stade, jeté les bases de mathématiques appelées à se développer, posé des problèmes qui ne vont cesser de donner lieu à des nouvelles recherches par lesquelles elles sont promises à progresser selon un scénario suggérant un autre parallèle avec la grande histoire de la vie. Les espèces se sont en effet perfectionnées par leurs réactions face à des difficultés, la biologie ayant elle-même dû à sa manière donner des solutions à des problèmes, certaines ayant joué un rôle fondamental dans l'évolution des espèces.

Mais en outre, les mathématiciens « se » posent des problèmes par plaisir intellectuel ou pour des applications potentielles, la ligne de démarcation étant souvent floue entre la recherche et l'application.

Quels sont ces problèmes ?

Les Grecs se sont demandé ce qu'est une aire. Pappus s'est interrogé sur le concept de lieu géométrique et Apollonius a cherché comment on peut construire un cercle tangent à trois cercles donnés (son centre étant a priori à l'intersection de trois coniques). Particulièrement célébre a été la *trisection de l'angle* consistant à diviser un angle non pas en deux parties égales comme le fait une bissectrice mais en trois (ce problème sera à l'origine de la trisectrice).

Surtout, de très nombreux mathématiciens grecs se sont penchés sur le problème de la *duplication du cube* posé en plusieurs occasions. Ainsi nous est-il rapporté par Ératosthène que, lors d'une épidémie de peste ayant, en l'an 430 av. J.-C., fait périr le quart de la population d'Athènes, les prêtresses de Delphes auraient affirmé que pareil fléau ne se reproduirait plus si l'on doublait le volume d'un autel, qui avait la forme d'un cube. Mais le même Ératosthène fait par ailleurs allusion, dans une lettre de remerciements au roi Ptolémée, à un monument funéraire construit par Glaucus pour Minos qui l'aurait trouvé trop petit, bien que son côté ait mesuré quelque 30 m. Minos aurait demandé qu'il soit 2 fois plus important mais alors Ératosthène serait intervenu pour dénoncer l'erreur de porter à 60 m la longueur du côté, car cela aurait conduit le monument à devenir huit fois plus volumineux.

Outre Ératosthène, Platon (présenté comme inventeur d'une machine à cette fin), Eudoxe, Hippocrate, Archimède, Philon et Héron ont proposé des solutions. C'est par ailleurs ce problème de la duplication du cube qui aurait incité, nous l'avons signalé, Ménechme à s'intéresser aux sections coniques. Il a conduit Dioclès à inventer une courbe, la *cissoïde*, cubique d'équation $x\,(x^2 + y^2) = a\,y^2$ dont la forme évoque une feuille de lierre (en grec, *kissos*). Elle est décrite par le point M d'une droite qui pivote autour d'un point A si $AM = CE$ quand — (G) étant un cercle de diamètre AB et (D) la perpendiculaire en B à AB — C et E sont les points d'intersection de la droite AM avec (G) et (D).

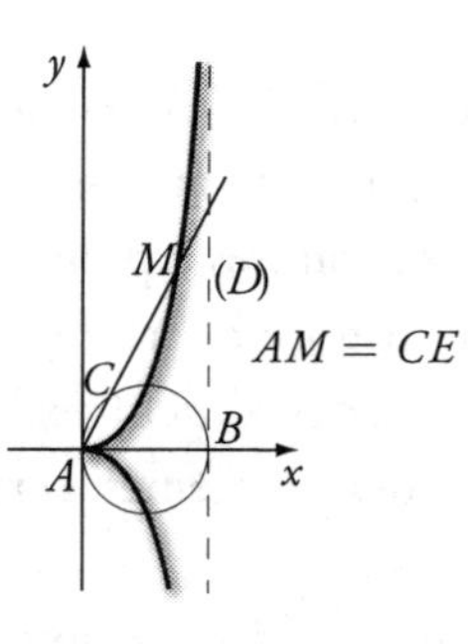

figure 11. Cissoïde de Dioclès

Une cissoïde est encore décrite par le sommet d'une parabole mobile roulant sur une parabole fixe de même paramètre lorsque initialement les deux sommets coïncident.

La solution, antérieure de deux siècles, du grand Eudoxe est moins connue, et passe elle aussi par l'invention d'une courbe : la *kampyle*, quartique d'équation $x^4 = x^2 + y^2$, véritable machine à calculer des racines cubiques, ou plus exactement à construire des segments ayant ces racines comme longueur. Bien que cela puisse étonner en regardant l'équation où il n'y a que des termes de degré deux ou quatre, un peu de réflexion conduit au résultat. Si l'on coupe en effet la kampyle par le cercle défini par $x^2 + y^2 = a\,x$, on est aussitôt conduit à une équation dont l'unique racine non nulle n'est autre que $\sqrt[3]{a}$. Comme pour la cissoïde, la construction point par point de la courbe, avec la précision que l'on veut, est aisée à la règle non graduée et au compas (cela se voit en particulier très bien sur l'équation polaire $\rho = 1/\cos^2 \omega$, ou encore $\rho = x^2$, ce qui ramène à la construction classique de $\sqrt{\rho}$: cela s'écrit en effet $OM = OH^2$, où H est la projection de M sur Ox et il n'est alors pas difficile de montrer qu'il existe un point fixe A sur Ox tel que $OM^2 = OH.OA$, d'où $OH^3 = OA$). La construction de la racine cubique de a est donc possible une fois admis que l'on dispose, par la technique précédente, d'une forme de courbe suffisamment précise.

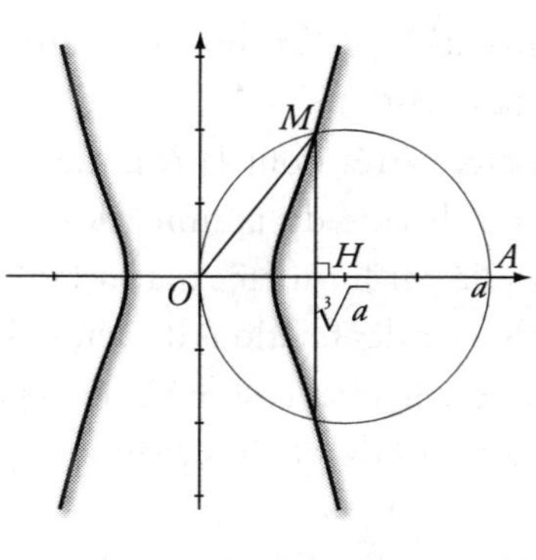

figure 12. La kampyle

Le nombre et la diversité de ces études témoignent de l'intérêt accordé à ce problème qui, en fait, n'avait pas d'application directe. Il avait été posé essentiellement pour satisfaire l'esprit, la plus extraordinaire de ses solutions étant probablement la plus ancienne, donnée par le professeur de Platon et d'Eudoxe, Archytas (440-380). Aux environs de l'an 400 av. J.-C. celui-ci montrait que le problème de la duplication du cube revenait à trouver l'intersection d'un cylindre, d'un cône et d'un tore avec indication d'une marche à suivre dont, alors que l'on sait aujourd'hui mettre ces surfaces en équations, on peut vérifier la justesse...

On est fondé à parler d'un miracle de la Grèce. À ses mathématiciens, seuls semblent alors manquer les signes et les conventions qui leur auraient permis de lire un manuel actuel.

Or, avant que ce miracle prenne fin, un symbolisme est esquissé par Diophante dont la vie nous est si peu connue qu'il ne nous est même pas possible de dire au cours de quel siècle elle se situa, entre le IIe av. J.-C. et le IVe de notre ère ; la marge, on le voit, est grande. Sans doute le IIIe siècle de notre ère est-il le plus plausible. L'œuvre de ce mathématicien de l'école d'Alexandrie fut capitale si l'on en juge par ses deux ouvrages partiellement en notre possession, *Les Arithmétiques* et *Les Nombres polynomiaux*.

Le premier, dont dix livres sur treize nous sont parvenus, est un traité d'algèbre avant la lettre, tant par la nomenclature utilisée que par les méthodes proposées pour résoudre des équations, à partir d'identités remarquables établies en découpant des carrés ou des rectangles. Diophante, la légende de son épitaphe en témoigne, connaissait les fractions : longtemps on se contentera de parler de nombres rompus (un adjectif toujours utilisé aujourd'hui en Bourse pour traduire qu'une opération ne laisse pas un nombre entier d'actions) avant que l'ensemble des fractions ne soit présenté comme « le corps ordonné $\mathbb{Q}$ des nombres rationnels ».

Surtout Diophante invente le *plethos*, nom donné dans un problème, à la quantité dont on veut connaître la valeur.

S'agit-il de trouver deux carrés dont la somme des surfaces est égale à 16 ? Diophante prend pour plethos le côté du premier dont, en conséquence, la surface sera égale à ce plethos multiplié par lui-même ; la surface de l'autre sera 16 moins la valeur obtenue. C'est possible avec des fractions de dénominateur 5. On s'en convainc en multipliant 16 par 25 : 400 est en effet la somme de 144 et 256. Une solution est en conséquence fournie par une valeur du plethos égale à 12/5, ce qui donnera 16/5 pour le côté du second carré.

La chaîne grecque va prendre fin. Elle a produit une œuvre monumentale et à la question de savoir si l'ensemble aurait pu être à jamais perdu, il semblerait s'imposer, compte tenu de son importance et de sa diffusion, de répondre par la négative. Pourtant, c'est bien ce qui a failli se produire avec les bouleversements de l'Europe au cours du premier millénaire de notre ère. L'héritage grec devra de nous être parvenu, via le prodigieux mouvement de la Renaissance, au fait d'avoir été sauvé par les Arabes.

Chapitre 2

Notation, symbolisme, vocabulaire : les mathématiques ont leur langage

Les mathématiciens ont créé leur langue avec son étonnante efficacité mentale et des inconvénients pour qui n'a pas été élevé dans le sérail. On doit avant tout dissiper un malentendu.

Un dictionnaire ou un interprète nous permettent de comprendre ce que nous lisons ou entendons dans une langue étrangère concernant des thèmes aussi familiers qu'un chien, une maison ou une route. Ils faisaient partie de notre modèle du monde ; une nouvelle étiquette leur est apposée. Il en va très différemment pour les termes nouveaux que viendraient à employer des experts en marine ou en meubles anciens : il nous faut d'abord prendre connaissance de leur sens.

Les mathématiciens relèvent de cette catégorie. Pour le non-spécialiste, une définition parlante pour eux sera aussi ésotérique que le propos « Christophe Colomb a découvert l'Amérique en 1492 » tenu à une personne qui n'aurait jamais entendu parler du navigateur génois, ignorerait que l'Amérique existe et ne saurait pas compter. Plus que dans toute autre discipline, le langage arrive après l'acte de pensée pour le désigner, le résumer et le classer. Son usage en révélera l'intérêt et nous l'emploierons bientôt sans effort mental. La considération vaut pour une opération aussi élémentaire que la multiplication, celle-ci évitant une fastidieuse répétition d'additions lorsqu'on doit ajouter les uns aux autres un grand nombre de termes égaux. La pensée a précédé le mot au point d'avoir suscité cette question sur un plan très général : une pensée sans langage peut-elle exister ?

Or, de plus en plus, on est enclin à répondre par l'affirmative, présumant qu'autrefois, après avoir pris conscience des choses et de leurs relations, l'homme leur attacha des mots pour amplifier sa pensée avec l'avantage supplémentaire de bénéficier de celle des autres. Le phénomène est récent en mathématiques mais il relève du même processus, encore en cours. En témoigne une difficile acceptation des normes. Officiellement, le point est aujourd'hui le signe de la multiplication, mais il est à l'origine de confusions en raison de son emploi en grammaire à la fin d'une phrase et de son double usage en mathématiques : chez les Anglo-Saxons, il sépare la partie entière d'un nombre de ses décimales et nous le placions hier entre ses tranches de trois chiffres. Nous voyons l'économiste ne s'habituer encore que lentement, au rythme de ses besoins, à dire 10^6, 10^9, 10^{12}, 10^{15} au lieu de million et milliard (dont l'abréviation prête à confusion), billion et trillion (des termes auxquels Latins et Anglo-Saxons ne donnent pas la même signification).

Sauvegardé par les Arabes

L'acquis chaldéo-grec est sauvegardé par les Arabes pour des raisons religieuses. L'Islam a prôné la conquête, physique et intellectuelle. On peut lire dans le Coran : « Cherchez le savoir du berceau au tombeau, serait-ce jusqu'en Chine. » Ou encore : « Celui qui recherche la science, Dieu chemine avec lui. »

Ainsi après les temps d'une grande expansion territoriale dans le siècle ayant suivi la mort du prophète, en 632 — parti d'Arabie, l'Islam a conquis une partie de l'Asie, l'Afrique du Nord et l'Espagne — les califes se préoccupent de développer les sciences, notamment les mathématiques.

Pour cela, ils vont acquérir les connaissances des Babyloniens, des Grecs, des Égyptiens et d'abord des Indiens avec lesquels les communications sont assez faciles et dont la science est grande. Aryabhata (475-550) a donné, pour extraire la racine carrée d'un nombre A, la méthode consistant à partir d'une quelconque estimation a de cette racine, à calculer $b = A/a$ et à répéter l'opération en remplaçant a par la quantité $a' = (a + b)/2$. Une méthode qui, on le notera au passage, sera retenue au XXe siècle sur les premiers ordinateurs. Aryabhata a désigné les nombres par dizaines jusqu'à 100 millions.

Un autre grand mathématicien indien, Brahmagupta (598-665), a fourni une solution générale à l'équation $ax + by + c = 0$ lorsque a, b, c sont des entiers et il a, le premier, énoncé les quatre opérations fondamentales : il a donné des règles pour utiliser les nombres négatifs. Ceux-ci auraient été entrevus le jour où un employé de banque indien imagina d'affecter un signe à l'avoir des clients et un autre à leur découvert. Dans les *Sulvasûtras* (un ouvrage n'ayant pas pu être daté), on trouve cette recette pour calculer la diagonale du carré : à 1, ajouter 1/3 puis le quart de 1/3 et enfin la 34e partie de cette dernière quantité ; cela donne 1,41421... Les deux ouvrages de Varahamihira sont traduits en arabe. À cette tâche d'assimilation s'emploie activement le calife Al-Mansour, fondateur de Bagdad, la ville créée en 762 sur les ruines d'une ancienne cité ; elle sera bientôt une cité de un million d'âmes aux dix mille rues, reliée à ses banlieues par des dizaines de milliers d'embarcations. Tous les textes scientifiques disponibles vont être traduits soit par l'intermédiaire du perse ou du syriaque, soit directement, les *Éléments* d'Euclide dès la fin du VIIe siècle par Al-Hajjaj sous le cinquième calife, Harun al-Rashid.

Alors, au IXe siècle, l'assimilation le cède à la création sous l'impulsion d'Al-Mamun (813-833), fils de Harun al-Rashid et d'une esclave persane : ayant vaincu l'empereur d'Orient Michel III, il s'est fait remettre un exemplaire de chacun des livres en sa possession. À des traductions d'Archimède, Apollonius, Diophante, Ménélaus, Dioclès, Theodosius, Pappus, Hypsiclès, les Arabes ajoutent leur travail : à partir de 825, un traité de Ptolémée devient les treize livres d'un *Takir al-Majesti* (œuvre par excellence) ou *Almageste.* Une « Maison de la Sagesse » (*Bait al-kikma*) dotée d'une riche bibliothèque a vu le jour à Bagdad, sa direction étant confiée à Al-Khwarizmi (780-850).

L'œuvre de celui-ci sera magistrale par le charisme du personnage. Il dédie à Al-Mamun un livre sur « le calcul par la restauration et la comparaison » et il crée en 830 le mot algèbre (*al-jahr*), pour traduire un équilibre entre deux expressions mathématiques comme entre les plateaux d'une balance : il n'est pas affecté si l'on ajoute la même masse sur l'un et sur l'autre, de sorte qu'un terme passe d'un membre à l'autre en changeant son signe. Le nom de Al-Khwarizmi sera immortalisé par la notion d'*algorithme*, ce mathématicien ayant préconisé la recherche d'une démarche pour, à partir d'un énoncé, aboutir à une solution. Il a multiplié les liens entre l'algèbre, l'arithmétique, la théorie des nombres, la géométrie. Il a développé une algèbre polynomiale, l'analyse combinatoire et la résolution numérique des équations. Son œuvre est continuée : Abu Kamil (850-930) montre que si l'on multiplie la n-ième puissance d'un nombre par la m-ième, on obtient la $n + m$-ième.

Thabit ibn Qurra (826-901) a élaboré une théorie des nombres : il est l'auteur, pour trouver des paires de nombres amicaux, d'un théorème dont une variante est proposée par al-Baghdadi (980-1037). Ibrahim ibn Sinan conçoit une intégration plus générale que celle d'Archimède. Al-Haytham (965-1040) étudie la réflexion des rayons lumineux par des miroirs dont la section est conique ainsi que les nombres parfaits de la forme $2^{k-1}(2^k - 1)$ quand la parenthèse est un nombre premier. Il établit que, si p est premier, alors $(p - 1)! + 1$ est divisible par p (théorème dit de Wilson, dont une démonstration sera donnée par Lagrange en 1771).

Al-Biruni (977-1048), auteur de 180 ouvrages, utilise le concept de sinus en astronomie et en cosmographie. Il trouve une méthode approchée pour résoudre en sexagésimal l'équation $x^3 = 1 + 3x$. L'astrolabe a été inventé par les Arabes, il est couramment employé. Puis Al-Mahani (820-880) réduit la duplication du cube à un problème d'algèbre.

Al-Karaji (953-1029) a énoncé le théorème du binôme de Newton. Aux opérations géométriques, il substitue des opérations arithmétiques ; il introduit le raisonnement par récurrence ainsi que les concepts $1/x$, $1/x^2$, $1/x^3$... Il fonde une école dont un représentant éminent sera Al-Samawal (1130-1180). Celui-là enseignera l'emploi des outils arithmétiques pour des grandeurs inconnues, de la même manière que pour les grandeurs connues.

Omar Khayyam (1048-1131) a étudié la philosophie à Naishapur. Poète et mathématicien, il est l'auteur d'une *Démonstration des problèmes de l'*al-jabr *et de l'*al-muqabala dans laquelle il entreprend une classification complète des équations cubiques, donnant un moyen de les résoudre par des intersections de coniques : ce sont une hyperbole équilatère et un cercle pour $x^3 - 20x^2 + 200x - 2000 = 0$. Il contribue à la réforme du calendrier en 1079, étonnante étant sa précision — 365,24219858156 jours — quant à la durée de l'année tropique (devenue aujourd'hui légèrement plus longue par le fait de jours plus courts). Il est lui-même à l'origine d'une école de pensée qui, à l'époque de Al-Samawal, inspire Sharaf al-Din al-Tusi (1135-1213) : des équations du troisième degré sont résolues par la kampyle.

Al-Farisi (1260-1320) démontre d'une autre manière le théorème de Thabit ibn Qurra. Il s'intéresse aux factorisations et trouve — avant Euler — le couple des nombres amiables 17 296, 18 416. C'est également avant Euler que Mohammed Baqir Al-Yazdi donnera les nombres amicaux 9 363 584 et 9 437 056. Al-Kashi (1380-1429) développe les fractions décimales. Les Arabes ont alors des siècles d'avance sur l'Europe. Ils ont esquissé un symbolisme qu'utiliseront au XVe siècle Ibn al-Banna (1256-1321) et Al-Qalasadi (1412-1486).

Un événement capital est l'utilisation du papier. Les Chinois l'ont inventé : il arrivera en France au XIVe siècle seulement, rapporté à Ambert par trois croisés auvergnats, Falguerolles, Malmenaide, Montgolfier, ayant travaillé dans une fabrique à Damas. Les Arabes ont eu les secrets de sa fabrication lorsqu'ils se sont emparés de Samarkand en 751. Dès le IXe siècle, ils y ont construit la première usine à papier dont ils ont fait un usage courant pour produire maints livres ayant permis une large diffusion à la fois de leurs traductions et de leur production.

Cependant, le morcellement de l'empire a débuté à l'heure d'un pouvoir central devenu incapable d'en assumer le contrôle : des dynasties régionales sont apparues en Égypte et en Espagne. On entend rivaliser avec Bagdad au Caire et à Cordoue. Singulièrement, à Cordoue, s'est amorcé le mouvement qui permettra *in fine* à l'Europe de bénéficier de la culture arabe et, en même temps, de retrouver la culture grecque.

Les Arabes de Séville et de Cordoue ont en effet instruit les Sarrasins, qui ont commencé à enseigner une partie de l'Europe. Avant de devenir, de 999 à 1003, le pape Sylvestre II, le moine Gerbert d'Aurillac (938-1003) a été un esprit curieux. Il a étudié les mathématiques peut-être lors d'un séjour en Espagne, au monastère de Santa Maria dans la cité catalane de Ripoll, dit-on, de 967 à 970. Il a construit des automates ; on lui impute l'invention de l'horloge à poids et l'apposition de signes distinctifs sur les différentes boules de chaque rangée d'un boulier. Michel Chasles (1793-1880) le présentera comme un esprit superficiel, ayant repris des sujets traités par Boèce (480-524) ou par Bède le Vénérable (673-735), parfois avec les mêmes exemples numériques. Le mérite de Gerbert est d'avoir proclamé l'importance que le christianisme devait accorder aux mathématiques. Il est un homme de science dans un âge d'ignorance, écrit Jay Ryan dans *Sky and Telescope* alors que 2000 débute. L'entrée dans une Y2K (Année 2 Mille) est pour les Anglo-Saxons l'occasion d'évoquer Y1K, la peur de la science qui l'avait marquée et le rôle en l'occurrence joué par Gerbert dont les écrits, notamment son *Abacus*, ont été en grande partie conservés dans la bibliothèque du Vatican. On aura la mesure du faible niveau mathématique de l'époque en Europe en rapportant qu'alors, pour calculer la surface d'un triangle équilatéral de côté a, les *agrimensores* (« arpenteurs ») enseignaient qu'il fallait multiplier a par $a - 1$ et diviser par 2. Gerbert dénonce la faute commise, soulignant que l'on doit considérer le produit de a par lui-même et le multiplier par une quantité dont il donne cette valeur approchée : 13/30, soit 0,4333...

C'est, nous le savons, le quart de la racine carrée de 3, soit 0,4330... Mais essayez d'extraire la racine carrée de 3 avec les chiffres romains qui seuls étaient alors en usage en Occident ! Un aspect important de l'œuvre de Gerbert est son système de numération beaucoup plus proche de celui des Indiens que de celui des Romains, montrant une voie que suivront ses successeurs. Ils manifesteront eux-mêmes un vif intérêt pour la science grecque et arabe.

En 1073, les Espagnols s'emparent de la bibliothèque arabe de Tolède : les classiques grecs vont être systématiquement étudiés. Par la suite, une impulsion aux mathématiques, vues à travers l'optique gréco-arabe, sera donnée par Léonard de Pise (1170-1250) alias Fibonacci (contraction de Filius Bonacci), le plus grand mathématicien européen de son siècle, initié au calcul par son père. Ce dernier, mandataire aux douanes pour la ville de Pise, l'emmène notamment à Bougie (en 1200), en Égypte, en Syrie, en Grèce. En Sicile, à la cour de Frédéric II, il rencontre nombre de savants avec lesquels il entretient une correspondance ; ainsi explique-t-il à Maître Théodore comment la résolution d'une équation du second degré permet d'inscrire un pentagone régulier dans un triangle isocèle. Bien entendu, Fibonacci a lu maints ouvrages arabes, dont un livre d'Abraham Bar Hiyyadi traduit par Gérard de Crémone *(cf. infra)* sous le titre *Liber embadorum* ou livre des surfaces. Son nom restera attaché à une suite telle que chaque terme est la somme des deux précédents (0, 1, 1, 2, 3, 5, 8, 13, 21, 34...). Ainsi traduit-elle la prolifération des lapins comme la croissance des arbres. Le premier de ces exemples a d'ailleurs été donné par Fibonacci lui-même, dont la suite interviendra fréquemment en mathématiques, notamment dans la démonstration du dixième problème de Hilbert. Et l'on montre que le rapport entre deux termes de la suite de Fibonacci tend vers le nombre d'or $\varphi = (\sqrt{5}+1)/2$, voisin de 1,618...

Le nombre d'or

Dans la foulée des travaux de Ptolémée, de fort intéressantes situations nous sont offertes par les polygones ayant 5 n côtés, à commencer par le décagone ($n = 2$). Sur la figure ci-dessous, les arcs AB et AC valent 36° et 3×36° : $AB = d_1$ est le côté du décagone convexe et $AC = d_3$ le côté du décagone étoilé. Les triangles OCI et ABI étant isocèles à l'instar des triangles AIB et AOC, eux-mêmes semblables, $d_1 d_3 = R^2$ et $d_3 - d_1 = R$, de sorte que

$$d_1 = (R/2).(\sqrt{5} - 1), \qquad d_3 = (R/2).(\sqrt{5} + 1).$$

Cela donne pour les apothèmes de ces décagones :

$$\delta_1 = (R/4).\sqrt{(10 + 2\sqrt{5})}, \qquad \delta_3 = (R/4).\sqrt{(10 - 2\sqrt{5})}.$$

Les côtés $DC = p_1$ du pentagone convexe et $DB = p_2$ du pentagone étoilé s'en déduisent puisque $DC = 2\,OJ$ et $AC = 2\,OG$:

$$p_1 = (R/2).\sqrt{(10 - 2\sqrt{5})}, \qquad p_2 = (R/2).\sqrt{(10 + 2\sqrt{5})}.$$

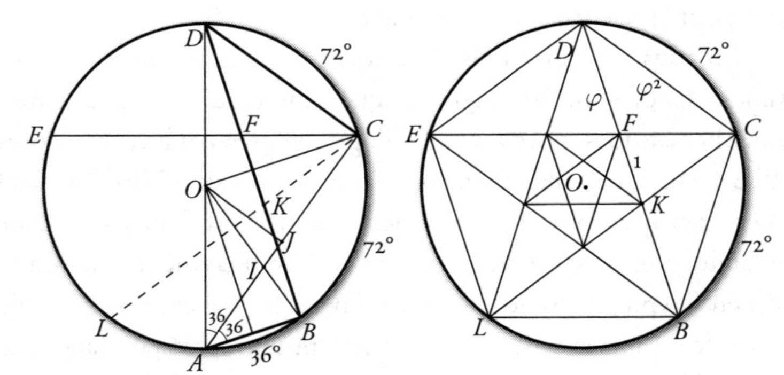

figure 13.

On lit sur la figure que $1 + \varphi = \varphi^2$ ($FK + DF = DK$).

La symétrie est complète si l'on considère leurs apothèmes π_1 et π_2 :

$$\pi_1 = (R/4).(\sqrt{5}+1), \qquad \pi_2 = (R/4).(\sqrt{5}-1).$$

Ces expressions suggérent d'introduire le nombre d'or φ, racine positive de l'équation $x^2 - x - 1 = 0$ (de sorte que $\varphi^2 = \varphi + 1$) dont l'autre racine est $-1/\varphi$. Pour $R = 1$: $d_3 = \varphi$, $d_1 = 1/\varphi$, $\pi_1 = \varphi/2$, $\pi_2 = 1/2\varphi$. Et si l'on cherche dans quel rapport se coupent les côtés du pentagone étoilé, on trouve $DF/DB = 1/\varphi^2$ et $BF/DB = 1/\varphi$, de sorte que $BF/DF = \varphi$. Reprenant l'expression d'Euclide, on dira que F divise DB en moyenne et extrême raison. Si l'on considère les segments DB, BF, DF, FK, chacun est le produit du suivant par φ. Si l'on note que les points d'intersection du pentagone étoilé donnent un pentagone convexe à partir duquel un nouveau pentagone étoilé peut être créé, cela indéfiniment, une suite gouvernée par $1/\varphi^2$ apparaît : si $DC = \varphi^2$, $FK = 1$.

On notera encore que, si un pentagone régulier $LBCDE$ est inscrit dans un cercle de centre O et de rayon r, les symétriques de O par rapport à ses côtés sont sur un cercle de rayon $r\varphi$ que recouvriront entièrement cinq cercles de rayon r ayant pour centres L, B, C, D, E. Cela donne une solution au problème, souvent proposé dans les parcs d'attraction, du recouvrement d'un disque de rayon R par n cercles de rayon r : cinq cercles de rayon r couvrent un cercle de rayon $r\varphi$.

Ce sont d'autre part des pavages non périodiques du plan dont Roger Penrose, mathématicien à Oxford, a montré en 1964 la possibilité à partir des deux éléments représentés ci-dessous, à savoir une « flèche » et un « cerf-volant » de côtés 1 et φ, ouverts à 72°(figures 14 et 15).

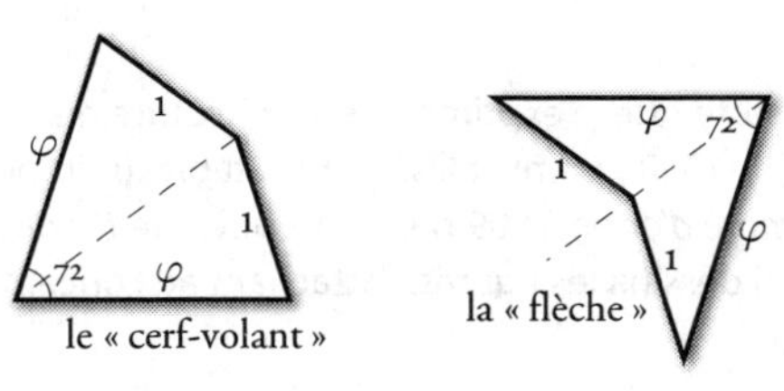

figure 14. La flèche et le cerf-volant

Et des liens apparaissent avec la suite de Fibonacci 0, 1, 1, 2, 3, 5, 8, 13, 21... que nous avons définie par $u_0 = 0, u_1 = 1, u_n = u_{n-1} + u_{n-2}$. Elle fut considérée comme ludique jusqu'au jour où on la découvrit dans des phénomènes naturels tels que le développement d'un arbre : chaque branche en crée une autre à partir de sa seconde année d'existence dans les pays froids (bouleau arctique). En outre, les orientations des feuilles reproduisent elles-mêmes la suite de Fibonacci pour assurer au végétal un ensoleillement optimal. La pomme de pin présente souvent cinq spirales à gauche et 8 à droite. Ce sont 8 et 13 pour l'ananas, 21 et 34 pour la marguerite, 55 et 89 pour le tournesol.

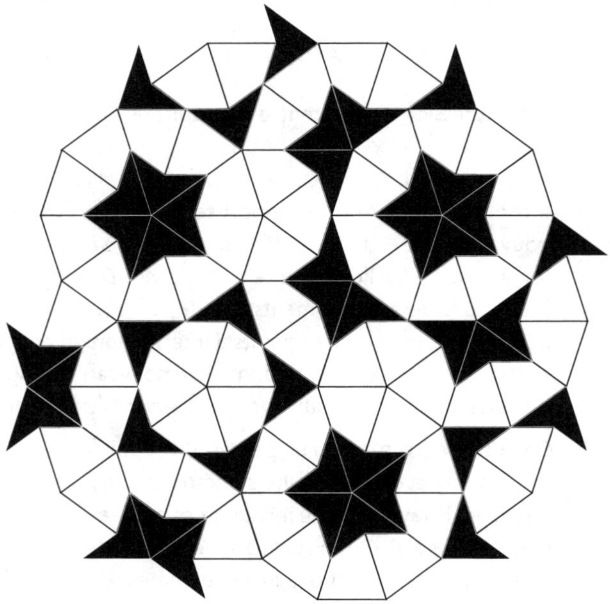

figure 15. Un pavage non périodique de Penrose

Jacques Binet (1786-1856) montrera que u_n est la somme des termes de deux progressions géométriques ayant pour raison $(1+\sqrt{5})/2$ et $(1-\sqrt{5})/2$, soit φ et $-1/\varphi$. Ainsi :

$$u_n = [\varphi^n - (-1/\varphi)^n]/\sqrt{5}$$

de sorte que φ exprime une architecture de la nature. Le franciscain Luca Pacioli (1445-1540), immortalisé par un tableau du peintre Vacopo de Barbari, l'appela *nombre d'or* en 1509 dans son ouvrage *De divina proportione*, dont Léonard de Vinci dessina les figures, l'attachant au concept d'harmonie.

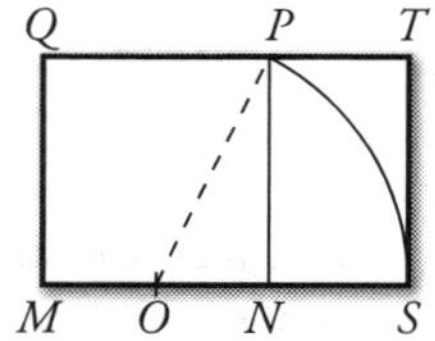

figure 16. Le rectangle d'or

Ainsi le rectangle d'or, dont les côtés sont dans le rapport φ, nous apparaît bien proportionné. On le construit à partir d'un carré $MNPQ$: le cercle ayant O milieu de MN pour centre et OP pour rayon coupant en S la droite MN, $MSTQ$ est un rectangle d'or ; $NSTP$ en est un autre.

Le Parthénon fut un très bel exemple de rectangle d'or, celui-ci ayant sans doute inspiré mainte œuvre. La hauteur de la grande pyramide de Chéops représentait φ fois la demi-longueur du carré représentant sa base. Et dans son ouvrage sur le nombre d'or (publié en 1987 aux Éditions Magnard), Claude-Jacques Willard donne une liste de tableaux — tels que les *Très Riches Heures* du Duc de Berry, *Le Printemps* (Botticelli), le *Couronnement de la Vierge* (le Maître de Moulins), *La Vierge et l'Enfant* (Jean Fouquet) ou *Jésus au milieu des docteurs* (Véronèse) — dans lequels transparaîtrait le nombre d'or.

Si l'on désigne par $2\,a$ et $2\,b$ les axes d'une ellipse, le physiologiste Gustav Fechner (1881-1887) a d'autre part, au siècle dernier, procédé à des sondages quant à la plus jolie. Les suffrages allèrent à celle, inscrite dans un rectangle d'or, pour laquelle $a/b = \varphi$. Elle a pour excentricité $1/\varphi$.

On rencontre aussi φ dans $\mathbb{R}^3$. Le polyèdre régulier à 12 côtés, nommé dodécaèdre, admet 15 plans de symétrie dans chacun desquels se trouve un rectangle d'or. Et l'icosaèdre régulier — dont les 20 faces sont autant de triangles équilatéraux de côté a a pour volume $V = 5\,\varphi\,a^3/6$.

Triangle de Pascal

Le p-ème terme de la n-ième ligne du triangle de Pascal s'obtient en additionnant le terme occupant l'emplacement $(n-1,\ p)$ et celui de l'emplacement $(n-1, p-1)$:

1							
1	1						
1	2	1					
1	3	3	1				
1	4	6	4	1			
1	5	10	10	5	1		
1	6	15	20	15	6	1	
1	7	21	35	35	21	7	1

La somme des nombres de la n-ième ligne vaut 2^{n-1}. Tout nombre est la somme des nombres de la colonne précédente jusqu'à la ligne précédente. Et les diagonales donnent la suite de Fibonacci 0, 1, 1, 2, 3, 5, 8... dont on retiendra que les deux premiers termes ne figurent pas dans l'édition de 1502 du *Liber abaci*.

Des éditions arabes de l'*Almageste* ont été trouvées au XIIe siècle à Tolède : les écoles espagnole, allemande et italienne recueillent une riche documentation. Ce sera, au XVe siècle, le grand âge de l'école de Bologne, avant que les Français ne s'illustrent au cours d'une prestigieuse étape marquée par l'adoption généralisée d'une symbolique grâce à laquelle les mathématiciens vont se doter de leur langage quasi définitif, suivant la voie que leur avait tracée Diophante.

Non content d'avoir lui-même introduit des symboles pouvant être considérés comme modernes, Aryabhata a développé la trigonométrie, calculé des tables. Parce que la montée d'une côte implique, sur une carte, de parcourir un chemin plus long que si le terrain était plat, les Arabes ont assimilé le sinus à un pli : ils ont parlé d'un *djayb* (« poche »). Il deviendra un sinus — abréviation de l'expression latine *semi-inscripta* (à demi inscrite, soit demi-corde) — pour le chanoine Gérard de Crémone (1114-1187), traducteur en latin de maint ouvrages arabes dont l'*Almageste*, les *Tables de Zarqalluh* et un livre de Abu Bakr qu'il intitulera *Liber mensurationum.*

Mais après une longue période de gestation, l'événement surprenant est une systématisation de la symbolique sur une durée historiquement courte qui coïncide avec l'essor de l'imprimerie, celle-ci étant d'abord au service des Européens. Conjuguée avec l'emploi, alors devenu universel, du papier, elle n'est pas seulement un outil de diffusion du savoir en général et des mathématiques en particulier : elle impose une normalisation dont le rôle s'avère majeur pour l'élaboration d'une langue des signes dans les XVe, XVIe et XVIIe siècles.

Alors, chaque mathématicien pourra beaucoup plus facilement bénéficier de la pensée des autres. Et au même titre qu'autrefois l'homme en était peu à peu venu à ne plus penser que par le langage, les mathématiques vont bientôt n'être traitées que par leur langage : il va fournir des outils mentaux de plus en plus puissants jusqu'à devenir les machines sans lesquelles des problèmes seraient insolubles, au même titre que vous n'arriveriez pas à main nue à construire un ouvrage d'art ou seulement à desserrer un écrou fortement vissé.

Chiffres romains et chinois

Cette élaboration d'un langage mathématique a eu pour préambule une écriture des chiffres, avec des symboles universels, dans le système de base 10 et la convention que leur position permet de représenter un nombre quelconque.

Les Romains, dont nous évoquions ci-dessus la faiblesse mathématique de leur système, avaient retenu, pour la suite des nombres, les signes I, II, III, IV, V, VI...

puis X, L, C, M. Le système chinois — présumé conçu à une époque antérieure à la construction de la Grande Muraille — n'est pas d'une essence différente. Recourant à des bâtonnets horizontaux ou verticaux, il est plus simple en même temps que plus subtil, du fait que deux écritures sont possibles, avec des bâtonnets verticaux ou horizontaux et la règle de l'alternance pour traduire une numération de position. Par exemple, 1659 s'écrit en adoptant le mode vertical pour les unités et les centaines tandis que le mode horizontal l'est pour les dizaines et les milliers.

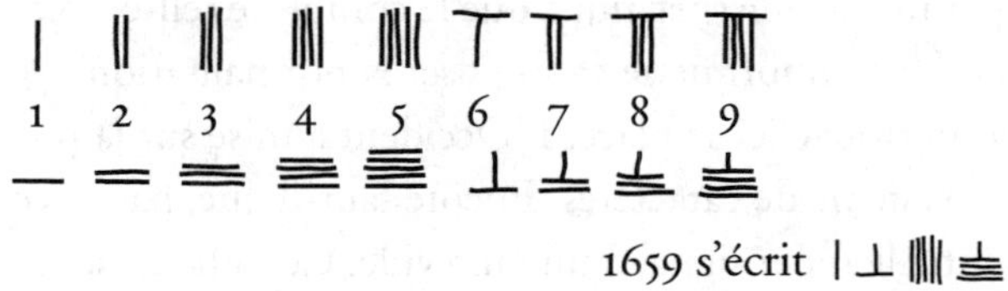

figure 17. Les deux types de caractères chinois

Avec des tableaux dont les colonnes indiquent les puissances de l'inconnue et les lignes ses coefficients, une telle écriture permet l'algèbre. On en a l'illustration avec Li Ye (1192-1279), auteur en 1248 de *Reflets des mesures du cercle de la mer.* D'autre part, pour désigner un nombre négatif, les Chinois ont également, et cela depuis longtemps, recours à deux systèmes. Ce sont le bâtonnet oblique (barrant les horizontaux ou verticaux) et le code de couleur (comme les banques impriment les soldes en noir ou en rouge). À l'époque de Li Ye, le mathématicien Zhu Shijie pose une équation avec des bâtonnets, expliquant comment on la résout après avoir choisi l'inconnue. Nous retiendrons que le système chinois est largement adopté au Japon où, au XVIIe siècle, une école mathématique naîtra sous l'impulsion de Takele Katahiro (1664-1739) et Seki Takakazu (1642-1708). Ils perfectionneront les mathématiques chinoises puis ils adopteront un formalisme pour notamment, dans un cercle de diamètre d, expliciter la longueur a d'un arc en fonction de la corde y qui le sous-tend. La quantité y/d étant le sinus de la moitié de l'angle qui intercepte l'arc a/d, nous savons aujourd'hui en déduire celui-ci : les tables de Takebe peuvent être regardées comme une esquisse de cette procédure.

Paradoxalement, abstraction faite de la très subtile notation d'Archimède pour désigner un nombre quelconque, les Grecs n'avaient pas créé de système de numération rationnel. Leur solution avait été de désigner les chiffres par les lettres de leur alphabet en les faisant suivre d'une apostrophe : α' pour 1, β' pour 2, γ' pour 3... Ainsi avaient-ils choisi de représenter les chiffres 1 à 9, les nombres 10 à 90 et les nombres 100 à 900. Cela exigeait 27 symboles obtenus en ajoutant aux 24 lettres de leur alphabet trois signes spéciaux (*episaimon* pour 6, *coppa* pour 90, *sampa* pour 900).

Retenant chez chacun ce qu'il avait fait de mieux, les Arabes s'étaient inspirés des Babyloniens pour le calcul, des Égyptiens pour l'astronomie, des Grecs pour la géométrie. Ils avaient eu la très bonne idée d'emprunter aux Indiens leur système décimal et on prit l'habitude de parler de chiffres arabes.

Dans l'absolu, ceux-là n'auraient pas été indispensables. Mais ils apportent une précieuse aide à l'esprit, l'identification d'un chiffre étant beaucoup plus facile quand on le représente par une forme spécifique que le complexe œil-cerveau identifie quasi instantanément et dont l'imprimerie va imposer la normalisation.

Une réflexion trouve ici sa place. L'Occident a misé sur la numération de position avec un seul système de caractères. Encore faut-il que, parmi ceux-ci, se trouve un signe pour éventuellement signaler un rang vide. Ce signe existait chez les Babyloniens qui, déjà, avaient opté pour une telle numération : lorsque le rang était vide, ils laissaient un espace blanc. Cela toutefois pouvait prêter à confusion dans la mesure où les distances séparant les caractères n'étaient pas normalisées : ainsi un progrès avait consisté, au IIIe siècle av. J.-C. présume-t-on, à « désigner » qu'un espace était vide en y plaçant le signe  dans lequel il s'imposerait de voir une préfiguration du zéro.

La représentation romaine dispensait de celui-ci ; elle écrivait MV pour 1005 parce que les symboles étaient différents selon leur rang. Mais le zéro va se révéler nécessaire quand les mêmes symboles sont utilisés aux différents rangs.

Selon certaines sources, le zéro aurait figuré, en tant que signe d'une numération de position en base 10, sur un texte sanscrit du 28 août 458. À la même époque, il aurait été utilisé par des prêtres-astronomes mayas. On le découvre en Inde, dans le sanscrit *Devanagan*, au IXe siècle, qui a élevé de 9 à 10 par son introduction le nombre des signes du système de numération. Le mathématicien Mahâvirâ souligne que l'on peut multiplier un nombre par zéro, et également lui ajouter ou retrancher zéro qui, en conséquence, doit être regardé comme un nombre à part entière. Il apparaît, à peu près à la même époque dans l'arabe oriental, alors que s'esquissent les graphismes de nos chiffres actuels.

Zéro vient au demeurant de l'arabe *sifr*, signifiant vide, dont une autre déformation a donné chiffre. La latinisation de *sifr* est le fait de Fibonacci qui l'a appelé *zefiro* : ce sera par la suite *zépiro* puis zéro. Cependant, le rôle de celui-ci apparaît longtemps mystérieux. Il est déconcertant que beaucoup de choses changent en utilisant le symbole du vide : il permet d'écrire 1005, 105 ou 15. Où par ailleurs situer le zéro dans la séquence des nombres ? Avant 1 ? Ce serait sacrilège de précéder Dieu et l'Univers. Pas davantage, on ne saurait mettre la représentation de « rien » au-dessus du plus grand des chiffres.

De cette méfiance envers le 0 et tout ce qui lui est attaché, dont la numération de position, on trouvera une illustration dans le fait qu'au XVe siècle, en Europe, on utilise encore essentiellement les chiffres romains. En témoigne leur présence sur les horloges anciennes. Alors, cependant, les chiffres arabes ont à peu près pris leur forme actuelle en Italie (le 7 est plus généralement représenté par Λ en France).

Le siècle de Viète

La gestation d'un langage mathématique passe par l'adoption d'abréviations. Le terme sinus est abrégé en *sin* par Thomas Finke (1561-1646) encore appelé Finck, Fink ou Finchius, et dont l'ouvrage *Geometria rotundi* (publié à Bâle en 1582) représente une importante contribution à la trigonométrie : on y voit apparaître le terme de tangente, noté *tan*.

Un consensus va d'autre part intervenir pour l'adoption de signes autres que les chiffres. Ils deviendront autant de termes usuels dans le langage auquel nous sommes aujourd'hui habitués, le recours à une notation nous semblant aller de soi. En réalité, un libellé tel que $3x^2 + x = 4$ est récent. Au XVe siècle, les propos du mathématicien sont en effet tenus en termes courants. On aurait énoncé l'équation ci-dessus : « Trois fois l'arithme multiplié par lui-même, augmenté de cet arithme, font quatre. »

Or voici que l'algèbre prend une nouvelle dimension : après avoir été le *ahe* ou *han* pour le copiste Ahmen, le *plethos* d'unités non définies pour Diophante, le *ya* (abréviation de *yavat-tavat*) pour Brahmagupta, le *yuen* pour les Chinois, le *shay* pour les Arabes, l'arithme devient une lettre. Dans son *Ars Magna* en 1545, Jérôme Cardan (1501-1576) l'appelle R, initiale à la fois de *res* (chose) et de *radix* (racine). Pour R au carré, dans lequel les Grecs voyaient un « tétragone », Cardan adopte, comme l'avait déjà suggéré Luca Pacioli, la notation R ce, abréviation de R *census*, ce dernier mot inspiré des Arabes aux yeux desquels il fallait voir une « abondance » *(mâl)* dans le fait de multiplier un nombre par lui-même. Pour la troisième puissance de R, Cardan adopte la notation de R cu pour R *cubus*, selon Diophante, qui avait utilisé le mot *koubos*.

À la même époque, le mot *équation* est introduit par un professeur au Collège de France qui figurera parmi les victimes de la Saint-Barthélémy : Pierre de la Ramée, *alias* Peter Ramus (1515-1572). Le terrain est alors préparé pour un grand pas.

Il est franchi par François Viète (1540-1603) auquel des études chez les Cordeliers ont permis de lire les mathématiciens grecs dans le texte. Ce Vendéen a en outre suivi des cours de droit à Poitiers. Pris de passion pour Diophante et Cardan, il résout des problèmes avec une habileté lui valant d'être sollicité — il sera conseiller du roi — pour décrypter les messages envoyés d'Espagne aux Pays-Bas : il excelle dans cette activité au point d'être soupçonné de sorcellerie par les diplomates espagnols.

En 1591, Viète publie *In artem analyticem isagoge*, une introduction à un art analytique qui serait le problème suprême, à savoir l'art de donner la solution à tout problème, commettant l'erreur, que Descartes renouvellera, de croire que tout problème peut être résolu *(Nullum non solvere problema)*. Viète traite du calcul numérique, dit *logistique nombreuse*, et également du calcul sur les signes, dit *logistique spécieuse* : il représente par des lettres les inconnues et également les quantités connues afin d'avoir immédiatement le résultat si elles viennent à prendre des valeurs différentes. La règle non graduée et le compas apportent toujours une solution aux problèmes du premier et du second degré, note Viète qui ajoute : au-delà, on recourra à des constructions par points.

Si la notation symbolique offre un intérêt mental considérable, les signes sont toutefois arbitraires à l'instar des mots de nos langues. Ainsi est-il naturel que, dans un premier temps, les systèmes de notation soient multiples. Nos actuels signes de l'addition et de la soustraction $+$ et $-$ sont introduits en 1489 dans un livre d'arithmétique de Johann Widman (1462-1498) dit d'Eger, parce que, né dans cette ville de Bohême, auteur en 1489 de *Algorithmus linealis*, premier ouvrage imprimé où apparaissent pour une arithmétique commerciale $+$ et $-$, ces signes étant toutefois moins des symboles que des opérateurs pour des échanges de marchandises. Auparavant, on se contentait, en France et en Italie, des lettres p et m, initiales de plus et de moins après que Diophante avait, croit-on, adopté pour la soustraction le symbole ⋔ en même temps que la lettre ℓ initiale de *lipontès* (« différence ») que d'aucuns devaient reprendre. C'est en 1489 également que Viète a désigné l'inconnue non par R mais par A, se donnant pour règle de réserver les consonnes pour les données et les voyelles pour les inconnues. Il note d'autre part Aq (q pour *quadratus*, le latin ayant pris le pas sur l'arabe) le carré de A et Ac (c pour *cubus*) son cube, æ pour *æqualis*. Notre équation est devenue : 3 Aq + A æq 4.

Viète adopte « in » pour la multiplication. C'est une opération en croix : pour multiplier 23 par 51, on peut en effet insérer entre les produits des extrêmes (2 fois 5 = 1 dizaine et 3 fois 1 = 3 unités), la somme des produits en croix (2 fois 1 + 3 fois 5, soit 17) : cela donne 1173.

Le signe $\times$ est en conséquence préconisé par l'infatigable écrivain William Oughtred (instigateur de l'emploi de π, avons-nous signalé), soucieux d'introduire une grande rigueur en algèbre et en trigonométrie.

La multiplication composite

Souvent dite multiplication musulmane pour avoir été proposée par le Syrien Beha-Eddin (1547-1622), la multiplication composite de deux nombres ayant respectivement *N* chiffres et *P* chiffres s'opère en utilisant les *NP* cases carrées d'un rectangle incliné afin que leurs diagonales soient verticales. Dans ces cases, on inscrit les produits de chacun des chiffres du premier nombre par chacun des chiffres du second, chaque produit étant un nombre de deux chiffres : on les dispose à gauche et à droite de la diagonale. La séquence de ces diagonales est constitutive de colonnes qui sont alors prises en considération les unes après les autres, de la droite vers la gauche. Dans chacune, on procède à une addition des termes qu'elle renferme, compte étant tenu de retenues éventuelles.

Si, par exemple, on veut multiplier 6285 par 714, on crée le rectangle de travail ci-dessous. En regard de 5 et de 7 on inscrit 35 dans la case n°1, la plus haute. Ce sont ensuite 56 en regard de 8 et de 7, 14 en regard de 2 et de 7...

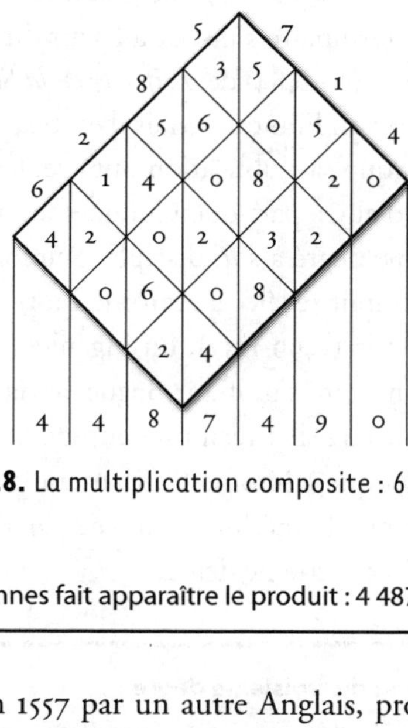

figure 18. La multiplication composite : 6285×714

Le total des sept colonnes fait apparaître le produit : 4 487 490.

Le signe = est inventé en 1557 par un autre Anglais, professeur à Oxford et à Cambridge, Robert Recorde (1510-1558), premier à écrire sur l'astronomie en anglais, aux yeux duquel deux barres parallèles donnent une bonne image de l'égalité. Son adoption, cependant, tardera quelque peu. Ainsi, l'ingénieur militaire hollandais Simon Stevin (1548-1620), fondateur de l'hydrostatique et créateur de la théorie des fractions décimales, note l'égalité ∝ (à peu près notre actuel symbole de l'infini) dans un ouvrage que traduit Albert Girard (1595-1632). Ce signe, une déformation de æq, sera utilisé en France, notamment par Descartes, concurremment à *S*.

Mais déjà le symbolisme n'est plus ancré dans la réalité. Raffael Bombelli (1530-1573) publie à Bologne en 1572 l'*Algebra porte maggiore de l'aritmetica divisa in tre libri*, montrant que deux des trois racines d'une équation du 3ᵉ degré peuvent être imaginaires. Bombelli note p.d.m. pour *piu di meno* la racine carrée d'un nombre négatif, avec la grande audace d'appeler i la racine carrée de −1. Or les nombres négatifs n'ont pas de racine carrée puisque la multiplication d'un nombre par lui-même donne forcément une quantité positive. C'est un problème d'une nouvelle nature que va poser la signification de i.

Artis analyticæ praxis a été publié en 1631 par Thomas Harriot (1560-1621), un astronome qui a regardé la Lune dans une lunette dès 1609, c'est-à-dire plusieurs mois avant Galilée ; il a ensuite systématiquement étudié les taches solaires et les satellites de Jupiter. C'est l'un des fondateurs de l'algèbre moderne avec Viète dont il reprend le symbolisme. Harriot adopte les symboles $>$ et $<$ pour « plus grand que » et « plus petit que », choisissant de désigner les quantités connues par des voyelles et les inconnues par des consonnes : il note aa le carré de a et aaa son cube.

Un travail extraordinaire s'inscrit à l'actif du médecin lyonnais Nicolas Chuquet (1445-1500), auteur (en 1484) de *Triparty en la Science des Nombres*, le plus ancien traité d'algèbre écrit par un Français. Mais il est beaucoup trop en avance sur les idées de l'époque au point que sa publication aura seulement lieu en 1880. Une histoire controversée affirme d'autre part que Chuquet aurait confié la solution générale de l'équation du troisième degré à son disciple, Scipione del Ferro (1465-1526), professeur à Bologne qui l'aurait révélée à Antoine Fiori. Celui-ci lance le défi que devait relever Niccolo Tartaglia (1499-1557), un ingénieur appliquant les mathématiques à l'artillerie qui doit son nom, signifiant Bègue, au fait que, lors de la prise de Brescia par Gaston de Foix en 1512, il a reçu un coup de sabre au visage. Tartaglia trouve la formule et la communique à Jérôme Cardan qui la publie en 1545 dans son *Ars magna*, en même temps que la méthode trouvée par Federico Ferrari (1522-1565) pour résoudre l'équation du quatrième degré.

L'équation du troisième degré

On résout l'équation du troisième degré sous sa forme canonique $x^3 + px + q = 0$ en introduisant $x = u + v$ avec $u^3 + v^3 + q = 0$ et $3uv + p = 0$. Il suffit alors de poser $u^3 = U$ et $v^3 = V$ pour être ramené au calcul de deux nombres connaissant leur somme ($U + V = -q$) et leur produit ($UV = -p^3/27$). Ce sont les racines de l'équation du second degré $X^2 + qX - p^3/27 = 0$ et à ce stade la question pourrait sembler réglée. Il n'en est rien car le passage de U à u interpelle du fait qu'un nombre admet trois racines cubiques : ce sont, pour l'unité, 1, j et j^2. Ainsi doit-on retenir que $x = au + bv$, a et b pouvant l'un et l'autre avoir l'une de ces trois valeurs. Cela donne neuf valeurs pour x, à savoir les trois racines de l'équation du troisième degré que l'on cherche à résoudre et six intruses, avec les difficultés de calcul qui peuvent en découler et dont on aura quelque idée avec une équation aussi simple que $x^3 - 19x + 30 = 0$, dont les racines sont 2, 3 et -5. Il n'est pas immédiat de les obtenir à partir de u^3 et v^3 valant $-15 \pm \sqrt{-\frac{784}{27}} \left[= \left(1 \mp \sqrt{-\frac{16}{3}}\right)^3 \right]$. Nous savons qu'en plusieurs occasions des mathématiciens furent assez déconcertés par le fait qu'un nombre puisse se présenter sous la forme d'une expression comportant des cascades de radicaux, éventuellement avec des imaginaires.

Notons au passage que l'existence de u et de v pose aussi problème. Cela ne marche que si l'on est dans un corps analogue à celui des nombres complexes puisque l'égalité $x = u + v$ avec $3uv + p = 0$, où x et p sont connus et u est inconnu conduit à l'équation du second degré $3u^2 - 3ux - p = 0$, qui peut ne pas avoir de racine. La meilleure preuve en est que cette méthode de Cardan ne fonctionne pas dans d'autres corps (celui des rationnels par exemple, mais aussi dans d'autres types de corps plus abstraits).

Pour résoudre l'équation $x^3 - 19x + 30 = 0$, les méthodes consistant à tracer la courbe d'équation $y = x^3 - 19x + 30$ et à chercher ses intersections avec l'axe des abscisses, ou à lire les racines sur une calculette, en sachant a priori que les solutions sont des entiers, sont assurément bien plus rapides et plus sûres. Essentiellement, l'intérêt de la méthode dont Cardan s'est attribué la paternité dans les conditions que nous savons est d'apprendre qu'une équation du troisième degré admet des solutions par radicaux. Plus encore la considération vaut pour la résolution d'une équation canonique du quatrième degré $x^4 + ax^2 + bx + c = 0$ en faisant du premier membre un produit des deux trinômes $x^2 + mx + n$ et $x^2 + m'x + n'$, les valeurs des coefficients m, m', n, n' s'obtenant par des identifications où intervient l'équation du troisième degré.

Les problèmes de Nicolas Chuquet

Parmi les nombreux problèmes posés dans *Triparty* par Nicolas Chuquet, nous relevons celui-ci :

« Trois joueurs conviennent que le perdant d'une partie devra doubler l'avoir de chacun des deux autres. Ils jouent trois parties, chacun en perdant une. Chacun se trouve alors posséder 16 pièces. On demande combien de pièces les différents joueurs possédaient initialement. »

Nous avons la solution en dénommant A, B, C les perdants des parties successives et en commençant par considérer la dernière, à l'issue de laquelle C a dû donner 8 pièces à A et 8 pièces à B. C'est dire qu'à la fin de la deuxième partie, la situation était :

$$\begin{bmatrix} A & B & C \\ 8 & 8 & 32 \end{bmatrix}.$$

À la fin de la première partie le tableau des avoirs était donc :

$$\begin{bmatrix} A & B & C \\ 4 & 28 & 16 \end{bmatrix}.$$

Et initialement il se présentait comme suit :

$$\begin{bmatrix} A & B & C \\ 26 & 14 & 8 \end{bmatrix}.$$

Conclusion : mieux vaut ne pas perdre au début !

À Nicolas Chuquet, nous devons par ailleurs le truc de la carte devinée parmi 21 présentées sous la forme de 3 colonnes de 7 que l'on crée en disposant les cartes 1, 2, 3 en tête de chacune des colonnes, puis les cartes 4, 5, 6 en dessous pour constituer une deuxième rangée... On ramasse alors les cartes sans changer leur ordre dans la colonne, la colonne dans laquelle se trouve la carte désignée étant placée au milieu. On réitère à deux reprises. La carte choisie est en onzième position dans le tas.

Surtout Chuquet a imaginé l'exposant négatif : il s'imposera au XVIIe siècle, aboutissement de démarches parallèles, dont celles du Suisse Jobst Bürgi (1552-1632) et surtout de l'Écossais John Napier (1550-1617) dit Neper, un baron presbytérien, à la fois ingénieur (constructeur de miroirs brûlants) et administrateur de vastes domaines, qui invente les logarithmes pour calculer plus vite. L'idée est de remplacer les multiplications par des additions et les divisions par des soustractions. C'est possible si l'on a créé une table de correspondance entre deux suites, à savoir une progression arithmétique et une progression géométrique (cette vue est la nôtre aujourd'hui, elle n'était pas aussi claire à l'époque). Henry Briggs (1561-1631), très enthousiasmé par l'idée, convainc Neper d'adopter 0, 1, 2, 3... pour la première suite et 1, 10, 100, 1000... pour la seconde. Alors 0 est dit logarithme décimal de 1, 1 est le logarithme de 10, 2 est le logarithme de 100, 3 est le logarithme de 1000... Pour multiplier deux nombres quelconques, il suffit d'ajouter leurs logarithmes que des tables peuvent donner. Non content d'utiliser les exposants négatifs, John Wallis (1616-1703) — le mathématicien qui succède à Briggs à la chaire savilienne d'Oxford — introduira dans la foulée de ce concept, les exposants fractionnaires, un nombre quelconque pouvant toujours être regardé comme une puissance de 10. Par exemple $3 = 10^{0,477\cdots}$, tandis que $1789 = 10^{3,252\cdots}$

Imaginée pour gagner du temps quand on doit faire des calculs à longueur de journée, cette instauration d'une correspondance entre deux suites est une entreprise de grande portée sur le plan théorique du fait qu'elle est peut-être la première trace de l'introduction du concept de « fonction » au sens propre du terme, en ce sens que si l'on désigne une variable dans l'une de ces suites, la valeur de son correspondant est fonction de celle-ci. Il faudra attendre la fin du XVIIe siècle pour que cette idée devienne consciente.

Mais la rapidité à laquelle cette fonction change doit elle-même être regardée comme une fonction, et la question ne manque pas de se poser : ces deux fonctions ne pourraient-elles pas être identiques ? On devra répondre par l'affirmative si, à la suite 1, 2, 3... n, on fait correspondre un certain nombre e — qu'il s'imposera d'appeler base des logarithmes népériens — et ses puissances successives. C'est un nombre remarquable et transcendant, comme π, que les mathématiciens auront mainte occasion de retrouver.

La règle à calcul

Application directe des logarithmes — on la présentera comme « une table de logarithmes en bâtons » — la règle à calcul est imaginée par Edmund Gunter (1581-1626), recteur de St-George's Church et professeur d'astronomie au Gresham College London. Il a signalé la variation séculaire de la déclinaison magnétique ; nous lui sommes redevables des termes cosinus et cotangente ainsi que des contractions de cosinus en cos et tangente en tan. Gunter présente en 1624 dans *Description and Use of the Sector, the Crosse-staffe and other Instruments* un dispositif faisant coulisser deux graduations non pas avec des nombres régulièrement espacés, ce qui les additionnerait, mais avec leurs logarithmes : les nombres sont multipliés. En jouant avec plusieurs échelles sur une règle glissant sur une autre, on effectuera de nombreuses opérations, Ce sont des possibilités plus grandes encore qu'autorisera un cercle à calcul. Analogiques, ces moyens manuels sont tombés en désuétude à l'heure des calculettes qui, numériques, fournissent un nombre élevé de décimales. En fait, règles et cercles peuvent être plus rapides quand les données sont entrées d'un seul geste par un utilisateur habile si l'on se contente de trois chiffres significatifs, pour interpréter les premiers résultats d'une élection, ou, d'une manière générale, donner des « ordres de grandeur ».

Le siècle de Descartes

Entretemps en effet, Descartes a franchi le Rubicon en écrivant, en 1637, a^2 pour aa. Il a par ailleurs inventé, indépendamment de Fermat, les coordonnées auxquelles son nom est attaché : une légende voudrait que le vol d'une mouche les lui ait suggérées. Aux courbes ou aux surfaces sont alors attachées des équations et un nouveau pont se trouve jeté entre l'algèbre et la géométrie avec l'immense somme de problèmes qu'il va poser. Bien que, dans ces coordonnées, Descartes n'ait évoqué les trois dimensions de l'espace qu'une seule fois, l'habitude allait se prendre de leur réserver les trois dernières lettres de l'alphabet : x, y, z. Ce seront x et y dans un plan, x avec une seule dimension. Quand elle est unique, l'inconnue sera ainsi x. Finalement l'équation prendra sa forme $3x^2 + x = 4$ sans que la représentation de l'arithme ait de l'importance. On écrirait aussi bien $3t^2 + t = 4$, $3\S^2 + \S = 4$. Voire $3.2 + . = 4$ (écriture de Nicolas Chuquet). La personnalisation de l'arithme a toutefois l'avantage d'apporter de grandes facilités pour traiter un système d'équations à plusieurs inconnues.

Une concomitance mentale ne saurait être le fait du hasard, en ce sens que, quasiment à la même époque, une symbolique est adoptée en musique. Longtemps, aucune partition écrite n'a existé : les systèmes de notation musicale sont apparus au XIVe siècle. Ils convergeront eux-mêmes aussi vers une écriture universelle.

Meilleur accès aux éléments significatifs

Bientôt donc, le mathématicien n'évoquera plus sa discipline autrement que par cette notation symbolique, au même titre que l'homme pense aujourd'hui par le langage. Nous traduisons intérieurement nos réflexions ou nos projets par des mots, sans avoir seulement le souvenir du temps où nous ne parlions pas, enclins à raisonner sur le plan mathématique comme si la notation symbolique avait toujours existé. Lors de son adoption, on dénonça une suppression de l'effort.

Or la concision permise par la symbolique est fructueuse. Au temps où ils dictaient un cours, les professeurs conseillaient à leurs élèves d'adopter un signe pour, par exemple, ne pas devoir à écrire à tout bout de champ « dans les mêmes conditions de température et de pression ». En mathématiques, le symbole n'apporte pas seulement gain de temps et élégance : il valorise le significatif.

Quand nous entendons une langue étrangère, les aires sollicitées dans notre cerveau ne sont en effet pas les mêmes que pour notre langue maternelle. Hormis le cas de bilinguisme, un travail mental supplémentaire est nécessaire pour une extraction de la pensée. Or on est seulement conscient d'une chose à la fois. C'est particulièrement pénalisant en mathématiques où — à la différence des mots ayant leur répondant dans le monde physique — les symboles sont une réalité seulement dans l'esprit du mathématicien, reconfigurant le cerveau à partir des souvenirs.

Ainsi peut-on dire qu'avec les facilités offertes à l'esprit a été amorcée la rétroaction par laquelle les signes vont se multiplier. Après s'être comptés sur les doigts de la main, ils seront bientôt beaucoup plus nombreux que les lettres des alphabets latin et grec ; mais on ne sera pas en peine pour toujours créer des symboles. Avec cette contrepartie : l'apprentissage des mathématiques apparaît pour le non-initié aussi difficile que celui du japonais. Au cours de sa scolarité, le jeune Nippon doit en effet consacrer chaque année à l'apprentissage d'un certain nombre d'idéogrammes. Les signes mathématiques sont quand même moins nombreux, mais ils doivent avoir été assimilés. C'est, nous le soulignions, le problème de la langue : pour l'exercice d'un métier, la seule vision de ses outils est peu parlante, seul leur usage systématique permet à qui les manie d'en faire ce qu'il veut. Autrement dit, pour comprendre les mathématiques, on doit commencer par faire des mathématiques de manière à instaurer des automatismes mentaux à l'instar de cet automatisme physique qu'est la marche, ou encore des gestes du prestidigitateur auxquels nous ne voyons que du feu : il s'est entraîné devant un miroir mais il livre rarement ses secrets, alors que le mathématicien fait admirer la grande élégance de ses gestes mentaux dont il retire tant d'avantages.

L'école mathématique française

Une domination de cet outil mental explique, au XVIIe siècle, l'extraordinaire prestige de l'école mathématique française dans un contexte quasiment unique. Les cerveaux en effet sont là au moment où s'épanouit ce symbolisme mathématique et la France s'est assuré la suprématie en Europe alors que débute en 1661 le règne personnel de Louis XIV. Et celui-ci va encourager vivement le mouvement scientifique — créant en 1666 une Académie royale des sciences promise à tenir ses séances dans le somptueux observatoire dont, sur le conseil de Colbert averti de l'enjeu par l'astronome Adrien Auzout (1622-1691), il a décidé la construction à Paris. Par plaisir et par intérêt.

Le plaisir est réel d'accéder à un extraordinaire monde de la pensée : dès 1640, un véritable Salon mathématique a vu le jour, ne faisant pas mauvais ménage du tout avec les Salons, à l'instigation du père minime Marin Mersenne (1588-1648), créateur d'une informelle *Academia parisiensis* où l'on discutait abondamment de jeux et de nombres, en 1644, et notamment des nombres de Mersenne, ceux-ci étant de la forme $M_p = 2^p - 1$ où p est un nombre premier. C'est une condition nécessaire pour que M_p soit lui-même premier, mais non suffisante : au début de l'année 2000, on connaît 38 de ces nombres, dont les 37 plus petits, où p varie de 2 à 6 972 593, en passant par 3, 5, 7, 13, 17, 19, 31, 61, 89, 107, 127, ... et 3 021 377 ; sans que l'on sache sur quel algorithme il s'appuyait, Mersenne avait commis cinq erreurs dans sa liste, censée donner tous les nombres premiers de ce type pour $p \leqslant 257$, en affirmant à tort que M_{67} et M_{257} étaient premiers, et en oubliant M_{61}, M_{89} et M_{107}.

L'intérêt est d'accroître la puissance de la France en donnant à celle-ci de meilleures cartes — une tâche largement confiée aux mathématiciens avec les bénéfices que leur discipline en retirera — et en permettant à ses navires de mieux se repérer en mer. Une fantastique course à la longitude est engagée : nous la vivrons avec les sciences de la Terre.

Pascal et Fermat

L'extrême fécondité du symbolisme en mathématiques est un atout pour Blaise Pascal (1623-1662), analyste, calculateur autant que géomètre. Après Galileo Galilei (1564-1642), Gilles de Roberval (1602-1675) et Evangelista Torricelli (1608-1647), il s'intéresse à la cycloïde, courbe décrite par un point d'une circonférence qui roule sans glisser sur un axe, singulièrement un jour où il veut oublier une rage de dents, nous dit-on. Quant à Fermat, il est lui-même un gigantesque arithméticien dont le nom est attaché à la famille des nombres de la forme $F_n = 2^{2^n} + 1$, premiers pour $n = 1, 2, 3, 4$ mais pas au-delà semble-t-il, contrairement à ce qu'avait présumé leur inventeur. Celui-ci est par ailleurs un géomètre intéressé par la spirale parabolique des marguerites ($\rho^2 = a^2\omega$) et, comme nous le verrons plus tard dans ce livre, par des solides dont il calcule les centres de gravité. C'est surtout le créateur de la théorie moderne des nombres, dont le « dernier théorème » intriguera les mathématiciens pendant plus de trois siècles. Le symbolisme permet par ailleurs de libeller en des termes nouveaux maints problèmes posés par la science des nombres ainsi que par ces tueurs de temps, les jeux.

Platon s'était autrefois intéressé au jeu de Parquet. Les dames, les échecs, les jeux de marelle, de cartes, les casse-tête, le jeu dit « des demoiselles », le jeu d'Hamilton ou les carrés magiques se mettent à relever des mathématiques, à l'extraordinaire épanouissement desquelles nous assistons. Leur langage est un événement d'une importance comparable à celle d'Internet pour le monde actuel. Le mouvement a décollé au XVIIe siècle. Il se poursuivra au XVIIIe et au XIXe siècle. Ainsi, pour désigner la factorielle d'un nombre entier n, à savoir le produit $1.2.3.(n-1).n$, Euler va suggérer d'écrire N. Le symbole $\lfloor n$ a été inventé en 1827. On lui préférera, pour des raisons typographiques, notre écriture actuelle $n!$ due, semble-t-il, en 1808, à Christian Kamp de Strasbourg, professeur à Cologne.

Et il faut parler d'une nouvelle méthodologie qui, en même temps que ce symbolisme, a été adoptée consécutivement à l'invention des coordonnées cartésiennes. Elle est à l'origine de travaux et de réflexions qui vont donner une nouvelle dimension à la mathématique.

La géométrie analytique

C'est d'abord un couplage très étroit entre algèbre et géométrie. Sont directement concernées quelques courbes, telles que la cycloïde ou les coniques, à commencer par le cercle, pouvant être dites naturelles dans la mesure où depuis longtemps elles avaient été rencontrées par les mathématiciens qui en avaient découvert certaines propriétés par des moyens géométriques, souvent fort élégants mais avec des possibilités limitées.

Les coordonnées cartésiennes permettent de prendre en considération ces courbes d'une toute autre façon, à partir de la relation qui existe entre les coordonnées de leurs points. L'équation n'est pas la même selon la position et l'orientation des axes que l'on aura choisis, avec des chances d'être particulièrement féconde si l'on prend pour origine des coordonnées un point remarquable O de la courbe, par exemple un éventuel centre de symétrie, surtout si Ox et Oy sont des axes de symétrie. Voir comment la courbe est coupée par une droite ou par une autre courbe, établir que des points sont alignés ou que des segments sont égaux, relèvent essentiellement de calculs en général faciles à programmer ; à l'âge des ordinateurs, ils seront exécutés par des machines. Tel est le sens d'une nouvelle discipline mathématique dite *géométrie analytique*, impliquant essentiellement une stricte application de règles et de ce fait moins prestigieuse que la géométrie pure où souvent l'intuition était souveraine. Mais ses horizons sont très vastes.

Certains problèmes sont mieux et plus rapidement résolus par la géométrie pure. D'autres le sont plus sûrement par la géométrie analytique. On dispose du plus riche arsenal de moyens si l'on tire judicieusement parti de l'une et de l'autre.

Le recours à des coordonnées cartésiennes présente un autre aspect. Au lieu de mettre en équation une courbe que l'on connaît, on peut se proposer de produire la « courbe représentative » d'une relation entre des grandeurs diverses. Ce sera par exemple l'équation traduisant que, pour une température donnée, est constant le produit du volume V d'un gaz par sa pression P (loi de Mariotte-Boyle). On porte P en abscisses et V en ordonnées ; la courbe représentative, une branche d'hyperbole équilatère, visualise le scénario des compressions dans une pompe ou dans un moteur.

À ce stade, une étape est franchie dans la mesure où le mathématicien va de plus en plus systématiquement raisonner sur des espaces abstraits, créés en portant mentalement sur des axes de coordonnées (ceux-ci pourront être en nombre quelconque) les valeurs respectives de grandeurs liées.

La dérivation

La mise de l'outil mathématique au service de maintes courbes, naturelles ou représentatives d'une équation, se traduit par un grand essor de la théorie des fonctions. Apparu avec la correspondance, instaurée par Neper, entre deux suites de nombres, le concept s'est affirmé à l'heure des coordonnées cartésiennes avec deux axes pour deux grandeurs, l'une calculable à partir de l'autre. À une valeur de la variable x correspondent zéro, une ou plusieurs valeurs de y, le cas rêvé étant celui — rencontré par exemple avec la droite $y = ax + b$ ou une cubique de type $y = x^3 + px + q$ — où, pour toute valeur de x, une valeur réelle de y et une seule satisfait à l'égalité donnée.

Bien entendu, rien n'interdit de regarder, inversement, x comme une fonction de y ; c'est facile dans notre équation ci-dessus de la droite puisqu'elle peut s'écrire $x = y/a - b/a$. Parfois, c'est moins simple ; c'est souvent impossible (comme pour la cubique ci-dessus ou pour sa sœur *elliptique* $y^2 = x^3 + px + q$).

Une équation est dite implicite si elle loge x et y à la même enseigne par une équation telle que $f(x,y) = 0$. Les études de fonction vont demander des siècles et donner lieu à des travaux d'une grande fécondité dans le cadre de recherches par lesquelles le mathématicien, éclairé sur ce qu'il peut faire avec ses outils, se trouve conduit à en forger de nouveaux. C'est en vérité un vaste domaine dont la prospection incite à s'intéresser d'abord aux fonctions dites continues, lorsque à deux valeurs voisines de la variable x correspondent deux valeurs voisines de la fonction y.

Une entité dérivée du concept de fonction, ce qui conduira à la dénommer, va revêtir une importance particulière. Nous avons rapporté, à propos de Neper, la démarche consistant à rechercher une fonction identique à celle qui en traduit les variations. D'une manière générale, reprenant volontairement ici le style ancien, si l'on désigne par Δy la valeur dont y s'accroît lorsque la variable x devient $x + \Delta x$, la considération de la quantité $\Delta y/\Delta x$ apparaîtra riche en enseignements si l'on est en mesure de l'expliciter. Quand elle est positive, on saura en effet que la fonction est croissante. Elle augmentera d'autant plus vite que ce rapport $\Delta y/\Delta x$ aura une valeur plus forte. A priori, elle sera différente pour les divers points de la courbe (C)

représentative de cette fonction ; on définira sa valeur en rendant Δx plus petit que n'importe quelle quantité donnée à l'avance, convenant d'adopter la notation dy/dx de Gottfried Leibniz (1646-1716) lorsque les accroissements tendent vers zéro. Ce rapport limite définit la dérivée de la fonction y : c'est une nouvelle fonction, notée y', qui fait connaître le « profil » de y. Aux valeurs de x pour lesquelles $dy/dx = 0$, correspondent en effet des points de (C) où la tangente est horizontale, ce qui est notamment le cas lorsque la fonction présente un minimum ou un maximum. Nous reviendrons plus loin sur cette démarche capitale, par exemple à propos de la tentative intéressante de Fermat.

Plus généralement, la dérivée en un point donne la pente de la droite qui est tangente à la courbe en ce point, c'est-à-dire la tangente de l'angle qu'elle fait avec l'axe Ox si le repère est orthonormé. Aussi longtemps que y' croît, y augmente toujours plus vite, de sorte que sa courbure conserve le même sens. D'où l'intérêt de considérer la dérivée de y', qui sera la dérivée seconde de y. On la note y''; les valeurs pour lesquelles y'' s'annule correspondent à un changement de signe de la dérivée, et donc généralement à un point d'inflexion de (C).

Telles sont du moins les premières réflexions auxquelles se livrent les mathématiciens lorsqu'ils commencent à explorer le parc des fonctions, tenant des propos qui, parfois, manquent de la rigueur souhaitable : mais celle-ci va être recherchée par un langage toujours plus pertinent pour traiter les fonctions.

On affirme volontiers qu'en évolution, la fonction crée l'organe. En mathématiques, elle induit le langage, en l'occurrence un ensemble de symboles et de mots pour traduire les nuances de l'esprit, explorateur des fonctions. Avec des occasions de plus en plus nombreuses d'utiliser ce langage, de sorte que son développement est au service de découvertes, qui viendront en assurer l'affinement et l'enrichissement par une prodigieuse extension du champ des mathématiques.

C'est d'abord à une extraordinaire floraison d'études de courbes que l'on assiste après l'invention des coordonnées cartésiennes dont, bien entendu, un large usage est d'abord fait par Descartes lui-même.

Ainsi attachera-t-il son nom à un *folium* d'équation $x^3 + y^3 - a\,xy = 0$, une cubique unicursale dont la boucle évoque la forme d'une feuille. Et, pour résoudre un problème d'optique, Descartes s'intéresse aux *ovales* que décrit un point M dont les distances r et r' à deux points fixes O et O' sont liées par une relation linéaire $ar + br' = c$. Ces ovales intrigueront plus tard du fait qu'ils donnent un exemple de courbe en deux parties, sans le lien d'un trait et sans que l'on puisse attacher à l'une une équation propre. La *strophoïde droite*, une cubique circulaire d'équation $x(x^2 + y^2) - a(x^2 - y^2) = 0$ aux maintes propriétés, est étudiée par Roberval.

L'hypocycloïde de Steiner

La géométrie du triangle continue à fasciner de nombreuses personnes, professeurs et élèves par exemple, et même à s'enrichir : c'est un apport intéressant que lui assure aujourd'hui l'informatique par ses affichages et animations. Sur une figure comportant des dizaines de points et de droites, il peut en effet être fastidieux de raisonner, plus encore de découvrir ce qui se passe quand certains éléments changent. Sur un écran, on exploite toutes les ressources de la couleur et du graphisme pour faire apparaître d'une part en toile de fond l'ensemble de la figure, d'autre part en traits forts tels éléments signifiants sur lesquels doit, à un instant donné, se concentrer l'attention avec, toujours, la possibilité de les modifier en un tournemain selon la piste que l'on veut explorer. Avec tout l'intérêt offert par ces moyens pour la recherche de problèmes comme pour la pédagogie.

Cela commence par les points remarquables d'un triangle présentés dans l'enseignement élémentaire en même temps que sont définies hauteurs, médianes, médiatrices, bissectrices. Leurs points de concours H, G, O, I sont l'orthocentre, le centre de gravité du triangle, les centres de ses cercles circonscrit et inscrit.

Puis c'est la considération que les trois premiers de ces points sont, selon des rapports remarquables, sur une droite que Joseph Neuberg (1840-1926) a appelée droite d'Euler : ce dernier avait en effet établi leur alignement en 1765 dans les *Mémoires de Pétersbourg*. C'est sur cette droite que se trouve, au milieu de OH le point ω, centre du cercle d'Euler : il passe par les pieds des hauteurs (D quant à la hauteur issue de A sur la figure ci-contre), par les milieux des côtés (A' pour BC) et par les milieux des segments joignant l'orthocentre aux sommets (a pour AH). Godward a établi en 1878 qu'il se déduit du cercle circonscrit par une homothétie de centre H et de rapport 1/2. Ainsi, R étant le rayon du cercle circonscrit au triangle ABC, c'est un rayon $R/2$ qu'il faut attribuer à ce cercle souvent dit *des neuf points*.

En fait, ce sont des dizaines de points qui y trouvent place (voir chez le même éditeur l'ouvrage de Michel Collet et Georges Griso *Le cercle d'Euler*). Il est tangent au cercle inscrit dans le triangle ainsi qu'à ses trois cercles ex-inscrits, les points de contact étant dits *de Feuerbach* pour avoir été découverts par Karl Feuerbach (1800-1834), auteur à vingt-deux ans d'un ouvrage sur la géométrie des triangles. Il y a quatre points de Feuerbach d'un triangle comme les Feuerbach étaient quatre frères, chacun ayant été illustre à sa manière, archéologue, mathématicien, juriste ou philosophe. En fait, la démonstration donnée par Feuerbach en 1822 était analytique et la préférence devait aller aux méthodes géométriques avec l'élégance de l'inversion. Elles apparurent dès 1850 suggérées par des constructions que Cauchy avait proposées trente années plus tôt.

On établit que le principal des quatre points de Feuerbach peut être défini comme le barycentre des trois sommets du triangle respectivement associés aux poids $(b + c - a)(b - c)^2$, $(c + a - b)(c - a)^2$ et $(a + b - c)(a - b)^2$.

Celui qui appartient au cercle ex-inscrit dans l'angle A est également un barycentre assez simple, avec les poids $(a+b+c)\,(b-c)^2, (c-b-a)\,(c+a)^2$ et $(b-c-a)\,(b+a)^2$.

On établit que le cercle d'Euler des quatre triangles JKL, IKL, ILJ, IJK (I étant le centre du cercle inscrit au triangle ABC, J, K, L les centres de ses trois cercles ex-incrits) n'est autre que le cercle circonscrit au triangle ABC et, par ailleurs, que le cercle d'Euler du triangle ABC est aussi celui des triangles HBC, HCA, HAB. On découvre encore que le cercle d'Euler du triangle ABC est tangent aux douze cercles inscrits et ex-inscrits aux triangles HBC, HCA, HAB...

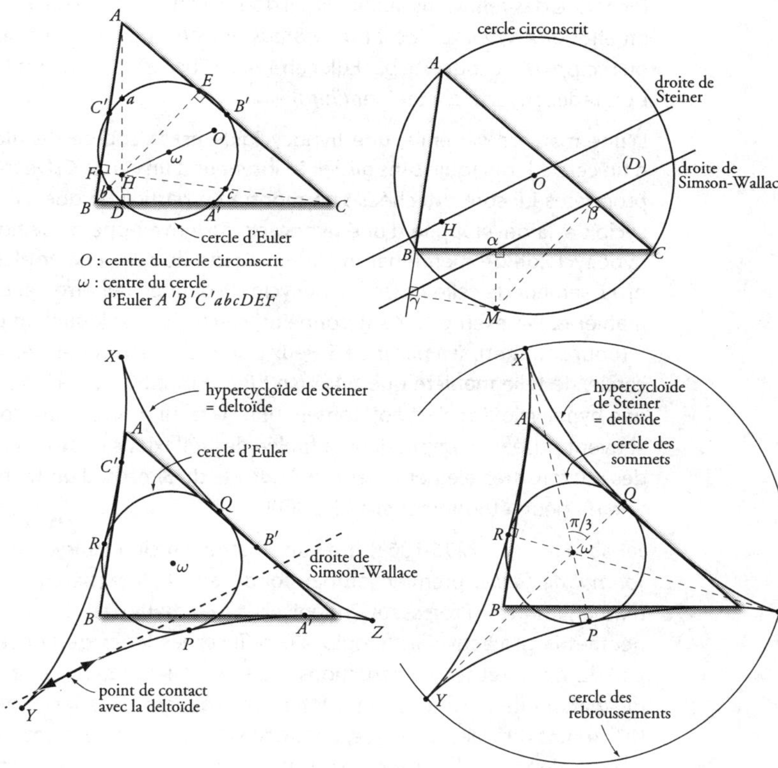

figure 19.

Une autre tranche de propriétés concerne la droite de Simson-Wallace (D) qui était traditionnellement étudiée en seconde : Robert Simson (1687-1768) fut un éminent professeur à l'université de Glasgow, admirateur d'Euclide et Apollonius qui, vingt ans avant Euler, étudia les propriétés des coniques en rapport avec celles du triangle. Mais on devrait en l'occurrence parler d'une droite de Wallace, tel étant le nom d'un autre mathématicien écossais, prénommé William (1768-1843), qui le premier en fit mention. Si d'un point M pris sur le cercle circonscrit au triangle on mène les perpendiculaires $M\alpha$, $M\beta$, $M\gamma$ sur ses côtés (ou leur prolongement), on montre en effet à partir de quadrilatères inscriptibles que les points α, β, γ sont sur une même droite (D).

Considérez le point M' diamétralement opposé de M sur le cercle circonscrit (là l'intérêt des animations est patent pour montrer ce que devient la droite de Simson lorsque M bouge), et vous constaterez que la nouvelle droite de Simson (D') est perpendiculaire à (D) : cela était montré en 1848 par Goffard. Leur intersection se trouve sur le cercle d'Euler.

Ce problème du mouvement de la droite de Simson lorsque M se déplace fut autrefois souvent traité par des professeurs de terminale compte tenu de la fécondité des réflexions auxquelles il donne lieu. La droite de Simson enveloppe en effet une *hypocycloïde à trois rebroussements* ou H_3, encore appelée *deltoïde* ou *tricuspide*, découverte par Euler en 1745 à l'occasion d'un problème d'optique, puis redécouverte par Steiner *(infra)*.

D'une manière générale, une hypocycloïde est la courbe décrite par un point d'un cercle Γ qui roule sans glisser à l'intérieur d'un cercle C. De très nombreuses propriétés lui sont attachées : on montre en particulier que, comme pour une cycloïde, la développée d'une hypocycloïde, enveloppe de sa normale, est une hypocycloïde de même nature, les sommets de celle-ci étant les points de rebroussement de celle-là. Une hypocycloïde peut en fait être définie de plusieurs manières. Par exemple, étant donné un cercle fixe sur lequel on prend un point S (pour sommet), si à partir de S deux points se meuvent en sens opposé sur ce cercle, de telle manière que $SA = n\,SB$, on montre que AB a pour enveloppe une hypocycloïde : c'est notamment une H_3 pour $n = 2$. Cette considération fut souvent prise en compte dans la foulée des réflexions ci-dessus pour établir par des moyens très élémentaires que la droite de Simson d'un triangle enveloppe une H_3 géométriquement liée à celui-ci.

Jakob Steiner (1796-1863) fut un mathématicien suisse, protagoniste du *Journal de Crelle*, premier journal, fondé en 1826, entièrement consacré aux mathématiques. Professeur à l'université de Berlin en 1834, initiateur de la géométrie projective, il s'employa à diffuser les idées de Poncelet et s'illustra par de nombreuses constructions, dépassant largement la simple géométrie du triangle (le nom de Steiner intervient souvent dans les démonstrations de théorèmes difficiles d'analyse, comme les théorèmes de point fixe). L'ellipse de Steiner d'un triangle T est celle qui lui est circonscrite avec, pour centre, le centre de gravité de T : son quatrième point d'intersection avec le cercle circonscrit au triangle est dit point de Steiner. Steiner a travaillé sur les systémisations et sur les surfaces, notamment sur celle qui porte son nom, à savoir une surface du quatrième ordre passant doublement par les arêtes d'un trièdre et triplement par son sommet. Il existe d'autre part un théorème de Steiner — dont la démonstration a été donnée par Hilbert — affirmant qu'avec une règle il est impossible de trouver le centre d'un cercle en un nombre fini d'opérations.

L'hypocycloïde de Steiner d'un triangle T est tangente à son cercle d'Euler, ses sommets se trouvant au tiers de chacun des arcs du cercle d'Euler. C'est par exemple $A'D$ concernant le côté BC : sur l'arc $A'D$ le point S_1 tel que $S_1D =$

$2\,SA\,'$. Le centre de cette hypocycloïde est le point ω, son rayon étant égal à 3 r si r est le rayon du cercle d'Euler, soit $3\,R/2$. Des considérations géométriques simples montrent que sa longueur est $8\,R$ et son aire $\pi R^2/2$.

Bien entendu, cette hypocycloïde de Steiner est tangente aux cotés du triangle ABC puisque, pour des positions remarquables de M (points où les perpendiculaires aux côtés en A, B, C coupent le cercle circonscrit), la droite de Simson se confond avec les côtés : par exemple son point de contact avec BC est le point $D\,'$ symétrique du point D de la hauteur afférente à ce côté par rapport à son milieu $A\,'$, la considération valant évidemment pour les deux autres côtés. Et si vous menez les perpendiculaires aux côtés du triangle en ces points de contact, elles concourent en un point K sur la droite d'Euler tel que $\omega K = -3\,\omega H$.

D'autre part, l'hypocycloïde de Steiner est tangente aux trois hauteurs du triangle qui correspondent elles-mêmes à des positions particulières de la droite de Simson, en l'occurrence lorsque le point M vient à coïncider avec l'un des sommets. Le point de contact est le symétrique de l'orthocentre par rapport au sommet considéré. On notera encore que le point N milieu de MH se trouve sur le cercle d'Euler (il est également le milieu de $\alpha\beta$) et que trois droites de Simson passent par tout point du cercle d'Euler.

Il est intéressant de considérer la parallèle à la droite de Simson menée par H. Il s'agit de la droite dite « de Steiner », homothétique de la droite de Simson dans une homothétie de centre M et de rapport 2 ; elle passe par les points M_1, M_2, M_3 symétriques de M par rapport aux côtés du triangle.

Une parabole, enfin, est souvent associée à la figure. C'est celle inscrite au triangle ABC. Son foyer F se trouve sur le cercle circonscrit à ce triangle : sa directrice passe par H et elle a pour tangente au sommet la droite de Simson du point F...

Bien entendu, l'hypocycloïde de Steiner bénéficie de toutes les propriétés spécifiques d'une deltoïde, singulièrement du fait que, si l'on désigne par P et Q ses points d'intersection avec une droite D tangente en A à cette courbe, le segment PQ a une longueur constante, cela étant donc vrai pour les côtés du triangle et ses droites de Simson-Wallace...

Jacques Bernoulli (1654-1705) découvre la *lemniscate*, courbe décrite par un point M dont le produit des distances à deux points fixes O et $O\,'$ séparés par la distance $2a$ est égal à a^2 (encadré ci-après) et il étudie à fond la *spirale logarithmique*, sans doute inventée par Descartes en 1639 et rectifiée par Torricelli sept ans plus tard, définie par l'équation polaire $r = a\,e^{kw}$ dont une propriété est particulièrement remarquable : la tangente en un point M à cette courbe fait toujours le même angle avec OM. Ainsi êtes-vous conduit à décrire une telle spirale si vous vous éloignez d'un point O de telle manière que votre route fasse toujours le même angle avec OM. C'est la règle de l'araignée tissant sa toile.

La lemniscate de Bernoulli

Des considérations géométriques simples font savoir quelle courbe C décrit un point M quand la somme, la différence ou le rapport de ses distances à deux points fixes F et F' reste constant. Qu'en est-il si c'est leur produit qui doit demeurer invariant ? La géométrie analytique apprend à Jean-Dominique Cassini (1625-1712) que C définie par $rr' = k^2$ peut être, selon les valeurs respectives de k et de a ($FF' = 2a$), d'un seul tenant ou non.

Le cas critique où $k = a$ retient en 1694 l'attention de Jacques Bernoulli. Les Bernoulli, originaires d'Anvers, se sont réfugiés à Bâle à la fin du XVIe siècle pour échapper à la persécution du duc d'Albe. La famille a donné maints hommes illustres, dont six éminents mathématiciens sur trois générations ; la première est représentée par Jacques et Jean I qui s'adonnent aux mathématiques contre la volonté de leur père. Ils ont un frère dont le fils Nicolas, neveu commun à Jacques et à Jean I, sera lui même un grand mathématicien à la génération suivante, en même temps que Daniel et Jean II, l'un et l'autre fils de Jean I. À la troisième génération, le flambeau mathématique sera repris par Jean III, fils de Daniel.

C'est donc Jacques qui, étudiant le problème d'une barre que l'on cherche à plier, est conduit à s'intéresser à la courbe représentative de $rr' = a^2$. Elle a pour équation cartésienne $(x^2 + y^2)^2 - 2a^2(x^2 - y^2) = 0$ et présente un point double à l'origine, son aspect conduisant ce Bernoulli à l'appeler « lemniscate » (en grec, *lemniscos* = « ruban »). Giulio Fagnano (1682-1766) s'emploiera à étudier ses propriétés. Elles sont nombreuses.

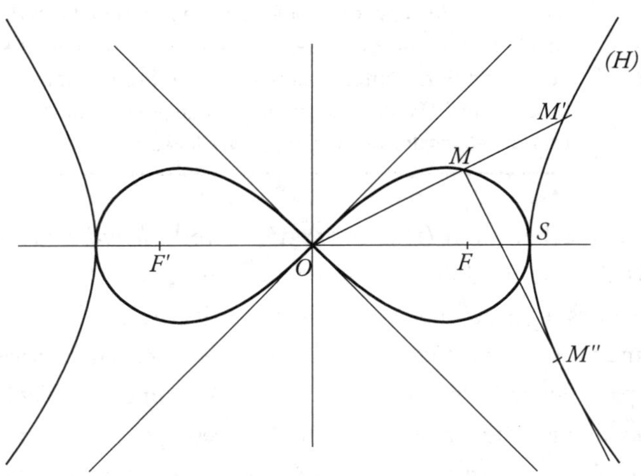

figure 20. La lemniscate de Bernoulli

L'hyperbole équilatère (H) est tout à la fois sa podaire et son inverse par rapport à O. $OF = a$, $OS = a\sqrt{2}$.

Si Γ et Γ' sont deux cercles de centres F et F' ayant pour rayon $a\sqrt{2}$ et P et Q deux points se déplaçant l'un sur Γ et l'autre sur Γ' de telle manière que PQ soit constant, le milieu M de PQ décrit une lemniscate ayant F et F' pour foyers.

Une lemniscate est par ailleurs l'inverse de l'hyperbole équilatère (H) ayant ses sommets : si une droite pivotant autour de O coupe la lemniscate en M et (H) en M', le produit $OM.OM'$ garde en effet une valeur constante. La lemniscate est par ailleurs la *podaire* de H : on dit qu'une courbe est la podaire d'une autre par rapport à O si elle est décrite par le pied de la perpendiculaire menée de O à ses tangentes. En l'occurrence, la perpendiculaire en M à OM est tangente à (H) en M'', symétrique de M' par rapport à l'axe FF'. Et la famille des cercles centrés sur H et passant par O enveloppe la lemniscate.

Le concept a été généralisé. Si l'on considère n foyers $F_1, F_2, ..., F_n$, la courbe décrite par un point M tel que $MF_1.MF_2...MF_n = k^2$ est une lemniscate L_n à n foyers dont l'intérêt est réel : sous réserve de ne pas se recouper, une courbe quelconque peut être épousée par une L_n en ce sens que leur écart pourra être inférieur à l'épaisseur d'un trait.

Avec le concept de dérivée, on peut « inventer » la courbe dont la tangente présente une particularité, par exemple celle de couper les axes Ox et Oy en deux points A et B tels que le segment AB garde une même valeur : les mathématiciens diront qu'ils cherchent l'enveloppe d'un segment de longueur constante dont les extrémités A et B glissent sur deux droites perpendiculaires. Il s'agit, montrera Jean I Bernoulli (1667-1748), d'une *astroïde* ou hypocycloïde à 4 rebroussements, ainsi appelée parce qu'elle peut être engendrée par un point d'un cercle de rayon R roulant à l'intérieur d'un cercle de rayon $4R$, avec l'extrême fécondité d'une conjugaison des approches analytique et géométrique. Elle se double du « tir croisé » que permettent les différentes définitions d'une courbe : ainsi, une ellipse peut-elle être regardée comme la projection d'un cercle, la trajectoire d'un point M se déplaçant de telle manière que la somme de ses distances à deux points F et F' — les foyers — soit constante, l'ensemble des points équidistants d'un cercle et d'un point F intérieur à ce cercle, l'ensemble des points pour lesquels le rapport des distances à une droite et un point F a une valeur constante e, inférieure à 1...

Un axe de développement pour les mathématiques est en vérité, à ce stade, une renaissance de la géométrie, dotée d'autres moyens. Elle est de surcroît pensée dans un esprit nouveau dont d'Alembert sera l'aède, invitant à voir, dans tous ces attributs autant d'aspects d'une certaine entité. Notamment, si un triangle possède des propriétés singulières quant à la disposition de ses points remarquables, c'est en effet, comprend-on, en vertu de relations propres au concept de triangle, avec toutes les conséquences qui peuvent en découler et l'intérêt de les étudier. Ainsi assistera-t-on au XVIIIe siècle à l'exploration d'un continent des figures à l'instigation d'un

Leonhard Euler (1707-1783) ou du génial autodidacte Thomas Simpson (1710-1761) (à ne pas confondre avec Robert Simson).

Mais c'est par ailleurs, grâce à la géométrie analytique, la porte ouverte pour des solutions qui n'auraient pu être obtenues sans elle : une classe nouvelle de problèmes est entrevue.

Si l'on se trouve en présence d'un segment AB dont le point A suit une droite (D) tandis que la position initiale de B est hors de (D), alors ce point B suit une « courbe des forçats » : Giovanni Poleni (1683-1761) l'étudiera en 1729, Pierre Bouguer (1698-1758) parlera trois ans plus tard d'une courbe de poursuite parfois appelée « canoïde » pour désigner la trajectoire du chien qui suit son maître. Ce dernier est supposé décrire une droite (D) avec une vitesse v, le chien se dirigeant avec la vitesse $V\,(V > v)$ vers les positions successives de son maître M ; ainsi décrit-il une courbe dont la tangente passe toujours par M.

Innombrables sont les problèmes exigeant de trouver une fonction y telle qu'une certaine relation lie y et sa dérivée y'. De telles équations seront dites *différentielles* : elles ouvrent un nouveau chapitre de l'analyse et constituent une mine pour les mathématiques, la question étant de faire la part entre les équations différentielles que l'on peut résoudre et celles par lesquelles on ne peut que se demander s'il y a une réponse explicitable. S'il n'y en a pas, la ressource s'offrira toujours de constituer une table sur laquelle sera apposée l'étiquette d'une fonction nouvelle.

Parmi les premières, figure une équation aussi simple que $y' = ky$. Sa solution est, à une constante près, $y = a\,\mathrm{e}^{kx}$ puisque, nous le savons, la fonction exponentielle est sa propre dérivée et il n'y en a pas d'autre (toujours à une constante près).

D'autres problèmes feront intervenir la dérivée seconde dans des équations différentielles dites du second ordre.

Par exemple la solution générale de l'équation $y'' = y$ est une combinaison linéaire arbitraire de $y = \mathrm{e}^x$ et de $y = \mathrm{e}^{-x}$, tandis que l'équation $y'' = -y$ admet des solutions de la forme $a \cos x + b \sin x$. Et c'est une considération qui sera précieuse en mécanique où l'on peut dire que tout change avec l'introduction des dérivées, car elles y prennent un sens concret précis et sont importantes au point de conduire à s'interroger quant au langage qui pouvait être tenu en mécanique au temps où elles n'existaient pas. La dérivée de l'espace par rapport au temps est en effet la vitesse : elle est constante aussi longtemps que le mouvement est uniforme. Elle change si le régime devient différent, sa valeur étant sur nos voitures donnée par ce que l'on dit être un « compteur de vitesse ». C'est un afficheur de la vitesse instantanée.

À la capacité pour un véhicule d'atteindre rapidement une certaine vitesse (100 km/h à partir de 0 est souvent la référence), le terme de « reprise » a été consacré par l'usage. Il s'agit en fait de l'accélération, dérivée seconde de l'espace par rapport au temps. Et sans doute faut-il déplorer que nos véhicules n'aient pas d'afficheur d'accélérations car leur prise en compte serait précieuse pour traduire la capacité à créer une accélération négative, c'est-à-dire à freiner.

Plus encore la considération de la dérivée seconde en mécanique est importante pour étudier le comportement d'un corps que l'on a légèrement écarté de son état d'équilibre, c'est-à-dire d'une position qui lui valait de ne pas bouger. Ce déplacement peut avoir pour effet la manifestation d'une force, entendons qu'une accélération est imprimée au corps lorsqu'un objet de masse M prend une accélération γ, nous le considérons en effet soumis à une force F telle que $F = M\gamma$. Mais alors de deux choses l'une.

Ou bien cette force F tend à augmenter le déplacement : l'équilibre était instable. Ou bien elle agit pour réduire le déplacement, autrement dit pour ramener le système à sa position d'équilibre : celui-ci est stable.

Le cas simple par excellence, qui se rencontrera souvent dès l'instant où, ne prenant en considération que de très petits déplacements, on pourra ne raisonner que sur les termes du premier ordre, sera celui où y'' est proportionnel à y, c'est-à-dire que le mouvement obéit à une équation différentielle de type $y - ay'' = 0$. De celle-ci, nous avons en effet la solution : si $a < 0$, elle fait intervenir les sinus et les cosinus, autrement dit, elle implique un mouvement oscillatoire. Et la portée de cette réflexion sera majeure : c'est pour une raison mathématique que le mouvement d'un pendule, ou celui d'un objet suspendu à un ressort, est sinusoïdal, avec une période que révèle un calcul conduit à partir des dérivées. L'équation des cordes vibrantes en acoustique — formulée de la façon la plus simple par Brook Taylor (1685-1734) et d'une manière élaborée par Jean Le Rond d'Alembert (1717-1783) —, l'équation d'Erwin Schrödinger (1887-1961) en mécanique ondulatoire, relèvent de problèmes plus subtils mais donnant lieu aux mêmes réflexions.

L'aire sous la courbe

Les applications des dérivées se révèlent aussi considérables que variées. Elles permettent de calculer des aires de certaines surfaces (planes, mais aussi dans l'espace). Ainsi, l'arc AB d'une courbe (C) ayant été tracé dans un certain système d'axes xOy, la mesure de la surface (S) comprise entre (C), l'axe Ox et les ordonnées correspondant aux points A et B est dite « aire sous la courbe », et encore notée S. On la calcule en remplissant par un nombre considérable de minirectangles ayant dx pour petit côté tandis que leur grand côté est y : chacun a une surface qu'il s'imposera de noter dS. Sous réserve que les dx soient « suffisamment petits » (rappelons que nous commençons volontairement ici par prendre les habitudes imprécises mais très intuitives de nos ancêtres), la somme de ces dS différera de S d'une quantité que l'on pourra rendre aussi petite que l'on voudra. Or la relation $dS = y\,dx$ nous apprend que $dS/dx = y$ et donc que, si l'on voit une fonction de x dans S, y n'est autre que sa dérivée. Le calcul de l'aire sous une courbe (C) revient ainsi à chercher une fonction dont y est la dérivée. C'est rarement simple : si des règles donnent assez facilement la dérivée d'une fonction à partir de la définition de celle-ci, les ressources sont beaucoup moins importantes pour réaliser l'opération inverse, mais quand elle est possible, alors le calcul de l'aire sous la courbe est immédiat ; par exemple, elle s'avère, quant à un segment de parabole, égale au tiers du rectangle le renfermant. Notons au passage que la puissance des moyens informatiques actuels vient de bouleverser singulièrement le point de vue utilitaire sur ces questions.

Pour un étudiant novice, l'étonnement est souvent la simplicité du résultat obtenu. Le miracle de pouvoir additionner un nombre infini de termes relevant d'une filiation se double de la surprise, dans nombre de cas, d'un résultat élégant.

La méthode permet de calculer des volumes et également — ce sera très important en mécanique — des moments d'inertie, des centres de gravité, et ainsi de suite.

Elle autorise par ailleurs la *rectification* d'une courbe, c'est-à-dire le calcul de sa longueur. Veut-on évaluer un arc de parabole ? Un « petit » élément ds de cet arc est tel que $ds^2 = dx^2 + dy^2$. Sachant que l'équation de la parabole est $y^2 = 2px$, il s'agit de trouver une fonction s de y dont la dérivée est $\sqrt{1 + \frac{p^2}{y^2}}$. C'est un problème dont on sait donner la solution. En revanche, on s'aperçoit que l'on ne peut pas, dans le cas général, rectifier une ellipse.

Cela fait apparaître un distinguo dont naîtront des fonctions d'une nouvelle nature — les fonctions *elliptiques* inventées pour la circonstance —, dont par approximation on saura créer des tables, avec tout l'intérêt que présentera pour d'autres problèmes la considération de ces fonctions, et qui connaîtront une fortune exceptionnelle jusqu'à nos jours inclus.

Newton et Leibniz

On parlera à ce stade de mathématiques enthousiasmantes. En témoigne la vitesse à laquelle les événements se déroulent après la création des coordonnées cartésiennes. Dans la foulée de leur invention, le calcul dit « infinitésimal » (différentiel et intégral) est né pour traduire que des résultats sont obtenus par le judicieux traitement d'un nombre très grand de quantités très petites.

Il avait, nous le soulignons, été entrevu par Archimède mais sur un cas particulier. Le fait important est une généralisation de l'opération doublée d'un langage élaboré à partir d'une symbolique systématique.

Dans cette entreprise s'illustre le prodigieux Leibniz, auteur en 1684 de *Nova methodus pro maximis et minimis, itemque tangentibus, qua nec irrationales, quantitates moratur.* Il complète ce mémoire en 1686 par *De geometria recondita et analysi indivisibilium atque infinitarium,* largement consacré au calcul intégral. Leibniz montre comment on calcule la dérivée d'un produit ou d'un quotient. Il a d'abord emprunté à Bonaventure Cavalieri (1598-1647) le symbole *omn* — abréviation de *omnes* — pour traduire la sommation de tous les éléments attachés à des dx. Puis il préfère l'initiale de somme à laquelle il donne une forme allongée : le symbole prestigieux de l'intégrale $\int$ est né... Nous rapportons plus loin à quelle occasion il a su développer cette initiative heureuse.

Cependant, une polémique s'est développée, à savoir un conflit d'antériorité entre Leibniz et Newton quant à la création du calcul différentiel et intégral. Les partisans de Leibniz font valoir que la publication par Newton de ses travaux sur le sujet a eu lieu, sous une forme quelque peu ésotérique, en 1687 seulement, sous le titre célèbre *Philosophiæ naturalis principia mathematica.* Les partisans de Newton rétorquent que Leibniz avait été en contact, au moins indirectement, avec Newton depuis 1673 — il y eut même échange de correspondance en 1676 — et d'autre part que Newton avait, en 1669, consigné certaines de ses découvertes mathématiques sous la forme d'un manuscrit, *De Analysi per Æquationes Numero Terminorum Infinitas,* ayant circulé dans la communauté scientifique. Ils font valoir que chez Leibniz, où le terme de fonction n'est pas employé, dx reste petit mais semble-t-il fini.

Nous développerons un peu plus en détail leurs travaux dans le chapitre suivant. Mais dès maintenant deux considérations s'imposeront.

C'est d'abord l'inanité de parler de plagiat compte tenu de l'envergure des deux hommes. Il est arrivé à Newton, assurément peu soucieux de communication, de donner le jour même la solution d'un problème dont on pensait que l'étude lui demanderait des mois. Qu'il y ait eu entre eux un phénomène d'induction, générateur d'un enrichissement mathématique mutuel, nous apparaît en revanche infiniment plausible même si l'un et l'autre purent ne pas en être conscients.

Chacun au demeurant apporta sa contribution scientifique. Newton fut le touche-à-tout de génie qui s'illustra quasiment dans toutes les branches de la physique et des mathématiques, et bien entendu, comme Descartes, a aujourd'hui son nom attaché à un certain nombre de théorèmes, voire de courbes. Cela pour des raisons théoriques en ce qui concerne la cubique *serpentine* encore appelée *anguinea*, ou le *trident* (la fonction $y = ax^2 + by + c + d/x$ étant liée à la recherche de formes réduites pour les équations cubiques). Et également pour des applications : la « courbe de Newton » étudiée par celui-ci en 1686 est celle, joignant deux points, qui donne, par révolution autour d'un axe passant par l'un d'eux, le solide dont le déplacement rencontre la résistance minimale dans un milieu homogène. Ce problème, d'apparence simple, intéresse toujours les aérodynamiciens.

Le dessein de Leibniz est lui-même universel mais peut-être dans un sens plus abstrait. La fonction est pour Leibniz un objet mathématique ouvrant la voie à l'analyse fonctionnelle, avec l'idée qu'un algorithme universel pourrait exprimer tous les autres. Il rêve d'une géométrie algorithmique : le développement de celle-ci sera un des grands événements de la fin du XXe siècle, dans la foulée d'une algèbre de Marcel Grossmann (1878-1936), qui sera l'ange mathématique d'Einstein.

Opposer Newton à Leibniz fut de ce fait une erreur dont la science allait grandement pâtir, là étant le second point sur lequel on doit insister. Deux camps se créèrent et la passion s'en mêla. Newton reçut l'appui de l'Angleterre. Dès 1690, il était enseigné à Edimbourg par le mathématicien David Gregory (1661-1708), sollicité au point d'avoir été conduit à s'installer à Oxford. Cela dans le temps où Leibniz recevait celui du continent, à la fois parce que son approche convenait peut-être mieux à une culture latine et par hostilité vis-à-vis des Anglais. Le fait que Leibniz l'ait psychologiquement emporté dans le reste de l'Europe constitua une indéniable entrave à la diffusion de l'œuvre de Newton et notamment de la partie de celle-ci — pas directement mathématique mais dont l'incidence sur le développement des mathématiques devait être gigantesque — concernant l'attraction universelle. Elle devait, hors de l'Angleterre, n'être prise au sérieux que plus d'un demi-siècle après sa formulation.

Chapitre 3
Le calcul des limites

Dériver, intégrer sont deux activités devenues naturelles pour le scientifique : elles remontent à moins de trois cent cinquante ans.

Nous avons déjà longuement réfléchi plus haut sur la nature de la dérivation. Comment sans elle trouver par exemple un maximum ? Cette remarque est parfaitement plausible ; elle est pourtant largement inexacte, puisqu'elle est contredite lorsque le phénomène variable observé est piloté, non par des nombres réels, mais par des entiers. La recherche opérationnelle née de la seconde guerre mondiale pour optimiser des processus les plus variés, bute parfois sur des problèmes difficiles, par exemple dans ce que l'on appelle *programmation linéaire en variables entières.* Mais le calcul différentiel a bel et bien permis et permet toujours, dans un cadre très large, de trouver les extremums de fonctions innombrables. Son influence pratique sur notre vie quotidienne ne saurait donc être surestimée.

Dériver pour optimiser : l'algorithme de Fermat

Une telle approche de la dérivation par la nécessité de déterminer maximums et minimums — nous en avons déjà dit un mot plus haut — a été celle d'un précurseur comme Fermat, et même peut-être de Johannes Kepler (1571-1630). La méthode dite *De maximis et minimis* est ainsi définie dans une lettre à Descartes de juin 1638 : ces deux mots seront repris en 1684 par Leibniz dans sa *Nova methodus pro maximis et minimis, itemque tangentibus.* Chez Fermat, elle a pourrait avoir été découverte aussi tôt que 1629. Nous en connaissons plusieurs versions, toutes écrites avec une avarice de précisions extraordinaire. Voici en quelques mots en quoi elle consiste.

Si vous voulez trouver pour quelle valeur a de la variable x une quantité $\varphi(x)$ est extrême (maximale ou minimale), prenez une valeur non nulle e — initiale de « excès » —, calculez l'expression formelle

$$\frac{\varphi(a+e)-\varphi(a)}{e},$$

remarquez que e apparaît nécessairement en facteur au numérateur une fois que ce dernier est bien ordonné par rapport à cet excès e, simplifiez enfin par e en haut et en bas. Dès lors, vous êtes en possession d'une expression du type $\psi(a)$, et il ne reste plus qu'à résoudre l'équation $\psi(a) = 0$. La (les) racine(s) répond(ent) à la question.

L'exemple de $\varphi(x) = \dfrac{x^2}{x+1}$ (plus complexe que ceux donnés par Fermat) sera instructif :

$$\frac{\varphi(a+e)-\varphi(a)}{e} = \frac{(a+1)e^2+(a^2+2a)e}{(a+e+1)(a+1)\,e} = \frac{(a+1)e+a^2+2a}{(a+e+1)(a+1)},$$

ce qui conduit à l'équation

$$0 = \psi(a) = \frac{a^2+2a}{(a+1)^2},$$

et aux deux *valeurs critiques* $a = -2$ et $a = 0$ pour lesquelles φ passe bien par un maximum (valant -4 en -2) et un minimum (valant 0 en 0), résultat paradoxal mais qui s'explique par la valeur de discontinuité $x = -1$ (la courbe représentative est une hyperbole dont une asymptote est verticale).

x	$-\infty$		-2		1		0		$+\infty$
$\varphi(x)$	$-\infty$	↗	-4	↘	$-\infty$ ‖ $+\infty$	↘	0	↗	$+\infty$

Avant d'essayer de comprendre ce que faisait Fermat, interrogeons un élève moderne ; il tire sa calculette et lui demande de dériver φ, ce qui lui fournit la réponse

$$\varphi\,'(x) = \frac{x^2+2x}{(x+1)^2}$$

(le prier de faire le calcul à la main serait sans doute considérer qu'il n'est qu'un esclave ou un pauvre, et ce n'est pas très recommandé ces temps-ci). Nous constatons avec bonheur que les deux racines, 0 et -2, sont bien entendu celles qu'a données la méthode de Fermat, et même, si nous sommes attentifs, que $\psi = \varphi\,'$.

Pour mémoire, le lecteur peut éprouver, sur cet exemple simple, la méthode de Descartes (voir notre chapitre 5) pour trouver les normales. Ici, imaginant qu'en un extremum la normale est verticale, et donc que la projection $(a,0)$ du point $(a,\varphi(a))$ sur l'axe des abscisses est le centre d'un cercle ayant deux points confondus en $(a,\varphi(a))$ avec la courbe définie par $y = \varphi(x)$, on est conduit à éliminer y entre $y = \varphi(x)$ et $(x-a)^2 + y^2 = \varphi^2(a)$, puis à vérifier que $(x-a)^2$ divise le résultat obtenu. Cela revient enfin à trouver a tel que $(x - a)^2$ divise $\varphi^2(x) - \varphi^2(a)$, ce qui n'est pas très commode — c'est pourquoi la méthode de Descartes n'a pas survécu — mais donne correctement les deux valeurs -2 et 0. Bien qu'il ait su comment trouver maximums et minimums, Descartes n'a pas inventé la fonction dérivée ; mais la question se pose au sujet de son rival.

Fermat est-il l'inventeur du calcul différentiel ?

Pour un observateur pas très prudent, la réponse saute aux yeux : Fermat a bien inventé la dérivée. D'ailleurs, il suffit de réfléchir : en simplifiant par e puis en faisant $e = 0$, il a tout simplement étudié la limite en zéro de l'expression de départ $\dfrac{\varphi(a+e) - \varphi(a)}{e}$ (notons qu'en 1821 Cauchy donnera la définition de la dérivée, aujourd'hui insubmersible pour l'éternité, exactement sous cette forme). Un tel raisonnement a été tenu par le grand Lagrange, ce qui n'est pas rien, puis par Jean Itard, mondialement connu comme historien des sciences, ancien professeur de mathématiques supérieures au lycée Henri IV, qui était tout sauf un naïf comme son ancien élève l'ingénieur des Ponts Guy Béart peut vous le confirmer.

Or les historiens d'aujourd'hui ont de très bonnes raisons de penser que Fermat ne connaissait pas, et même ne pouvait pas concevoir, ce qu'était une limite au sens qu'un d'Alembert ou surtout un Cauchy lui donneront plus tard. Cette notion a pourtant l'air fort simple : je dis que $f(e)$ admet b comme limite en 0 si, pour rendre $f(e) - b$ inférieur en valeur abolue à un nombre ϵ donné à l'avance, il me suffit de prendre e inférieur à une certaine valeur α qui ne dépend que de ϵ.

Pourtant l'expérience des « mathématiques modernes » nous a prouvé qu'il était difficile, même si certains considèrent que ce n'est pas impossible, de faire bien assimiler cette technique avant le baccalauréat.

Revenons calmement à ce que fait Fermat : il ne prononce jamais le mot de limite (en tout cas pas en ce sens, seulement pour parler à quatre reprises de « situations limites » sans rapport avec le concept de d'Alembert), ni même celui d'approximation (le seul terme qui pourrait y ressembler est une citation ou il parle, sans insister, de points *se rapprochant davantage* sans jamais y revenir dans aucun de ses textes).

En réalité Fermat donne simplement un *algorithme algébrique*, sous la forme d'une règle à cinq temps : *réduire, factoriser, simplifier, annuler, résoudre.* Pour lui, peu importe que e soit d'abord non nul (puisque l'on simplifie par e), puis nul d'un seul coup. Pour lui e, comme a d'ailleurs, est une variable symbolique, formelle, sans valeur numérique. On simplifie par e parce que, dans le monde des fractions rationnelles, il est légitime de simplifier par un facteur commun au numérateur et au dénominateur d'une fraction, sans se demander si ce facteur peut ou non s'annuler. Fermat n'aurait jamais pensé que son algorithme pouvait s'appliquer effectivement à autre chose que des fonctions φ algébriques, ou du moins s'y ramenant très rapidement (comme une racine carrée). Pour d'autres fonctions, comportant par exemple un sinus ou une exponentielle — pas encore bien connue, donc impossible à repérer comme fonction, ce mot n'ayant été explicité que bien plus tard —, e n'apparaît plus du tout *spontanément* en facteurs (essayez pour voir) et la méthode échoue lamentablement si l'on n'y apporte pas des compléments comme la règle suivant laquelle $\sin x/x$ tend vers 1 quand x tend vers 0.

Nous considérerons donc que Fermat *n'a pas inventé la dérivation*, encore moins la fonction dérivée. Pourtant, en avoir parlé si longuement nous permet de mieux comprendre quel a été la hardiesse du bond en avant des inventeurs du calcul différentiel ; il fallait oser créer des infiniment petits, de « vrais » indivisibles, et les soumettre à des règles du jeu fécondes. C'était là un pas que même le grand Fermat, trente ans plus tôt, n'avait pu franchir. Mais un Newton et un Leibniz, par des méthodes très différentes mais équivalentes, n'hésiteront pas une seconde à reconnaître, par exemple, que le cosinus est la dérivée du sinus, sans bien entendu prononcer ces mots puisque la notion de fonction, *a fortiori* celle de dérivée, n'était pas encore bien maîtrisée.

Fermat et la géométrie différentielle

Avec l'aide de la précieuse notion de limite, le tracé d'une tangente en un point quelconque d'une courbe quelconque est devenu aujourd'hui tout à fait envisageable. Sauf évidemment à connaître quelques déboires lorsque des expressions trop compliquées rendraient les calculs pénibles, voire impossibles dans certains cas où la limite n'est nullement évidente, ou même n'existe pas (il n'y a pas d'algorithme, y compris chez Microsoft, qui marche à tous les coups). Quand on n'a pas cette malchance, trouver en 2000 la pente d'une tangente s'obtient en calculant la limite de la pente d'une corde dont le second sommet tend vers le premier, c'est exactement le calcul de la dérivée, donc une généralisation du calcul de Fermat.

Pourtant si Fermat a tiré de sa méthode de si nombreuses tangentes (comme celle du *folium* de Descartes que le vieux lion lui avait jeté dans les pattes pour l'embarrasser), ce n'est pas en étudiant une limite de pente de corde, mais toujours en cherchant à maximiser ou minimiser une certaine quantité. Sans qu'il se soit clairement expliqué sur le fond de l'affaire, les exemples qu'il nous a légués laissent deviner qu'il voulait simplement minimiser l'écart entre une droite donnée passant par le point donné et une sécante arbitraire. La droite pour laquelle le minimum (zéro bien sûr) était obtenu en ce point était alors la tangente cherchée. On voit bien qu'il ne s'agit pas du tout ici de faire pivoter une corde, comme c'est la loi aujourd'hui. Il est question de statique, non de dynamique.

Fermat avait donc réussi ce tour de force d'inventer une technique d'abord destinée à trouver les points où la tangente était horizontale — de maximis et minimis — puis de la *détourner* pour obtenir les tangentes en des points arbitraires. Et en inventant lui aussi, de son côté, les coordonnées cartésiennes par-dessus le marché. En dépit du fait que sa méthode n'était, malgré les apparences, pas du tout celle que nous avons adoptée dès le XVIIIe siècle, il en était sur ce point quand même beaucoup plus proche de nous que son rival Descartes.

Il déterminera également des centres de gravité, posant d'ailleurs un problème historique intéressant à propos du centre de ce qu'il appelait « notre nouveau conoïde », pour lequel on a eu du mal à comprendre comment il a pu opérer sans intégration proprement dite.

Notre nouveau conoïde

Considérons un arc de parabole $\overset{\frown}{SA}$, où S est le sommet, A un point de la courbe projeté orthogonalement en H sur l'axe. La rotation de l'arc $\overset{\frown}{SA}$ par rapport à l'axe SH de la parabole définit une partie de *paraboloïde de révolution*, surface connue d'Archimède qui, le premier, a démontré que le centre de gravité G divise le segment SH dans le rapport 2/3 (c'est-à-dire tel que $\overrightarrow{SG} = \frac{2}{3}\overrightarrow{SH}$). Par ses propres méthodes, utilisant intelligemment les bras de leviers à la Archimède et surtout sa technique *De maximis et minimis*, Fermat a retrouvé ce résultat. On sait que c'était à l'époque la meilleure façon de faire reconnaître son talent que de retrouver, par des méthodes nouvelles, des résultats anciens de la main de grands maîtres.

Mais, à la même période (sans doute 1636, sinon avant), il a aussi considéré ce qu'il a appelé « notre nouveau conoïde », obtenu à partir du même arc $\overset{\frown}{SA}$ mais en prenant cette fois-ci AH comme axe de rotation et non plus SH, sorte de fuseau ou obus, le mot conoïde étant utilisé par les Anciens pour le paraboloïde précédent. Le centre de gravité G' divise le segment AH dans le rapport 11/16 (c'est-à-dire

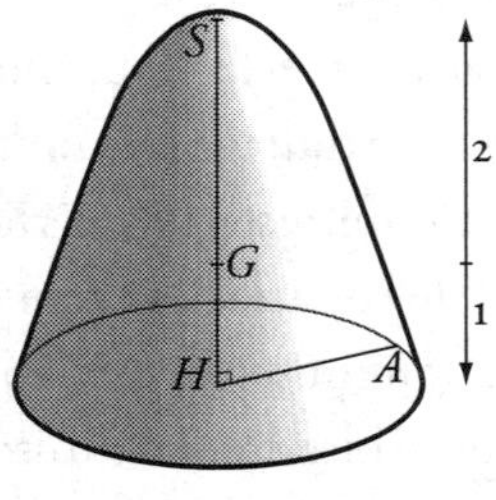

figure 21. Paraboloïde de révolution

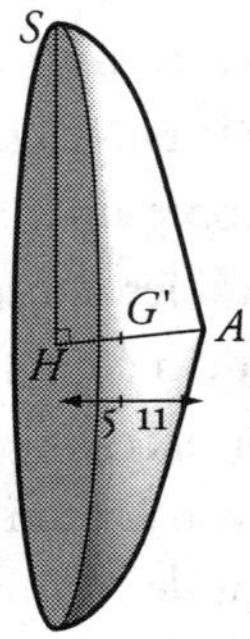

figure 22. Notre nouveau conoïde

tel que $\overrightarrow{AG'} = \frac{11}{16}\overrightarrow{AH}$). Dans une lettre à Roberval du 4 novembre 1636, il parle du rapport « de 11 à 5 », alors que son correspondant penchait de son côté, à tort, pour 11 à 4.

Mais ce tour de force pose une énigme. Si nous connaissons la méthode de Fermat pour le paraboloïde, sa façon de faire pour son conoïde est inconnue (comme celle de Roberval, juste repérable par une allusion de son correspondant). Une reconstitution fidèle est difficile ; elle a été tentée par l'un d'entre nous, le 7 octobre 1996, sous le titre « Fermat et la naissance de l'analyse moderne », lors d'un colloque à Pérouse consacré à Descartes et l'Europe savante (*La biografia intellettuale di René Descartes attraverso la Correspondance*).

En 1650, Fermat reviendra encore sur son « conoïde d'un nouveau genre », dont il déterminera cette fois-ci l'aire latérale.

Les rapports de Fermat avec le calcul intégral sont un peu moins nets que ceux qu'il a plus ou moins involontairement entretenus avec le calcul différentiel. Notons en tout cas qu'il a su trouver, vers 1640, les aires définies par les « hyperboles » d'équations $x^m y^n = k$ où m et n sont entiers positifs (à l'exception bien entendu de l'« hyperbole d'Apollonius », $xy = k$, qui fait intervenir la fonction logarithme), et les « paraboles », d'équations analogues où un exposant est négatif et l'autre égal à 1.

Pour ces quadratures, il a l'idée extrêmement ingénieuse d'utiliser, non des subdivisions dont les abscisses sont en progression *arithmétique*, mais un découpage de l'intervalle d'intégration défini par une progression *géométrique* appropriée.

Outre l'intérêt de ces calculs d'aire pour eux-mêmes, il faut noter que cela a permis à Fermat d'obtenir très tôt une formule aussi fondamentale que $\int_0^x t^\alpha \, dt = \frac{x^{\alpha+1}}{\alpha+1}$, non seulement pour α entier positif, comme Cavalieri ou Roberval — dont nous avons déjà rencontré les noms — savaient le faire, mais pour α rationnel quelconque, autre que -1.

Les inégalités de Roberval

Nous devons dire au moins quelques mots de Roberval, autrefois connu de toutes les ménagères par sa balance, à la carrière complexe (notamment au Collège de France). Indiquons cependant sur quelles inégalités, correspondant cette fois-ci à une subdivision en progression arithmétique, on peut fonder sa méthode ; pour tous entiers positifs m et n, en effet :

$$1^m + 2^m + \ldots + (n-1)^m < \frac{n^{m+1}}{m+1} < 1^m + 2^m + \ldots + n^m$$

(ces inégalités pouvant devenir des égalités seulement dans des cas très particuliers comme $m = 0$). On peut les démontrer par des doubles récurrences, ou à l'aide de développements astucieux de formules du binôme de Pascal. Aujourd'hui, c'est plutôt la valeur de l'intégrale qui permet de les prouver en un clin d'œil, mais il ne faut pas oublier que ce serait là un beau cercle vicieux ! Le passage à l'intégrale n'est évidemment pas justifié correctement, faute de définition à la Cauchy par exemple, que nous verrons plus bas.

Avant de quitter l'un des plus attachants précurseurs du calcul différentiel et intégral, rappelons que tous les succès obtenus avant 1665 relevaient de méthodes particulières adaptées, parfois avec très grande habileté, à des problèmes de types très limités. On ne peut trouver chez Cavalieri, Descartes, Roberval, Torricelli, Wallis, Barrow ou Fermat l'idée d'une méthode suffisamment générale pour aller bien au-delà des cas qu'il avaient su maîtriser. C'est par exemple vrai pour l'un des plus illustres parmi eux, Blaise Pascal, qui a consumé sa trop courte vie à donner des chefs-d'œuvre tous azimuts. Il laisse des textes éblouissants, par exemple sur la cycloïde, en français pur sans formules s'il vous plaît. Rectifiant, quarrant, déterminant des centres de gravité à tout va avec une maestria incomparable, lui aussi, malgré sa découverte d'une forme presque générale de l'intégration par parties, malgré son triangle caractéristique qui servira de marchepied à Leibniz, est malheureusement resté du mauvais côté de la porte.

Newton et la dérivation

La comparaison entre Fermat et Newton est très intéressante. Il arrive parfois à ce dernier de ressembler à Fermat, par exemple lorsqu'il affirme que, deux grandeurs variables x et y restant liées par la relation $x^3 - abx + a^3 - dy^2 = 0$, leurs vitesses p et q sont alors liées par la relation $3x^2p - abp - 2dyq = 0$ qu'il obtient en remplaçant x et y respectivement par $x + po$ et $y + qo$ où les quantités po et qo sont à la fois proportionnelles à p et q et « infiniment petites » et ce « à chaque moment ». Comme chez Fermat, il réduit, factorise, divise et annule ; enfin le rapport q/p définit la tangente. Aujourd'hui, ce calcul effectué par Newton serait justifié par le théorème dit des *fonctions implicites*.

Mais en d'autres occasions, il ne se contente pas de cacher la prise de limite sous la considération cinématique de vitesses instantanées. Ainsi par exemple le mot « limite » est-il présent dans ses *Principia*, publiés seulement en 1687. Dans une scholie suivant le lemme XI de la section I du livre I, on lit en effet : « il ne s'agit pas d'indivisibles, mais de quantités divisibles évanescentes ; pas de sommes et rapports de parties déterminées, mais toujours les limites de ces sommes et rapports ». On croirait presque lire d'Alembert ou Cauchy en relevant également une « approche [d'une limite donnée] aussi près que toute différence donnée ». L'infiniment grand est lui-même cité quelques lignes plus bas : « si deux quantités, dont la différence est donnée, augmentent à l'infini », alors leur rapport tend vers 1.

Nous ne pousserons pas plus loin l'examen de textes de Newton, de lecture toujours très difficile, les quelques fragments ci-dessus, qui mériteraient une présentation beaucoup plus détaillée, suffisant à faire comprendre que l'on a changé de planète au XVIIe siècle en passant des années trente aux années soixante.

Il est en outre très difficile de donner une date précise quant à la découverte de Newton. Nous avons choisi, un peu arbitrairement, 1665. L'auteur lui-même n'a jamais été très explicite sur ce point, même lors de sa polémique avec Leibniz (il parle simplement « des années 1665-1666 » dans son *Tractatus de quadratura curvarum* publié en 1704 en appendice à son traité d'optique) et nous n'entrerons pas dans des discussions concernant ces points délicats. Ce fait est d'ailleurs lié à la complexité du processus par lequel il s'est approprié le calcul différentiel. La clé, nous le savons, a été d'utiliser un outil très spécial, le développement en série entière d'une fonction. Dans un tel cas, dériver est presque évident, puisqu'il s'agit de remplacer un monôme x^n par nx^{n-1}. Cette règle était déjà connue de Johann Hudde (1629-1704) qui l'avait trouvée avant 1659 en explicitant des calculs de normales par l'algorithme cartésien. Mais Newton saura très vite qu'elle reste vraie même si n n'y est pas nécessairement un entier : il peut être un rationnel p/q. Dès qu'il le peut, il utilise le développement en série connu sous le nom de *binôme de Newton*, extension totalement non triviale de la formule banale de Pascal ou d'Omar Khayyam qui est purement algébrique et finie. Cette technique, menée avec une extrême virtuosité de calcul, a pu être parfaitement maîtrisée sans qu'il ait été pour autant facile d'en tirer un mode d'exposition pédagogiquement acceptable.

Il faudra largement attendre le XVIIIe siècle pour que des manuels de calcul différentiel et intégral clairs et lisibles soient à la disposition des mathématiciens débutants ; la comparaison avec la limpidité des livres de géométrie euclidienne, même de cette époque, n'était sûrement pas à l'avantage des créateurs du calcul. Newton lui-même, par exemple dans *De quadratura curvarum*, est très loin d'être facile à suivre.

Cela dit, Newton a su très vite utiliser la dérivation, toujours pensée sur un mode cinématique, pour créer la géométrie différentielle. Il a également mis rapidement en place le concept de dérivée seconde, notée par un double point au-dessus de la fonction, dont l'existence lui était toujours dictée par la cinématique (un mouvement engendre non seulement une vitesse, mais aussi une accélération, dont on sait l'usage qu'il fera dans sa mécanique céleste). On trouve dans ses écrits les plus anciens, parfois publiés bien tard comme sa *Methodus fluxionum et serierum infiniturum*, écrite en latin aussi tôt que 1671 mais inédite jusqu'en 1736, des notions géométriques telles que la longueur d'un arc de courbe ou le rayon de courbure, avec leurs expressions en coordonnées cartésiennes et polaires. Ce livre sera traduit en 1740 en français par Georges Leclerc comte de Buffon (1707-1788), probabiliste doué (il a calculé π par des lancers d'aiguilles) mais plus connu comme naturaliste.

Newton et l'intégration

Bien sûr, dès le départ de ses recherches, Newton sait comment utiliser sa dérivation (dans ses propres termes : passer des « fluentes » à leurs « fluxions ») pour calculer des « aires sous la courbe ». ainsi que les longueurs, les centres de gravité, etc. Mais, à la différence d'un Leibniz, s'il utilise un symbolisme spécial pour la fluxion (le fameux point au-dessus de la fluente), il ne se préoccupe pas de créer un symbole pour l'opération inverse.

Lorsque qu'il construit des tables d'intégrales (« A Table of the more simple kind of Curves which may be squared » extraite de son *Tractatus*), d'ailleurs fort difficiles à déchiffrer, c'est comme dans les livres élémentaires de nos jours, avec à gauche des dérivées (« Form of Curves ») et à droite leurs primitives (« Areas of the

Curves »), presque toujours sous la forme de séries entières, à l'exception bien sûr de z^{n-1} et de z^n/n. Dans sa première lettre à Leibniz, il présentera l'exemple de l'égalité $\int \frac{x}{\sqrt{a^2+x^2}}\,dx = \sqrt{a^2+x^2}$ par la phrase suivante : « On peut noter au passage une méthode par laquelle on peut connaître les aires d'autant de courbes que l'on veut [...] Ainsi, si vous supposez $\sqrt{a^2+x^2} = z$, par calcul vous trouverez $\frac{x}{\sqrt{a^2+x^2}} = y$. Et pareillement pour les autres cas. » On voit bien que Newton part du résultat, l'aire z, qu'il dérive, et non de la fonction à primitiver (l'ordonnée y). Les « autres cas » sont ceux où $z = \frac{n}{m+n} a\, x^{(m+n)/n}$ d'où $y = z' = a\, x^{m/n}$, qu'il vient précisément d'étudier.

À la différence de Leibniz, pour lequel nous allons maintenant le quitter, Newton ne s'intéresse pas aux « quantités consistant en de nombreuses petites parties, mais à celles qui sont décrites par un mouvement continu ». Ces quelques mots, qui ouvrent le *Tractatus*, montrent parfaitement ce qui sépare les deux génies.

Leibniz et l'intégration

Le passage de l'un à l'autre des deux créateurs marque ainsi le glissement, d'abord peu sensible, d'un calcul où c'est la dérivation qui est l'essentiel, à un autre où, comme aujourd'hui, c'est l'intégration qui apparaît clairement comme la plus importante.

La date de la découverte du calcul différentiel et intégral par Leibniz, 1675, est un peu plus certaine que pour Newton. Nous disposons en effet de deux documents précis, respectivement datés du 26 octobre et du 11 novembre de cette année-là, qui permettent de mesurer les progrès du chercheur.

Dans le premier, d'interprétation très difficile, il montre d'abord qu'il sait « par ailleurs » que $\frac{y^2}{2}$ est une primitive de y. Il en déduit ce qu'il qualifie de « théorème qui lui paraît admirable, et l'un de ceux qui rendront grand service dans le nouveau calcul », et écrit, quatre lignes plus loin : « C'est un très joli théorème, et qui n'est pas du tout évident. »

Voici comment il présente ce théorème : « Si toutes les lignes sont multipliées par leur dernière [valeur], et ainsi de suite aussi souvent qu'on peut le faire, la somme de tous ces produits sera égale à la moitié de la somme des carrés dont les côtés sont la somme de ces lignes ou toutes ces lignes. » On peut interpréter cette phrase plutôt nébuleuse par la formule suivante (notations modernes) :

$$\frac{y^2}{2} = \int \left(\int dy \right) \frac{dy}{dx} = \int y \frac{dy}{dx}$$

ou encore à $2 \int yy' = 2 \int y\, dy = y^2$. Il serait malvenu d'ironiser, plus de trois siècles après, que cela signifie simplement au fond à remarquer que l'aire d'un triangle rectangle isocèle, moitié du carré de côté a, est $a^2/2$, car ce serait parfaitement déplacé. Nul doute que de telles remarques paraîtront également très vite évidentes à Leibniz, mais nous le prenons là à ses tout débuts, et il est bien normal que sa perspective soit encore floue.

Puis il remarque sans justification, toujours à l'aide du symbole *omn.* emprunté à Cavalieri, une relation que nous écririons aujourd'hui $\int x\ell = x \int \ell - \int\int \ell$ où ℓ est une fonction de x (l'une des « lignes » qu'il somme). Cette formule est un cas particulier simple de ce que l'on appellera par la suite *intégration par parties*, susceptible d'interprétation géométrique comme la précédente, qui en résulte d'ailleurs en prenant simplement $\ell = 1$ (mais Leibniz ne le dit pas). Il parle simplement d'« un autre théorème de la même sorte », preuve que sa règle générale est bien pour lui une extension de la première.

Il introduit justement à cet endroit-là, sans aucun doute pour la première fois, le signe $\int$ au lieu du « omn. », puis remplace la fonction ℓ par x ce qui donne $\int x^2 = x \int x - \int\int x$, et donc $\frac{x^3}{3}$ comme primitive de x^2 (on pourrait passer ainsi aux primitives de tous les monômes x^n). Il énonce également une règle assez obscure qu'un moderne ne peut qu'interpréter sous la forme suivante : de la même manière qu'intégrer « augmente [...] les dimensions », dériver les « diminue », c'est-à-dire sans aucun doute qu'une primitive d'un terme en x^n est en x^{n+1}, alors que sa dérivée est en x^{n-1}. Il suffit d'ailleurs de remplacer ℓ par x^n dans sa formule pour en être immédiatement persuadé.

Le second document montre, grâce au calcul précédent et à une figure fondamentale dont l'idée a été empruntée à Pascal, que toute courbe telle que sa sous-normale soit inversement proportionnelle à l'ordonnée y a une équation de la forme $y^3 = 3\,bx$. Ce 11 novembre 1675, il a inventé le fameux *triangle caractéristique* qui lui permet de savoir explicitement, et de l'écrire, que dériver et intégrer sont deux processus inverses l'un de l'autre.

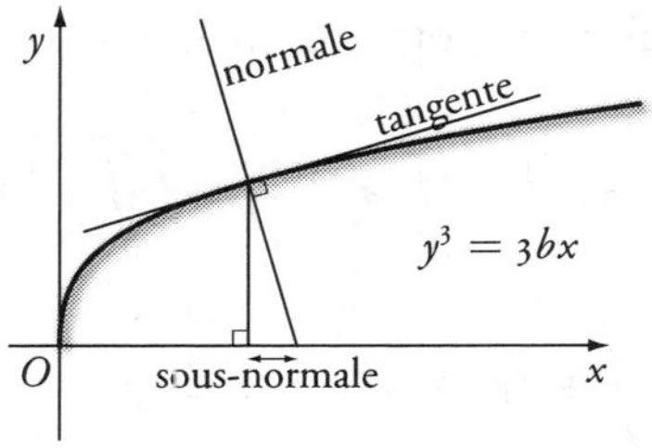

figure 23. Triangle caractéristique de Pascal-Leibniz

Mais il lui faudra par exemple attendre encore le 26 juin 1676 pour pouvoir affirmer que l'algorithme déterminant la pente de la tangente en un point d'une courbe consiste à calculer ce qu'il note déjà sous la forme $\frac{dy}{dx}\cdot$ On comprendra mieux les attaques de plagiat en sachant que la première lettre de Newton à Oldenburg pour Leibniz est partie du Trinity College de Cambridge le 13 juin, et que la réponse date du 17 août ! Mais il est aussi clair que Leibniz est tellement éloigné des conceptions anglaises qu'il n'a pu lui suffire de voir quelque document, pour ainsi dire sur un coin de table, pour pouvoir mettre au monde son système si personnel.

Leibniz et la dérivation

Bien entendu, Leibniz sait dériver le jour même où il a appris à intégrer. Mais il n'a pas porté spécialement l'accent sur le lien entre une fonction et sa fonction dérivée.

Sa façon de concevoir la dérivation est aux antipodes de celle de son rival. Aucune intuition cinématique, qui justifierait en tout cas de ne pas se poser des questions sur l'existence même d'une dérivée, juste un esprit logique de pur algébriste. Il est d'ailleurs étonnant qu'il ne se soit pas mieux entendu avec un Descartes, qu'il n'a naturellement jamais rencontré mais qu'il a lu, comme Newton, avidement. Peut-être que deux grands algébristes, comme les haruspices de la tradition, ne peuvent se regarder sans ricaner ?

Pour Leibniz l'essentiel réside dans le concept de *différentielle.* S'il a conçu la notation dy/dx, ce n'est pas comme un cartouche, bloc insécable de cinq symboles, mais au contraire comme formé d'une relation entre deux parties séparables. L'enseignement mettra longtemps à savoir bien faire comprendre ce que sont exactement ce dx et ce dy, si commodes que même les Anglais ont dû les adopter à leur cœur défendant. Les deux auteurs se rappellent que les cours de spéciales des années cinquante, qui vivaient sur une tradition très ancienne, introduisaient d'une manière folklorique un Δx qui devenait subrepticement dx, parce que x était « la variable principale », ce qui ne voulait pas dire grand-chose, et un dy qui était la « partie principale » de l'acroissement Δy engendré par la variation infinitésimale dx de la variable.

Pour Leibniz, il semble que le dx ait été d'une certaine façon l'analogue, dans ses calculs, du o de Newton et du e de Fermat, mais nous n'avons pas sous sa plume de définition calme et vigoureuse de sa signification. C'est toujours la technique pascalienne : priez et la foi viendra, calculez et l'intuition poindra. Une ligne suffira à montrer la différence entre Newton et Leibniz sur ce point : la formule de dérivation d'un produit, base de l'*intégration par parties*, s'écrit, en notation moderne, $(fg)' = fg' + gf'$ pour le premier et, en notation à la fois de l'époque et moderne, $d(fg) = f\,dg + g\,df$ pour le second.

La puissance de la notation différentielle apparaît de manière éclatante dans la formule de changement de variables dans une intégrale ; si $x = \varphi(t)$, il suffit de remplacer dans l'intégrale indéfinie le dx par sa valeur $\varphi'(t)\,dt$ et le tour est joué.

La différentielle de Leibniz est aussi l'outil que l'on peut généraliser avec fruit lorsque l'on s'intéresse à des fonctions $f(x,y,z)$ de plusieurs variables. Les dérivées partielles sont importantes pour le calcul effectif des différentielles $df = \frac{\partial f}{\partial x}dx + \frac{\partial f}{\partial y}dy + \frac{\partial f}{\partial z}dz$, mais c'est le df qui est important ici et non pas les $\frac{\partial f}{\partial x}$. En revanche, les notions de différentielles d'ordre supérieur, notées d^2f, d^3f, etc., qui sont indispensables pour les équations aux dérivées partielles comme celle des cordes vibrantes, sont d'un maniement plus délicat, une écriture *a priori logique* comme $f''(x) = \frac{d^2f}{d^2x}$ ne pouvant être cohérente ; on est obligé de lui préférer l'écriture $f''(x) = \frac{d^2f}{dx^2}$ qui introduit un dx^2 qu'il est malcommode de vouloir définir à tout prix.

Au terme de ce trop bref aperçu, la comparaison entre les deux maîtres permet quand même, en dépit de ses insuffisances, de rendre à l'un comme à l'autre un hommage égal : ils ont, tous deux, ouvert sur l'univers une porte triomphale qui ne se refermera jamais.

L'intégrale pour elle-même : la révolution culturelle de Cauchy

Au début du XVIIIe siècle, toute fonction était dérivable et intégrable, puisqu'elle était continue, comme sa dérivée. L'erreur sur la dérivabilité des fonctions continues, sauf peut-être en quelques points isolés, était d'ailleurs si naturelle que de grands esprits comme Ampère et Galois écriront des articles pour prouver ce résultat « évident » ; il faudra attendre Karl Weierstrass (1815-1897) pour donner un contre-exemple en 1861. De toutes les manières, pendant tout ce siècle, la question ne sera pas posée.

Citons parmi mille les noms prestigieux d'Euler et de Fourier, qui ne connaîtront que le calcul intégral de Newton et Leibniz, mais inscriront à leur actif une œuvre considérable sur cette seule base, qui a suffi à donner du travail aux mathématiciens pour cent cinquante ans sans que personne songe vraiment à l'élargir.

Pourtant voici que, en 1821, Cauchy va s'attacher à démontrer correctement que toute fonction continue est intégrable ; ce qui signifiait alors que l'on pouvait lui associer une primitive, par un calcul aussi approché que l'on veut, c'est-à-dire une fonction dont la dérivée était par définition la fonction de départ. Pour définir l'intégrale $\int_a^b f(x)\,\mathrm{d}x$ autrement qu'en termes intuitifs d'aire, il forme les sommes finies de Cauchy, à savoir (dans un cas particulier important, puisque c'est celui où il s'agit d'une suite ne dépendant que d'un indice entier n) :

$$S_n = \frac{b-a}{n}\sum_{k=0}^{n-1} f\left(a + k\,\frac{b-a}{n}\right).$$

Ces sommes sont immédiatement interprétables comme des sommes d'aires de rectangles couvrant plus ou moins l'espace « sous la courbe » cher à Newton. Cauchy prouve qu'elles ont une limite, qui sera bien entendu l'intégrale cherchée.

Il est bien connu que sa démonstration est incomplète, puisqu'elle repose sur un résultat intuitif qui ne sera établi qu'en 1872 par Édouard Henri Heine (1821-1881). Notons au passage que le professeur de mathématiques spéciales de Henri Lebesgue au lycée Louis-le-Grand, Charles-Eugène Humbert, redémontrera indépendamment ce théorème dans le numéro de décembre 1892 de la *Revue de mathématiques spéciales.* Il l'a enseigné à son élève pendant l'année universitaire 1893-1894 qui a vu ce dernier entrer à l'École normale supérieure, comme il le reconnaîtra en 1922 en préparant une notice de candidature à l'Académie des sciences ; et l'on sait combien le théorème de Borel-Lebesgue a souvent été présenté comme une suite normale du théorème de Heine.

D'une certaine manière, l'intégrale de Cauchy, n'agissant que sur les fonctions continues, ne diffère pas de celle de Newton et Leibniz. Et pourtant elle est d'une tout autre nature dans la mesure où, pour la première fois, apparaît l'idée consistant à s'intéresser aux fonctions pour lesquelles on peut donner un algorithme de calcul effectif d'une intégrale. L'idée de prendre la possibilité de remplacer une somme infinie de « lignes » par une limite de sommes finies de lignes particulières comme outil de définition, et non pas seulement pour obtenir une valeur approchée, commençait à être dans l'air du temps.

L'intégrale de Riemann

Cette idée sera lancée trente ans plus tard par Bernhard Riemann (1826-1866) en 1854. Il modifiera la technique de Cauchy en permettant à ses rectangles d'avoir des hauteurs toujours définies par des valeurs prises par la fonction, mais choisies de façon arbitraire dans l'intervalle considéré $[x_k, x_{k+1}]$ (Cauchy ne s'était intéressé qu'aux valeurs prises en l'extrémité x_k). Les sommes de Cauchy sont ainsi devenues des sommes de Riemann :

$$R_{(x_k, c_k)} = \sum_{k=0}^{n-1} (x_{k+1} - x_k) f(c_k)$$

où les bornes x_k vérifient les inégalités $a = x_0 < x_1 < \ldots < x_n = b$ et les c_k sont liés par $x_k \leqslant c_k \leqslant x_{k+1}$. Cette fois-ci nous n'avons plus de suite, et donc plus de limite au sens strict possible. Toutefois Riemann va implicitement élargir le sens du mot limite en obligeant ses *subdivisions pointées* — le mot est moderne — à se resserrer de façon que le plus grand des réels $x_{k+1} - x_k$ tende vers zéro. On montre alors facilement que, pour une fonction continue f, les sommes de Riemann sont de plus en plus proches d'un certain nombre, qui n'est autre que l'intégrale puisque les sommes de Cauchy, qui en sont un cas spécial, l'admettent justement comme limite.

Il n'y aurait là que brillant raffinement d'universitaire si, heureusement, sa démarche n'avait pas conduit à obtenir un champ de fonctions intégrales dépassant de beaucoup celui des simples fonctions continues. Pour la première fois, le concept de fonction était vraiment étendu de manière importante. Le calcul différentiel et intégral aussi.

Toutefois il n'y a pas de généralisation sans perte ; il n'était plus vrai qu'en tout point x du segment $[a, b]$ l'intégrale $\displaystyle\int_a^x f(t)\, \mathrm{d}t$ soit dérivable par rapport à x et que sa dérivée y soit égale à $f(x)$, ce qui était le TFCDI, *théorème fondamental du calcul différentiel et intégral*, chef-d'œuvre de Newton et Leibniz. Pour que le résultat reste exact, tout ce que l'on peut montrer simplement c'est qu'il perdure au moins en les points x où f est continue. Lebesgue montrera que le complémentaire de l'ensemble de ces points est de mesure nulle si f est intégrable au sens de Riemann, et même que cette condition est suffisante pour qu'elle le soit. Mais le problème consistant à trouver un algorithme permettant de déterminer une primitive pour une fonction dérivée *quelconque* n'était pas vraiment réglé par l'intégrale de Riemann, puisqu'il existe des fonctions dérivées (par exemple majorées et minorées) qui n'ont pas d'intégrale de Riemann. De plus, les extensions de cette intégrale aux fonctions de plusieurs variables, dites intégrales *multiples*, ont un comportement difficile à maîtriser.

L'intégrale de Denjoy-Henstock-Kurzweil-Perron

Avant de passer à la plus importante généralisation de la notion d'intégrale, restons un instant avec Riemann. Il y a actuellement de nombreux débats pour savoir s'il est encore nécessaire d'étudier son intégrale dans les premières années d'université. Pour effectuer des études de mathématiques aujourd'hui, il est absolument hors de question de n'avoir pas suivi de cours sur l'intégrale de Lebesgue, exacte centenaire, qui est beaucoup plus puissante ; mais sa présentation, en dépit des efforts de nombreux chercheurs pédagogues, est encore pénible car il faut parler d'un nouveau mode d'intégration et, en même temps, introduire un concept lourd, hérissé de formalisme, appelé *théorie de la mesure*. Cette théorie est intéressante d'abord en soi, puis pour fonder l'intégration et enfin pour monter une théorie moderne des probabilités : ce fait pousserait à l'étudier au plus vite dans un cursus, mais l'expérience montre que c'est difficile à faire accepter à un étudiant de base.

Aujourd'hui, dans le monde entier, on en est encore semble-t-il à chercher une voie moyenne : d'abord Riemann pour deux ou trois ans (voire une intégrale à la Cauchy limitée aux fonctions continues dites « par morceaux »), puis Lebesgue. C'est d'autant plus tentant que, depuis 1970, une astuce pédagogique qui serait due à Laurent Schwartz — en tout cas elle figure dans ses cours donnés à l'École polytechnique —, permet une présentation extrêmement rapide et simple de l'intégrale de Riemann, y compris pour les fonctions à valeurs vectorielles, à partir de la notion de couple d'applications en escalier approchantes. Une fonction f est intégrable au sens de Riemann et bornée sur le segment $[a,b]$ si, et seulement si, pour tout $\varepsilon > 0$, il existe deux fonctions en escalier u et v telles que $|f - u| \leqslant v$ et $\int v \leqslant \varepsilon$. Il n'est pas rare que des mathématiciens de haut rang soient aussi capables d'introduire des nouveautés percutantes dans le domaine de l'enseignement...

Depuis quelques années, une autre possibilité semble pourtant se faire jour. Une intégrale dite de Kurzweil-Henstock, du nom de ses deux découvreurs (le premier a publié en 1957 et le second en 1968), permet d'aborder Lebesgue avec une définition à la Riemann, donc bien plus facile à assimiler. Elle présente un défaut majeur : dans cette théorie, il n'est pas obligatoire pour une fonction intégrable f que sa valeur absolue $|f|$ le soit également. Mais si l'on ajoute cette demande comme axiome supplémentaire, alors on dispose ainsi d'une intégrale qui est exactement celle de Lebesgue, la plus générale étant simplement celle que les mathématiciens du début du siècle Arnaud Denjoy (1884-1974) et Oskar Perron (1880-1975) avaient mise au point, indépendamment, pour trouver une intégrale suffisamment puissante pour pouvoir *intégrer toutes les fonctions dérivées.* L'intégration à la Denjoy est plus connue sous le nom de *totalisation* ; sachez que, pour compliquer un peu les choses, il existe d'ailleurs plusieurs versions d'intégrale de Denjoy, mais ces détails sont superflus ici. La chose à retenir étant que les présentations originales des deux auteurs étaient hérissées de difficultés alors que celle de Kurzweil et de Henstock est bien plus compréhensible.

Avant d'abandonner ce sujet, indiquons sommairement ce qu'est une somme de Kurzweil-Henstock ; extérieurement elle se présente comme une somme de Riemann, à cela près que le nombre c_k est soumis à une contrainte supplémentaire ; comme il y a moins de sommes à considérer, il est plus facile pour une fonction d'être intégrable et, paradoxalement, il s'agit donc bien d'une extension. La contrainte est la suivante : on doit se donner une certaine fonction δ, dite *jauge*, définie sur $[a,b]$ à valeurs strictement positives, telle que le segment $[x_k, x_{k+1}]$ soit inclus dans un intervalle de centre c_k et de rayon $\delta(c_k)$. C'est ici l'existence d'une telle fonction δ associée à tout réel ε arbitraire qui décide de l'intégrabilité. Certaines variantes n'exigent même pas que c_k lui-même appartienne à $[x_k, x_{k+1}]$, mais c'est en fait sans grande importance pour notre sujet.

Si l'on imposait à δ d'être constante, on retrouverait bien évidemment tout simplement les sommes, et donc l'intégrale, de Riemann. Ces tentatives pédagogiques ont moins de vingt ans ; peut-être un nouveau Schwartz lèvera-t-il les dernières lourdeurs qui subsistent, auquel cas l'intégrale de Kurzweil-Henstock deviendra, soit pour elle-même soit comme marchepied à celle de Lebesgue, le *b a ba* du mathématicien débutant du XXIe siècle. Sinon, cela aura été en tout cas une belle histoire à vous raconter.

Enfin, le 29 avril 1901, Lebesgue vint

Le standard actuel en matière d'intégration a été annoncé par un *Compte rendu à l'Académie des sciences* signé, le 29 avril 1901, par un jeune professeur de classe préparatoire à l'École centrale — nom donné à l'époque à certaines mathématiques spéciales — qui la développera et la publiera l'année suivante sous forme d'une thèse qui a fait date.

La personnalité d'Henri Lebesgue, issu d'un milieu très modeste et d'une susceptibilité aussi maladive que sa timidité, est très attachante. Ses démêlés avec Émile Borel, qui l'avait précédé de cinq ans sur les bancs du lycée Louis-le-Grand (où il n'avait été admis que grâce à une bourse payée par sa ville natale de Beauvais), mais aussi avec René Baire (1874-1932), l'inventeur des classes de fonctions portant son nom, sont célèbres. Grand mathématicien fécond et original, reconnu comme tel, il trônera longtemps au Collège de France mais il ne dédaignera pas de s'intéresser à l'enseignement plus ordinaire, notamment en préparant à l'agrégation les normaliens et les normaliennes de l'école de Sèvres. Des traces nous sont en restées par exemple sous la forme de livres sur les coniques ou les constructions géométriques, qui contiennent quelques perles que ne laisseraient pas deviner leurs titres banals. C'est là par exemple que l'on peut voir démontrer correctement que les courbes algébriques sont exactement celles qui peuvent être décrites par un mouvement mécanique à base de systèmes articulés, idée lancée par Descartes en 1637 et justifiée par l'avocat mathématicien Alfred Bray Kempe en 1876 (trois ans avant qu'il ne prétende avoir démontré la conjecture de 1852 de Francis Guthrie sur le problème des quatre couleurs). Une « Vie de Lebesgue » reste à écrire. Bien entendu cet homme exceptionnel demeure ignoré de la quasi-totalité de ses compatriotes, et il n'existe pas de rue Lebesgue à Paris, ni même de lycée Lebesgue à Beauvais.

L'intégrale de Lebesgue est, par nature même, aussi bien adaptée aux fonctions de plusieurs variables qu'aux fonctions ordinaires, et ce seul point suffirait à prouver son importance pour les mathématiques appliquées et la physique théorique. D'autre part, elle résout en grande partie le problème de la recherche des fonctions primitives, puisque toute dérivée *bornée* admet une intégrale de Lebesgue dont la dérivée est presque partout égale à la fonction donnée. Enfin la théorie de la mesure élaborée par Henri Lebesgue à cette occasion, en rendant plus cohérent et en enrichissant le travail séminal de son aîné de cinq ans et ami Émile Borel, inspiré par Peano et Jordan, était en elle-même une innovation aux conséquences ultérieures considérables.

C'était en partie l'existence des nombreuses difficultés qu'avait rencontrées l'intégrale de Riemann dans la théorie des séries et de la transformation intégrale de Fourier, matrice de l'analyse supérieure, qui avait poussé Lebesgue à chercher une meilleure méthode de « sommation » comme il disait. Sur ce plan, le succès fut exceptionnel. Mais le nouvel outil était aussi sans rival en géométrie, autre source fondamentale d'inspiration ; le titre de sa thèse n'est-il pas « Intégrale, longueur, aire » ?

Un outil de travail incomparable pour théoriciens et praticiens

Très vite, d'autres mathématiciens, notamment l'astronome Pierre Fatou (1878-1929) et les Italiens Beppo Levi (1875-1961), qui avait cru apercevoir une erreur grave dans ce qui n'était qu'une maladresse d'exposition, Guido Fubini (1879-1943) et Leonido Tonelli (1885-1946), ainsi que Lebesgue lui-même parachèvent l'édifice, qui sera complet vers 1910. Il contient alors les célèbres théorèmes dits « à la Lebesgue », qui permettent notamment, dans de très larges conditions, d'échanger sans crainte des limites de suites ou de familles.

Des théorèmes dits « d'interversion des limites » étaient jusque-là, grâce à un résultat fondamental de Weierstrass, limités à des occurrences où l'une des limites était obtenue de manière *uniforme* ; pour vérifier qu'il est toujours prudent de faire attention dans ce genre de manipulation, on pourra étudier par exemple la limite lorsque x tend vers 0, puis quand y tend vers 0, de l'expression $\frac{x^2 - y^2}{x^2 + y^2}$ et échanger les rôles de x et y. Dans le cadre de l'intégrale de Lebesgue, on peut dans un très grand nombre de cas faciles à vérifier intégrer la limite d'une suite d'intégrales, dériver sous le signe somme de Leibniz, intégrer sous le signe somme (interversion des intégrations relatives à x et y dans une intégrale double $\iint f(x,y)\,dx\,dy$) presque comme au temps d'Euler, où ces techniques étaient acceptées sans rigueur excessive. Là encore, cela fait que l'outil mis ainsi à la disposition de mathématiciens non analystes professionnels ou, *a fortiori*, d'ingénieurs et autres utilisateurs est brutalement devenu beaucoup plus sûr et souple, même si l'exposer à des étudiants reste toujours délicat, notamment à cause des restrictions du style « presque partout ».

L'un des manques les plus importants de l'intégrale de Lebesgue était qu'elle restait limitée à des fonctions à valeurs réelles ou complexes. Même si ces dernières suffisaient par exemple pour le traitement de l'analyse de Fourier, à l'influence théorique et pratique immense, il est parfois nécessaire de disposer d'une théorie de l'intégration plus puissante. L'extension à des fonctions à valeurs dans un espace vectoriel normé complet, ou espace de Banach — du nom de l'un de ses inventeurs Stephan Banach (1892-1945) vers 1920 — est due à Salomon Bochner (1899-1982). Encore plus difficile à exposer que l'intégrale de Lebesgue elle-même, elle reste assez peu employée.

Aujourd'hui, la notion d'intégration a largement débordé l'idée d'attacher à une fonction numérique un nombre possédant quelques propriétés importantes. Une définition beaucoup plus large de ce concept — voir par exemple les travaux d'un André Weil dans Bourbaki ou sous sa plume personnelle — fait que les recherches actuelles sur l'intégration n'ont plus grand-chose à voir avec les innovations de Newton et Leibniz, même si bien entendu elles n'en sont que des généralisations très sophistiquées.

L'influence des travaux de Lebesgue fut énorme. Vers 1905, et pour la seconde fois de l'histoire, après les années 1640 avec Fermat, Descartes, Pascal, la France était le pays qui montrait la voie en mathématiques. Grâce à Henri Poincaré bien sûr, mais proche d'une disparition trop rapide, et l'équipe des jeunes normaliens Lebesgue, Borel, Montel (1876-1975), Fatou, Denjoy (qui compléta comme on l'a vu l'intégrale de Lebesgue pour résoudre totalement le problème de la recherche des fonctions primitives). Dans cette dernière aurait dû jouer un rôle de tout premier plan le malheureux René Baire, dont la santé chancelante limita le temps de recherche à quelque dix années au plus, après des débuts foudroyants qui inspirèrent Borel et même son rival Lebesgue, auquel l'opposa un pénible antagonisme.

Dans d'autres domaines, cette période d'avant-guerre vit aussi les débuts prometteurs d'Élie Cartan (1869-1951) et de Jacques Hadamard (1865-1963). Comme on le sait, la tuerie de 1914-1918 qui fauchera de nombreux jeunes mathématiciens prometteurs sera l'une des raisons qui fera que la suite du XXe siècle, malgré l'émergence de certaines grandes personnalités, verra diminuer le prestige des mathématiques françaises, même si leur rang dans la recherche mondiale au niveau des pays développés reste encore très supérieur à ce que la stricte démographie semblerait assigner.

La théorie des distributions

Si l'intégration avait fait des progrès aussi extraordinaires en passant par les mains expertes de Cauchy, Riemann et Lebesgue, la dérivation pour sa part est restée sans grand changement au cours des siècles. Tout au plus, avons-nous noté, avait-elle été généralisée, sous le nom de différentielle, à des fonctions de plusieurs variables, sous une forme indispensable à la géométrie différentielle.

Toutefois la difficulté d'obtenir une théorie générale des solutions des équations aux dérivées partielles, dont l'intérêt en physique est aussi capital qu'il l'est pour les chercheurs mathématiciens, et les succès inattendus d'un bricolage mal contrôlable connu sous le nom de *calcul opérationnel*, ont été à la base de l'une des découvertes les plus importantes du milieu du XXe siècle, avec à la clé une modification des concepts de dérivées et de dérivées partielles révolutionnant ces questions.

Son auteur est le célèbre Laurent Schwartz, devenu très tôt bourbakiste. Né en 1915, il était plus jeune d'une dizaine d'années que les fondateurs historiques comme Weil, Cartan et Dieudonné, nés entre 1904 et 1906. Les espaces vectoriels topologiques, grande nouveauté due à Bourbaki, étaient justement le cadre rêvé pour les distributions qu'il a inventées pendant la guerre et l'immédiate après-guerre.

Le rôle de précurseur d'un Serge Sobolev (1908-1989), dont les « espaces de Sobolev » sont maintenant bien connus, et d'un Bochner, qui ont également travaillé dans ce cadre, ne doit pas être minimisé — d'ailleurs les *Mémoires* de Schwartz, récemment parus, qui contiennent des pages passionnantes sur les étapes de ses travaux, le reconnaissent. Cela dit, c'est bien par son livre de 1950 qu'une théorie, bien fondée et complète, a été mise dans les mains des théoriciens avant d'être vulgarisée par des présentations pédagogiques intelligentes de façon à être directement utilisable par des praticiens de toutes sortes. Il n'est d'ailleurs pas sans intérêt de marquer ici que c'est Schwartz lui-même, par ses enseignements du certificat Techniques mathématiques de la physique, longtemps bien connu sous le sigle TMP, qui a été l'un des habiles artisans de la diffusion de son instrument.

Rappelons ici une fois de plus qu'il n'est pas dégradant, au contraire, qu'un spécialiste de haut niveau comme Lebesgue ou Schwartz daigne s'intéresser aux problèmes d'enseignement de la science à un niveau élémentaire. Cela a également été le cas pour un Gustave Choquet, camarade de promotion de Schwartz auquel il disputa la place de « cacique » (premier) à l'agrégation ; notamment célèbre pour sa théorie des *capacités*, il n'hésite point à intervenir dans le débat sur une éventuelle introduction axiomatique de la géométrie, en multipliant articles et conférences, puis en publiant un livre remarquable sur ce sujet.

Cette attitude très positive est plutôt rare en France, en dépit des notables contre-exemples que l'on vient de citer. De même, là encore à quelques brillantes exceptions près (Ivar Ekeland, Gilles Godefroy, Jean-Paul Delahaye, Daniel Schwartz, Jacques Stern...) nos chercheurs de renom national ou international se salissent rarement les mains pour faire mieux connaître leur science, peut-être par crainte des ricanements des chiens de garde de la profession. C'est évidemment dommage ; enseignement élémentaire et médiatisation raisonnée sont deux domaines, certes d'importance inégale, où une action volontariste est possible, sinon nécessaire, pour tenter de garder, voire d'améliorer, la place de notre pays dans la compétition scientifique internationale. On demande des volontaires !

Chapitre 4

Mathématiques du ciel : mécanique et cadastre

La mécanique céleste pose des problèmes en cascade aux mathématiciens le jour où elle se donne une loi de la gravitation, considérant que, dans l'univers, tous les corps s'attirent. Cela se traduit, entre deux objets assimilés à des points, par une force F proportionnelle à leurs masses M et m et inversement proportionnelle au carré de la distance d les séparant. Naît alors une science, que l'on donnera en modèle trois siècles durant, sur la formule $F = GMm/d^2$.

Mais d'où vient une telle attraction ? Sa réalité a-t-elle été établie ?

Non, elle découle d'une intuition qu'ont eue, au XVIIe siècle en Angleterre, des hommes tels que Edmund Halley (1656-1742) et Robert Hooke (1638-1703) avant que Isaac Newton (1642-1727) ne l'érige en loi à partir du mouvement de la Lune, considérant que celle-ci est retenue sur son orbite par une force 3620 fois plus faible que son poids si elle se trouvait à la surface de la Terre mais fondamentalement de même nature. On explique souvent cette attraction par l'image d'une force analogue à celle qui conduit une simple pomme à tomber, tel n'étant pas le sort de la Lune à cause de son mouvement. Cela est expliqué par Newton dans ses *Philosophiæ naturalis principia mathematica*, tirés en 1687 à 800 exemplaires, dont nous avons déjà parlé. L'ouvrage, au titre bientôt abrégé en « Principia », imprimé à la demande de et aux frais de Halley, impute le poids de nos objets à l'attraction de la Terre, raisonnant comme si toute la masse de celle-ci était concentrée en son centre. Et bientôt, parce que G, M et d sont les mêmes pour tous les objets sur notre planète, d devenant le rayon R de celle-ci considérée comme une sphère, l'habitude se prend de désigner par g, accélération de la pesanteur, la quantité GM/R^2.

Alors $F = mg$.

Les bases de la mécanique spatiale sont jetées. Il ne viendrait à personne l'idée, au temps de Newton, de penser à créer des satellites artificiels, mais les éléments scientifiques à la base d'une telle entreprise auraient facilement existé. Mieux : à partir de la formule exprimant l'attraction universelle, les calculs sont très élémentaires si l'on se borne à envisager des orbites circulaires.

On notera au passage que tel est justement le cas aujourd'hui pour la plupart de nos satellites d'application. D'une manière générale, un véhicule spatial est sur une orbite circulaire autour d'un corps céleste si l'attraction exercée par celui-ci se trouve équilibrée par la force centrifuge découlant de son mouvement. Ainsi proposerons-nous plus loin, sous la forme d'un « passeport mathématique pour l'espace », un cours de cosmonautique montrant comment une vitesse circulaire V_0 se calcule très facilement pour un quelconque éloignement ρ du centre de d'importe quel astre, avec considération du temps T de sa révolution : T^2 varie comme ρ^3 conformément à la troisième loi de Kepler.

L'occasion est donnée au passage de noter que, pour l'altitude zéro, dans l'hypothèse où un satellite pourrait tourner à une distance du centre d'un corps céleste égale à son rayon, T dépend non de la taille de ce corps mais uniquement de sa densité. Imaginez un astéroïde parfaitement sphérique qui aurait seulement 20 km de rayon ou une planète qui serait deux fois plus grosse que la Terre, si leur densité était celle de notre monde (5,52), c'est en 87 min qu'un satellite rasant tournerait autour d'eux, comme autour de la Terre.

Or, l'extraordinaire est de souligner qu'un tel cours aurait pu être écrit au temps de Newton : il s'appuie en effet sur la formule $F = GMm/d^2$ dont nous mesurons rétrospectivement l'étonnante fécondité par le recours à des moyens ne dépassant pas une arithmétique enfantine. *A fortiori* peut-on en obtenir beaucoup de choses si l'on utilise les ressources de l'algèbre et de l'analyse, sans seulement être obligé de connaître la masse M de la Terre qu'un siècle plus tard un autre Anglais, Henri Cavendish (1731-1810), réussira à déterminer à partir de la valeur de G, ayant mesuré la force avec laquelle s'attirent deux sphères de métal suspendues à des fils. Sa meilleure détermination actuelle, donnée en mai 2000 au congrès de l'American physical society par Jens Gundlach de l'université de Washington à Seattle, est $G = 6{,}67423 \pm 0{,}00009 \times 10^{-11}$ kg^{-1}m^{3}s^{-2}, avec $M = 5{,}9736 \times 10^{24}$ kg.

La loi de la gravitation rend merveilleusement compte du mouvement des astres. Ainsi est-elle bientôt déclarée naturelle, même si Voltaire, pourtant grand admirateur de Newton, ne manque de s'étonner d'une absence de réponse à cette question : *pourquoi donc deux masses s'attireraient-elles* ? Pour cet autre ardent newtonien, Roger Cotes (1682-1723) — auquel nous sommes redevables de la formule $ix = \log(\cos x + i \sin x)$ — il s'agit d'une « propriété première » de la matière.

Christian Huygens (1629-1695) déplore que l'on ne puisse justifier l'assertion et en fait Newton lui-même a regardé comme une grande absurdité de prétendre qu'un corps agit sur un autre sans médiateur. C'est postuler un « agent naturel ou surnaturel » qui aurait, une fois pour toutes, décidé de respecter certaines règles, un agent que Newton n'a pas hésité à assimiler à son Dieu, sans doute Jéhovah puisque, après des études de théologie, suivies en vue de recevoir les ordres, il avait été conduit à nier le principe chrétien d'une trinité.

Le mythe de l'éther

Aux yeux des scientifiques, une attraction à travers le vide implique que celui-ci serait empli par un milieu élastique, un éther, dans lequel les actions se propageraient comme des variations de pression dans l'atmosphère de la Terre, la grande interrogation étant la nature de cet éther.

Une théorie est élaborée par le mathématicien suisse Georges Le Sage (1724-1803), inventeur du télégraphe électrique (un faisceau de lignes reliées à autant d'électroscopes, chacune dévolue à une lettre de l'alphabet). S'inspirant de Leucippe et Démocrite, Le Sage suppose le cosmos parcouru en tous sens par de minuscules corpuscules qui bombardent en permanence les objets. Ceux-ci sont en conséquence soumis à une pression identique de toutes parts sauf si, dans leur voisinage, un corps vient à faire ombrage. Le mémoire dans lequel Le Sage expose ses idées est couronné en 1758 par l'académie de Rouen : il recevra un siècle plus tard l'assentiment de Maxwell. Mais des objections sont formulées, et c'est en fait le concept même d'éther qui, à la fin du XIXe siècle, va se trouver battu en brèche à la suite des expériences par lesquelles Albert Michelson (1852-1931) et Edward Morley (1838-1923) auraient voulu mettre en évidence le mouvement de la Terre par rapport à cet hypothétique éther.

Ces expériences sont présentées comme « entièrement négatives » : aucun vent d'éther n'est décelé. La position des scientifiques s'est aujourd'hui quelque peu nuancée, un certain crédit étant maintenant accordé à des théories qui tablent sur une énergie du vide, assimilé à un océan de particules virtuelles. Mais au début du XXe siècle, on est catégorique : l'éther n'existe pas, le vide devant être regardé comme réellement vide. En dehors des corps célestes et des particules, on admet que l'espace ne contient rien, et ainsi a-t-on renoncé à comprendre l'attraction universelle. Mais pourquoi le faudrait-il ? C'est une remarquable moisson qui a pu être récoltée de $F = GMm/d^2$.

Outre les données dont nous faisions ci-dessus état, elle rend compte de la dynamique des corps. Les mathématiciens en ont déduit l'accélération g à laquelle est soumis un objet de masse m à proximité du corps céleste de masse M. Puisque

$F = mg$, cette accélération — dirigée vers la masse M toujours supposée ponctuelle — n'est autre que $g = GM/d^2$.

Quelle que soit la valeur de m, la trajectoire sera la même, cette trajectoire étant entièrement déterminée, peut affirmer le mathématicien, par la valeur de d et par la vitesse de l'objet. C'est ce que l'on appelle les « conditions initiales ». Mais Laplace montre — c'est une contribution importante des mathématiques — que le corps céleste attracteur peut avoir une taille quelconque, voire une structure complexe : il est légitime de raisonner comme si toute sa masse était concentrée en son centre dès l'instant où il manifeste une symétrie sphérique, autrement dit dès l'instant où, pour un certain éloignement r de son centre, sa densité est la même dans toutes les directions.

Le couronnement de l'édifice sera — au terme d'un autre travail de mathématiciens à partir de la formule $F = GMm/d^2$ — les équations dites de Binet, élaborées au XIXe siècle par ce professeur d'astronomie au Collège de France qui a l'ingéniosité de prendre pour inconnue non pas la distance ρ (rayon vecteur ayant l'orientation ω) qui sépare m du centre O de M, mais la quantité u inverse de cette distance. Alors $u = (1 + e \cos \omega)/p$. C'est l'équation d'une conique de foyer O, p et e étant son paramètre et son excentricité.

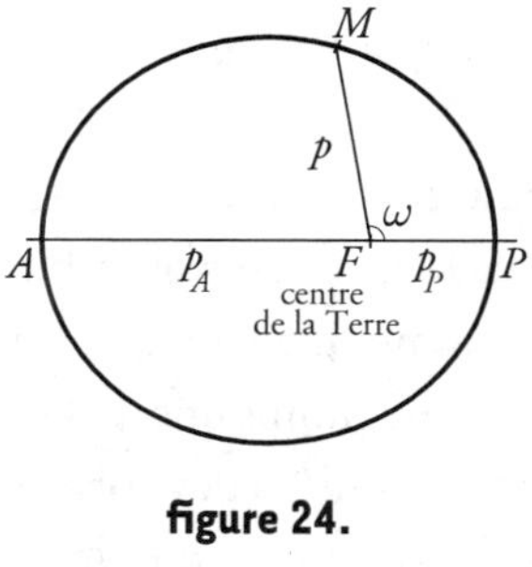

figure 24.

À l'âge spatial, un programme de quelques centaines de lignes révélera ainsi l'orbite d'un objet injecté dans le cosmos. Si c'est une ellipse ($e < 1$), il suffit d'entrer le périgée et l'apogée pour lire la vitesse V dont l'objet est animé à un quelconque moment et la durée T de sa révolution, autour de la Terre ou de n'importe quel corps céleste, le passage de l'un à l'autre s'opérant par une modification de la valeur de trois quantités dans la mémoire.

Tout cela à condition de raisonner comme si le corps céleste considéré était seul. Entendons par là que l'on pourrait négliger l'action de tous les autres corps de l'univers. Une condition qui ne sera jamais remplie strictement. Elle le sera d'autant

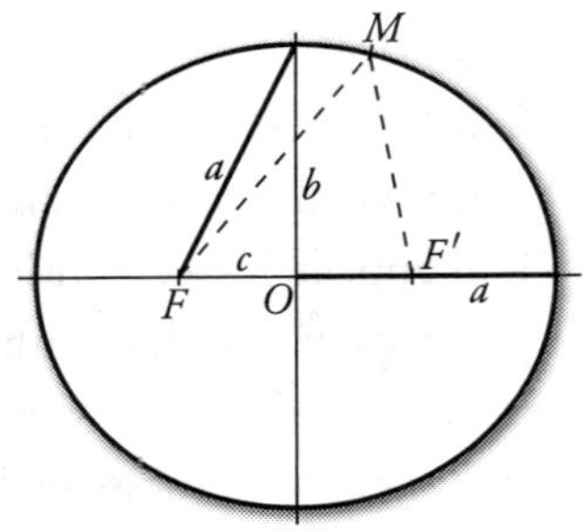

figure 25. L'ellipse ($b^2 = a^2 - c^2$)

Pour tous ses points $M : MF + MF' = 2a$.

moins que l'on voudra modéliser la situation plus finement dans un espace de dimension trois en commençant par situer le plan de l'objet : une orbite nominale devra être assortie de « termes correctifs » pour traduire les influences des autres corps célestes. C'est une voie extrêmement fastidieuse mais féconde : elle permet au XIXe siècle à John Couch Adams (1819-1892) et à Urbain Le Verrier (1811-1877) de découvrir en 1846, en même temps et indépendamment, Neptune par les perturbations que cette planète imprime au mouvement d'Uranus. Et c'est en suivant cette voie que Charles Delaunay (1816-1872) peut élaborer cette même année une théorie de la Lune, tenant compte à la fois de la forme de notre satellite naturel, de la forme également non sphérique de la Terre, de leurs déformations, de l'attraction du Soleil — ayant notamment pour effet de faire tourner en 18,6 années dans le sens rétrograde la ligne des nœuds (droite intersection du plan orbital de la Terre et du plan orbital de la Lune) — et de l'action perturbatrice exercée par les différentes planètes de notre système. Au total, Delaunay se trouve conduit à considérer rien de moins que 478 termes périodiques, dont les coefficients ont, pour simplifier, été assimilés à des polynômes, rien que pour déterminer la longitude de la Lune. Ces calculs sont si complexes qu'un siècle s'écoulera avant leur vérification : à l'ère spatiale, trois erreurs seulement, d'ailleurs liées entre elles, seront relevées, lors d'un test de logiciels de calcul formel naissants.

Ce n'est encore rien : à l'âge des ordinateurs, dans des programmes prenant en compte tous les couplages entre les différents paramètres, le nombre des termes dépasse aujourd'hui 14 000, ces programmes étant constamment remaniés par introduction des données fournies par les visées de la Lune au laser, devenues quasi permanentes. Avec ce résultat très positif : les éclipses de Soleil sont prédites à la seconde près ainsi que cela a pu être constaté le 11 août 1999.

Il nous faut toutefois revenir en arrière pour poser la question, pas innocente du tout : que se passe-t-il quand on se trouve en présence d'un système constitué par trois objets aux caractéristiques comparables, de sorte qu'il n'est pas concevable de procéder à des corrections à partir d'une première mouture ?

Eh bien, on doit déclarer forfait. La théorie se dérobe, laissant la seule ressource d'un calcul numérique pas à pas : le recours à des machines autorisera des prouesses mais sans fournir de vue d'ensemble, entendons sans permettre d'attacher une équation à la trajectoire de chacun des corps se déplaçant par rapport aux deux autres. Henri Poincaré (1854-1912) a montré en 1889 l'impossibilité d'apporter une solution, au sens mathématique du terme, à ce problème des trois corps et *a fortiori* au problème plus général des n corps. Sur le moment, une telle constatation a choqué au point de faire oublier que l'on avait fait de la gravitation un colosse aux pieds d'argile car, avec Albert Einstein (1879-1955), c'est le concept même d'une attraction universelle qui est aboli.

L'espace courbé par les masses

Alors, on peut parler d'un triomphe des mathématiques à partir d'une idée aussi audacieuse que géniale. Personne n'a pu expliquer pourquoi les masses s'attireraient ; Einstein tranche par un retentissant : elles ne s'attirent pas ! Il propose une autre manière de voir les choses en considérant l'espace non comme un cadre *a priori* mais comme une entité *a posteriori*, en quelque sorte enfantée par la matière qu'elle renferme et modelée par elle : elle le courbe.

C'est une toute autre manière de voir les choses. La mécanique traditionnelle avait attaché à l'espace un trièdre de référence dont il était implicitement admis que les axes pouvaient être prolongés à volonté dans toutes les directions. Dans cet espace indéfini, présumé partout identique à lui-même et neutre vis à vis de son contenu, la distance Δs entre deux points A et B dont les coordonnées différaient respectivement de Δx, Δy, Δz était telle que :

$$\Delta s^2 = \Delta x^2 + \Delta y^2 + \Delta z^2.$$

Si, dans un coffre dont les dimensions intérieures en décimètres sont 3, 4, 12, vous voulez savoir quelle est la taille de la plus longue tige pouvant trouver place, vous trouverez 13 en calculant en effet comme Pythagore $3^2 + 4^2 + 12^2 = 169$ qui est justement le carré de 13…

Dans le cas de distances extrêmement petites au voisinage d'un point, on écrira :

$$ds^2 = dx^2 + dy^2 + dz^2.$$

Cela parce que, dans cet espace euclidien, la distance *ds* est la diagonale d'un mini-parallélépipède construit sur les trois axes.

Tout change si l'espace est solidaire de la matière qu'il renferme. Ainsi Einstein propose-t-il un espace tordu. Cela lui apparaît nécessaire du fait que, dans l'univers, aucun référentiel ne saurait être privilégié. Il s'impose en conséquence d'imputer à l'espace une structure telle que les lois de la physique soient les mêmes quel que soit le référentiel.

Quel que soit le référentiel ?

Cette prétention eût évidemment été absurde en physique traditionnelle. Elle cesse de l'être avec un espace courbe doté d'une métrique *ad hoc*, ce nom de métrique étant donné à l'ensemble des paramètres à partir desquels est calculée la distance *ds* séparant deux points très voisins. Elle est telle que :

$$ds^2 = g_{11}dx^2 + g_{22}dy^2 + g_{33}dz^2 + g_{12}dxdy + g_{23}dydz + g_{31}dzdx$$

ou $ds^2 = g_{\mu\nu}dx^{\mu}dx^{\nu}$ avec la convention « tensorielle » d'additionner les termes lorsque le même indice apparaît en bas et en haut, à la place traditionnellement réservée à l'exposant.

Un problème précis se pose à Einstein : expliciter ces $g_{\mu\nu}$. Des mathématiciens — notamment le Padouan Tullio Levi-Civita (1873-1941) créateur en 1901, avec son professeur Gregorio Ricci-Curbastro (1853-1925), du calcul différentiel absolu — ont déjà travaillé pour lui en jetant, dans un esprit de recherche pure, les bases de ce qui deviendra justement le calcul tensoriel, une généralisation du calcul vectoriel. C'est un travail fort ardu : il absorbera Einstein de longues années durant à partir de 1905, une période au cours de laquelle une assistance précieuse lui sera assurée, nous l'avons dit, par le mathématicien Marcel Grossmann, alors professeur de géométrie descriptive à Zurich.

L'aboutissement sera en 1916 le coup de tonnerre que constituera la publication de sa théorie de la relativité générale. Mais dès 1910, Einstein a compris que l'invariance des lois de l'univers quel que soit le référentiel sera assurée avec une métrique de l'univers présentant la caractéristique de rendre nul un tenseur lié aux noms de Riemann — inventeur de l'expression de ds^2 écrite plus haut — et d'un très fervent disciple de Dirichlet attaché à la théorie des invariants, Elwyn Christoffel (1829-1900). Cela lie bel et bien la courbure locale de l'univers aux masses qu'il renferme. Ainsi est proposée une tout autre interprétation des phénomènes imputés à une gravitation. L'annulation de ce tenseur de Riemann-Christoffel impose en effet aux objets de décrire, dans l'espace ayant cette métrique, des « géodésiques » (lignes du plus court chemin, suivies en vertu du principe de la moindre action) qui sont non plus des droites comme dans l'espace euclidien mais des courbes valant aux corps les trajectoires que l'on attribuait à la gravitation.

Ou du moins elles les leur imposent presque exactement. Car il y a des différences sur lesquelles tout va se jouer : la relativité d'Einstein n'aurait été qu'un jeu de philosophe si elle avait abouti exactement aux mêmes résultats que la mécanique de Newton. Qu'elle soit à certains égards en désaccord avec celle-ci, et elle va alors constituer un événement majeur par excellence dans l'histoire de la science.

Les différences concernent des phénomènes subtils, mais elles existent et toute l'attention se porte sur elles. La plus étonnante concerne assurément la déviation de la lumière que nous envoie une étoile lointaine lorsque avant de nous parvenir il lui arrive de frôler le Soleil. L'observation de ce phénomène est possible lors d'une éclipse totale — le disque du Soleil vient en effet à être entièrement masqué par la Lune de sorte que les étoiles, d'ordinaire non visibles en plein jour se mettent à briller — surtout si, sur la voûte céleste, elles sont proches du Soleil. La mécanique de Newton, qui assimilait la lumière à un jet de particules animées d'une vitesse proche de 300 000 km/s, faisait conclure à une déviation de 0,87". C'est à peu près l'angle sous lequel on voit 1 mm d'une distance de 2 370 m et il est à peine besoin de préciser qu'il se situe très en deçà du pouvoir séparateur de notre œil. La relativité d'Einstein prédit le double : 1,74". C'est encore fort peu, à la limite des investigations permises avec une excellente optique, mais évidemment très différent. Ainsi, lorsque Einstein parvient à ce résultat en 1911, les scientifiques ont le vif désir de procéder à une vérification dès que possible. Une opportunité est offerte par l'éclipse du 21 août 1914 : une mission scientifique allemande se rend à cette fin en Russie, mais la guerre lui interdit d'opérer. C'est seulement au lendemain du conflit que de grands moyens peuvent être mis en œuvre, à l'instigation d'Arthur Eddington (1882-1944) et de la Royal Astronomical Society : pour l'éclipse du 29 mai 1919, particulièrement intéressante du fait que le Soleil va masquer l'amas des Hyades, deux expéditions sont organisées, respectivement au Brésil, à Sobral, et dans le golfe de Guinée, sur l'île du Prince. L'analyse des clichés est délicate mais, en novembre 1919, le verdict tombe comme un couperet : Einstein a raison !

Un fondement scientifique est alors enfin donné au mouvement des astres. Ils se déplacent non pas en vertu d'une attraction universelle qui existerait à travers le cosmos mais parce que — celui-ci étant une sphère dont le centre est partout tandis que sa surface ne se trouve nulle part ainsi que Pascal en avait eu l'intuition — les lois de la nature doivent être identiques quel que soit le référentiel, une telle considération impliquant que les corps se déplacent comme s'ils s'attiraient.

C'est bien une révolution quant à la conception même de l'univers : elle a été induite par les mathématiques. Les physiciens vont constater que, chaque fois qu'une divergence apparaît entre Newton et Einstein, des mesures précises donnent raison à ce dernier. Mais ce sont les mathématiques et elles seules — Einstein a formulé sa théorie sans un regard vers le ciel — qui ont appris comment les corps célestes « devaient » se comporter.

La décevante relativité de Brans et Dicke

Et pour cette raison, le choc psychologique de la relativité générale est considérable. Nombreux sont évidemment ses adversaires. Avec le temps, il sera toujours davantage patent qu'ils ont tort quand ils dénient à Einstein d'avoir donné une représentation des phénomènes plus exacte que celle auparavant assurée par la mécanique de Newton. Après trois divergences devenues historiques — la déviation des rayonnements par les corps célestes, la rotation de l'orbite d'une planète dans son plan, le ralentissement d'une horloge dans un champ de pesanteur — un quatrième effet relativiste fondamental sera annoncé par Irwin Shapiro qui le constatera le 9 novembre 1966 en envoyant à partir de l'observatoire d'Haystack un pinceau radar vers Vénus lors de sa conjonction supérieure : le Soleil ne se contente pas de le dévier, il le ralentit légèrement. Des retards sont ensuite enregistrés dans les communications avec les sondes spatiales en orbite solaire lorsque le Soleil est sur le point de s'interposer entre nos radiotélescopes et elles.

Mais alors le combat se joue sur un autre terrain.

Le problème était en effet le suivant : quelle doit être la métrique de l'univers pour que les lois de la physique puissent être les mêmes quel que soit le référentiel ? Or Einstein n'a pas recherché l'ensemble des solutions. Il s'est contenté de nous donner la plus simple en ce sens que, dans ses équations, il a pris le parti d'attribuer aux constantes d'intégration des valeurs à sa convenance. Ainsi, une controverse fondamentale va s'engager concernant les paramètres pour lesquels d'autres choix auraient été concevables. Ils sont au nombre de neuf :

- γ entrant dans l'expression de la courbure de l'univers du fait des masses qu'il renferme. Einstein l'avait admis égal à 1 ;
- β pour caractériser une éventuelle non-linéarité dans les phénomènes de superposition s'il s'avérait que la gravitation peut être inductrice de gravitation ;
- $\alpha_1, \alpha_2, \alpha_3$, suggérés par Will pour prendre en compte le rôle particulier que pourrait quand même jouer un certain référentiel dans la description des phénomènes de l'univers ;

• $\zeta_1, \zeta_2, \zeta_3, \zeta_4$, pour exprimer que, si l'on a affaire à des systèmes isolés, les lois de la conservation dans les énergies-impulsions ne sont pas forcément applicables.

L'attention se porte d'abord sur le premier de ces paramètres. En 1961, Carl H. Brans et Robert H. Dicke proposent de donner à γ une valeur faisant intervenir des couplages afin d'élaborer une relativité plus complexe dans laquelle la déviation d'un rayon lumineux rasant le Soleil serait non pas 1,74" mais 1,63".

Bien entendu, les mesures rendront un verdict. Mais après que longtemps il a été jugé malaisé, vu la petitesse des grandeurs à prendre en compte, de se prononcer en faveur du 0,87" de Newton ou du 1,74" d'Einstein, le distinguo apparaît extrêmement difficile entre 1,74" et 1,63". Peu à peu toutefois la situation évolue, et cela apparemment en faveur d'Einstein. Les plus récentes mesures faites lors d'éclipses semblent beaucoup plus corroborer 1,74" que 1,63".

Le son de cloche est le même si l'on prend en compte le périhélie de Mercure. À partir des équations d'Einstein, on établit que, les planètes décrivant autour du Soleil des rosettes, l'orbite de la planète n°1 pouvait être assimilée à une ellipse dont le périhélie avancerait de 43,03" par siècle ; cela cadre merveilleusement avec les 45" ($\pm$5) dont avait fait état Le Verrier. Le déplacement n'est que de 39" selon Brans et Dicke qui ne se tiennent pas pour battus ; ils entendent expliquer l'écart par l'aplatissement du Soleil. Mais là également, le déroulement des événements semble donner raison à Einstein. Et il en va de même si l'on étudie finement le processus de retardement d'un signal venant à frôler le Soleil.

Masse pesante et masse inerte

Une réponse a par ailleurs été donnée avec la relativité générale à la question de savoir si c'est la même chose qui apparaît dans les deux manifestations d'une masse. Elle est d'abord inerte : au concept de masse d'un corps, nous attachons l'idée d'une quantité de matière, s'opposant à toute action entreprise pour changer son mouvement. Et par ailleurs, quelle que soit l'interprétation, newtonienne ou einsteinienne que l'on donne au phénomène, une masse subit l'influence des autres : elle est pesante. Est-on, dans l'un et l'autre cas, en présence de la même entité ? Oui, affirme Einstein, cette identité étant à la base même de la relativité générale.

Mais que nous apprennent les mesures ?

Elles avaient autrefois été faites avec une très grande précision — les comportements de différentes substances avaient été méticuleusement comparés — par le baron hongrois Lorand von Eötvös (1848-1919), professeur de physique expérimentale à l'université de Budapest puis président de l'Académie des sciences de Hongrie. Il avait conclu à l'identité, celle-ci ayant été corroborée avec une précision qui atteint aujourd'hui 10^{-12}. Cinq décimales pourraient être gagnées, et ce serait capital, avec STEP (Satellite Test of Equivalence Principle), version spatiale de la mémorable expérience imputée à Galilée qui aurait consisté à lâcher du sommet de la tour de Pise des objets faits de différents matériaux afin de constater qu'ils tombent à la même vitesse. Pour être concluante, l'opération devrait avoir lieu dans le vide et être poursuivie pendant un temps suffisant. C'est justement ce que permet une orbite, sur laquelle on peut considérer qu'un satellite tombe indéfiniment, sous réserve de prendre certaines précautions. Ce projet STEP avait été sélectionné dès février 1990 par l'Agence spatiale européenne ; il n'a cessé d'être repoussé.

À défaut, de nouvelles présomptions en faveur du principe d'équivalence nous sont données par le biais d'une visée des réflecteurs laser installés sur la Lune avec les missions Apollo et Lunakhod. La Lune est en effet « poussée » en sens opposé du Soleil par la pression de radiation de celui-ci (créatrice de 90 méganewtons) à laquelle elle oppose sa masse inerte. Elle est d'autre part attirée par la Terre du fait de sa masse pesante. Une disparité entre les deux entités se serait traduite par une modulation dans les données transmises sur la durée d'une lunaison (29,53 jours). Or des observations systématiques faites depuis 1976 à l'instigation de Nordvredt ne l'ont pas mise en évidence. Leur analyse incite à admettre ces valeurs, en faveur de l'équivalence postulée par Einstein : $\gamma = 1{,}000 \pm 0{,}002$, $\beta = 0{,}9999 \pm 0{,}0006$.

Une très ingrate cosmologie

À ne considérer que cet aspect des choses, la conclusion pourrait être que tout a souri à Einstein. Or la réalité est quelque peu différente : il n'a pas résolu le problème particulaire de la gravitation, sa démarche ayant consisté à raisonner sur un univers que remplirait de façon continue une matière dont la densité serait plus ou moins forte dans différents domaines.

Mais que se passe-t-il si, localement, cette densité prend une valeur aberrante? Dès 1916, Karl Schwarzschild (1870-1916), un mathématicien ayant travaillé avec Hilbert et avec Klein, évoque un processus de contraction indéfinie. On devra toutefois attendre le dernier tiers du XXe siècle pour voir s'esquisser le concept d'un trou noir au sein duquel espace et temps permuteraient.

D'autre part, si les équations de la relativité générale sont apparemment très satisfaisantes à l'échelle du système solaire, la question se pose de modéliser l'univers entier. Or, il n'est pas facile de passer de la partie au tout pour renouveler en cosmologie l'exploit de Cuvier ayant pu décrire un animal à partir d'une dent ; il disposait d'une somme d'informations implicites qui manquent ici, la cosmologie étant de ce fait une discipline particulièrement ingrate.

Einstein a proposé en 1916 cette formule explicitant le rayon R de l'univers en fonction de sa densité moyenne δ, de la constante de gravitation G et de la vitesse c de la lumière : $R = c\sqrt{2\pi G\delta}$.

Elle donne une valeur beaucoup trop faible, 2 milliards d'années-lumière, qui aurait été révisée à la hausse par de meilleures estimations de δ. Avec le mérite de considérer, pour la première fois, l'univers comme un objet dont le calcul faisait connaître certaines caractéristiques. Mais c'est le modèle d'Einstein, impliquant une courbure spatiale nulle, qui est contesté. Très vite, une courbure à l'échelle cosmique, positive ou négative, apparaît dans d'autres modèles. Dès 1917, Willem de Sitter (1879-1934) montre que le rayon de l'univers pourrait augmenter indéfiniment tandis que sa densité tendrait vers zéro : il fait figurer, dans sa description des phénomènes, une constante cosmologique Λ impliquant que si, aux échelles auxquelles nous avons accès, la gravitation est assurément attractive, elle pourrait prendre l'aspect d'une force répulsive à très grande distance. Einstein est d'autre part combattu sur un plan théorique par le géophysicien russe Alexandre Friedmann (1888-1925) qui, à partir des mêmes hypothèses, propose en 1922 un cosmos en dilatation, se situant d'une certaine manière entre de Sitter et Einstein.

Et bien entendu, les astrophysiciens font entendre leur voix : devenu directeur de l'observatoire de Flagstaff après la mort de Percival Lowell (1855-1916) dont il avait été le collaborateur, Vesto Slipher (1875-1969) a signalé un rougissement de la lumière de certaines galaxies que l'on a lieu de croire extrêmement lointaines. En 1927, le chanoine Georges Lemaître (1894-1966) soutient la thèse de l'explosion d'un atome primitif que popularisera George Gamow (1904-1968) au lendemain de la Seconde Guerre mondiale. Elle sera tournée en dérision par Fred Hoyle qui, voyant arriver Lemaître, aura ce mot : « Voici Monsieur Big Bang. » L'expression connaîtra la fortune que l'on sait pour traduire que l'univers est en expansion selon la loi qu'un juriste reconverti dans l'astronomie, l'éminent Edwin Hubble (1889-1953), a formulée en 1929 : une proportionalité existe entre l'éloignement d'une galaxie et sa vitesse de récession de sorte qu'il s'imposera de dénommer constante de Hubble le taux (voisin de 20 km/s pour 1 million d'années-lumière) de cette expansion de l'univers.

L'expression donne toutefois lieu à un malentendu : on ne saurait considérer que les galaxies nous fuient au sens physique du terme. Appliqué à un univers reconnu dynamique, un nouveau modèle einsteinien attribue le phénomène non au contenu mais à l'espace lui-même, suggérant l'image du ballon que l'on gonfle : si un certain nombre de motifs figurent sur sa surface, ils s'écartent les uns des autres non de leur fait mais en raison d'une évolution de leur support.

Einstein a revu sa copie, sans changer fondamentalement d'opinion et en marquant beaucoup d'hésitations. En témoigne son manuscrit de septembre 1932 où il s'explique quant au concept de constante cosmologique.

Il ne cache pas qu'elle l'avait beaucoup séduit car elle aurait permis de supprimer une incohérence de son modèle de 1916 : une équation excluait la possibilité d'une matière uniforme alors qu'une autre l'impliquait. Un subtertuge mathématique évitait cette contradiction : à l'équation $R = -kT_{\mu\nu}$ dans laquelle R fait intervenir le tenseur de Riemann-Christoffel, il suffisait de substituer l'équation légèrement différente $R + \Lambda g_{\mu\nu} = -kT_{\mu\nu}$, Λ étant la constante cosmologique, dont la valeur serait très petite, si petite, observe Einstein, que le terme ajouté — pour rendre le système cohérent — n'entrerait pas en compte dans le calcul du champ d'une étoile. Ainsi les équations de la relativité générale à l'échelle du système solaire resteraient quasiment les mêmes.

C'est ce que j'avais un moment imaginé, dit Einstein, mais les travaux de Friedmann et Lemaître m'incitent aujourd'hui à admettre un univers dynamique et, dans ces conditions, une constante cosmologique n'est plus nécessaire. Autrement dit, il persiste et signe, n'affirmant pas l'univers dépourvu d'une courbure spatiale mais soulignant l'absence d'indice de celle-ci. Les données collectées par un vol de dix jours au-dessus de l'Antarctique du ballon *Boomerang* en décembre 1998 accréditeraient d'ailleurs son inexistence.

En 1949 un modèle est proposé par Kurt Gödel (1906-1978), l'auteur de trois célèbres théorèmes : un de complétude, deux d'incomplétude. Aux États-Unis, où il s'est définitivement établi, il a entrepris de donner une solution à des problèmes mathématiques posés par la relativité générale. Ainsi propose-t-il pour l'univers une métrique telle que $ds^2 = dt^2 - e^{2at}(dx^2 + dy^2 + dz^2)$.

On lui fait grief de présenter des suggestions plus que des démonstrations. Mais sa démarche est intéressante par les horizons qu'elle fait entrevoir et par l'attention attirée sur le fait que, contrairement à ce qui avait été admis, la relativité générale ne prouve pas que les rotations soient absolues. Surtout, Gödel conteste qu'un temps absolu puisse exister et regarde en conséquence comme puérile la prétention de situer un Big Bang quelque part sur notre échelle des durées.

Des données sont nécessaires pour progresser : la construction de télescopes géants, la mise en œuvre de nouvelles techniques, des satellites scientifiques ayant une vocation astronomique visent à les obtenir.

Il s'agit en premier lieu de cadastrer l'univers, le problème se posant en des termes très différents selon l'échelle des éloignements.

À l'école de Bessel

Aujourd'hui, c'est avec une précision centimétrique que sont en effet évaluées les distances entre des points de la Terre, où se trouvent des canons émetteurs de compacts essaims de grains de lumière, et, sur la Lune, des réflecteurs laser jouant à leur égard le rôle de cataphotes. Deux de ces réflecteurs, comportant 100 coins de cube ayant chacun 3,8 cm de côté, ont été mis en place, en 1969 dans la mer de la Tranquillité par les astronautes d'*Apollo 11*, et en 1971 sur Fra Mauro par les astronautes d'*Apollo 14*. Un réflecteur plus important, offrant 300 coins de cube, a été installé en 1971 sur le site Hadley par les astronautes d'*Apollo 15*. Enfin, une fois sa mission de cinq lunaisons accomplie, l'automobile russe *Lunakhod 2* s'est immobilisée en 1973 dans le cratère Le Monnier, porteuse du réflecteur franco-allemand TL-2 de 690 cm^2, fait de quatorze éléments en silice synthétique homosil. Ces quatre réflecteurs sont régulièrement visés par un nombre croissant de stations, dont le CERGA à 20 km de Cannes, où 10 tirs par seconde sont permis grâce à une cavité résonnante dotée d'une paroi à rotation rapide.

La distance mesurée est évidemment chaque fois différente. Sa valeur dépend notamment du mouvement de la Lune sur son orbite (certains jours, notre satellite naturel s'éloigne de plusieurs milliers de kilomètres), de ses librations (étudiées par Hévélius et Lagrange), de la rotation de la Terre et des déformations des deux astres. Mais les mathématiciens ont su en extraire des données fondamentales. Ainsi ont-ils pu estimer à 332 948,028 ($\pm$0,002) le rapport entre les masses du Soleil et de la Terre et à 81,300 587 ($\pm$0,000049) le rapport entre les masses de la Terre et de la Lune. Et ils ont calculé la distance moyenne Terre-Lune avec une précision leur ayant permis d'affirmer qu'elle croît en moyenne de 3,7 cm par an.

Il s'agit toutefois d'un cas très particulier, la Lune étant un astre cosmiquement proche, dont on avait eu très tôt une bonne estimation de l'éloignement grâce à la méthode qui, pour connaître la largeur d'un fleuve en restant sur l'une de ses rives, consiste à choisir sur celle-ci deux points B et C dont on mesure la distance. Puis, de B et de C, on vise un point A sur l'autre rive et l'on évalue les angles formés avec BC par AB et AC : la précision est d'autant plus grande que ces angles diffèrent davantage. Ainsi, les Grecs avaient-ils admis, quant à l'éloignement de la Lune, 10 fois la circonférence de la Terre. Encore fallait-il connaître la taille de celle-ci : au XVIIe siècle, le paramètre ayant conduit Newton à différer une publication de sa loi de la gravitation avait été l'incertitude dont était empreinte l'estimation du rayon de la Terre.

Au-delà de la Lune, il n'était pas question de triangulations directes. En particulier, à l'époque de Newton, on ne pouvait se prononcer sur l'éloignement du Soleil

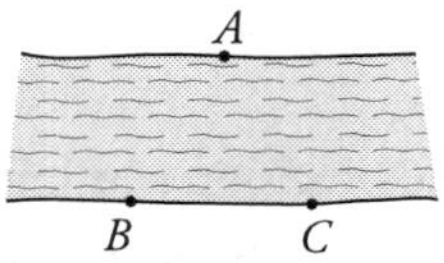

figure 26. Mesure de la largeur d'un fleuve

et donc sur son diamètre, qui avait seulement été considéré comme très grand, beaucoup plus grand que le Péloponnèse auquel on l'avait autrefois comparé.

Seul le diamètre du Soleil et ses variations ont pu être mesurés, à partir de 1666, par Jean Picard (1620-1682) et Adrien Auzout grâce à leur remarquable micromètre constitué par une série de fils parallèles devant lequel un chassis porteur d'un fil mobile est déplacé par une vis sans fin : la précision des mesures — 0,5", très supérieure à celle du dispositif que William Gascoigne (1612-1644) avait conçu en Angleterre en 1640 — fait connaître par ces changement du diamètre apparent du Soleil au cours de l'année que la distance Terre-Soleil varie, autrement dit que l'orbite de la Terre est non pas un cercle mais bel et bien une ellipse dont ces variations du diamètre du Soleil font connaître l'excentricité : 0,016. C'est moins que pour Mars : la seule existence de cette excentricité — mise en évidence dans le même temps par la Royal Society à l'enseigne de la grande rivalité franco-britannique qui existe alors — est importante par le fait qu'elle corrobore l'assertion de Kepler : les planètes décrivent des ellipses dont le Soleil occupe un foyer.

Cependant, si la forme peut être connue, on ignore longtemps les dimensions de l'orbite de la Terre, les lois de Kepler, auxquelles Newton a donné un fondement, fournissant seulement des rapports. Ainsi, du fait que la Terre et Vénus tournent autour du Soleil respectivement en 365,25 jours et 224,70 jours, avait-on pu conclure que si l'on désigne par a et b leurs distances au Soleil, la puissance 3/2 de a/b est égale à 365,25/224,70. On en conclut que $a/b = 1{,}382$. Pour déterminer individuellement a et b, une seconde équation est nécessaire. Halley montre qu'on pourra l'obtenir en observant les passages des planètes inférieures devant le Soleil. Ceux de Mercure sont assez fréquents. Le premier observé, prévu par Kepler, s'inscrit à l'actif de Pierre Gassendi (1592-1655), à Paris, le 6 novembre 1631. Le dernier permet, le 15 novembre 1999, d'évaluer avec une grande précision le diamètre du Soleil (1 392 007 km avec une plage de variation estimée à 290 km sur la durée de son cycle de 11 ans), du fait que, ce jour-là, le disque de Mercure reste tangent intérieurement au disque du Soleil pour des sites du Pacifique : un tel « passage scalp » valant à Mercure de transiter tout près d'un pôle du Soleil est un événement rarissime, il ne se reproduira pas avant le 11 novembre 2391. Des passages quelconques ont lieu trois fois par siècle.

La planète n°1 autorise alors des mesures de distances beaucoup moins précises que Vénus dont les passages sont observés depuis le 4 décembre 1639 : ce fut ce jour-là par Jeremiah Horroks (1617-1641). Ils obéissent, dans la phase actuelle de la grande histoire du système solaire, à un très subtil cycle de $8 + 105{,}5 + 8 + 121{,}5 = 243$ ans, avec cette séquence par laquelle nous sommes directement concernés : 3 juin 1761, 6 juin 1769, 9 décembre 1874, 6 décembre 1882, 8 juin 2004. À la fin du XVIIe siècle, Halley, qui a mesuré tout leur intérêt, ne peut que donner des conseils à de jeunes astronomes pour qu'ils se préparent à observer les passages de 1761 et 1769. C'est lors de ceux-ci qu'est obtenue, par rien de moins que 258 observations, une valeur voisine de 149,5 millions de kilomètres quant à la distance Terre-Soleil. Elle connaîtra à l'ère spatiale une révision dans le sens d'une légère hausse, ayant aujourd'hui fait adopter pour l'UA, ou unité astronomique, 149 597 870 km (le demi-grand axe de l'orbite terrestre valant 1,000 001 018 UA).

Au-delà du système solaire, comment procéder ?

Pour évaluer les distances stellaires, une solution, mise en œuvre en 1838 à Königsberg par le mathématicien Friedrich Wilhelm Bessel (1784-1846), consiste à opérer par triangulation en prenant comme base le grand axe de l'orbite de la Terre, soit près de 300 millions de km. C'est le cas si, visant à six mois d'intervalle une étoile assez proche — Bessel a jeté son dévolu sur 61 Cygni —, on mesure son déplacement apparent sur le fond d'étoiles très éloignées. L'année suivante, au Cap, la technique permet à Henderson d'estimer à un peu plus de 4 années-lumière l'éloignement d'Alpha du Centaure. Puis en 1840, à Poulkovo, Struve vise Véga. L'incertitude devient considérable au-delà des 100 années-lumière, mais de bons ordres de grandeur sont fournis pour les étoiles les plus proches du Soleil.

Dans les deux dernières décennies du XXe siècle, des méthodes optiques très élaborées sont mises en œuvre avec le programme MAP (Multichannel Astrometric Photometry) : le déplacement d'un réseau dans le plan focal du télescope de l'observatoire Allegheny à Pittsburg et le chronométrage du clignotement qui en résulte permettent de situer Altaïr à 16,62 (±0,06) années-lumière, Véga à 25,1 (±0,15 année-lumière).

Surtout, quelque sensation est causée par les chiffres dont on peut faire état après un dépouillement des enregistrements du satellite *Hipparcos* de l'Agence spatiale européenne, lancé par *Ariane* le 8 août 1989 et ayant opéré jusqu'au 15 août 1993, ainsi dénommé en hommage à Hipparque.

Il a été doté d'un télescope de Schmidt (ayant 1,4 m de focale et 29 cm d'ouverture) avec deux tubes pour viser simultanément, dans des directions faisant entre elles un angle de 58°, deux champs stellaires de 0,9°× 0,9°, l'instrument étant sensible jusqu'à la magnitude 12,4. Dans son plan focal, une plaque vidéo de 2,5 cm × 2,5 cm porte un réseau de 2 688 lignes parallèles, le principe consistant à mesurer, avec une extrême rigueur, l'écart angulaire d_{AB} de deux étoiles A et B. Elles se trouvent dans des directions forcément très différentes. Mais B fait par ailleurs partie d'un couple BC qui donnera lui-même lieu à l'évaluation d'un écart angulaire d_{BC}... Le traitement d'un très grand nombre de données permet, par un prodigieux travail mathématique, de dégager un référentiel et, sur celui-ci, d'assigner des coordonnées aux étoiles. Chacune ayant été visée en moyenne une centaine de fois, les termes périodiques observés dans la variation de ses coordonnées révèlent sa distance.

Deux catalogues sont ainsi publiés en juin 1997 : Tycho contient 400 000 étoiles repérées à une fraction de seconde d'arc tandis que dans Hipparcos figurent, avec la très étonnante précision de 0,002", les coordonnées de 120 000 étoiles. Leurs éloignements peuvent être calculés et les valeurs trouvées sont parfois surprenantes.

Ainsi l'étoile Polaire, dont on avait estimé la distance comprise entre 600 et 900 années-lumière, est à 430 années-lumière seulement. Et c'est à 385 années-lumière que se trouve le bel amas des Pléiades, riche autant de légende que de science, cette nouvelle estimation réduisant de 20% la luminosité vraie de ses étoiles. On apprend que le centre de l'amas des Hyades est à 151 années-lumière. Des recalibrages s'opérent à ces échelles avec leurs répercussions sur des distances grandes ou très grandes.

Hipparcos n'a pas permis d'atteindre celles-ci mais une mesure au-delà de la Voie lactée est possible, en recourant cette fois aux mathématiques les plus simples, avec la supernova apparue dans le Grand Nuage de Magellan le 23 février 1987 à 7 h 35 (instant où 19 neutrinos indubitablement liés à l'événement étaient enregistrés par les détecteurs implantés à Brookhaven et à Kamiokande). Les astronomes comprirent qu'il s'agissait de l'explosion de l'étoile Sanduleak 69°202 ainsi dénommée pour avoir été découverte en 1969 par 69° S et 202° W par l'astronome américain Nicolas Sanduleak. Elle était devenue une supergéante il y a sept cent mille ans et, voilà quelques milliers d'années, elle avait éjecté des matériaux : cela l'avait rendue bleue tandis qu'ils avaient formé, au large de l'étoile, un grand anneau. Il est illuminé lorsque l'étoile devient une supernova, mais les astronomes ne voient d'abord briller que sa partie la plus proche de la Terre avant que, de part et d'autre, s'étende un arc de plus en plus grand dont on observe l'extension progressive jusqu'à le voir englober la partie opposée de l'anneau. Sa lumière nous est en effet parvenue, en raison de sa plus grande distance, avec un retard dont l'importance fait connaître le diamètre de l'anneau. L'éloignement de la supernova se déduit alors de l'angle sous lequel il est vu. Sa valeur, 179 000 années-lumière, conduit à réviser à la hausse l'éloignement du Grand Nuage de Magellan ; nom donné on le sait à une petite galaxie satellite de la nôtre, la Voie lactée, ayant un diamètre de quelque 100 000 années-lumière et dans laquelle le Soleil occupe une position assez excentrique à 30 000 années-lumière de son centre.

Une autre image du système solaire

Des incertitudes subsistent quant à la structuration de l'univers, les astronomes étant perplexes face à la grégarité des galaxies. Avec une trentaine de petits objets, la Voie lactée et la galaxie d'Andromède constituent un « groupe local » ayant pour homologue, à 8 millions d'années-lumière, un « groupe du Sculpteur » ; 54 groupes sont décomptés jusqu'à 50 millions d'années-lumière. C'est alors l'amas Virgo : 200 galaxies sur 7 millions d'années-lumière. 100 millions d'années-lumière marquent la limite des distances que *Hubble* a pu estimer par la période des céphéides dans la galaxie NGC 4603. Au-delà, ce sont des extrapolations incitant à situer à 500 millions d'années-lumière les 2500 galaxies de l'amas Coma. Les 125 milliards de galaxies de l'univers semblent distribuées d'une manière filandreuse. Les grandes distances sont mal estimées.

En revanche, nous disposons, pour les éloignements et les vitesses, de valeurs pouvant être considérées comme bonnes à l'échelle de la galaxie et excellentes dans le système solaire. Ou du moins, une astronomie conventionnelle les aurait jugées excellentes. Car la seule description du système solaire ne se satisfait plus des données actuelles. D'où, pour beaucoup mieux le cadastrer, la volonté d'installer sur les terres du ciel des répondeurs qui répercuteraient en permanence nos signaux.

Surtout, le système solaire est devenu étonnamment complexe.

L'anneau de Saturne

L'histoire de l'anneau de Saturne est révélatrice. En 1610, Galilée n'avait pas pu expliquer ce qu'il voyait autour de la sixième planète de notre système : il lui semblait observer une olive. C'est à Christian Huygens qu'il allait appartenir en 1659 de découvrir Saturne entourée d'un anneau ne la touchant nulle part, une découverte qu'il consignait sous la forme d'un anagramme.

Dans cet anneau, des divisions étaient mises en évidence par Cassini puis par Johann Encke (1791-1865) avant qu'en 1980 et 1981 les *Voyager* révèlent son caractère composite, le montrant constitué par des milliers d'annelets, chacun fait de myriades de blocs de glace sale d'une taille généralement comprise entre le micromètre et le mètre : autour de Saturne, chacun a son orbite.

Mais pourquoi ne se rencontrent-ils pas ? Le mathématicien nous donne la réponse non par l'équation de cohortes d'objets en mouvement mais par une démarche ingénieuse. Il propose une comparaison avec le flot des automobiles tournant dans le sens giratoire sur une place telle que l'Étoile. Les voitures laissent parfois très peu d'espace entre elles. Or, elles ne se percutent pas ou du moins les collisions sont rarissimes : à bord de chacune, un conducteur s'emploie à éviter les voisines.

Serait-il imaginable que, pareillement, les particules de l'anneau de Saturne s'évitent ? Telle est la conclusion à laquelle fait aboutir un raisonnement simple : si, par essence, la gravitation conduit deux corps à s'attirer lorsqu'ils sont seuls en lice, elle peut au contraire prendre l'aspect d'une répulsion avec plusieurs corps, surtout si l'un d'eux est très important par rapport aux autres. On le comprendra en considérant un gros objet *A* autour duquel tournent deux satellites, *B* et *C*. Imaginons *B* et *C* sur une même orbite circulaire. Le calcul nous apprend qu'ils auront exactement la même vitesse et donc leur collision ne sera pas à redouter. C'est intéressant mais tout théorique car deux objets matériels ont forcément une taille et une structure, de sorte qu'ils ne sauraient avoir rigoureusement la même orbite : on épousera mieux la réalité en admettant pour *B* et *C* des orbites coplanaires extrêmement voisines, leur valant des vitesses peu différentes. Si voisines soient-elles, ce sera seulement une question de temps pour que leur distance change : *B* se rapproche de *C*.

Et quand la distance les séparant diminue, le moment arrive où, entre eux, la gravitation joue pour ralentir celui-ci et accélérer celui-là. Mais le fait que *B* ait alors une vitesse un tantinet accrue a pour conséquence de le transférer sur une orbite un peu plus haute. *A contrario*, *C* sera abaissé de sorte que *B* passera au-dessus de *C*. Lorsqu'il aura doublé *C*, les conditions seront inversées : *B* sera ralenti par *C*, ce qui lui vaudra de retrouver son orbite initiale ; il en ira de même pour *C* qui sera accéléré.

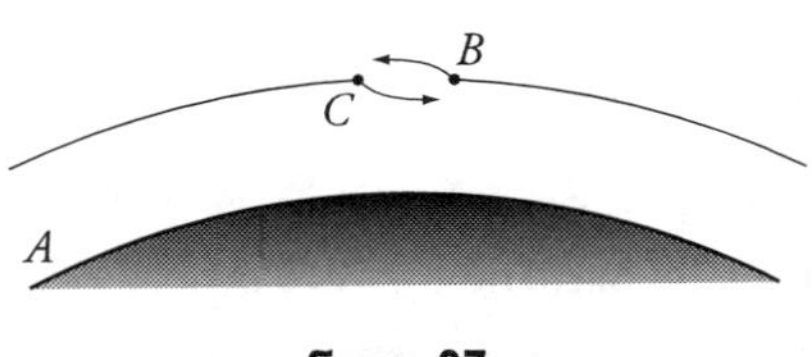

figure 27.

Tel est le scénario quelles que soient les tailles de *B* et *C*, le détournement étant d'autant plus ample que les masses des objets sont plus fortes. Autrement dit, on pourra considérer qu'ils sont d'autant plus incités à s'éviter qu'ils sont plus gros. Nous en avons l'illustration avec un couple remarquable autour de Saturne : ses satellites Janus et Epiméthée (d'une taille supérieure à 100 km) occupent la même orbite à 151 000 km du centre de la planète. C'est même un système triple qui nous est offert avec Calypso, Téthys et Telesto à 294 700 km. Bien entendu, si la gravitation, quelle que soit la manière dont on l'interprète, se trouve à l'origine de répulsions entre de petits objets tournant autour d'un gros, des collisions ne manquent de survenir pour certaines configurations et, sur une longue durée, l'anneau de Saturne ne saurait être considéré comme stable. Il n'a cessé d'évoluer par des brisures et recombinaisons de ses constituants. Le télescope spatial *Hubble* le montre en permanence agressé par des particules très diverses. Ainsi est créé un flux de vapeur d'eau ionisée qui va enrichir l'atmosphère de la planète là où aboutissent les lignes de force de son champ magnétique.

Et c'est évidemment sous le signe d'une grande évolution que doit être imaginée l'histoire du système solaire tout entier, même dans des tranches de temps très postérieures à sa formation. Les paramètres des orbites varient de façon en partie cyclique, les inclinaisons des axes planétaires ayant changé dans des proportions peut-être considérables pour Mars. Si de grands bouleversements paraissent avoir été épargnés à la Terre, elle le devrait à la Lune dont, à cet égard, le rôle fut stabilisateur. Mais par ailleurs elle n'a cessé de ralentir la rotation de notre planète, interdisant d'envisager un calendrier intemporel.

Calendriers d'hier et de demain

La création d'un calendrier actuel n'est déjà pas une petite entreprise lorsqu'on entend prendre en compte à la fois le jour, dû à la rotation de notre planète, la lunaison, correspondant au temps au bout duquel la Lune nous réapparaît éclairée de la même manière du fait de son mouvement autour de la Terre, et l'année, marquant le retour des saisons après une révolution de celle-ci autour du Soleil. Ce sont des temps non commensurables entre eux de sorte que des compromis sont nécessaires, les options pouvant être levées différemment.

Autrefois, surtout là où l'éclairage nocturne était particulièrement pris en considération, la primauté alla souvent à la lunaison. Elle dure 29,530588... jours ce qui confère un temps voisin de 7 jours à chacune des quatre phases de la Lune et induisit la semaine. Il n'y a pas un nombre entier de lunaisons dans l'année, mais au Ve siècle av. J.-C., Méton remarquait que 235 lunaisons représentent très sensiblement 19 ans, d'où l'idée de retenir le cycle — ayant été à l'origine notamment des calendriers grec et israélite — de 12 années courtes (12 lunaisons) et 7 années longues (13 lunaisons). Alors, un quasi-retour des phases de la Lune aux mêmes jours de l'année est assuré.

Avec l'inconvénient d'années très dissemblables. Ce serait inadmissible dans une vie moderne et, dans le passé, ce n'était déjà pas très acceptable pour une économie basée sur l'agriculture. D'où la faveur accordée, singulièrement en Égypte, à un concept de calendrier solaire avec l'année de 12 mois, chacun étant une lunaison légèrement allongée. Mais un problème se posait : mesurer la durée de l'année. Elle n'était pas donnée avec une précision suffisante par le retour des saisons du fait qu'il était influencé par la météorologie. Elle fut demandée à l'astronomie en considérant le temps au bout duquel un groupe d'étoiles tel que les Pléiades réapparaissait à une même heure dans la même ligne de visée : cela suggéra la construction d'imposants monuments. Ils firent constater qu'il y a dans l'année un nombre de jours non entier, voisins de 365,25 jours, avons-nous rapporté. Prenant acte de cette situation, Jules César créait en 46 av. J.-C. le calendrier auquel son nom allait rester attaché avec la formule d'une année bissextile tous les quatre ans (par répétition dans le dernier mois de l'année, alors février, du sixième jour avant les calendes de mars).

Il péchait par excès. En 1582, le calendrier grégorien allait retenir quant à la durée de l'année une détermination meilleure — 365,2425 jours — mais pas encore parfaitement satisfaisante puisque, nous le savons aujourd'hui, l'année tropique (temps qui s'écoule entre un équinoxe de printemps et le suivant) vaut 365,2421897... jours. On doit préciser : à l'heure actuelle. Car si l'on situe ces révolutions de la Terre autour du Soleil dans la grande histoire de la planète, le temps de son année évalué en jours varie à une rapidité dont on aura la mesure en observant que la dernière décimale change bel et bien à l'échelle d'une vie humaine (cette considération rejoignant la remarque faite à l'occasion de la mesure de l'année par Khayyam) !

Cela essentiellement parce qu'au fil des ans, le jour est de plus en plus long en vertu du ralentissement séculaire de sa rotation que la Terre doit à la Lune. Initialement, c'est peut-être en 8 heures que notre jeune Terre tournait sur elle-même. Ce n'est pas là une vue de l'esprit : la durée du jour a été enregistrée par certains coraux, ceux qui se développent par la juxtaposition de sillons journaliers d'autant plus importants que les jours sont plus longs. Dans leur séquence, on découvre une modulation par les saisons et ainsi se trouve révélé le nombre des jours qu'il y avait dans les années au cours desquelles le corail s'est formé : on estime — d'aucuns ne manquant de considérer que, si l'on peut souscrire aux ordres de grandeur, les chiffres sont peut-être quelque peu sollicités — qu'il était de 417 voilà 310 millions d'années,

395 il y a 240 millions d'années et 372 il y a 55 millions d'années. Cela aurait valu au jour, à ces époques, des durées respectivement voisines de 21 — 22,2 — 23,6 heures actuelles. La croissance du jour serait maintenant à peu près linéaire de sorte que l'on pourrait raisonner comme si, en ce moment, l'année comptait un jour de moins tous les 8 millions d'années.

Il y eut de ce fait des époques où les durées du jour et de l'année furent commensurables. Il y a 6 millions d'années, l'année aurait en effet compté 366 jours exactement si l'on admet les chiffres ci-dessus et dans 2 millions d'années, ce serait le scénario d'une année de 365 jours. Entretemps, pour retrouver les saisons aux mêmes époques sur le calendrier, la solution restera un savant dosage d'années de 365 jours et d'années de 366 jours dans lequel apparaîtront des situations remarquables : par exemple, dans 62 000 ans, l'année vaudra 365,25 jours et il conviendra que, systématiquement, une année sur 4 soit bissextile. Ce sera la revanche du calendrier julien sur le grégorien qui, d'ici là, aura dû évoluer pour faire tendre le ratio des années bissextiles (0,97/4 actuellement) vers 1/4. Dans un peu plus de un million d'années, c'est le régime de une année bissextile sur deux qui devra être instauré parce que la Terre tourne sur elle-même de moins en moins vite.

À l'échelle des temps cosmiques, ce sont en fait tous les mouvements célestes qui changent. L'éloignement progressif de la Lune, 3,7 cm par an avons-nous rapporté, est aujourd'hui mesuré : la réalité du phénomène avait naguère été révélée par des coquillages dont le rythme des marées commande l'épaississement. Du fait de cet éloignement, on doit retenir que la lunaison augmente de la durée de un jour actuel en 120 millions d'années. Mais les 30,53 jours actuels qu'elle représentera alors seront devenus 29,25 jours vécus, le temps de la lunaison *diminuant en jours vécus.*

Il faut en tout état de cause souligner que si deux durées prises pour références dans nos calendriers peuvent à un moment être fortuitement commensurables, il est exclu que toutes le soient simultanément, l'année qui compterait 12 lunaisons de 28 jours devant être regardée comme une utopie, surtout si l'on voulait que cette situation dure. On ne peut entrevoir que des coïncidences passagères. Par exemple, dans quelque 110 millions d'années, on comptera exactement 12 lunaisons dans l'année : mais alors celle-ci n'aura plus que 345 jours et, si l'on voulait conserver la formule de mois de 30 jours, on devrait faire alterner des années de 12 mois et des années de 11 mois, sans synchronisation avec la lunaison qui durera 28,75 jours d'alors...

Enfin, nous avons ci-dessus admis implicitement que l'année aurait une valeur constante. Or sa durée varie. Fort peu actuellement à l'échelle de la centaine de millions d'années. Son évolution n'en devra pas moins être prise en compte : l'année est commandée par la masse du Soleil. Celui-ci s'allège d'abord parce que chaque seconde, en son sein, 596 millions de tonnes d'hydrogène se transforment en 592 millions de tonnes d'hélium. Et il faut prendre en considération le vent solaire : une fraction de l'atmosphère du Soleil, très variable selon l'activité de l'astre, s'évade vers l'espace. *A contrario*, le Soleil s'enrichit des comètes qu'il dévore et des matériaux interstellaires qu'il trouve sur sa route.

Négatif, le bilan de masse du Soleil le sera à coup sûr très fortement dans quelque 7 milliards d'années lorsqu'il deviendra une géante. Alors l'élévation considérable de sa taille s'accompagnera, en raison de l'importance des matériaux éjectés, d'une réduction de sa masse de 40%. Cela repoussera l'orbite de la Terre à quelque 200 millions de kilomètres avec des années d'environ 700 jours actuels, peut-être 200 jours d'alors...

Les réactions de gravitation

Si, à long terme, le système solaire est promis à de grands bouleversements, on notera que, dans le contexte actuel, il est modifié et cela sur des échelles de temps parfois courtes, par les réactions de gravitation dont il est le théâtre, les premières victimes étant les comètes : quand il leur arrive de passer à une faible distance de Jupiter, celle-ci les retourne comme des crêpes, les replaçant sur des orbites pouvant être très différentes.

À l'ère spatiale, le recours à des réactions de gravitation s'est révélé fort intéressant pour les sondes qui sillonnent le système solaire en raison des gains d'énergie qu'elles peuvent en attendre pour les raisons données dans notre « cours de cosmonautique ».

Cela sans entorse au principe de la conservation de l'énergie. Lorsque trois corps sont en présence, en l'occurrence le Soleil autour duquel tournent Jupiter et la sonde, des transferts sont en effet possibles : dans le temps où la sonde est accélérée, la planète est un tantinet ralentie. D'où la faveur de la formule : c'est grâce à une réaction de gravitation avec Vénus que *Mariner-10* a pu atteindre Mercure. Et sans doute le record est-il détenu par la sonde *Cassini* qui aura survolé successivement Vénus à deux reprises, puis la Terre et Jupiter afin d'avoir l'énergie nécessaire pour atteindre Saturne.

Non seulement la méthode est applicable dans le système Terre-Lune mais historiquement la première opération du genre s'inscrivit à l'actif de la sonde russe *Luna 3* placée le 4 octobre 1959 sur une orbite circumterrestre inclinée à 65° dont l'apogée se trouvait « sous » la Lune : sa gravitation inversa la courbure de la trajectoire de sorte qu'elle « remonta » au-dessus de la face arrière de la Lune qu'elle photographia, réinjectée sur une orbite circumterrestre d'où elle put transmettre ses clichés. Les Japonais se sont, pour leur part, employés à jouer au yo-yo entre Terre et Lune avec leur sonde *Nozomi* afin d'obtenir une énergie suffisante pour lui faire prendre la route de Mars. Et c'est une réaction de gravitation lunaire qui sauva le satellite de communication *Asiasat 3* resté le 24 décembre 1997 sur une orbite elliptique dans un plan d'une inclinaison beaucoup trop grande pour que l'on puisse l'employer à des communications. La solution fut d'élever son apogée pour permettre à la Lune d'assurer la torsion de trajectoire qui lui assura un plan quasi équatorial. Il put alors être exploité sous le nom de HGS (Hughes Global Service).

Tout cela en vertu des formules $F = GMm/d^2$ et $F = mg$, bases d'une mécanique mathématique. Mais c'est très vite que la seconde va évoluer ; elle n'est en effet, sous cette forme, qu'une tautologie de l'accélération.

Lagrange et Hamilton

Louis de Lagrange (1734-1813) fait observer que la quantité de mouvement mv d'une masse m étant la dérivée de son énergie cinétique (1/2) mv^2, il est possible de donner une formule beaucoup plus générale que $F = mg$ dans le cas d'un système à n degrés de liberté si l'on prend en compte les dérivées de son énergie par rapport aux différentes coordonnées de position. On obtient des équations élégantes autant que très générales.

Ce travail sera complété par celui de William Hamilton (1805-1865), un mathématicien irlandais ayant eu un destin hors du commun : à dix ans, il parlait l'hébreu, le latin, le grec, l'arabe, le sanscrit et il apprenait le chinois. À vingt-deux ans, il était professeur d'astronomie au Trinity College, avant même d'avoir terminé ses études.

À Hamilton, ainsi qu'à Hermann Grassmann (1809-1877), nous devons la notion de *vecteur*, mot emprunté au latin *vector*, utilisé pour désigner à la fois le passager et le transporteur. Comme *vectura* (ayant donné « voiture »), il vient de *vehere* signifiant : « transporter par terre ou par mer ». Le mot avait été utilisé en France au XVIIIe siècle mais comme adjectif pour évoquer le tourbillon vecteur transportant quelque chose dont devait naître le concept de rayon-vecteur. Notamment par le biais de ses quaternions, Hamilton va constituer les opérations vectorielles en un corps de doctrine, avec l'immense intérêt qu'il va revêtir en mécanique des fluides, et inscrire à son actif une grande synthèse de la mécanique et de l'optique, préfiguratrice de la mécanique ondulatoire. Hamilton a en effet compris que le principe de Jacobi (l'évolution d'un système obéit au principe de la moindre action, ce nom d'action étant donné au produit de l'énergie par le temps) et le principe de Maupertuis (entre deux points *A* et *B*, la lumière suit le trajet qui lui vaut le temps de parcours le plus court) relèvent d'une logique fondamentale identique. La même réflexion peut être faite si l'on met en parallèle le principe de Fermat et le principe de Huygens. Il s'agit de concepts dont l'intérêt profond apparaîtra au XXe siècle.

La notion d'hamiltonien sera attachée à l'énergie totale d'un système. Elle est, dans le cas d'un pendule simple, représentée par la somme $T + U$ de son énergie cinétique $T = (1/2)\, mv^2$ et de son énergie potentielle $U = mgh$, cette somme étant constante si l'on ne se trouve pas en présence d'un système dissipatif.

Ce sont au demeurant, pour formuler des équations dites canoniques très générales, deux hamiltoniens *H* que l'on peut définir selon que l'on fait intervenir, pour caractériser l'état d'un système, les trois grandeurs *q* (position), *p* (quantité de mouvement) et *t* (temps) ou les quatre grandeurs *q*, *p*, *t* et *v* (vitesse), avec l'importance toute particulière que ce second hamiltonien peut revêtir dans la détermination de courbes optimales (courbes d'une famille *C* rendant maximale une certaine fonction *F*). Cela est bien expliqué, le 17 juin 2000, lors de la journée annuelle de la Société mathématique de France : elle montre l'intérêt de la recherche pour des problèmes toujours incomplètement résolus bien que parfois très anciens. Hector Sussmann passe en revue les 18 étapes du travail effectué sur les courbes optimales, depuis la considération de cas particuliers et l'équation d'Euler-Lagrange : à partir de l'équation d'Hamilton (étape 5), le principe du maximum de Pontriaguine a ouvert la voie débouchant aujourd'hui sur une bourbakisation avec les concepts de flots (familles d'applications multivoques) et de dérivée généralisée.

Sans que la formule $F = GMm/d^2$ ait cessé d'être utilisée.

Au tournant du millénaire, elle est singulièrement féconde pour déceler des planètes extrasolaires. Nul n'a encore vu celles-ci, mais leur existence est révélée par la modulation que leur présence imprime à la vitesse dont est animée, par rapport à nous, l'étoile autour de laquelle elles tournent. Des tableaux peuvent rapporter leur masse, leur éloignement de cette étoile, la durée de leur révolution. Mais nous ne pouvons rien dire sur elles, n'en ayant reçu aucun photon.

Dans un second temps, lorsqu'on voudra analyser l'empreinte de ces planètes sur le flux de l'étoile, dont elles interceptent ou réfléchissent la lumière, c'est encore à un outil mathématique — les déconvolutions en moindres carrés — que l'on aura recours.

Passeport pour l'espace : un bref cours de cosmonautique

Orbite circulaire

Le modèle d'un astre à symétrie sphérique (S) permet de raisonner comme si toute sa masse M se trouvait en son centre O. Un objet en orbite autour de (S) décrit un cercle de centre O et de rayon ρ s'il est animé de la vitesse dite circulaire V_o ($V_o \perp \rho$), telle que la pesanteur de (S), c'est-à-dire GM/ρ^2 (G est la constante de Cavendish), équilibre son accélération centrifuge $M\,V_o^2/\rho$. Ainsi :

$$V_o^2 = GM/\rho \qquad (1)$$

Bien entendu, ρ doit être supérieur au rayon R de (S) : $\rho = R + h$.

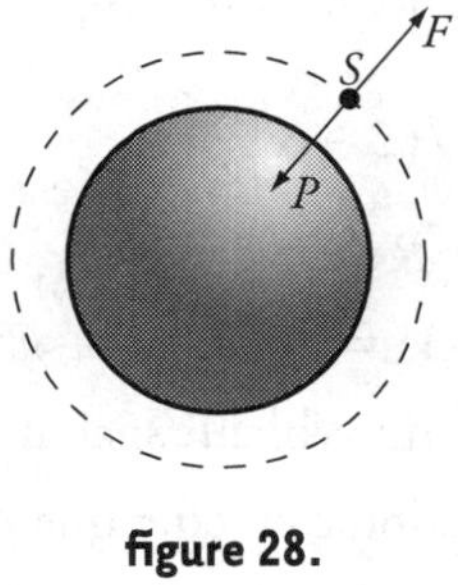

figure 28.

Un satellite *S* décrit une orbite circulaire autour de la Terre si la force centrifuge *F* équilibre son poids *P*.

Le nombre h serait égal à 0 (satellite rasant) pour un monde sans relief et sans atmosphère. Ce sont toutefois là deux exigences contradictoires : un astre a une forme sphérique s'il est très massif, mais alors sa gravité aura sans doute retenu une enveloppe gazeuse. Concrètement, la présence d'une atmosphère impose aux satellites un « plancher », voisin de 150 km pour la Terre, au-dessous duquel les frottements aérodynamiques interdiraient un mouvement durable.

On calcule que, pour $h = 210$ km (valeur pouvant être retenue pour entamer un vol circumterrestre), $V_0 = 7{,}78$ km/s.

Si donc, si à 210 km de la Terre, on confère 7,78 km/s à un véhicule, il est en orbite circulaire, effectuant sa révolution en un temps T, quotient par 7,78 d'une circonférence de rayon $\rho = 6\,378 + 210$. $T = 5\,334$ s, soit 88,7 min. On vérifie que, conformément à la troisième loi de Kepler, T croît comme $\rho^{3/2}$.

Orbites elliptiques

Si, en un point P d'injection dans l'espace, à la distance ρ_P du centre de la Terre, une fusée confère la vitesse $V > V_0$, (toujours $V \perp \rho_P$) à un quelconque véhicule, le régime balistique de celui-ci dépend seulement du rapport $V/V_0 = x$. L'orbite est en effet une conique dont les paramètres sont entièrement déterminés par ρ_P et par x. En particulier son excentricité e est :

$$e = x^2 - 1 \qquad (2)$$

Pour $x < \sqrt{2}$ (figure 29), c'est une ellipse (E), le sommet de son grand axe proche de (S) n'étant autre que P. Pour $x > 1$, P est en même temps le périgée de l'orbite dont l'apogée A — autre extrémité de son grand axe — est à une distance ρ_A de O que l'on calcule à partir du rapport $\lambda = \rho_A / \rho_P$. On établit en effet que :

$$\lambda = x^2/(2 - x^2) \qquad (3)$$

Le nombre $h_A = \rho_A - R$ s'élève vite : $h_A = 1\,020$ km pour V, c'est-à-dire V_P, $= 8$ km/s, 6 955 km pour $V = 9$ km/s, 24 987 km pour $V = 10$ km/s... Et il est facile d'obtenir la vitesse V_A du véhicule spatial à son apogée à partir deuxième la seconde loi de Kepler. Celle-ci stipule en effet que $\rho_P V_P = \rho_A V_A$. Donc :

$$V_A = V_P/\lambda \qquad (4)$$

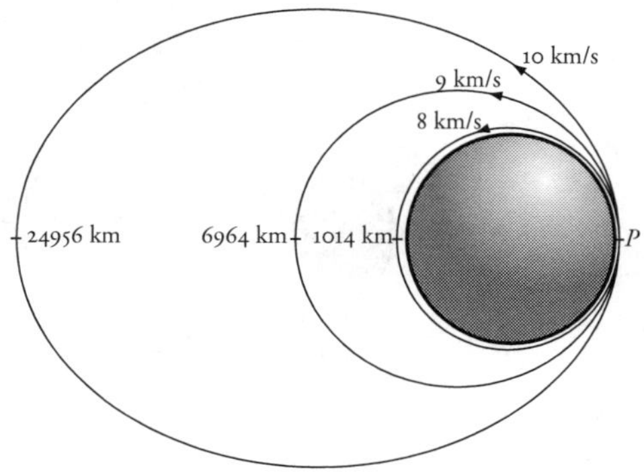

figure 29. Orbites elliptiques

O étant le centre de la Terre, l'orbite d'un satellite injecté en un point P de l'espace est entièrement déterminée par OP et par la vitesse V que le lanceur est présumé lui avoir conférée, perpendiculairement à OP. C'est une conique d'équation $\rho = p/(1 + e \cos \omega)$, e ne dépendant que du rapport $x = V/V_0$.

Pour une injection dans l'espace à 8 km/s, 9 km/s, 10 km/s, l'orbite d'un satellite est une ellipse (E) lui assurant un apogée à 1 020 km, 6 955 km, 24 987 km. Les durées des révolutions représentent respectivement 97 min, 164,9 min, 433,6 min.

Manœuvres dans l'espace circumterrestre

Un satellite cesse d'avoir un mouvement balistique si un moteur lui permet de créer des impulsions. Elles élèveront son orbite : s'il est mécaniquement avantageux que son injection dans l'espace ait lieu à une altitude minimale, il ne saurait être question qu'il reste pendant un temps appréciable à 210 km. Il créera une impulsion positive, par exemple 50 m/s, pour se transférer sur une orbite 210/380 km (sur laquelle, il aurait été directement placé si le lanceur lui avait conféré $V_0 + 50$ m/s). Et, si à l'apogée de cette nouvelle orbite, il crée une autre impulsion de 50 m/s, alors il sera en orbite circulaire à 380 km, où la densité de l'atmosphère est suffisamment faible pour des mois de survie.

Selon cette technique, on assure à un satellite une orbite circulaire quelconque. Sont spécialement intéressantes les orbites de 12 heures, à 20 190 km de la Terre (pour la navigation), et de 24 heures, à 35 870 km (pour des communications). Elles sont gagnées en deux temps *(figure 30)*.

Mais pour qu'un satellite effectuant sa révolution en 24 heures nous apparaisse immobile, il faut qu'il gravite dans le plan de l'équateur : c'est d'emblée possible si le site de lancement est équatorial. Si sa latitude a une valeur L différente de zéro, alors

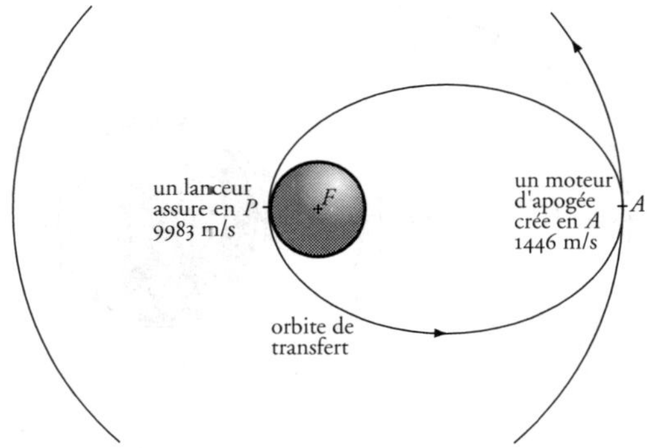

figure 30.

L'orbite géostationnaire est atteinte à partir d'un site équatorial en demandant d'abord à un lanceur de créer, en intégrant l'appoint de la rotation de le Terre, 9 983 m/s. Cela place son étage supérieur sur une orbite de transfert de type 500/35 870 km, l'apogée étant atteint avec une vitesse de 1 625 m/s. Après un nombre de révolutions plus ou moins important sur cette orbite de transfert, un moteur d'apogée crée une impulsion de 1 446 m/s pour conférer au satellite la vitesse circulaire correspondant à un éloignement de 35 870 km, soit 3 071 m/s.

le plan (Q) de son orbite aura une inclinaison $i \geqslant L$ de sorte que l'on devra provoquer des torsions de sa trajectoire par des impulsions (importantes), créées lorsqu'il traversera le plan de l'équateur. Elles se composeront avec sa vitesse pour donner une résultante dans ce plan.

Certaines missions — dont l'observation de la Terre — exigent au contraire que i ait une valeur élevée et il faut considérer l'orientation du plan (Q). Sur une courte durée, elle peut être regardée comme invariable par rapport à l'espace inerte : l'orbite est un anneau à l'intérieur duquel la Terre tourne (une telle considération ayant inspiré le système Globus dont furent en 1961 équipés les vaisseaux cosmiques pour, grâce à un simple mouvement d'horlogerie, faire savoir aux cosmonautes où ils atterriraient si fin était soudain mise à leur vol). Mais sur un temps important, on doit compter avec une lente rotation de (Q). Longtemps, pour la station *Mir*, il a effectué une révolution en deux mois ; au bout de ce temps, les horaires de survol de la Terre revenaient à l'identique.

La durée de sa révolution atteint un an pour $i = 80{,}9°$ (ou 99,1°). L'orbite est alors dite héliosynchrone du fait que l'angle α du plan (Q) et de la droite OO' — joignant le centre de la Terre au centre du Soleil — reste constant. Cela se traduit par des survols toujours à la même heure solaire commandée par α.

On notera que si l'orbite a une excentricité appréciable, alors il n'est plus concevable d'assimiler la Terre à une sphère. Son renflement équatorial entraîne un déplacement du périgée sauf si $i = 63°$ (valeur ayant été retenue pour les satellites de communication russes *Molniya* ; ils avaient leur périgée en permanence au-dessus de l'hémisphère Sud et donc leur apogée au-dessus de l'hémisphère Nord qu'ils survolaient lentement).

Vers un point de Lagrange

La relation (2) nous apprend que, pour $x = \sqrt{2}$, la conique est une parabole. Le véhicule spatial a la vitesse dite de libération V_{lib}, encore appelée deuxième vitesse cosmique : $V_{\text{lib}} = V_0\sqrt{2}$, variant évidemment comme V_0 selon une loi en $1/\sqrt{\rho}$. Pour la Terre, V_{lib} vaudrait 11 km/s à 210 km. Ce régime est intéressant pour gagner les limites du domaine gravifique de (S), parfois appelé sa sphère de Hill : celle de la Terre s'étend jusqu'à environ 1,5 million de kilomètres. Là se trouve, si le tir a eu lieu en direction du Soleil, un point de Lagrange.

D'une manière générale, un astre (S) de centre O étant en orbite circulaire autour d'un astre (S') de centre O', on doit faire état de cinq points d'équilibre gravifique : L_1, L_2, L_3 (instables) sur l'axe OO' et L_4, L_5 (stables), sur l'orbite de (S) à 60° en avant ou 60° en arrière de (S). Si (S) est la Terre et (S') le Soleil, les points L_2, L_3, L_4 se prêtent bien à une observation de celui-ci. Le régime parabolique permet de les atteindre.

Les régimes d'évasion

Le régime $x > \sqrt{2}$ est retenu pour des vols lointains. La trajectoire est une hyperbole (H) justifiable d'une géométrie transposant le modèle de l'ellipse, sauf que le véhicule reste sur la branche de (H) passant par P. Le point A, sommet de l'autre branche, que l'on définit par la valeur de λ donnée par (3), est dépourvu de toute signification physique.

La direction selon laquelle le véhicule s'éloigne est révélée par les asymptotes de (H). Celles-ci faisant entre elles un angle 2θ, on montre que

$$1/\cos\theta = x^2 - 1 \qquad (5)$$

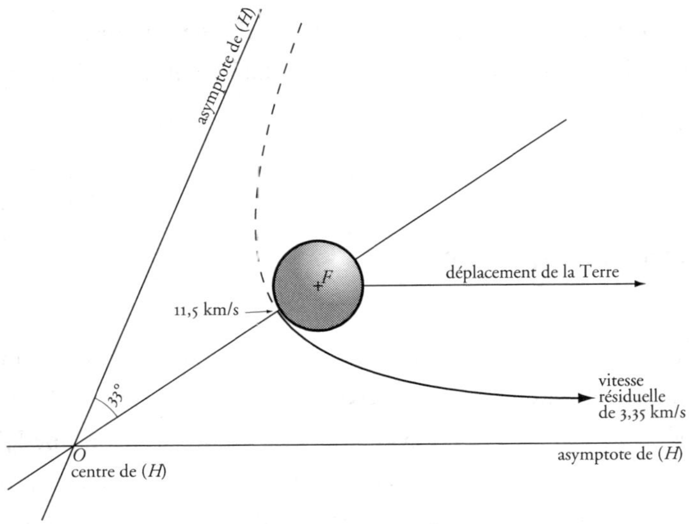

figure 31.

Une opération martienne débute par la création, en orbite circumterrestre basse, d'une vitesse de 11,5 km/s, plaçant le véhicule spatial sur une branche d'hyperbole dont les asymptotes font un angle de 66°. Au fur et à mesure qu'il s'éloigne, sa vitesse diminue jusqu'à lui laisser 3,35 km/s quand il quittera le domaine terrestre : cette vitesse s'ajoutera à celle de la Terre pour lui assigner l'orbite solaire qu'il empruntera jusqu'à la planète voisine.

Ainsi θ a une valeur appréciable dès que x dépasse quelque peu 1. Par exemple *(figure 31)* $\theta = 33°$ pour $x = 1{,}48$ correspondant à $V = 11{,}5$ km/s.

Et l'on calcule la vitesse résiduelle V_r du véhicule après qu'il s'est soustrait à l'attraction de (S). Sachant qu'en conférant la vitesse V à une masse m, on lui assure une énergie (1/2) mV^2. Or la libération de (S) exige $(1/2)mV^2_{\text{lib}}$. Il lui reste donc $(1/2)mV^2-(1/2)mV^2_{\text{lib}}$ sous la forme d'une énergie cinétique (1/2) mV_r^2 de sorte que :

$$V_r^2 = V^2 - V^2_{\text{lib}} \tag{6}$$

En l'occurrence, $V_r^2 = (11{,}5)^2 - (11)^2$ et $V_r = 3{,}35$ km/s.

Cette valeur, relativement élevée, corrobore qu'il est judicieux de créer les impulsions aux altitudes les plus basses. On aurait pu donner au véhicule spatial la vitesse minimale pour son évasion, soit 11 km/s, et créer 3,35 km/s après que sa vitesse par rapport à la Terre fut devenue très petite. Au prix de $11 + 3{,}35$ soit 14,35 km/s, la même orbite solaire aurait été atteinte, dont il est facile d'expliciter les paramètres.

On évalue en effet la vitesse d'injection dans le système solaire en composant la vitesse résiduelle V_r du véhicule avec la vitesse de la Terre, en moyenne 29,76 km/s. Les deux extrêmes, systématiquement exploités pour des missions planétaires, sont les cas où ces vitesses s'ajoutent ou se retranchent pour assurer 33,11 km/s (si l'on vise Mars) ou 26,41 km/s (si l'on vise Vénus).

Alors le Soleil est l'astre à prendre en considération. On introduira dans (1) son GM, connu avec 10 chiffres significatifs ($1{,}327124399 \times 10^{11}$ km^{3}s^{-2}), ρ étant devenu l'éloignement (voisin de 150×10^6 km) du centre du Soleil.

On calculera, dans ce référentiel solaire, une vitesse circulaire, pouvant souvent être assimilée à la vitesse moyenne de la Terre — 29,76 km/s venons-nous de rappeler — et un rapport x (qui ici peut être très inférieur à 1 si l'on vise les planètes inférieures, voire le Soleil) en divisant par 29,76 la vitesse d'injection dans le système solaire. Si celle-ci vaut 33,11 km/s, $x = 1{,}11$. Alors (2) nous apprend que l'orbite de la sonde est une ellipse d'excentricité 0,238 dont le point le plus éloigné du Soleil (aphélie) est déterminé à partir de (3) : $\lambda = 1{,}624$ de sorte que $\rho_A = 243$ millions de kilomètres. Cela permet d'aborder idéalement Mars lorsque la planète voisine se trouve à une telle distance du Soleil.

Orbites de Hohmann et de Sternfeld

L'orbite la plus économique pour, à partir d'une planète, en atteindre une autre est en effet l'orbite dite de Walter Hohmann (1880-1943), bitangente à leurs orbites respectives, les calendriers des vols étant imposés par la mécanique céleste. Par exemple, pour une mission vers Mars, il convient de partir de la Terre quelque trois mois avant une opposition ; cinq à six mois après celle-ci, on entre dans le domaine de Mars avec une vitesse relative de quelque 3,3 km/s.

Du fait que la vitesse de libération de Mars vaut 5 km/s, le véhicule spatial passera au large de la planète à près de 6 km/s ($5^2 + 3{,}3^2 < 6^2$) sur une branche d'hyperbole dont les asymptotes feront près de 58°. Si l'on veut qu'il se mette en orbite autour de la planète voisine, on devra lui demander de réduire sa vitesse d'au moins 1 km/s grâce à une rétrofusée, ce qui est coûteux, ou de recourir à un aérofreinage, l'entrée dans l'atmosphère martienne devant avoir lieu sous un angle bien déterminé, ce qui sera délicat. En tout état de cause, à partir d'une orbite martienne, on reviendra vers la Terre par une ellipse de Hohmann inverse, de sorte qu'une opération symétrique devra être organisée.

On évite ce dualisme avec une autre classe d'orbites solaires, recourant aux orbites équitemporelles de Ari Sternfeld. Il s'agit de placer une sonde sur une ellipse décrite en un nombre entier ou demi-entier d'années (toujours, le temps des révolutions est proportionnel à la puissance 3/2 du grand axe de l'orbite). Ainsi la Terre est retrouvée et, au cours du périple, des échantillons d'un autre monde auront pu être collectés. Cette technique a été mise en œuvre avec la sonde *Stardust* lancée de cap Canaveral par une fusée *Delta 7426* le 7 février 1999 : on attend qu'elle fasse revenir une capsule sur la Terre en 2006 après un passage, le 1er juin 2004, dans la chevelure de la comète Wild.

L'espace très lointain

Pour atteindre Jupiter, il faut un $\lambda > 5$ et donc $x > 1{,}29$. Cela implique que, lors de l'injection en orbite solaire, on ajoute 8,7 km/s à la vitesse de la Terre. Or $(11)^2 + (8{,}7)^2 > (14)^2$. Ainsi le lanceur doit créer au moins $V_{\text{lib}} + 3$ km/s. C'est coûteux car cela signifie, compte tenu de la mécanique des fusées, que la charge utile sera quelque six fois plus faible.

Enfin, si, depuis la Terre, on voulait directement s'évader du système solaire, on devrait conférer à une sonde $29{,}76 \times \sqrt{2}$ soit 42 km/s, exigeant plus de 12 km/s après une évasion du domaine terrestre.

Les quatre sondes, américaines, ayant à ce jour quitté le système solaire (*Pioneer 10*, *Pioneer 11*, *Voyager 1*, *Voyager 2*), furent lancées vers Jupiter afin de profiter des réactions de gravitation permises par son survol.

D'une manière générale, lorsqu'une sonde animée de la vitesse V dans un référentiel solaire pénètre dans le domaine d'une planète dont la vitesse autour du Soleil est V_p, il convient en effet de composer V et $-V_p$ pour avoir la vitesse v avec laquelle cette sonde aborde cette planète. À défaut d'intervention, elle en ressortira, après une trajectoire hyperbolique, avec une vitesse v' ayant le module de v mais une direction différente. Alors, la composition de v' avec $+V_p$ donnera la vitesse de réinjection dans le système solaire V' qui pourra être très différente de V en grandeur ou en direction. Après avoir effectué le vol Terre-Jupiter dans l'écliptique, la sonde européenne *Ulysse* se retrouva dans un plan quasiment perpendiculaire à l'écliptique pour observer les régions solaires polaires.

Chapitre 5

L'académie des quarante problèmes

Le plaisir de découvrir — ou redécouvrir — les mathématiques dans un livre de réflexion passe, de manière pratiquement obligatoire, par l'histoire de ses grandes périodes créatrices. Plutôt que d'évoquer, comme dans un manuel destiné à des étudiants, les tournants les plus féconds au fur et à mesure du déroulement des siècles, nous adoptons ici une forme plus proche d'un dictionnaire raisonné, en regroupant arbitrairement quarante « problèmes », ou plutôt quarante questionnements, associés à des noms propres, essayant de couvrir tant bien que mal toutes les branches qui ont compté dans le développement des mathématiques : logique, statistique aussi bien que théorie des équations algébriques...

Comme tout choix, le nôtre est largement critiquable. Cela reconnu bien volontiers, nous espérons que, par l'intermédiaire de cette Académie mathématique virtuelle — on aurait pu également parler de caverne aux quarante créateurs, ou des quarante chercheurs qui ont fait les mathématiques —, quelque chose de la curiosité indomptable de ces fondateurs d'empire pourra toucher des lecteurs, qui auront envie d'en savoir plus.

Une telle énumération, et les autres chapitres de ce volume, doivent naturellement beaucoup aux livres d'histoire des mathématiques existants. Nous avons particulièrement consulté avec profit *A History of Mathematics* de Carl B. Boyer (Princeton University Press, édition de 1985), *Mathematical Thought from Ancient to Modern Times* de Morris Kline (Oxford University Press, édition de 1976), *History of Mathematics* de D.E. Smith (Dover Publications, édition de 1958 en deux volumes), *Abrégé d'histoire des mathématiques* de Jean Dieudonné *et al.* (Hermann, édition de 1986), ainsi que *Pour l'honneur de l'esprit humain* de Jean Dieudonné (Hachette, édition de 1987), *Histoire des mathématiques* de Jean Itard (Larousse, édition de 1977, épuisé), *Histoire des mathématiques* de Jean-Paul Collette (diffusion Vuibert, édition de 1973 en deux volumes), *Histoire abrégée des sciences mathématiques* de Maurice d'Ocagne et René Dugas (Vuibert, édition de 1955, épuisé), mais aussi les grands classiques, moins ambitieux, d'Eric Temple Bell (*Les Grands Mathématiciens* chez Payot, épuisé), de Pierre Dedron et Jean Itard (*Mathématiques et Mathématiciens* chez Magnard, également épuisé), la compilation des *Notes historiques* de Nicolas Bourbaki chez Masson, et naturellement des ouvrages spécialisés comme ceux de L.E. Dickson sur la théorie des nombres, où l'ouvrage collectif *Les Nombres* tout récemment traduit de l'allemand chez Vuibert.

Citer toutes nos autres sources serait presque impossible, et certainement lassant. Cela dit, c'est avec grand plaisir que nous reconnaissons avoir également puisé beaucoup de renseignements, notamment des dates, titres de livres, anecdotes, etc., dans le récent et très riche dictionnaire *Des mathématiciens de A à Z* de Bertrand Hauchecorne et Daniel Suratteau (Ellipses, édition de 1996), ainsi que sur certains sites Internet bien connus.

Enfin nous devons rappeler que le recours direct aux œuvres originales de certains des grands créateurs célébrés ici est encore la meilleure façon d'essayer de comprendre l'histoire des idées, même compte tenu des difficultés très réelles qu'il y a à interpréter correctement des textes écrits à une époque parfois très éloignée de la nôtre. En dehors de la consultation des œuvres complètes, nous avons utilisé des recueils d'extraits (*Mathématiques au fil des âges* chez Gauthier-Villars en français (1987), mais aussi les « *source books* » anglo-saxons, comme ceux de D.E. Smith, D.J. Struik ou celui de l'Open University), ainsi que la compilation *The World of Mathematics* de J.R. Newmann (4 volumes chez George Allen & Unwin, 1956).

Le problème d'Apollonius (262-190)

Tracer à la règle non graduée et au compas un cercle tangent à trois cercles donnés.

Ce problème a traversé l'histoire : si nous ignorons la solution d'Apollonius lui-même, nous savons que Descartes, Fermat et Newton, puis Cauchy et surtout Joseph Gergonne (1771-1859) lui ont apporté chacun une solution plus ou moins astucieuse, toutes si diverses qu'on peut difficilement les résumer (une remarque simplement : on peut se ramener facilement au cas où l'un des cercles a été réduit à un point, en augmentant ou diminuant le rayon du cercle cherché). Le problème admet a priori huit solutions, à savoir un cercle qui est tangent extérieurement aux trois cercles C_1, C_2, C_3 considérés, un cercle qui leur est tangent intérieurement, et deux fois trois cercles tangents extérieurement et intérieurement. On notera que si C_1, C_2, C_3 sont les cercles ex-inscrits d'un triangle, une solution est donnée par son cercle d'Euler (théorème de Feuerbach).

Nous citons ici cette question, que la qualité des intervenants montre ne pas être tout à fait sans intérêt, essentiellement pour saluer l'innombrable cohorte des problèmes de géométrie plane ou de l'espace qui a toujours fasciné, outre des professionnels, des foules d'amateurs passionnés. Aujourd'hui encore ces cercles d'Apollonius ne sont pas complètement morts, puisqu'on en retrouve une trace dans l'un des problèmes du Concours général français de l'année mondiale des mathématiques !

La baderne d'Apollonius

Le problème de la baderne d'Apollonius consiste à remplir de cercles l'espace compris entre trois cercles C_1, C_2, C_3, dont, pour simplifier, on admettra que le rayon est le même. L'opération commence par le tracé du cercle γ tangent à C_1, C_2, C_3, dont le centre est celui du triangle $O_1O_2O_3$. Ce seront ensuite le cercle γ_1 tangent à C_1, C_2 et γ, le cercle γ'_1 tangent à C_1, C_2 et γ_1, le cercle γ'' tangent à γ, γ_1 et C_1, et ainsi de suite de façon fractale dans toutes les parties du triangle curviligne ABC.

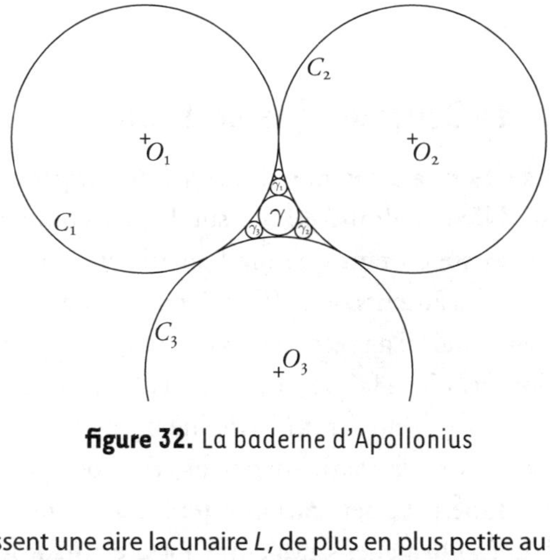

figure 32. La baderne d'Apollonius

Ces cercles laissent une aire lacunaire L, de plus en plus petite au fur et à mesure que leur nombre augmente. La question est encore entière de savoir si L tend vers zéro ou vers une valeur limite différente de zéro.

NB : Le nom d'Apollonius hante les mathématiques. Ainsi, étant donné un triangle ABC dont les bissectrices issues de A coupent en B' et C' le côté BC, le cercle de diamètre $B'C'$ (qui passe par A) est l'un des trois cercles dits d'Apollonius du triangle ABC. Les deux autres s'obtiennent en opérant de la même manière pour B et pour C. Ces trois cercles d'Apollonius, dont les centres se trouvent sur une droite dite de Lemoine, ont le même axe radical (axe de Brocard).

Le problème d'Archimède (287-212)

Qu'est-ce qu'une longueur ? une aire ? un volume ?

Voici le très lointain début de l'analyse en général et du calcul intégral en particulier. L'un de nos quasi-contemporains, Henri Lebesgue, trouvera encore de quoi renouveler profondément ce terrain ou Archimède a été un précurseur plus de vingt et un siècles plus tôt.

Ses travaux sur la longueur du cercle le conduiront, comme on l'a vu plus haut, à donner une première valeur de π basée sur une démonstration forte. Il déterminera, parfois grâce à l'aide de sommations de séries géométriques, des aires de parties du plan délimitées par des coniques (ellipses et segments de paraboles) ou par d'autres courbes qu'il invente, comme la spirale qui porte son nom. Il calculera également des volumes et des centres de gravité, qui seront admirés et imités par un Fermat au XVIIe siècle.

Cela dit, le fait qu'il ait fallu attendre près de deux mille ans pour créer ces deux calculs, pour lesquels Archimède avait déjà franchi les premiers pas, est en soi une énigme irritante.

Le problème de Bourbaki (né en 1935)

Écrire un traité basique universel des mathématiques.

Bien sûr, Nicolas Bourbaki — sur lequel commencent à paraître de bons livres — n'a pas existé en tant que mathématicien puisque tout théorème nouveau démontré par l'un des auteurs de ce *Traité* était publié par ailleurs sous le nom propre de son découvreur. Mais il a presque réussi à remplir son projet utopique, sous l'égide de Hilbert et Sophus Lie (1842-1899), et laissera un sillage prestigieux.

Il est cité ici parce qu'il fut à l'origine d'une tentative « pédagogique » remarquable, à l'usage des seuls mathématiciens, non des pédagogues, dans la ligne du formalisme à la Hilbert. La réputation internationale de ce travail formidable, initié par quelques jeunes normaliens nés entre 1900 et 1920, fut exemplaire (toutes proportions gardées, Bourbaki fut l'Euclide du XXe siècle). Cette influence a eu des effets très positifs quant à une normalisation du vocabulaire et des notations, par exemple en topologie ou en analyse fonctionnelle, tandis que des idées fortes comme celle d'algébrisation et de linéarisation de l'analyse se voyaient par là admises par tous. De plus, un séminaire très fameux portant son sigle réunit toujours à Paris les principaux mathématiciens français, avides des avancées les plus importantes de la discipline.

Cela dit, de nombreux pans des mathématiques n'ont jamais été traités par les bourbakistes, particulièrement dans les applications, mais aussi dans la théorie des nombres, ou des catégories. On peut le regretter, mais Bourbaki ne verra sans doute plus jamais spontanément venir à lui les meilleurs de chaque promotion, de son école nourricière. S'il est mort, séminaire trimestriel excepté, il a fortement marqué son temps, et l'on ne fera plus tout à fait des mathématiques dans l'avenir comme on les aurait faites s'il n'avait pas lancé son orgueilleux défi unitaire.

Le problème de Burnside (1852-1927)

Classifier les groupes finis simples.

Notre énoncé n'est pas tout à fait correct car William Burnside n'a pas explicitement fixé ce but à ses successeurs. Cela dit, la publication de son livre de 1911 et la mise au point d'un certain nombre de conjectures importantes qui y figurent ont montré par la suite qu'un tel travail était envisageable.

Walter Feit et John Thompson ne démontreront qu'en 1963 la plus importante d'entre elles (tout groupe fini de cardinal impair est résoluble) à l'aide d'une méthode par l'absurde pour laquelle, aujourd'hui encore, on a besoin de plus d'une centaine de pages ! Il en avait fallu deux cent cinquante-quatre dans le mémoire original.

Les années quatre-vingt ont vu aboutir un travail de toute une communauté pour recenser, en 1 500 pages cette fois, la totalité des groupes finis simples. Il existe ici un parallèle curieux avec les mises en commun de plus en plus fréquentes de centaines d'ordinateurs personnels pour « casser » un nombre en facteurs premiers. Qui a prétendu que les mathématiciens ne savaient pas travailler en équipe ?

L'un de ces groupes est si complexe, gros et spécial (sporadique, dans le langage de ces chercheurs), qu'il a reçu le doux surnom de *Monstre*. Le plaisir des mathématiciens est parfois légèrement décalé, mais pas leur humour. Le cardinal de ce groupe est supérieur à 10^{53} ; on sait depuis 1983 qu'il n'existe que vingt-cinq autres groupes simples finis ne se rattachant à aucune théorie générale.

Le problème de Cantor (1845-1918)

Y a-t-il quelque chose entre le dénombrable et le continu ?

Le créateur de la théorie des ensembles est Georg Cantor, analyste classique mais de grand talent, spécialiste des séries de Fourier qui fut conduit à découvrir des structures fort abstraites pour démontrer un théorème très intuitif d'unicité de coefficients.

Pour ce faire, il a développé des techniques très nouvelles, comme en 1873 le procédé diagonal souvent mis à toutes les sauces après lui (voir Gödel, 1931, par exemple). Il a légué à la génération suivante le célèbre problème du continu : est-il vrai que toute partie du corps des réels $\mathbb{R}$ puisse être mise en bijection, soit avec l'ensemble $\mathbb{N}$ des entiers naturels, soit avec $\mathbb{R}$ lui-même ? Ou encore : y a-t-il un ensemble dont le cardinal soit strictement compris entre celui de $\mathbb{N}$ et celui des parties de $\mathbb{N}$?

Ce qui est intéressant ici, c'est que la réponse est venue en deux temps. En 1938, Kurt Gödel démontre qu'on ne pourra jamais prouver que cette conjecture est fausse dans le cadre de l'axiomatique des ensembles dite de Zermelo-Fraenkel ; en 1963 Paul Cohen (né en 1934) démontre qu'on ne pourra jamais prouver le contraire, apportant ainsi un exemple frappant de proposition indécidable. (Il en va d'ailleurs de même pour l'axiome du choix de Zermelo.)

Le nom de Cantor a souvent été, surtout en France, lié à de vives polémiques concernant les mathématiques dites « modernes ». Les arguments les plus bas ont été utilisés, par exemple le fait que ce précurseur, en conflit avec ses confrères, finit ses jours dans un asile d'aliénés. Mais que l'on se rassure : sa notoriété et la fécondité de ses idées sont largement assurées pour les siècles à venir.

Le problème de Cavalieri (1598-1647)

Qu'est-ce qu'un infiniment petit ?

Nous avons choisi de parler ici de Bonaventure Cavalieri plutôt que d'autres précurseurs du calcul infinitésimal pour diverses raisons, dont le fait qu'il a été le premier à oser parler explicitement d'*indivisibles.* Il est difficile de dire s'il a effectivement démontré tout ce qu'il affirme dans un livre capital en 1635 — par exemple les valeurs de certaines aires et volumes, équivalentes à l'intégration des monômes x^n où n est naturellement entier positif —, car ses prémisses, vers 1626, sont beaucoup trop confuses.

L'idée fondamentale est que l'on peut découper un solide (disons : un cône ou une pyramide) en un nombre indéfini de tranches très fines et le recomposer sous une autre forme sans modifier sa mesure. C'est cela qui lui permet d'obtenir des résultats très proches de ce que donnera le calcul intégral moins de quarante ans plus tard (voir notre description des disques d'Archimède).

Toutefois, la distance de Cavalieri à un Leibniz reste immense ; ses puissants indivisibles ne sont guère assimilables aux infiniment petits qui seront à la base de la révolution qu'il n'a pas bien su voir venir. Que ses mânes nous permettent de citer l'une de ses affirmations les plus contestables : *la rigueur est l'affaire de la philosophie, pas celle de la géométrie.* Aurait-il été partisan de l'idée selon laquelle le travail des mathématiciens est de fournir des recettes toutes prêtes ? Nous aurions alors bien du mal à le lui pardonner.

Le problème de César (101-44)

Un message peut-il rester privé ?

Le nom de ce général et homme d'État romain peut surprendre dans un livre mathématique. Jules César mérite pourtant d'être au moins évoqué pour deux raisons : son calendrier julien, qu'affinera Grégoire XIII, et son utilisation pendant la guerre des Gaules d'un système de cryptographie, régulièrement réinventé par des écoliers turbulents (question : découvrir quel lycéen se cachait, dans les années cinquante, sous le pseudonyme d'Epfsi Xesatgim, qui avait compliqué le jeu en distinguant consonnes et voyelles).

De grands mathématiciens, dont Viète et Alan Turing (1912-1954), ont consacré une partie non négligeable de leur recherche à ce domaine, dans les deux cas pour des raisons politiques. Le premier était un haut fonctionnaire au service d'Henri IV, qui désirait lire les dépêches cryptées des armées de Philippe II, et le second contribua à la création de proto-ordinateurs destinés à casser pour le compte de Winston Churchill les messages de la Kriegsmarine écrits grâce à la machine *Enigma.*

Chacun sait que cette cryptographie ancienne, même devenue aussi subtile, a été bouleversée en 1976 par l'invention, d'abord théorique puis vite suivie d'effets pratiques, des *systèmes à clefs publiques.* Voir sur ce sujet, qui mériterait de bien plus amples développements, notre chapitre sur l'informatique mathématique et le passionnant *Histoire des codes secrets* de Simon Singh (J.-C. Lattès, 2000).

Nous n'ajouterons qu'un bref commentaire : dans une science, il est impossible de prévoir les parties qui vont exploser et connaître un renouvellement complet. Mais dans ce cas précis il est extraordinaire que l'essentiel de la révolution soit basée sur des astuces parfois si élémentaires qu'un contemporain intelligent d'Euler aurait parfaitement pu les trouver. Pour une fois, une envolée fondamentale n'est pas due à une accumulation de progrès techniques, mais simplement à des idées totalement sans précédent. Il faut ajouter aussi que l'évolution de la société (problèmes d'espionnage, mais aussi développement effréné des communications bancaires) a rendu si nécessaires de nouvelles méthodes qu'elles ont fini par arriver, pour notre plus grand plaisir.

Le problème de d'Alembert (1717-1783)

Tout polynôme complexe non constant a au moins une racine complexe.

C'est à la suite d'une erreur, validée par la tradition, que le théorème cité ici porte le nom de d'Alembert, qui n'a été ni le premier à l'énoncer — Albert Girard (1595-1632) puis René Descartes le précédèrent — ni à le démontrer correctement : il faudra attendre la thèse de Gauss en 1799, qui y reviendra à de nombreuses reprises.

Toutefois d'Alembert mérite d'être cité car sa propre tentative de 1746 n'était pas très éloignée de ce qui était possible à son époque. Rappelons que d'Alembert joua un grand rôle dans la diffusion des idées du calcul différentiel et intégral, notamment par ses articles de l'*Encyclopédie*, et qu'il a donné son nom à un prix prestigieux de la Société mathématique de France.

Le problème de De Beaune (1601-1652)

La première inversion du problème des tangentes.

L'histoire des logarithmes, qui ont précédé de bien loin la notion de fonction logarithme, est une fresque aux racines anciennes puisque commencée avec Neper et Jobst Bürgi (1552-1632) ; elle ne se termine qu'avec Euler et enfin Cauchy. Florimond de Beaune est surtout connu comme disciple de l'algébriste Descartes, le premier à avoir en quelque sorte étudié une équation différentielle dont la fonction logarithme est justement solution.

À l'époque, où le nom et a fortiori le concept même de dérivée sont impossibles à imaginer, il en va forcément de même pour ceux de primitive. Toutefois, calculer une dérivée au début du XVIIe siècle revient à savoir tracer une tangente à une courbe : on peut comprendre comment le problème de De Beaune, connu sous ce nom dans l'histoire, pouvait se glisser par une mince faille dans l'orgueilleux système cartésien qui ne voulait connaître que les courbes algébriques. On peut voir là une très timide ébauche de calcul intégral.

Le problème de Dedekind (1831-1916)

Qu'est-ce qu'un nombre ?

Les noms de Richard Dedekind et de Giuseppe Peano (1858-1932), qui ont donné respectivement en 1888 et 1889 des axiomes pour $\mathbb{N}$, s'imposent si l'on parcourt l'immense zoo des nombres (voir le chapitre qui leur est consacré). Le second a reconnu l'influence du premier sur sa recherche, mais les objectifs des deux systèmes sont très différents.

Dedekind fut aussi l'un des pères de l'axiomatique de $\mathbb{R}$, ainsi qu'un grand algébriste, créateur de la théorie des idéaux des anneaux, ami et disciple de Cantor qu'il aida à construire la théorie des ensembles. Outre son travail axiomatique et l'invention d'un symbolisme pratiquement encore utilisé de nos jours, Peano fut l'un des premiers à préciser en 1887 ce que pourrait être une notion de mesure pour les parties du plan. Camille Jordan (1838-1922) en 1893, puis Émile Borel en 1898, Henri Lebesgue en 1901 et enfin Andrei Kolmogorov (1903-1987) en 1933 (*Grundbegriffe der Wahrscheinlichkeitsrechnung*) en tireront parti pour créer l'intégration et le calcul des probabilités modernes.

Le problème de Descartes (1596-1650)

La réfraction et les Ovales.

Dans l'œuvre immense de Descartes, certaines parties, exposées brièvement dans son unique ouvrage de mathématicien *La Géométrie*, prouvent sa puissante originalité comme scientifique et posent, par là-même, des questions difficiles à l'historien.

Il s'agit par exemple d'une solution au problème général des tangentes, ou plutôt des normales, la première à avoir été publiée tandis que Fermat et Roberval (peut-être Torricelli) en avaient élaboré d'autres, respectivement basées sur une sorte de version grossière de dérivée (voir le chapitre sur le calcul différentiel et intégral) et de compositions de mouvements.

Descartes définit au contraire une normale comme la droite passant par le centre d'un cercle coupant la courbe de façon à obtenir une équation admettant une racine multiple au point considéré. C'est assez étrange et plutôt malcommode, mais l'idée est révolutionnaire. Elle sera toujours utilisée, sous une forme légèrement différente, en géométrie algébrique sur des corps où la notion de racine double a toujours un sens tandis que celle de limite n'en a pas faute de topologie.

Si l'on peut imaginer d'où vient cette théorie (sans doute une retombée de sa méthode générale de résolution d'une équation algébrique en coupant certaines courbes par des cercles, où le cas particulier de racines doubles n'avait pu lui échapper), on est par contre complètement ignorant de ce qui l'a conduit aux célèbres Ovales de Descartes, réglant un problème d'optique majeur, l'astigmatisme d'une surface par rapport à deux points, au prix de ce qui paraît toujours comme le résultat d'une sorte de divination.

Aujourd'hui, ce problème est enlevé en quelques minutes par une simple équation différentielle. C'était hors de question à l'époque de *La Géométrie*, même si ce ne sera pas le seul contact de Descartes avec cette notion (voir de Beaune). Donc le mystère est entier. On peut seulement constater, frustré, que les courbes très nouvelles qu'il définit, à l'aide d'un système de coordonnées très spécial venu de la géométrie des coniques, répondent bien à sa question. C'est un *deus ex machina*, venu de nulle part, forçant au respect, mais totalement opaque dans sa présentation.

Oubliant Descartes et même Fermat, oubliant *a fortiori* les remarquables travaux grecs sur les coniques ou quelques courbes particulières comme la spirale d'Archimède, il reviendra à Newton puis à Leibniz de régler apparemment le problème des tangentes pour l'éternité. Cela dit, même aujourd'hui, on peut être conduit à définir des tangentes à des courbes qui demandent des études infinitésimales beaucoup plus subtiles qu'avec les boîtes noires patiemment mises au point par les maîtres d'école statufiant le calcul différentiel en une suite de recettes. Le problème des tangentes n'est pas encore devenu sans intérêt, même au siècle des calculettes !

Le problème d'Ératosthène (276-194)

Comment déterminer les nombres premiers, et factoriser tout entier en produit de diviseurs premiers ?

RSA : ces trois lettres apparues en 1977, sur lesquelles on trouvera d'autres renseignements dans le chapitre sur mathématiques et informatique, furent le signal d'un renouveau d'intérêt atteignant jusqu'aux milieux militaires pour ces deux problèmes, presque aussi vieux que notre discipline. Depuis, ils n'ont pas quitté le devant de la scène.

Il y a deux manières, toutes deux très anciennes, de dresser des listes exhaustives de tous les nombres premiers compris, disons entre 2 et 10 000 000. La première porte le nom de crible d'Ératosthène. Avec l'étendue que nous nous sommes fixée, elle semblerait inapplicable puisqu'il s'agit d'écrire côte à côte les entiers de 2 à 10 000 000, de barrer tous les multiples de 2 autres que 2, puis tout les multiples de 3 — plus petit entier non barré supérieur à 2 — autres que 3, et ainsi de suite. C'est impossible sur un cahier d'écolier, mais praticable à l'intérieur de mémoires d'ordinateur. Ce qui reste vierge fournit la réponse. Il en existe des variantes amusantes, comme celle de Matiassevitch (voir page 33 de la bible des *Merveilleux Nombres premiers* de Jean-Paul Delahaye, Belin).

La seconde méthode est plus facile à mettre en œuvre, mais moins spectaculaire. Elle consiste, dans sa version la plus grossière, à tenter de diviser tous les entiers n

de 2 à 10 000 000 par tous les entiers $m < \sqrt{n}$ et à ne garder que ceux qui ont résisté à toutes ces divisions. On peut l'améliorer en décidant de commencer par un crible d'Ératosthène, disons jusqu'à 5 ou 19, mais l'écriture et l'exécution du programme réalisant l'algorithme se compliquant vite inutilement, il vaut mieux rester rustique. Cela marche très bien : n'importe quel possesseur de PC peut se faire sa petite banque de cette façon, et l'offrir à sa famille pour les fêtes de fin d'année.

Le problème connexe est la décomposition en facteurs premiers. Inutile de décrire ici comment s'y prendre ; il s'agit pratiquement des essais successifs que l'on vient de voir.

Tel était en tout cas l'état de l'art pendant de nombreux siècles, même si des avancées importantes avaient été faites par des chercheurs géniaux comme l'inévitable Fermat, partant pourtant de la banale identité algébrique $x^2 - y^2 = (x - y)(x + y)$. Les nécessités de la cryptographie moderne poussant, les progrès en géométrie aidant, la puissance des ordinateurs grandissant, de toutes nouvelles méthodes ont vu le jour, surtout depuis 1980 voire 1990, à base de courbes elliptiques par exemple, qui ont bouleversé le paysage. Cela dit, factoriser reste sans doute un problème *difficile*, en un sens très précis que nous ne pouvons malheureusement développer ici. La recherche continue, plus vivante que jamais.

À ces problèmes on peut relier le suivant : dire si un nombre donné est premier ou non, sans chercher de décomposition ; et encore celui-ci : répondre à la question précédente non de manière complètement déterministe, mais seulement avec une probabilité d'erreur très proche de 0. Nous disposons aujourd'hui de moyens tout à fait surprenants pour répondre à ces questions, avec une très grande vitesse même pour de longs nombres (voir n'importe quel logiciel de calcul formel comme Mathematica, et surtout le très complet livre de Delahaye).

Le problème d'Euclide (330-275)

Qu'est-ce qu'une parallèle ?

L'axiomatique d'Euclide a ouvert la porte à toutes les autres. Qu'est-ce qu'une démonstration ? Est-ce utile ou nécessaire ? Notre chapitre sur la géométrie est entièrement consacré à cette passionnante construction abstraite de l'esprit sur la base la plus concrète qui soit, dont les derniers (?) échos marquèrent la fameuse querelle des mathématiques « modernes ».

Pour beaucoup, la géométrie est le symbole même des mathématiques. Son histoire prestigieuse paraît peut-être terminée, mais grâce à une sortie par le haut d'une exceptionnelle grandeur : tout mathématicien moderne, quelle que soit sa technicité, reconnaît qu'il fait tous les jours de la géométrie, même si ses « figures » sont parfois bien virtuelles. Euclide n'est pas près de mourir.

Le problème d'Eudoxe (408-355)

Les grandeurs sont-elles mesurables ?

Dans cette première ébauche de la notion de nombre réel se profile le monde fascinant des encadrements, approximations diverses (fractions continues, écriture des nombres), donc toute l'analyse classique, mais aussi toute l'analyse numérique de notre siècle et, plus généralement, ce que l'on appelle les mathématiques « appliquées » qui, contrairement à un préjugé tenace, ne sont pas les moins rigoureuses même si leur utilisation par d'autres est parfois trop imprudente.

Notre chapitre sur les nombres s'ouvrira donc sur Eudoxe, l'un des mathématiciens grecs les plus originaux et les plus féconds, inspirateur d'Euclide et peut-être l'égal d'un Archimède.

Le problème d'Euler (1707-1783)

Y a-t-il dans cette salle quelque chose à calculer ?

Il y en a tant, de problèmes inventés et traités par Leonhard Euler, que le choix est très difficile ! Aussi nous en tirerons-nous par une pirouette. Euler restera dans ce panorama comme le représentant le plus doué et le plus fécond de tout un siècle qui vit l'explosion des conséquences des idées nouvelles issues du prodigieux XVIIe siècle.

Il n'y a pas de sujet qu'Euler n'ait touché. En théorie des nombres, il démontra le premier les principales propositions de Fermat, peu soucieux de publication, marquant même des points dans le domaine difficile du « grand théorème ». En analyse surtout, il lança ses formidables capacités de calculateur sur toutes les pistes : équations différentielles, séries, géométrie différentielle, fonctions complexes... Ses œuvres complètes ne sont même pas encore totalement publiées. Si son manque de rigueur peut lui être reproché à juste titre, il pourrait se défendre en se repliant derrière l'incitation de Pascal à prier d'abord, refuge de tous ceux qui préfèrent l'exploration intrépide de terres inconnues à la production mesurée de résultats sûrs.

L'histoire étrange de la succession de ces deux périodes palpitantes, de 1600 à 1700, puis de 1700 à 1800, constitue le meilleur exemple de ce qu'est la dialectique mathématique fondamentale : on *inspire* en ouvrant de nouvelles voies comme le calcul différentiel et intégral, puis on *expire* en résolvant des problèmes jusqu'alors impensables ou inabordables. Plus l'on se rapproche de nos jours, plus l'étendue de ces différentes périodes se raccourcit ; le XXe siècle a vu se dérouler les deux temps successifs en son sein. Le statut du XXIe est encore inconnu. Peut-être verra-t-il — par exemple à partir de la considération de mailles de dimension *n* de réseaux — des novations aussi exceptionnelles qu'entre 1630 et 1680 ; ce n'est pas absolument certain. On peut être sûr que les émules d'Euler ne manqueront pas.

Le problème de Fermat (1601-1665)

La plus célèbre équation diophantienne.

Déjà aux dires de Proclus (412-485) Pythagore avait su résoudre, au moins partiellement, une équation diophantienne (du nom de Diophante, de beaucoup son cadet), c'est-à-dire une équation de la forme $f(x,y,z) = 0$ où f est un polynôme à coefficients entiers (dans $\mathbb{Z}$), et où les solutions (x,y,z) sont elles-mêmes à rechercher dans $\mathbb{Z}$ ou dans $\mathbb{N}$.

Le polynôme f de Pythagore était $x^2 + y^2 - z^2$. Il ne s'agissait bien sûr alors que de racines positives, à savoir (sous forme modernisée) : $(x,y,z) = (2n + 1, 2n(n+1), 2n^2 + 2n + 1)$ où n est un entier arbitraire, c'est-à-dire encore $\left(m, \frac{m^2-1}{2}, \frac{m^2+1}{2}\right)$ où m est impair. Il existe d'autres familles de solutions, dont bien entendu $(x,y,z) = (2n, n^2 - 1, n^2 + 1)$, soit encore $\left(m, \frac{m}{2}^2 - 1, \frac{m}{2}^2 + 1\right)$ où m est pair, attribuée cette fois-ci à Platon par Proclus, les triplets de Pythagore s'obtenant en divisant ceux-là par 2 lorsque n est impair.

Il n'est pas trop difficile de voir que les solutions générales, bien plus nombreuses, sont à un éventuel échange de x et y près, de la forme, parfois dite « indienne », $x = w(u^2 - v^2)$, $y = 2uvw$ et $z = w(u^2 + v^2)$, où (u,v,w) sont des entiers positifs arbitraires, à ceci près encore que l'on doit prendre $u \geqslant v$ (on retrouve Pythagore en posant $u - v = w = 1$).

Ces formules ont une histoire embrouillée. Elle figurent déjà (sans w) dans le livre X des *Éléments* d'Euclide, avec démonstration — voir notre chapitre sur les nombres —, mais aussi dans les *Sulvasûtras* indiens, peut-être contemporains de Pythagore. Le problème était bien entendu interprétable sous forme géométrique : trouver tous les triangles rectangles à côtés entiers, depuis appelés triplets pythagoriciens. Elles étaient même probablement déjà connues des Babyloniens d'avant 1900 av. J.-C. (voir la célèbre tablette Plimpton 322).

Beaucoup de personnes, même cultivées, sont toujours étonnées d'apprendre que Platon, connu surtout comme philosophe, était sans doute aussi un mathématicien, probablement pas original mais en tout cas capable de reconnaître et de diffuser des résultats intéressants. Il en va de même pour l'historien Plutarque (49-125), à qui l'on devrait l'observation selon laquelle ajouter 1 au produit par 8 d'un nombre triangulaire, donc de la fome $\frac{n(n+1)}{2}$, donne un carré.

Le théorème de Plutarque

Une démonstration algébrique de cette proposition est immédiate, si l'on sait sommer les suites arithmétiques (et la plus simple d'entre elles, à savoir $1 + 2 + \ldots + n$) ; la légende veut que Gauss ait compris comment le faire alors qu'il n'était encore qu'un écolier (il suffit de doubler cette somme en ajoutant 1 à n, 2 à $n - 1$ et ainsi de suite). Une démonstration géométrique directe redonne ce résultat, en s'appuyant sur huit pseudo-triangles, qui justifient le nom de « nombre triangulaire » donné aux sommes d'entiers consécutifs à partir de 1 :

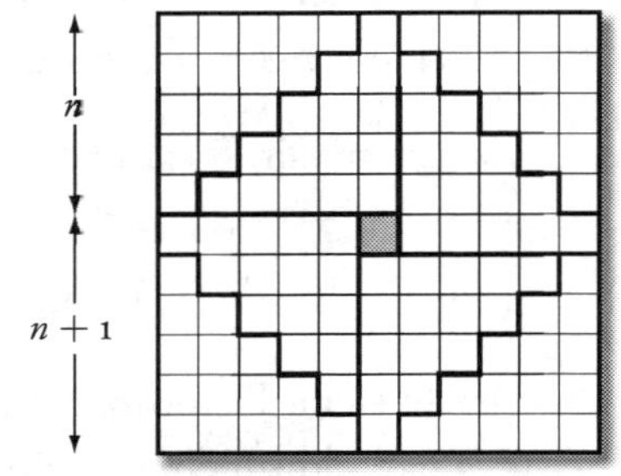

$$8\left(1 + 2 + \cdots + (n-1) + n\right) + 1 = (2n+1)^2$$

figure 33. Le théorème de Plutarque

On peut même lire sur ce dessin, qui rappelle les démonstrations imagées du théorème de Pythagore, que le carré annoncé n'est autre que celui de $n + (n + 1) = 2n + 1$. On peut d'ailleurs généraliser facilement ce théorème en utilisant la même idée géométrique à partir de huit pseudo-trapèzes entourant un carré.

S'il n'est pas trop difficile de retrouver la méthode des Babyloniens, il faut être nettement plus habile pour étudier de même les *triangles cartésiens* définis, portant le nom d'un autre littéraire, par les polynômes $f = x^2 - xy + y^2$ et $f' = x^2 + xy + y^2$. Il en donne des racines sous forme paramétrique, à la suite d'une présentation des triplets pythagoriciens et absolument sans justification, dans des documents retrouvés et publiés après sa mort connus sous le nom d'*Excerpta* (extraits). Les formules de Descartes ne donnent, apparemment, pas toutes les solutions, mais on les généralise très facilement (se reporter aux *Œuvres complètes* de Descartes en cours de réédition à la Pléiade, et à notre chapitre 7 sur les nombres).

L'équation de Fermat

Après Diophante, qui d'ailleurs acceptait aussi bien les racines rationnelles que les entières dans une œuvre passionnément redécouverte et étudiée aux XVIe et XVIIe siècles notamment par Descartes comme on l'a vu, c'est évidemment Fermat qui reprend le flambeau. Il résout certaines questions difficiles — comme $x^3 - y^2 - 2 = 0$, qui n'a qu'une seule solution (3,5) — mais surtout pose une énigme directement issue de Pythagore : quels sont les triplets vérifiant $x^n + y^n - z^n = 0$ où n est supérieur ou égal à 3 ? Il est bien connu qu'il avait affirmé vers 1637 qu'il ne pouvait y avoir de solution en entiers non nuls ; il en avait effectivement la preuve au moins pour $n = 4$. Cela dit, même si Euler et bien d'autres ont apporté au fur et à mesure des confirmations pour des cas particuliers, le dénouement de cette énigme attendra 1994 et les célèbres huit années de travail solitaire d'Andrew Wiles (né en 1953, donc juste trop tôt pour pouvoir espérer une médaille Fields inexorablement fermée aux plus de quarante ans).

Ce qu'il y a d'intéressant dans cette démonstration, qui mérite des ouvrages à elle seule (voir par exemple un autre livre de Simon Singh, mais surtout, à un niveau plus élevé, Yves Hellegouarch, *Les Mathématiques de Fermat-Wiles* chez Masson, écrit par un précurseur de la victoire finale), c'est qu'elle a nécessité toute une foule d'étapes intermédiaires et d'intuitions géniales, dont certaines de nos compatriotes Hellegouarch déjà cité, Jean Pierre Serre et évidemment le grand André Weil. C'est aussi que la première version présentée au public en 1993 était fausse, qu'il avait fallu six mois pour que le monde scientifique s'en persuade et un an pour que l'auteur, venant recreuser une voie latérale trop vite abandonnée, puisse réparer les lacunes de son premier manuscrit.

Cette histoire est dédiée à tous ceux qui pensent qu'une démonstration mathématique n'est qu'un exercice médiocre, dont on pourrait laisser la vérification à quelques spécialistes, pourquoi pas à des ordinateurs de haut de gamme...

Le problème de Fourier (1768-1930)

Comment réchauffer l'eau du bain ?

Le préfet de l'Isère Joseph Fourier est à l'origine du déchiffrement des hiéroglyphes, puisqu'il fit parvenir à son jeune protégé Jean-François Champollion une copie de la pierre de Rosette. À Grenoble, les rues Fourier et Champollion sont d'ailleurs dans un prolongement symbolique clair, dont le sens doit échapper à quelques badauds.

Cela dit, l'ancien égyptologue bonapartiste est surtout célèbre pour avoir, le premier, osé attaquer le problème de la chaleur, prototype avec celui du télégraphiste et quelques autres, des équations aux dérivées partielles qui gouvernent la nature.

Les séries qui portent son nom sont aussi liées à l'étude des cordes vibrantes qui remonte à l'Antiquité et a passionné Euler et bien d'autres. Pour les physiciens, Fourier a été l'un des maîtres qui leur ont ouvert la porte du monde. D'ailleurs il est parfois considéré comme l'un des leurs.

L'analyse de Fourier, que nous ne pouvons qu'évoquer par cette très brève note, est toujours vivante ; les ondelettes d'Yves Meyer (partant de travaux d'ingénieurs ayant flairé là quelque chose d'important, comme Heaviside, enfin réhabilité en 1944 par Laurent Schwartz) n'en sont que le dernier avatar. Il est donc à parier que l'on n'a pas fini d'entendre parler de l'un de ceux qui ont pu montrer l'importance décisive du calcul différentiel et intégral dans la découverte des secrets de la nature.

Le problème de Galilée (1564-1642)

Comment tombent les corps ?

Il était exclu de ne pas citer ici, sous une forme ou une autre, le point de départ de la physique mathématique, illustre fille des mathématiques, qui n'a peut-être pas complètement quitté les jupes de sa mère. De nombreux chercheurs théoriciens ne se refusent-ils pas à choisir entre les deux disciplines ?

Galilée est à la fois un astronome, un physicien expérimental, un inventeur d'appareils scientifiques, un théoricien et aussi un mathématicien, comme on le voit par son célèbre paradoxe sur l'infini — il y a autant de nombres pairs que de carrés parfaits — et ses recherches sur certains compas, ou surtout sur l'oscillation du pendule simple où il introduit la notion de calcul comme outil capital de la science. Il était certes capable d'un grand pragmatisme, par exemple en recourant à des expériences pour déterminer des aires, mais ses livres de philosophie des sciences montrent qu'il avait été capable de faire une synthèse personnelle remarquable des connaissances de son temps. Il mérite d'être considéré comme le premier en date de toute la galerie impressionnante des grands scientifiques qui marqueront l'immense XVIIe siècle.

Le problème de Galois (1811-1832)

Résoudre les équations algébriques.

Étant donné un polynôme P, déterminer les nombres réels (éventuellement complexes) tels que $P(x) = 0$. Un Descartes croyait, pensons-nous, que c'était là la question la plus importante au monde ; arrivé à une époque où l'on savait résoudre — par radicaux — les cas où P était de degré au plus quatre, grâce par exemple aux antiques Babyloniens (2000 av. J.-C. ?) et aux Italiens du XVIe siècle, de Scipione del Ferro (1465-1526) à Tartaglia (1499-1557), Cardan (1501-1576), Ferrari (1522-1560) et Bombelli (1526-1573), il avait cru mettre au point une technique générale de résolution par intersections d'un cercle et de courbes algébriques.

Après lui, Gauss montrera que toute équation complexe non triviale a au moins une racine, mais c'est à Évariste Galois que revient l'immense mérite d'éclaircir complètement, à vingt ans, l'épineuse question de savoir pour quel type de polynôme une résolution par radicaux est possible. Peu de temps auparavant, Niels Abel (1802-1829) avait démontré, à vingt-deux ans, que l'équation générale du cinquième degré ne rentrait pas dans ce cadre.

Galois a aussi jeté les bases de l'algèbre moderne, indiquant comment construire des sur-corps de corps donnés où un polynôme de degré n possède exactement n racines. Le 16 octobre 1843, Hamilton gravera sur le parapet du Brougham Bridge de Dublin les formules de base du calcul des quaternions qu'il vient de découvrir, en se rendant au bras de son épouse à une séance de l'Académie royale irlandaise. Il faudra attendre 1944 pour qu'un théorème à la d'Alembert puisse être démontré pour les polynômes quaternoniens par Samuel Eilenberg et Ivan Niven, mettant peut-être le point final à une histoire qui a duré quatre mille ans.

Le problème de Gauss (1777-1855)

Construire un polygone régulier à la règle non graduée et au compas.

L'œuvre de Carl Friedrich Gauss est immense. Citons pêle-mêle : la découverte à dix-neuf ans (le 30 mars 1796) que le polygone régulier à 17 côtés est constructible à la règle non graduée et au compas parce que 17 est un nombre de Fermat (ainsi peut-on construire le côté d'un polygone ayant 257 côtés ; une valise contenant les détails d'une construction pour 65 537 côtés traînerait à l'université de Göttingen) ; la *loi de réciprocité quadratique* sur une condition nécessaire et suffisante pour qu'un nombre premier p soit congru à un carré parfait modulo un autre nombre premier q ; le théorème de d'Alembert-Gauss, qui dit que tout polynôme non constant admet

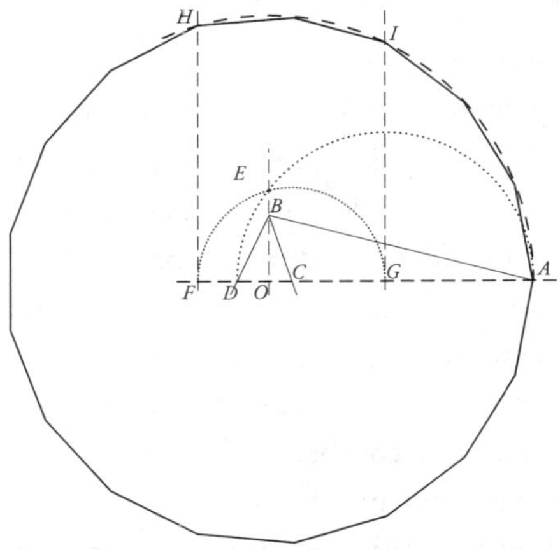

figure 34. Construction du polygone régulier de dix-sept côtés

$\widehat{AOB} = 90°, OB = \frac{OA}{4}, \widehat{OBC} = \frac{1}{4}\widehat{OBA}, \widehat{CBD} = 45°, \widehat{DEA} = 90°,$

$CE = CF = CG, \widehat{AFH} = \widehat{AGI} = 90°.$

Si A est le premier sommet, H est le cinquième et I le troisième.

au moins une racine complexe ; la création des *corps finis* que développera Galois ; la première étude fondamentale en géométrie des surfaces ; la *loi des moindres carrés* d'importance pratique et théorique insurpassable ; la découverte — non publiée — d'une géométrie non-euclidienne, un travail colossal en astronomie ; des contributions si importantes pour les physiciens que beaucoup d'entre eux le prennent pour l'un des leurs. Le « Prince des mathématiciens » ne sera pas détrôné de sitôt.

Et pourtant. Faites votre marché dimanche prochain, interrogez la rue : qui le connaît ? Il n'est pas facile de devenir immortel quand on ne sait jouer qu'avec les points et les nombres.

Le problème de Gödel (1906-1978)

Les terribles limites de la méthode axiomatique.

Quel que soit le système d'axiomes proposé pour la construction des mathématiques, suffisamment puissant pour que l'on puisse en déduire l'arithmétique, il existe une proposition telle que ni elle-même ni sa contradictoire ne soient démontrables dans le cadre de ce système. Il peut donc être enrichi de deux façons incompatibles, toute contradiction dans le premier en induisant une autre dans le second.

Ce théorème d'incomplétude de Kurt Gödel élaboré en 1931 a été enrichi en 1938 par la première étape de la preuve que l'axiome du choix de Zermelo et l'hypothèse du continu de Cantor sont justement des cas particuliers de telles propositions indécidables. Elles ne sont pas les seules contributions de ce mathématicien hors norme. Le résultat, basé sur une variante excessivement subtile du procédé diagonal de Cantor appuyé sur les « nombres de Gödel », ruina les certitudes de Hilbert quant à une preuve de non-contradiction des mathématiques dont il rêvait.

Gödel a aussi démontré en 1930 un autre théorème d'incomplétude après avoir commencé sa vie universitaire, en 1929, par un théorème de consistance. Il est également connu comme ayant participé à la mise sur pied d'un système d'axiomes pour la théorie des ensembles, ce qui peut paraître étrange compte tenu de son principal résultat. Philosophes et journalistes se saisiront encore longtemps de ce théorème d'existence de propositions ni démontrables ni réfutables pour moquer gentiment la prétention, vraie ou supposée, des mathématiciens à gouverner le monde des idées. Qu'ils s'étonnent ensuite de les voir, comme sur la fresque de Puvis de Chavannes, leur tourner rageusement le dos ?

Le problème de Grégoire XIII (1502-1585)

Astronomie et calendrier.

En 45 av. J.-C., Jules César, notant que l'année solaire était plus proche de 365 jours 1/4 que de 366 jours 1/4, créa le calendrier julien avec une année bissextile tous les quatre ans. Mais il n'est pas le seul chef d'État à figurer dans notre palmarès.

L'année moyenne de 365,25 jours adoptée par le calendrier était trop longue. On le comprit avec la constatation de 10 jours d'avance pris après 15 siècles par l'équinoxe de printemps : une commission d'astronomes, dont faisaient notamment partie Clavius et Lilio, constituée par le pape Grégoire XIII, considéra que 365,2425 serait une meilleure détermination. Telle est la valeur que retint la bulle *Inter Gravissimus* du 24 février 1582 décidant qu'à l'avenir les années séculaires seraient bissextiles seulement une fois sur 4, en 1600, 2000, 2400..., de sorte qu'en 400 ans il y aurait 97 années bissextiles au lieu des 100 instaurées par Jules César, quitte à élever la durée du cycle des dates de Pâques de 532 ans à 5,7 millions d'années. Par ailleurs, pour que l'équinoxe de printemps se trouve le 21 mars en 1583, l'idée de supprimer des jours — émise dès le XIIIe siècle par le moine anglais Jean de Halifax dans *De Anni Ratione* — fut retenue. En Italie, le lendemain du jeudi 4 octobre 1582 fut déclaré être le vendredi 15 octobre. Cette neutralisation de dix jours eut lieu la même année en France, entre le 9 et le 20 décembre, et dans les États catholiques des Pays-Bas, entre le 14 et 25 décembre. Ce fut en 1700 seulement en Allemagne et en Suisse, en 1753 en Grande-Bretagne. L'Église orthodoxe russe a conservé le système julien d'où son décalage avec notre calendrier grégorien — atteignant à l'heure actuelle 13 jours. La Révolution d'octobre en novembre...

On a un peu causé dans les médias de ces problèmes d'arithmétique quotidienne au seuil de l'année mondiale des mathématiques (comme c'est étrange !) d'abord à cause de l'éclipse totale du soleil du 11 août 1999, ensuite par curiosité au sujet du bizarre 29 février 2000, bissextile bien que marquant un virage de siècle (sur fond de risques d'un certain bogue informatique). Mais que l'on se rassure : ces choses-là n'arrivent qu'une fois dans une vie, et l'on n'est pas près d'entendre de sitôt reparler de nombres à la télé.

Le problème d'Hermite (1822-1901)

Quels sont les nombres transcendants ?

Les nombres e, π et les autres... Nous voulons parler ici de la foule, souvent complètement anonyme, des nombres transcendants, qui ne sont racines d'aucune équation à coefficients entiers.

Déjà les rationnels sont très peu nombreux, il est facile de les dénombrer en file indienne ; les algébriques, c'est-à-dire non transcendants, ne sont pas, finalement et en dépit des apparences, plus nombreux que les rationnels, qui forment le sous-corps des nombres algébriques de degré un. Donc il n'y aurait pratiquement qu'à se baisser pour trouver un nombre transcendant.

Et pourtant... Il a fallu attendre 1844 et Joseph Liouville (1809-1882) pour en voir un bien précis, 1893 pour que Charles Hermite (1822-1901) — patron encore vert et tout-puissant des mathématiques françaises de son temps — prouve que l'irrationnel e $=$ 2,71828... n'était pas algébrique, tout en renonçant à prouver qu'il en était de même pour π. C'est à Ferdinand von Lindemann (1852-1939), étoile de bien moindre grandeur, qu'est revenu l'honneur de le faire, terminant ainsi une quête multicentenaire de quadrature du cercle.

L'irrationalité de π, évidemment plus facile, avait été prouvée en 1761 par Jean Lambert (1728-1777). Aujourd'hui cette irrationalité pourrait faire l'objet d'un problème de baccalauréat, celle de e d'un exercice de première année de Deug, la transcendance de e d'un problème de seconde année et celle de π d'un examen de licence. Somme toute, il suffisait d'attendre.

Le problème de Hilbert (1862-1943)

Quels seront les problèmes de demain ?

Les vingt-trois problèmes de David Hilbert, présentés à la Sorbonne le 8 août 1900 devant deux cent vingt participants au IIe Congrès international de mathématiques par le pape des mathématiques allemandes (Poincaré défendant la vaincue de 1870), n'étaient pas tous des problèmes au sens précis du terme, mais parfois des indications relativement vagues sur des recherches à venir. Ils ont joué un rôle essentiel pendant tout le XXe siècle. Pourquoi ?

La mathématique progresse de deux façons : en créant de nouveaux territoires (Descartes, Newton...) et en résolvant des problèmes (Gödel, Matiassevitch, Wiles...). Toute personne relevant l'un des défis de Hilbert a la gloire assurée : il en reste essentiellement trois, dont la formidable conjecture de Riemann. D'autres, comme celle de Fermat, juste citée dans son avant-propos, n'étaient pas dans la liste. Peu importe. L'essentiel est que, une fois la « curiosité » piquée, certains en perdent le sommeil. Lecteurs, à vos ordinateurs ! D'autant plus qu'il y en a maintenant six autres proposés par le Clay Institute...

Hilbert fut un très grand mathématicien, cela est bien connu ; on sait moins que sa distraction était celle, légendaire, du savant. On rapporte qu'un jour le couple Hilbert devant recevoir des invités à dîner, sa femme trouva la chemise de son mari trop sale : elle lui demanda de monter se changer. Des quarts d'heure passèrent, les invités arrivèrent ; Mme Hilbert, inquiète, monta et trouva son mari profondément endormi, la séquence des gestes qu'il avait exécutés pour enlever sa chemise l'ayant envoyé droit au lit.

Le problème de Kepler (1571-1630)

Qu'est-ce qu'un maximum ?

Johannes Kepler est surtout connu comme astronome, assistant de Tycho Brahe (1546-1601) dont la magnifique tombe orne la cathédrale du Tyn à Prague, et inventeur des trois lois d'où partira Newton pour bâtir son système du monde. L'idée d'utiliser des ellipses, créant au passage le mot « foyer », lui a valu une gloire immortelle. Signalons toutefois au passage qu'il faut qu'un lecteur d'aujourd'hui soit déjà bien averti pour découvrir ces lois dans ses Œuvres complètes (deux dans un livre de 1609 *Astronomia nova*, la troisième dans un autre de 1619, *Harmonices mundi*), et le fameux mot « brûlant » (dans les *Paralipomena ad vitellionem* de 1604), au milieu d'un déluge de propositions du style : on pourrait faire ceci, ou cela et ainsi de suite.

Le métier d'historien des sciences, même à un niveau modeste, demande beaucoup d'obstination. Ainsi, observer dans une première lecture de *La Géométrie* la naissance officielle de ce qui deviendra les coordonnées cartésiennes n'est pas non plus une partie facile (même le plaisir n'est pas toujours gratuit).

Se plonger dans Kepler a pourtant aussi une autre utilité : c'est que certains y ont vu un précurseur du calcul différentiel et intégral. Il est vrai qu'il a calculé pas mal de volumes, surtout pour des tonneaux (dans un but très pratique, puisqu'il s'adressait au monde viticole de sa province autrichienne dans la *Nova stereometria doliorum vinariorum* publiée à Linz en 1615). C'est dans ce livre qu'il écrit également, ce qui est plutôt une remarque au passage que l'amorce d'une idée profonde à exploiter plus tard, que lorsque l'on se rapproche d'un maximum, ici de volumes de parallélépipèdes inscrits dans une sphère, *le changement de ces volumes devient de plus en plus petit.* Certains ont voulu y voir la clef de la méthode *De maximis et minimis* de Fermat, conçue quelque vingt ans plus tard.

Si cette interprétation était vraie, on pourrait imaginer en germe dans ce type de remarque toute l'analyse, et son application à la maîtrise de la nature ; mais c'est sans doute une reconstruction beaucoup trop hasardeuse. Mieux vaut attendre que Newton et Leibniz passent à la pratique.

Par ailleurs, Kepler avait introduit en 1604 (*Astronomiæ pars optica*) une première idée de l'infini en arguant que le second foyer d'une parabole existe bien, mais au-delà de toute distance, puisque cette conique peut être obtenue comme limite d'une ellipse qui s'étire, avant de devenir enfin hyperbole. Apollonius et lui ont dû avoir, dans l'au-delà — Kepler était très croyant —, de bien passionnantes conversations.

Le problème de Lebesgue (1875-1941)

Comment trouver l'intégrale universelle (ou presque...) ?

La longue histoire des différentes étapes du concept d'intégrale passe par les noms prestigieux de Newton, Leibniz, Cauchy, Riemann, Denjoy, Perron, Kurzweil, Henstock, Mac Shane... et surtout Henri Lebesgue qui, le 29 avril 1901, deux cent trente-cinq ans après Newton, quatre-vingts ans après Cauchy, quarante-sept ans après Riemann, dépose à l'Académie des sciences un compte rendu où il propose une nouvelle notion, la *sommabilité* (aujourd'hui intégrabilité) qui permet de définir de façon beaucoup plus cohérente les notions de longueur, d'aire et de volume.

En fait c'est toute l'analyse qui est bouleversée. De grands mathématiciens contemporains pensent, un siècle plus tard, que l'intégrale de Lebesgue ne sera jamais délogée de son piédestal, au moins dans un avenir prévisible.

Pourtant il reste aujourd'hui un vrai problème : comment enseigner cette intégrale, qui passe toujours pour délicate auprès des étudiants, et qui doit souvent être « préparée » par une présentation plus ou moins poussée des vieilles intégrales de Cauchy ou de Riemann, plus faciles à introduire et qui, il est vrai, avaient parfaitement suffi à un Henri Poincaré. En mathématiques, les questions de pédagogie ne sont pas toujours *négligeables.* Il est possible que cette situation finisse par se débloquer, ce qui permettrait aux scientifiques non spécialistes — physiciens, ingénieurs — de pouvoir se servir sans restriction d'un instrument incomparable.

Le problème de Legendre (1752-1833)

La répartition des nombres premiers obéit-elle à une loi simple ?

Adrien-Marie Legendre, puis Gauss ont longtemps soupçonné que le nombre de nombres premiers inférieurs à x était donné, avec une très bonne précision, par la formule $\pi(x) = \frac{x}{\ln x}$. Le second avait même proposé une valeur, équivalente à la précédente, mais encore plus précise à l'aide d'une primitive de la fonction définie par $\frac{1}{\ln x}$. On en déduit que le nombre premier de rang n est approximativement donné par l'égalité $p_n = n \ln n$ où la fonction ln représente bien entendu le logarithme népérien.

Ces intuitions basées sur quelques idées simples mais surtout sur les tables existantes, confortées par des travaux importants de 1849 et 1851 de Pafnouty Tchebitcheff (1821-1894), ne furent confirmées qu'en 1896, et indépendamment, par Jacques Hadamard (1865-1963) et Charles de La Vallée-Poussin (1866-1962), à l'aide de techniques lourdes d'analyse complexe, mais aussi en 1948 par Pàl Erdös (1913-1996) et Atle Selberg (né en 1917), avec un habillage d'algèbre réelle bien plus simple. Notons par exemple que $\pi(10^9) = 50\,847\,534$, alors que l'approximation en $x/\ln x$ est à peu près 48 254 942 : le désaccord n'est que de 5%. Il est encore de 3% pour 10^{14}.

Les démonstrations élémentaires de ces deux derniers mathématiciens, ayant voulu tirer chacun de leur côté une preuve où le travail de l'autre soit complètement estompé (!) sont aujourd'hui lisibles par un bachelier. Curieux destin pour un problème qui avait bloqué Gauss, mais a en revanche peut-être contribué à conduire ses deux premiers vainqueurs à un âge honorable de presque cent ans ; notons cependant que la mort plus prématurée d'Erdös a rompu le charme...

Il est piquant de noter que, récemment, des chercheurs français (Patrick Ciegelski, Denis Richard, Olivier Sudac) ont obtenu des résultats intéressants sur la possibilité de démontrer le théorème de Gustave Dirichlet (1805-1859) sur les nombres premiers dans une progression arithmétique et simplifié par Selberg, dans le seul cadre des axiomes de Peano (1988), puisqu'il en va de même de celui de Hadamard et La Vallée-Poussin (1997). Les mathématiques continuent à avancer, même sans ordinateurs, bien après qu'ils envahissent les laboratoires.

Le problème de Mandelbrot (né en 1924)

Quelle est la longueur des côtes de la Bretagne ?

Le mathématicien et informaticien Benoît Mandelbrot, neveu de Szolem Mandelbrojt (1899-1983), a su comment voir (et mettre) de l'ordre dans un chaos qu'il a en grande partie pu découvrir ou retrouver lui-même dans des travaux antérieurs apparemment épars. Car le chaos est partout ! Cet IBM Fellow a su mettre en valeur un univers étrange, grâce auquel certains ont été attirés vers les mathématiques, soit pour raisons de mode, soit grisés par une fascination plus sérieuse.

Les applications des fameuses fractales envahissent bien des domaines ; nous ne citerons que celui de la compression d'images, si important pour le futur proche de l'informatique. Les chercheurs en physique raffolent de ces mathématiques de l'étrange.

Un gag : un journal a prétendu, en 1999, que l'on avait trouvé, tel Newton, la « vraie loi » de l'évolution des espèces animales — rien que ça. D'après l'article, on peut en déduire qu'elle s'écrirait finalement sous la forme très banale : $t_n = g^{-n} t_0 + (1 - g^{-n}) t_c$, où n est le nombre d'années depuis l'apparition de l'espèce et t_c un « temps critique », équation décrivant simplement un phénomène de type combinaison barycentrique de deux exponentielles. Mais « exponentiel » sonne vieillot et usé, tandis que l'on fait beaucoup plus sérieux en mettant en exergue le mot magique « fractal ».

Mandelbrot lui-même, pourtant (légitimement) fier de sa percée, ne confond pas une suite simplement répétée d'homothéties de rapports en progression géométrique avec un vrai phénomène comme celui qu'il a su tirer des œuvres de Gaston Julia (1893-1978) ou de ses propres travaux. A-t-il été amusé de cet hommage peu convaincant ? En tout cas, il est trop tôt pour dire ce qui sortira encore de son problème, apparemment si anodin, même si l'on est sûr que tout n'a pas encore été extrait d'une mine qui paraît encore féconde, en liaison forte avec le concept généralisateur de *systèmes dynamiques* qui permet de mieux appréhender nombre de situations complexes du monde d'aujourd'hui.

Le problème de Matiassevitch (né en 1947)

Il n'y a pas d'algorithme permettant de décider si une équation diophantienne admet ou non des solutions.

En 1970, Youri Matiassevitch devient célèbre en résolvant, par la négative, le dixième problème de Hilbert. Comme très souvent, il y parvient par une voie totalement nouvelle, qui lui a permis de créer un champ de recherches personnel de type alors inconnu, et par un emploi étonnant de la suite de Fibonacci. Ses grandes idées sont assez simples pour qu'elles puissent être présentées dans des revues d'étudiants, au lieu d'être réservées à des séminaires spécialisés. Il est bien connu dans notre pays, où il vient souvent.

Outre la gloire qui attendait naturellement toute personne relevant l'un des vingt-trois défis, Matiassevitch a obtenu d'avoir piqué la curiosité d'un grand public en permettant, par le contenu même de sa démonstration, d'affirmer qu'il existait un polynôme à plusieurs variables dont les valeurs positives prises, lorsque l'on se limite à des variables elles-mêmes positives, recouvrent exactement l'ensemble des nombres premiers. (Il en existe plus généralement un pour tout ensemble *diophantien*, dans le vocabulaire qu'il a créé à cette occasion ; les nombres premiers ne jouent pas là un rôle exceptionnel.) En 1976, un tel polynôme, à 26 variables, a été publié pour la première fois. Il est assez beau à regarder, mais perdrait beaucoup de son charme si l'alphabet latin ne suffisait plus pour l'écrire !

Le problème de Ménechme (IVe siècle av. J.-C.)

À quoi servent les coniques ?

Les mathématiques « utiles » n'existent pas. L'invention, ou plutôt la découverte, si l'on est platonicien, des coniques par Ménechme, élève d'Eudoxe, sans doute pour résoudre le problème de la duplication du cube en coupant deux paraboles de même sommet et d'axes orthogonaux (ou une parabole et une hyperbole), leur exploitation jusqu'à engendrer la somme apollonienne *pour le seul plaisir de l'esprit*, conduisirent presque vingt siècles plus tard à un retournement de situation exceptionnel. Dans les mains de Kepler, les coniques, objets abstraits par excellence, devenaient les outils nécessaires de la découverte de lois de la nature jusque-là inconcevables.

Ce contre-exemple sur l'importance d'une recherche désintéressée, libre, face aux demandes pressantes d'une société avide de rendement à terme visible, devrait être plus souvent exploité par les responsables de l'éducation et de la recherche. Il en est d'autres (le calcul matriciel récupéré par Einstein...) qui devraient aussi inviter à la prudence en matière de prospective scientifique.

Autres paradoxes étonnants : il a fallu attendre 1639 et le concept de pôles et polaires de Girard Desargues (1591-1661), 1814 et les théorèmes sur les couples de tangentes aux coniques du prisonnier de guerre Jean-Victor Poncelet (1788-1867), 1822 et les « théorèmes belges » de Germinal Dandelin (1794-1847) et Adolphe Quételet (1796-1874) pour parfaire la théorie purement géométrique des sections planes d'un cône de révolution. Ces théorèmes étaient autrefois un point exceptionnel des programmes des classes terminales dites de mathématiques « élémentaires » ou « supérieures ». Rien n'aurait pu empêcher Euclide de les découvrir. Une longue patience est parfois nécessaire pour être en droit d'affirmer qu'une théorie mathématique est close...

Nous ne pouvons pas ne pas signaler que le sort étrange des coniques a été suivi par leurs cousines germaines les cubiques, ou du moins certaines d'entre elles (les *courbes elliptiques*) sur l'ensemble des points desquelles on peut définir une loi de groupe déjà considérée par Carl-Gustav Jacobi (1804-1851) en 1834 dans son *De usu theoriæ integralium ellipticorum et integralium abelianorum in analysi diophantæ.* On peut même remonter jusqu'aux formules de doublement de l'arc de lemniscate du comte de Fagnano (1682-1766) en 1716, puis d'Euler en 1751 qui en déduisit une formule générale d'addition. Nous avons déjà vu que ces courbes pouvaient servir aujourd'hui pour factoriser de grands entiers, mais leur véritable entrée dans le quotidien d'un très banal Monsieur Toulemonde est pour demain matin.

Voici, traduite en notations modernes, la formule de Fagnano :

$$2\int_0^x \frac{dt}{\sqrt{1-t^4}} = \int_0^{2x\sqrt{1-x^4}/(1+x^4)} \frac{dt}{\sqrt{1-t^4}},$$

à rapprocher de la formule classique équivalente à l'égalité $\sin 2\theta = 2\sin\theta\sqrt{1-\sin^2\theta}$ pour θ entre 0 et $\pi/2$:

$$2\int_0^x \frac{dt}{\sqrt{1-t^2}} = \int_0^{2x\sqrt{1-x^2}} \frac{dt}{\sqrt{1-t^2}}.$$

La formule d'addition d'Euler est plus complexe et nous ne la donnerons pas ici ; elle généralise la relation trigonométrique bien connue sur le sinus d'une somme, qui s'écrit sous la forme intégrale :

$$\int_0^x \frac{dt}{\sqrt{1-t^2}} + \int_0^y \frac{dt}{\sqrt{1-t^2}} = \int_0^{x\sqrt{1-y^2}+y\sqrt{1-x^2}} \frac{dt}{\sqrt{1-t^2}}.$$

Au moment de la sortie de ce livre, on annonce que la cryptographie à clefs publiques à l'aide de courbes elliptiques, découverte indépendamment en 1986 par Noel Koblitz et Victor Miller, équipera les téléphones portables de demain. Les mathématiques « gratuites » mettent parfois longtemps à devenir « utiles », mais on voit qu'il n'est pas rare que les spéculations les plus abstraites finissent par quitter les cabinets obscurs des universités pour venir atterrir, sous forme parfaitement concrète, jusque dans nos cuisines...

Le problème de Newton (1642-1727)

Comment retrouver un mouvement à partir de la connaissance des vitesses instantanées ou des accélérations.

Tout un chapitre de ce livre est consacré à ce grand bouleversement, auquel il ne faut naturellement pas oublier d'associer Leibniz, qui partage la gloire de l'invention et de la mise au point du calcul différentiel et intégral. Notons cependant qu'il est second en date de quelque dix ans, même si personne ne nie plus aujourd'hui qu'il soit arrivé à cette découverte de manière indépendante, et que ses motivations n'étaient pas tournées vers des équations différentielles issues de la mécanique pour expliquer le monde, mais de préoccupations plus abstraites, que l'on dirait maintenant plus algébriques.

Contentons-nous de poser ici le problème : à la différence de tous leurs précurseurs d'Archimède à Fermat, Newton et Leibniz ont été capables de fournir des algorithmes de calcul efficaces pour une très large catégorie de problèmes, et non seulement ceux d'un certain type. D'autre part, ils ont créé de toutes pièces un nouvel univers, non pas parce qu'ils ont su résoudre *le problème des tangentes* (définir et déterminer, au moins théoriquement, la tangente en un point quelconque d'une courbe quelconque), non pas parce qu'ils ont su résoudre *le problème des aires* (par exemple calculer, au moins théoriquement, l'aire comprise entre trois segments de droites et une courbe, ou un volume, ou trouver un centre de gravité), mais parce qu'ils ont compris comme personne avant eux que ces deux problèmes, célèbres depuis l'Antiquité, étaient de manière surprenante *les deux volets opposés d'un même processus.* Et des algorithmes performants existaient pour les résoudre, applicables de la même manière à toutes sortes de fonctions, qu'elles soient algébriques (fonctions rationnelles) ou transcendantes (trigonométriques, exponentielles, logarithmiques...).

De plus Newton, par l'importance qu'il a donnée à la notion de développement en série entière et à son application aux équations différentielles de la cinématique, a eu une influence très grande sur la mathématisation de la physique. Même son système et ses notations ont été bien plus malcommodes à utiliser que l'appareil leibnizien.

Retenons simplement que les années 1665 (Newton) et 1675 (Leibniz) — ces dates sont et resteront approximatives, ne serait-ce que parce qu'une découverte de cette taille n'est ni effective ni maîtrisée en un jour — ont été déterminantes dans le combat de l'homme pour comprendre l'Univers.

Le problème de Pappus (IVe siècle)

Qu'est-ce qu'un lieu géométrique ?

Il y a plusieurs problèmes connus sous ce nom. Descartes en citera deux dans son livre séminal *La Géométrie* ; nous voulons parler ici du premier, qui lui a servi pour définir, parallèlement à Fermat et indépendamment de lui, la géométrie analytique en 1637, qui elle-même ouvrira, par exemple, la porte à la physique mathématique mais aussi à la géométrie algébrique.

La portée de ce problème est donc forte. Son énoncé était pourtant anodin : étant données $2n$ droites, quel est le lieu géométrique d'un point dont les produits des distances aux n premières reste dans une proportion donnée au produit des distances aux n dernières ?

Les anciens savaient que, pour $n = 2$, il s'agit d'une conique. Descartes le démontre, et c'est le premier cours de géométrie analytique partant d'une équation donnée (ici $D_1 D_2 = k\, D_3 D_4$) pour remonter jusqu'aux équations « réduites » à la Apollonius. On ne peut qu'applaudir l'artiste, car c'est pour l'époque un tour de force inouï.

Bien sûr, pour d'autres valeurs plus grandes, il ne s'agissait pas de courbes connues, mais Descartes, par un prodigieux retournement du problème, s'en sert justement *comme instrument de création de nouvelles courbes*, de degrés arbitrairement grands, et ouvre la voie à un monde vierge sans lequel la compréhension de notre univers serait restée bien terne et quasiment toute verbale.

Peut-être Descartes a-t-il cru que toute courbe avait une équation « à la Pappus » : on sait aujourd'hui que c'est inexact. Détail piquant : on ignore apparemment si les fameuses Ovales qu'il a définies, pour régler une question fondamentale d'optique, en ont une ou non. Ce serait un beau pied-de-nez posthume de prouver qu'il n'en est rien, mais pas très gentil, après le travail qu'il a donné aux mathématiciens pour au moins une dizaine de siècles.

Le problème de Pascal (1623-1662)

Jouer aux dés n'est pas forcément perdre son temps.

Ce problème et le suivant introduisent dans deux mondes assez particuliers, intimement liés. Il s'agit ici du calcul des probabilités (créé lors d'une correspondance célèbre avec Fermat à partir de questions d'un certain chevalier de Méré, mais surtout pour l'honneur de l'esprit humain). L'implication des mathématiques dans les sciences sociales, mais aussi en biologie et bien d'autres secteurs, est étroitement liée à toutes ces mathématiques appliquées où le hasard a sa place.

C'est bien connu. On sait moins que les probabilités — à la différence des statistiques restées plus proche du concret — jouent aussi un rôle très important en mathématiques pures. Non seulement certains de leurs chapitres sont devenus partie prenante d'une théorie très abstraite (la mesure et l'intégration), mais il existe même des théorèmes sans lien apparent avec l'aléatoire qui ont été démontrés grâce à elles, par exemple en théorie des nombres, où le nom d'Erdös doit absolument être évoqué. Le hasard, domestiqué, se mue parfois en outil de la nécessité...

Quelques résultats paradoxaux en calcul des probabilités

Certains problèmes d'allure innocente ont parfois des solutions qui choquent le bon sens. L'intuition n'est pas toujours commode à mettre en œuvre dans ce domaine. Parmi mille exemples, nous en avons pris deux, respectivement extraits des épreuves de Concours général des années 1999 et 2000.

Le premier problème est le suivant :

Sur une table trônent 1999 bonbons rouges et 6661 bonbons jaunes rendus indiscernables par des emballages uniformes. Un gourmand applique jusqu'à épuisement du stock l'algorithme ci-dessous :

(a) s'il reste des bonbons, il en tire un au hasard, note sa couleur, le mange et va en (b) ;

(b) s'il reste des bonbons, il en tire un au hasard et note sa couleur :

– si elle est la même que celle du dernier bonbon avalé, il le mange et retourne en (b) ;

– sinon, il le remmaillote, le pose et retourne en (a).

Montrer que tous les bonbons seront mangés et donner la probabilité pour que le dernier bonbon mangé soit rouge.

Puisqu'il existe beaucoup plus de bonbons jaunes que de rouges, il semblerait que cette probabilité soit inférieure à 0,5. Or il n'en est rien, et la réponse est 1/2 quels que soient les nombres de bonbons. Ce résultat d'apparence paradoxale peut s'établir par d'assez longs calculs, avec des récurrences numériques pénibles, en étudiant la probabilité $P(a,b)$ de l'événement R : « le dernier bonbon mangé est rouge » en fonction des effectifs a et b des bonbons de chaque couleur (on définit de même J en échangeant jaune et rouge).

Il en existe aussi une solution bien plus rapide, due à Pierre Douillet, que nous allons esquisser ici. Elle consiste à remarquer d'abord que la description d'une telle expérience gourmande se ramène à la considération d'un nombre fini n de *séquences* $S_1, S_2, \ldots, S_n$ où $2 \leqslant n \leqslant 6661 + 1999$. Chaque séquence est associée à une couleur, alternativement jaune et rouge ; elle correspond bien entendu à une dégustation consécutive de bonbons de la même couleur, débutant en un passage en *a)* et se terminant à la fin d'un *b)* — il peut d'ailleurs y avoir plusieurs passsages par *a)* au cours d'une même séquence.

Chaque séquence peut être caractérisée par les effectifs initiaux r et j des bonbons de chaque type ; à la fin ces effectifs sont devenus, selon le cas, r et j' avec $j' < j$, ou r' et j avec $r' < r$. La dernière séquence est clairement reconnue à ce que l'un des deux nombres r ou j, et un seulement, est nul. Ainsi l'événement R correspond à $r > 0$ et $j = 0$ au début de S_n ; la séquence précédente S_{n-1} est donc associée à des entiers r et j tous deux non nuls, qui deviennent r et 0 à la fin.

Nous pouvons maintenant introduire l'événement A_n : « n est l'indice de la dernière séquence S_n de l'expérience ». On dispose évidemment de l'égalité $P(A_n) = P(R \cap A_n) + P(J \cap A_n)$ (formule des probabilités totales). L'idée centrale consiste à conjecturer, à la suite d'expérimentations sur de petits entiers, que la probabilité *conditionnelle* $P(R \mid A_n)$ (probabilité de l'événement R *sachant que l'événement* A_n *est réalisé*) est toujours égale à 1/2 quel que soit n et quels que soient les effectifs r et j au début de l'avant-dernière séquence S_{n-1}.

En effet un calcul élémentaire montre que la probabilité $P(R \cap A_n)$ de l'événement consistant au passage de (r,j) à $(r,0)$ lors de S_{n-1} est égale à :

$$P(R \cap A_n) = \frac{j}{r+j}\,\frac{j-1}{r+j-1} \cdots \frac{1}{r+1} = \frac{j!\,r!}{(r+j)!} = \frac{1}{C_{r+j}^{j}}.$$

Elle est donc égale à $\dfrac{1}{C_{j+r}^{r}} = P(J \cap A_n)$. Il en résulte que ces deux probabilités sont égales entre elles, d'où $P(R \mid A_n) = \dfrac{P(R \cap A_n)}{P(A_n)} = \dfrac{1}{2}$ par définition d'une probabilité conditionnelle, ce que nous voulions démontrer. Pour pouvoir conclure, il suffit maintenant d'écrire l'égalité (finie en dépit des apparences) :

$$P(R) = \sum_{n=2}^{+\infty} P(R \cap A_n) = \sum_{n=2}^{+\infty} P(R \mid A_n)\,P(A_n) = \frac{1}{2}\sum_{n=2}^{+\infty} P(A_n) = \frac{1}{2}.$$

Le second problème est également assez surprenant :

On dispose de b *boules blanches et* n *boules noires — au moins une de chaque —, que l'on répartit entre deux urnes de façon qu'aucune d'elles ne soit vide ; on note* s *le nombre de boules dans la première, et* r *celui de ces boules qui sont blanches.*

L'évènement considéré est le tirage d'une boule au hasard dans l'une des urnes choisie au hasard. On demande de déterminer les répartitions rendant maximale la probabilité p *de tirer une boule blanche.*

Ici encore le résultat est tout à fait spectaculaire : le fait de mettre une seule boule blanche dans une première urne et toutes les autres (les blanches restantes et toutes les noires) dans la seconde, c'est-à-dire de prendre $r = s = 1$, rend p maximale ; il peut y avoir d'autres répartitions donnant le même p mais celle-là convient.

Nous ne donnerons pas le détail de la démonstration ; signalons simplement que l'on peut prouver cet optimum en calculant p à partir de b, n, r et s, puis en choisissant r en fonction de s supposé temporairement fixé de façon à maximiser p (c'était d'ailleurs la voie suggérée par l'énoncé distribué aux candidats). Ce qui est intéressant, c'est qu'un calcul de dérivée est ici inopérant, les variables prenant des valeurs entières et non continues.

Des généralisations portant sur le nombre de couleurs et le nombre d'urnes offertes au choix étaient également demandées. Saurez vous les mener à bien ? Si c'est le cas, vous avez peut-être vos chances dans un cabinet de recherche opérationnelle...

Le problème de Pearson (1857-1936)

Comment prendre une décision à partir d'observations statistiques ?

Nous ne pouvons malheureusement qu'effleurer l'immense domaine de la statistique mathématique, qui mérite un volume complet et n'est pas encore suffisamment médiatisé, et de ses liens complexes avec le calcul des probabilités, deux écoles au moins s'affrontant selon lesquelles on ne peut pas faire de statistiques sans avoir au départ quelques notions de probabilités, ou la proposition inverse. Leurs dates de naissance respectives sont 1654 pour les probabilités (correspondance Fermat-Pascal, relayée par *De ratiociniis in aleæ ludo* de Huygens vers 1657, *Ars conjectandi* de Jacques Bernoulli en 1713), et 1662 pour la statistique, d'abord uniquement descriptive (*Natural and Political Observations Mentioned in a Following Index, and Made upon the Bills of Mortality* de John Graunt, 1620-1674, et surtout deux textes de 1692 d'Edmund Halley *An Estimate of the Degrees of the Mortality of Mankind, Drawn from Curious Tables of the Births and Funerals at the City of Breslaw ; with an Attempt to Ascertain the Prices of Annuities upon Lives* et *Some Further Considerations on the Breslaw Bills of Mortality* d'après des documents prussiens adressés par Leibniz à la Royal Society).

Karl Pearson, ainsi que Student — en fait William Gosset (1876-1937), obligé de prendre un pseudonyme par les brasseries Guinness qui l'employaient comme ingénieur — et le généticien Ronald Aylmer Fisher (1890-1962), ont travaillé à définir des tests mesurant la représentativité d'échantillons d'une population trop vaste pour pouvoir être étudiée de façon exhaustive. En particulier le test du χ^2 (prononcer : khi-deux) à ν paramètres de Pearson, adossé à la loi de probabilité de même nom appartenant à la famille des lois dites *Gamma*, a été introduit en 1900 par Pearson. Il a été enrichi en 1922 par son ancien assistant Udny Yule (1871-1951) et deux ans plus tard par Fisher. À l'instar de bien d'autres tests, il est d'usage constant, par exemple dans les hôpitaux universitaires, les usines mécaniques ou chimiques, les sociétés d'études politiques...

Pour donner un exemple très simple, utilisé dans la théorie des sondages bien connus à cause de leur répercussions dans les médias, citons juste une règle pour estimer la proportion p de personnes ayant une opinion donnée — par exemple contre la peine de mort — dans une population trop vaste pour pouvoir être interrogée de façon exhaustive : on constitue un échantillon de n personnes parmi lesquelles on trouve une fréquence f de sondés déclarant partager cette opinion. Il est normal de poser comme hypothèse que p est peu différent de f; plus précisément, on peut montrer que dans des conditions optimales où p n'est pas trop proche de 0 ou de 1 et np reste compris entre 15 et $n - 15$, la valeur absolue de la différence entre p inconnue et f mesurée est inférieure ou égale à $\frac{1}{\sqrt{n}}$ avec 95% de certitude, c'est-à-dire une probabilité d'erreur inférieure ou égale à 5% (c'est la probabilité pour qu'une variable aléatoire normale s'écarte de sa valeur moyenne de plus de deux écart-types). Cette probabilité passerait à 2,6 ‰ si l'on demandait seulement l'inégalité plus lâche $\Pr(|p - f|) \leqslant \frac{3}{2\sqrt{n}}$ et au contraire à presque un tiers (trente-deux pour cent) pour l'inégalité plus contraignante $\Pr(|p - f|) \leqslant \frac{1}{2\sqrt{n}}\cdot$ Par exemple, pour être convaincu avec un risque d'erreur de 5% que la majorité d'un pays a basculé vers l'abolition de la peine de mort en utilisant un échantillon de 1000 personnes, il faut que le nombre observé de ses adversaires soit au moins égal à 532 $(= \frac{n}{2} + \sqrt{n})$. Sous les conditions seuil à 0,05 et $n = 1000$, pour pouvoir affirmer qu'une proportion dépasse 50%, il faut observer une fréquence d'au moins 53,2% ; au seuil 0,001 il en faudrait au moins 55,3%. Cela éclaire d'un jour assez cru ce que signifient les « fourchettes » lorsque deux adversaires sont à 49 et 51% dans les sondages !

Un test est souvent utilisé lorsqu'il faut choisir entre deux hypothèses de travail dont l'une et l'une seulement est vraie, on est obligé de prendre deux risques en sens inverse : celui de rejeter la première hypothèse, souvent appelée *hypothèse nulle*, alors qu'elle est vraie, erreur dite de première espèce dont la probabilité est traditionnellement notée α, et celui de rejeter la seconde, souvent appelée *hypothèse alternative*, alors qu'elle est vraie, erreur dite de deuxième espèce dont la probabilité est traditionnellement notée β. Le premier de ces nombres n'est calculable que si l'hypothèse nulle est suffisamment précise ; si l'on choisit pour hypothèse alternative la simple négation de l'hypothèse nulle — ce que nous ferons ci-dessous par commodité — il est rare que β soit alors calculable puisque l'on ne dispose généralement plus de description suffisamment complète de l'état de la population à sonder. Le nombre $1 - \beta$ est la probabilité de choisir l'hypothèse alternative lorsqu'elle est vraie : on l'appelle souvent la *puissance* du test. Il mesure sa capacité à ne pas faire rejeter à tort l'hypothèse nulle.

Cette dernière est notée H_0 ; elle doit paraître suffisamment vraisemblable, n'avoir jamais été contredite par l'expérience, satisfaire à un principe de prudence — par exemple en matière d'innocuité de médicaments nouveaux — et être simple dans son expression numérique. Nous allons borner cette présentation de la statistique inférentielle à une brève description du test du χ^2, qui est en quelque sorte une extension de la technique précédente d'estimation d'une proportion par une fréquence.

Soit donc une certaine distribution représentée par $\nu + 1$ variables ; par exemple, toujours à propos d'un sondage, on aura $\nu = 3$ si l'on classifie des quidams en quatre catégories : très favorables, favorables, défavorables et très défavorables. Une certaine hypothèse H_0 étant posée, selon laquelle les valeurs estimées ou attendues (*expected* en anglais) ont été calculées à l'avance et notées E_i — par exemple H_0 peut signifier que l'on pense que les opinions n'ont pas varié depuis un recensement récent —, un échantillon est ensuite interrogé, qui donne des valeurs observées O_i *a priori* distinctes des E_i. On calcule alors :

$$\chi^2 = \sum_{i=1}^{\nu+1} \frac{(O_i - E_i)^2}{E_i}.$$

Une table dit que, pour $\nu = 3$, la probabilité pour que $\chi^2 \geqslant 7{,}815$ est de 0,05 si l'hypothèse posée H_0 est vraie ; on dit qu'elle est alors acceptable au seuil de signification 0,05 (ou plus exactement que l'on ne peut refuser H_0 à ce seuil puisque l'on admet que l'on a au moins 95% de chances de ne pas se tromper en l'acceptant si elle est vraie). Ce serait 0,1 pour $\chi^2 \geqslant 6{,}251$, événement moins difficile à réaliser. Il est en effet raisonnable de penser que plus le χ^2 est grand, plus les écarts entre les O_i et les E_i sont grands, et moins l'hypothèse nulle apparaît vraisemblable ; on pourra consulter par exemple *Le Jeu de la science et du hasard* de Daniel Schwartz, paru en 1994 chez Flammarion. Si l'on trouve $\chi^2 = 7$, c'est que l'hypothèse H_0 est vérifiée avec un pourcentage compris entre 90 et 95% de chances de ne pas se tromper en affirmant que H_0 est vraie. L'opinion n'a donc sans doute pas varié de manière significative.

Le seuil $\alpha = 0{,}05$ est donc la probabilité de rejeter H_0 alors qu'en fait elle est vraie ; diminuer α conduit à ne plus pouvoir décider de la rejeter. Dans notre exemple, on dira que l'on refuse l'hypothèse au seuil de signification 0,1 mais qu'on l'accepterait au seuil 0,05 (*a fortiori* 0,01 et ainsi de suite) car l'expérience ne fournit alors aucun élément décisif contre H_0.

La bizarrerie apparente consistant à prendre $\nu = 3$ alors qu'il y a quatre catégories s'explique parce que le nombre de *degrés de liberté* sur les E_i et les O_i doit être diminué de un puisque les sommes $\sum E_i$ et $\sum O_i$ sont naturellement égales à la taille de l'échantillon : en connaître trois détermine donc la dernière.

D'où vient le test du χ^2 ?

Comme souvent en statistique, la formule donnant le χ^2 semble très arbitraire. Nous pouvons donner ici une idée de son origine, à condition de connaître la notion de *loi binomiale* (enseignée au lycée) et d'avoir une intuition de ce qu'est la propriété connue sous le nom de *théorème de la limite centrée*, dont on pourra trouver une présentation dans de nombreux livres relativement élémentaires de calcul des probabilités.

Nous nous limiterons ici à $\nu = 3$ et à quatre classes, la méthode étant générale. Pour chaque indice i entre 1 et 4, le nombre d'occurrences O_i de personnes sondées appartenant à la classe i suit une loi binomiale $\mathcal{B}(n, p_i)$ où n est la taille de l'échantillon et p_i la proportion des individus formant la classe i. D'après les propriétés de la loi binomiale, l'espérance mathématique de O_i est $E(O_i) = E_i = np_i$, son écart-type est $\sigma_i = \sqrt{n\,p_i\,(1 - p_i)}$ que l'on peut grossièrement simplifier en $\sqrt{n\,p_i} = \sqrt{E_i}$ puisque le carré d'un nombre entre 0 et 1 est, en toute première approximation, négligeable devant lui.

Au nombre d'occurrences O_i venant de la classe i, qui définit une variable aléatoire de type binomial, nous pouvons associer sa *variable aléatoire centrée réduite* X_i définie par l'égalité $X_i = \dfrac{O_i - E(O_i)}{\sigma_i} = \dfrac{O_i - E_i}{\sqrt{E_i}}$ d'après la simplification annoncée plus haut. Le théorème de la limite centrée nous dit que, si n est grand et p_i ni trop près de 0 ni de 1, X_i suit approximativement une *loi normale centrée réduite*, également connue sous le nom de loi de Laplace-Gauss d'espérance 0 et d'écart-type 1. D'autre part, on peut estimer que, si l'échantillon est tiré dans des conditions appropriées, trois parmi les quatre variables X_i ainsi définies sont indépendantes, la quatrième leur étant liée par l'égalité $\sum \sqrt{E_i}X_i = 0$, simple traduction de la relation évidente $\sum O_i - \sum E_i = n - n = 0$.

Un autre théorème de type limite centrée dit que, dans ces conditions, la variable aléatoire Q définie par l'égalité $Q = \sum_{i=1}^{4} X_i^2$ suit une loi de probabilité dite du χ^2 à trois degrés de liberté, dont la densité est la fonction définie pour $t \geqslant 0$ par $\frac{1}{\sqrt{2\pi}} \sqrt{t}\, e^{-t/2}$ (il existe des formules analogues pour toute valeur entière de ν).
En revenant aux définitions, on voit que l'on a exactement :

$$Q = \sum_{i=1}^{4} \frac{(O_i - E_i)^2}{E_i} = \chi^2.$$

Si l'on regarde ce qui se passe pour $\nu = 1$, le test du χ^2 explique notre remarque de départ sur l'estimation d'une proportion p à partir d'une fréquence observée f. En effet, il y a ici dans la population de taille N deux classes, d'effectifs respectifs Np et $N(1 - p)$; les effectifs correspondants attendus de l'échantillon de taille n sont donc $E_1 = np$ et $E_2 = n(1 - p)$, alors que ceux qui sont réellement observés sont $O_1 = nf$ et $O_2 = n(1 - f)$. Le χ^2 correspondant est, après calcul immédiat, égal à $\frac{n}{p(1-p)}(p - f)^2$. L'ennui vient ici du fait que $p(1 - p)$ est inconnu ; on pourrait le remplacer par $f(1-f)$, mais on peut aussi lui substituer son maximum 1/4, puisque cette valeur est exacte pour $p = 1/2$ et reste proche de la réalité dans un large intervalle centré en 1/2 (ainsi, $p(1-p) - (1/4) = -0{,}04$ pour $p = 0{,}3$). Par suite, $4n(p-f)^2$ est une assez bonne approximation du χ^2 dans ce cas. Une table donne d'ailleurs pour $\nu = 1$ que la probabilité d'avoir $\chi^2 \geqslant 4$ est égale à 0,05 ce qui correspond au fait que la probabilité d'avoir $|p - f| \geqslant \frac{1}{\sqrt{n}}$ est bien égale à $1-0{,}95=0{,}05$. On trouverait de même $1-0{,}68=0{,}32$ pour $\chi^2 \geqslant 1$, qui correspond à $|p - f| \geqslant \frac{1}{2\sqrt{n}}$. Une table du χ^2 à un paramètre se déduit donc aussitôt de celle qui donne la célèbre fonction de répartition de la loi centrée réduite de Laplace-Gauss $\varphi(u) = \frac{1}{\sqrt{2\pi}} \int_{-\infty}^{u} e^{-x^2/2}\, dx$, ce qu'il est facile de vérifier dans les ouvrages spécialisés. De manière précise, pour $\nu = 1$ la probabilité pour que $\chi^2 \geqslant q \geqslant 0$ est égale à $2\left(1 - \varphi(\sqrt{q})\right)$ puisque la densité du χ^2 est alors $\gamma(1/2, 2, t) = \frac{1}{\sqrt{2\pi}} \frac{e^{-t/2}}{\sqrt{t}}$ comme on le voit en posant $t = x^2$.

Le problème de Platon (428-348)

Les mathématiques existeraient-elles sans l'homme ?

Un débat philosophique immense, juste noté pour le plaisir, qu'on ne tranchera évidemment pas ici. Mais aussi, par raccroc, l'occasion de citer pêle-mêle les cinq solides réguliers, le concept de nombres irrationnels dont quelques racines carrées, et triplets pythagoriciens déjà cités : ces trois problèmes, tous liés à Platon, auront, surtout les deux derniers, une influence immense sur l'histoire des mathématiques.

Comme beaucoup de mathématiciens, même athées, Paul Erdös croyait en l'existence d'un « livre de Dieu » contenant toutes les démonstrations mathématiques possibles, connues et à venir, et surtout les meilleures. Éspérons qu'il passe au moins une partie de son éternité à le déchiffrer et à marmonner parfois : « Bon sang, mais c'est bien sûr ! » Peut-être y a-t-il déjà lu la réponse à une question que l'un des auteurs de ce livre lui avait posée en 1972, pour laquelle il n'avait pu que regretter qu'il faille attendre l'an 2000 pour pouvoir espérer attaquer ce genre de conjectures. Au fait, 2000 a fini par arriver ; il faudrait peut-être retrouver ce vieux dossier poussiéreux...

Paul Erdös, l'homme pressé

Né à Budapest le 26 mars 1913, Pàl Erdös est mort à Varsovie le 20 septembre 1996, après avoir passé sa vie à se promener inlassablement dans le monde entier, passant d'un avion à l'autre avec ses deux petites valises contenant presque tout son bagage. L'un de ses biographes le décrira comme l'un de ces colporteurs que l'on voyait, vers la fin du XIXe siècle, apporter dans leur boîte de bois toutes les nouveautés pour allécher le chaland. Cet homme était aussi pressé que bizarre : adonné aux amphétamines de toutes sortes, auteur de la définition d'un mathématicien comme simple machine à transformer le café en théorèmes, se lavant les mains cinquante fois par jour, il ne portait que des vêtements de soie pour éviter des allergies, travaillant parfois dix-neuf heures par jour pendant lesquelles il écrivait au moins cinq lettres ou cartes postales dans le monde entier ! Il fut également extraordinaire à bien d'autres points de vue. Il a par exemple publié quelque 1475 articles, avec entre 450 et 500 coauteurs (titulaires du nombre d'Erdös égal à un, toute personne ayant écrit un article en commun avec quelqu'un dont le nombre d'Erdös est égal à n se voyant créditée d'un nombre égal à $n+1$ si elle n'en possédait pas déjà un autre plus petit auparavant).

Docteur à dix-neuf ans, il avait trouvé dès sa dix-huitième année une nouvelle démonstration élémentaire du postulat de Bertrand démontré par Tchebitcheff (il existe au moins un nombre premier dans tout intervalle du type $[n, 2n]$). Il était connu comme un excellent chercheur, trouvant des solutions originales dans différents domaines comme la théorie des nombres, la théorie des graphes, la combinatoire, les développements asymptotiques de fonctions arithmétiques, et surtout réputé pour son exceptionnelle aptitude à poser des problèmes et des conjectures puis à les résoudre avec le mathématicien le plus apte qu'il avait lui-même sélectionné à cette fin.

Cette homme à la collaboration si féconde connaîtra pourtant un échec dans une relation humaine d'autant plus importante pour lui qu'elle concerne son plus grand succès : avoir contribué de façon décisive à l'élaboration d'une démonstration élémentaire du théorème de Hadamard et La Vallée-Poussin. En 1949, il est mis au courant par Paul Turàn (1910-1976) d'une inégalité due à Atle Selberg, Norvégien travaillant aux États-Unis, que ce dernier avait développée comme une étape possible vers une telle démonstration élémentaire, mais présentée à Erdös comme insuffisamment puissante. En quelques heures, ce dernier dément le pessimisme de Selberg, fait une avancée décisive à partir de laquelle Selberg n'a aucun mal à boucler la preuve. Un papier joint de plus aurait été l'exacte reconnaissance des apports de chacun, de valeur sans doute égale. Malheureusement les cartes postales envoyées dans l'enthousiasme par l'imprudent Erdös peuvent laisser penser que le mérite essentiel lui revient : Selberg se bloque, refuse toute collaboration nouvelle, trouve un passage détourné pour publier un article ne devant formellement plus rien à son rival. Il recevra, seul, la médaille Fields en 1950, Erdös — qui de son côté avait lui aussi découvert comment contourner les découvertes de Selberg — devant se contenter du prix Wolf en 1984. Sur les 50 000 dollars qui lui seront donnés à cette occasion, il en retiendra 720 pour son usage privé, léguant le reste à différentes institutions, dont le Technion à Haïfa, où il était professeur invité permanent, pour la création d'une chaire portant le nom de ses parents, nés Anna Wilhelm et Lajos Engländer, tous deux professeurs de lycée dans un pays où cette profession est considérée comme aussi noble que celle de médecin ou d'avocat. Les deux sœurs de Pàl, Klàra et Magda, respectivement âgées de trois et cinq ans, avaient été emportées par une épidémie de scarlatine pendant que leur mère accouchait de leur frère : une telle tragédie n'explique nullement son génie, mais peut éclairer certaines de ses bizarreries.

Erdös resta incroyablement fécond toute sa vie solitaire. En Hongrie, où il est vénéré, il restera comme une exception pour au moins une particularité qu'il fut le seul à connaître : le régime communiste lui avait offert un « passeport spécial », lui permettant, même après la répression de 1956, de voyager à sa guise. Deux livres lui ont été consacrés : *My Brain Is Open*, par Bruce Schechter chez Simon & Schuster et *The Man Who Loved Only Numbers*, par Paul Hoffmann chez Hyperion, tous deux en 1998 (le dernier a été traduit en français par Maurice Mashaal chez Belin). Ils rendent bien compte tous deux de l'extraordinaire parcours de l'auteur du concept de « Livre de Dieu », où plutôt du « Livre du Fasciste suprême » selon sa terminologie elle aussi tout à fait particulière...

Le problème de Poincaré (1854-1912)

La deuxième conjecture la plus « résistante » à ce jour.

Nous voici dans le grand chantier de la topologie, longtemps connue sous le nom d'*Analysis situs*, qui fut le domaine de recherches actives conduites de Leonhard Euler à Pavel Alexandrov (1896-1982) et Stephen Smale (1930-2000), connu du public en 1957 par le retournement de la sphère — par quatorze transformations sans la déchirer ni la plier —, qui a pu être vulgarisé avec succès, en passant par Luitzen Brouwer (1881-1966) et Henri Lebesgue (1875-1941).

Si les théorèmes fondamentaux sont bien établis aujourd'hui, comme ce qui touche à la dimension — concept purement algébrique au départ —, il reste quelques énigmes fortes non résolues, comme cette proposition d'Henri Poincaré sur des caractérisations des sphères de dimension n (la sphère usuelle est de dimension 2 parce que décrite par deux paramètres, et la sphère de dimension 1 est la circonférence). Elles paraissent bien vraisemblables, et furent certes démontrées, non sans difficultés, par Smale en 1960 pour $n \geqslant 5$ et Mike Freedman en 1983 pour $n = 4$, sauf... pour le cas $n = 3$. Revenons à l'énoncé de Poincaré en 1904, année de l'axiome du choix de Zermelo : toute variété compacte à trois dimensions dont le groupe fondamental est trivial (dont tout cercle peut être compacté en un point) est homéomorphe à la sphère. Celui qui comblera cette exception irritante, dans un sens ou dans l'autre, sera bien vite célèbre, mais il lui faudra une technique exceptionnelle, sans doute analogue à celle d'un Wiles. Il gagnera de plus 1 million de dollars, puisque ce problème a été repris par le Clay Institute dans sa séance du 24 mai 2000 au Collège de France à Paris.

Le problème de Riemann (1826-1866)

La première conjecture la plus « résistante » à ce jour.

Tout aussi redoutable que le précédent, sinon même davantage, celui-ci concerne les zéros non triviaux de la célèbre fonction ζ (prononcer : *dzéta*), découverte par Euler puis étendue à des valeurs complexes de la variable : ces racines auraient toutes 1/2 comme partie réelle. Cette hypothèse joue un rôle essentiel dans de nombreuses parties de l'analyse, mais surtout dans la théorie des nombres premiers.

Son histoire remonte à une affirmation de Riemann en 1859, présentée sans aucune justification, mais qui possède des analogues en géométrie algébrique : André Weil (1906-1998) et Pierre Deligne (né en 1944) ont montré que ces conjectures sont exactes. Mais leurs travaux, très complexes, n'ont pas permis pour l'instant de confirmer l'intuition riemannienne, et *a fortiori* pas davantage ce qui est connu sous le nom d'« hypothèse généralisée de Riemann », qui permettrait un grand progrès pour certaines formules en théorie des nombres.

Ce problème est le seul à être commun aux listes de Hilbert en 1900 et du Clay Institute en 2000.

Citons une curiosité. Il existe au moins un théorème qui a été démontré en deux temps : si l'hypothèse de Riemann est vraie, alors… ; si elle ne l'est pas, alors… Cela s'appelle assurance tous risques et principe de précaution !

Le problème de Turing (1912-1954)

Ce programme aura-t-il une fin ?

Il n'y a pas d'algorithme pour dire à coup sûr si un algorithme donné traduit par un programme informatique fournira un résultat au bout d'un certain temps ou s'il bouclera sans fin. Et c'est subtil, mais (presque) facile à comprendre, comme on le verra dans le chapitre « Mathématiques et information (2) ».

Le problème de Zénon (Ve siècle av. J.-C.)

Qu'est-ce que la somme d'une série ?

L'infini chez les Grecs : un Eudoxe commencera à entrevoir, au siècle suivant, comment le concept d'approximation introduit discrètement celui de limite. Chez Zénon, auteur de quatre paradoxes très connus, il est brutalement sous-jacent, quoique de manière évidemment indirecte. En expliquant qu'Achille ne peut pas rattraper la tortue puisqu'il lui faut d'abord arriver à son point de départ, puis atteindre, une à une, une infinité de positions qu'elle quitte tour à tour avant qu'il ne la rejoigne, il affirme implicitement qu'une somme infinie de longueurs (ou d'intervalles de temps) ne peut avoir de sens fini.

Tout cela a été clarifié avec le calcul des séries, dont la théorie a occupé de grands esprits comme Newton, Gauss et Karl Weierstrass (1815-1897). Et pourtant tout n'est peut-être pas encore tout à fait limpide, des mathématiciens philosophes pensant toujours que l'infini *potentiel* ne règle pas toutes les difficultés. La réponse classique à la question : « Que signifie l'expression $\sum_{0}^{+\infty} 2^{-n} = 2$? » est qu'il s'agit simplement d'une écriture abrégée pour dire que, pour approcher 2 de moins de ε, il suffit d'ajouter entre eux les termes d'un paquet, fini mais peut-être très grand, extrait de la somme. Pour certains, il est au contraire toujours essentiel d'accepter l'idée d'un infini *actuel* — une somme infinie ayant un sens pour elle-même, pas seulement comme valeur chimérique —, un peu comme l'analyse dite *non standard* de 1960 d'Abraham Robinson (1918-1974) a réhabilité les nombres infiniment grands et petits. D'autres réponses aussi étranges viendront peut-être modifier notre vision des arguties de Zénon d'Élée, heureusement sans mettre en péril les constructions des ingénieurs et architectes bâties grâce aux formules habituelles donnant la somme d'une série géométrique !

Le problème de Zermelo (1871-1953)

L'axiome du choix est-il acceptable ?

Étant donnée une famille d'ensembles non vides $(E_i)_{i \in I}$, il existe au moins une application qui, à tout indice $i \in I$, associe un élément de E_i (1904).

Un axiome difficile de la théorie des ensembles, plus ou moins évident selon la forme qu'on lui donne, nécessairement déroutant, surpuissant, dont on ne peut pas se passer en théorie — une très large partie de l'analyse, voire de l'algèbre, reposant sur son utilisation parfois bien cachée —, objet de discussions farouches au début du XXe siècle, mais dont (presque) tout le monde se moque aujourd'hui dans la pratique des mathématiques courantes puisque tout le monde l'accepte au nom du principe de « commodité » cher à Henri Poincaré.

Il n'en va pas de même pour le problème de Cantor, auquel on le compare parfois en raison des théorèmes de Gödel et de Cohen qui les concernent tous les deux ; il est vrai que les interventions des hypothèses sur le continu ont un rôle bien moindre dans la vie quotidienne du mathématicien de base que celles qui ont bouleversé Baire, Borel, Hadamard et Lebesgue.

À quoi sert la logique ? Pour l'instant, peut-être plus à grand-chose (sauf à nourrir les logiciens, suivant une vieille blague), mais qui peut prédire qu'il n'y aura pas demain ou après-demain une nouvelle crise des « fondements » qui nous obligera à mieux balayer devant notre porte ? Malheur à qui oserait dire que les mathématiques ont terminé leur Big Bang !

Des problèmes par centaines

Une précision ici s'impose : le choix de ces quarante grands problèmes nous a été dicté par le souci de couvrir aussi largement que possible l'immense champ des mathématiques. Le nombre des autres problèmes — restés célèbres à quelque titre — à s'être posés aux mathématiciens en différentes occasions est évidemment beaucoup plus élevé, justifiable de considérations historiques ou scientifiques. Citons-en au hasard, au plaisir des réminiscences d'heures riches en joies diverses.

C'est par exemple le problème de Didon, lorsqu'après le meurtre de son mari, la reine de Tyr venue se réfugier en Afrique, là où devait naître Carthage, reçut en propriété du roi Yarbas, nous affirme Virgile, « tout le territoire qu'elle pourrait englober avec une peau de bouc ». Elle la découpa en fines lamelles qu'elle mit bout à bout de manière à en faire un périmètre auquel elle conféra une forme circulaire : un calcul virtuel, sorte de recherche opérationnelle avant la lettre, l'avait convaincue qu'à périmètre égal, un cercle offre la plus grande surface. Ce problème est devenu un classique des mathématiques, étendu à trois dimensions avec la recherche des surfaces minimales délimitant un volume donné : s'il s'agit d'une surface fermée c'est la sphère, et c'est une caténoïde (surface engendrée par la révolution d'une chaînette) si elle doit s'appuyer sur des cercles. Une grande surprise de la géométrie moderne a été de découvrir l'étrangeté des solutions qui s'offrent dans un espace de dimension n, n étant cette fois-ci strictement supérieur à trois.

C'est le problème du joueur d'échecs auquel on demande une opération telle que le passage du cavalier de la case p à la case q — ce problème ayant été longuement étudié au début du XVIe siècle par Guarini di Forti —, ou un algorithme de victoire si elle est possible.

Le jeu du fer à cheval

Une étude mathématique exhaustive a démystifié le jeu du fer à cheval, très répandu autrefois en Europe, singulièrement dans le Jura et en Alsace.

Cinq emplacements, le centre d'un *X* et ses extrémités, peuvent être occupés par des pions que l'on déplace d'une case, sachant que la position centrale, dite 0 permet d'atteindre toutes les autres . Le passage de 1 à 4 est interdit, d'où un organigramme de fer à cheval : ainsi, depuis 1, on ne peut gagner que 0 ou 2 et depuis 4 on ne peut gagner que 0 ou 3. Les cases 2 et 3 laissent chacune trois possibilités, respectivement 1, 0, 3 et 2, 0, 4.

La partie se dispute à deux, *A* possède deux pions blancs et *B* deux pions noirs. Ils jouent à tour de rôle, chacun déplaçant l'un de ses pions d'une case à son gré. Le perdant est celui qui se trouve bloqué.

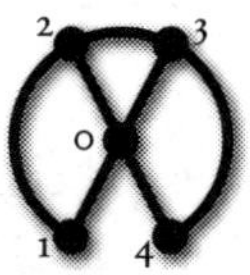

figure 35. Le jeu du fer à cheval

Au début, *A* choisit 2 cases à sa guise et *B* met ses pions sur 2 des trois cases restantes. Si l'on tient compte des symétries, cela fait apparaître 16 conditions initiales possibles, autrement dit on se trouve en présence de 16 jeux différents justifiables d'algorithmes avec ces issues :

- *A* est gagnant s'il choisit 1, 2 ou 1, 0 et *B* opte pour 3, 4.
- *B* est gagnant s'il choisit 0, 3 sur 1, 2 de *A*.
- dans les treize autres cas, la partie sera nulle.

Ce sont les carrés magiques pandiagonaux « plus que parfaits » généralisant les carrés de Dürer, faits de n^2 cases contenant les entiers de 0 à $n^2 - 1$ avec la contrainte d'un total identique sur toutes les lignes, toutes les colonnes et les diagonales : les diagonales principales et les $2n - 2$ autres « brisées », c'est-à-dire formées de deux sous-diagonales chacune parallèle à une diagonale principale, correspondant à des rangées disjointes ce qui permet de les réunir en une seule diagonale virtuelle. Il faut de plus que les sommes des quatre nombres formant un carré défini par deux lignes contiguës et deux colonnes contiguës soient toutes égales (ainsi qu'une autre propriété analogue ; voir par exemple le très documenté *Les Carrés magiques*, de René Descombes, page 159, Vuibert 1999). Pour $n = 3$ et $n = 4$, la solution est connue depuis (au moins) trois siècles. Quand n croît, les difficultés augmentent. De nombreuses études ont été consacrées à ce type de problème. Nous donnons ci-après une « super-solution » pour $n = 8$ de Kathleen Ollerendhaw et David Brée qui a récemment défrayé la chronique. On y constatera que chacune des sommes usuelles dans la théorie des carrés parfaits y est égale à 252, y compris pour les huit diagonales, mais que les sommes des quatre nombres en carrés sont toutes égales à 126. Enfin sur chaque diagonale, principale ou brisée, deux cases séparées par trois $(= (8/2) - 1)$ cases ont une somme constante, égale à 63. Bien entendu, les deux auteurs ont trouvé une méthode générale pour construire des carrés *hypermagiques* comme celui-là. Il est tout à fait remarquable que Dame Kathleen Ollerendhaw ait été âgée de quatre-vingt-cinq ans lorsqu'elle a résolu ce problème de combinatoire très difficile, il est vrai après quarante ans de conjectures et d'efforts incessants...

Ce sont les problèmes de métalangage lorsqu'on vous demande de dire quelque chose sachant qui si c'est une vérité vous serez fusillé, tandis que si c'est une erreur

0	62	2	60	11	53	9	55
15	49	13	51	4	58	6	56
16	46	18	44	27	37	25	39
31	33	29	35	20	42	22	40
52	10	54	8	63	1	61	3
59	5	57	7	48	14	50	12
36	26	38	24	47	17	45	19
43	21	41	23	32	30	34	28

figure 36. Le carré super-magique de Ollerendhaw et Brée

vous serez pendu. La solution est pour vous de prononcer la phrase : « Je serai pendu ». Citons aussi la feuille de papier ne quittant pas le bureau de l'un d'entre nous, où il est écrit au recto « ce qui est écrit au dos de ce papier est vrai » et, au verso, « ce qui est écrit au dos de ce papier est faux ».

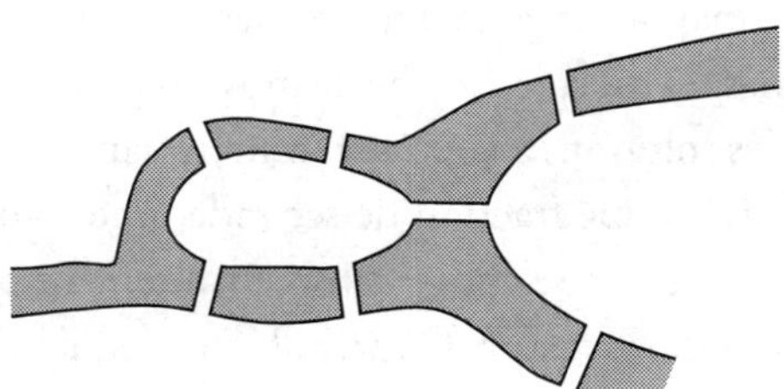

figure 37. Le celèbre problème des 7 ponts de Königsberg

C'est l'histoire des sept ponts sur la Pregel de Königsberg, une cité dans laquelle un promeneur (Kant ?) pouvait se demander si un jour il trouverait un itinéraire lui permettant de passer par ces sept ponts, une et une seule fois pour chacun. Euler devait indiquer une méthode, annonciatrice de la topologie, à savoir la représentation de l'ensemble des points par un graphe assorti d'un théorème prenant en considération le *degré* d'un sommet, mesuré par le nombre des arcs qui en émanent. Aujourd'hui, nous sommes donc en mesure de dire immédiatement que, le graphe de Königsberg comportant quatre sommets de degré impair, le problème posé n'avait pas de solution.

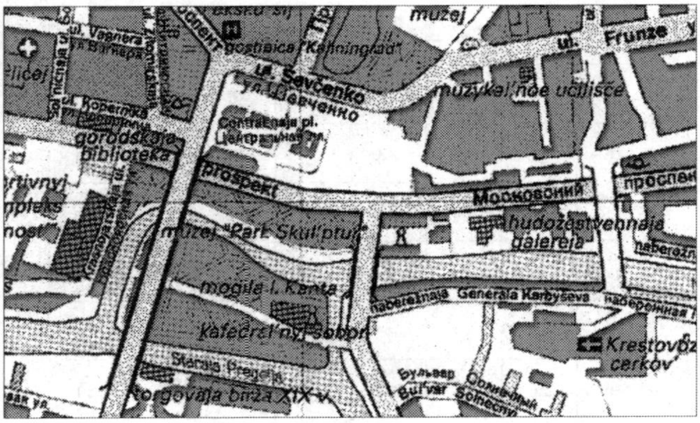

figure 38.

Devenu dans la nouvelle ville (Kaliningrad) un problème de 5 ponts, qui n'admet pas davantage de solution.

C'est le problème de Hamilton, dit aujourd'hui problème du livreur ou du voyageur de commerce. Étant donné, dans le plan, un ensemble de n points A, B, C ... N, il s'agit de partir de A et d'arriver à N en étant passé par tous les autres, au prix du parcours total minimal. Assurément une « solution brutale » consiste à envisager tous les parcours possibles et à les évaluer : c'est même en fait la seule solution rigoureuse mais elle est inapplicable, même avec les plus gros ordinateurs, dès que n dépasse quelques dizaines. D'où la recherche de moyens pour, dans un premier temps, éliminer massivement les solutions à coup sûr inintéressantes. Les réseaux neuronaux peuvent souvent fournir, en une fraction de seconde, une solution dite heuristique. Mais celle-ci doit seulement être regardée comme hautement probable...

C'est le problème de Winston Churchill avec lequel allait s'esquisser la recherche opérationnelle. Au cours de l'année 1941, noire pour la marine alliée dont les bateaux étaient envoyés par le fond par les sous-marins allemands à un rythme inquiétant, ce problème se posa au Premier britannique : les navires devaient-ils voyager isolément ou en convoi, sachant que, dans ce second cas, on leur assurerait une protection mais avec le risque que, si elle venait à défaillir, un grand nombre de bâtiments pourraient, d'un seul coup, être détruits. Consultés, les mathématiciens conclurent sans hésiter que la solution du convoi était tout compte fait la meilleure. Elle fut adoptée et se révéla efficace.

Chapitre 6

Qu'est-ce qu'un point ?

Ce chapitre et le suivant traitent d'une méthode fondamentale en mathématiques : la construction axiomatique d'un corps de connaissances. En principe, ce stade est atteint après que les concepts ont été travaillés de manière approfondie, le plus souvent pendant des siècles. Alors la question commence à se poser de la rigueur des techniques développées à ce sujet. C'est ainsi que les axiomatiques des ensembles $\mathbb{N}$ (entiers naturels), $\mathbb{R}$ (nombres réels), ou de la théorie des ensembles elle-même ont été élaborées : l'homme a utilisé des entiers, des réels et naturellement des ensembles bien avant que Peano, Dedekind ou Zermelo n'en codifient les règles.

Blaise Pascal a consigné, dans son opuscule *De l'esprit géométrique* inspiré d'Aristote, certaines « Règles pour les démonstrations » où, sans défendre nécessairement une approche axiomatique pour tous les problèmes, il affirme au moins nécessaire de « N'entreprendre de démontrer aucune des choses qui sont tellement évidentes d'elles-mêmes qu'on n'ait rien de plus clair pour les prouver » (*Œuvres complètes*, « Pléiade », 1954, p. 197 ; édition 2000, tome II, p. 176).

David Hilbert va beaucoup plus loin dans sa fameuse allocution du 8 août 1900 au IIe Congrès international des mathématiques à la Sorbonne, sous le regard impavide du fantôme de Puvis de Chavannes. « L'application des symboles géométriques comme méthode rigoureuse de démonstration présuppose la connaissance exacte des axiomes qui sont à la base de ces figures, et la possession complète de ces axiomes ; pour que ces figures géométriques puissent être incorporées dans le trésor général des symboles mathématiques, une discussion axiomatique rigoureuse de leur contenu intuitif est de toute nécessité. » Bien sûr, il reconnaît que, dans la recherche « nous ne remontons pas à chaque instant la chaîne des déductions jusqu'aux axiomes ; au contraire [...] nous employons d'abord une combinaison de raisonnements, rapide, inconsciente, non encore définitive, avec une confiance absolue » en l'efficacité des « sentiments » et des outils du mathématicien. Un peu plus loin, et à l'occasion de son deuxième problème (la non-contradiction de l'arithmétique, résolue de façon inattendue par Gödel), il entame le grand péan : « Lorsqu'il s'agit de poser les problèmes fondamentaux d'une science, l'on doit établir un système d'axiomes renfermant une description complète et exacte des relations entre les concepts élémentaires de cette science. Ces axiomes sont en même temps les définitions de ces concepts élémentaires ; aucune affirmation relative à la science dont nous examinons les principes fondamentaux ne sera admise comme exacte, à moins qu'on ne puisse la tirer des axiomes au moyen d'un nombre fini de déductions. » Et survient une condamnation féroce et injuste : « les nombres aleph transfinis de M. Cantor, pour lesquels on ne peut établir, au sens que j'ai indiqué, un système non contradictoire d'axiomes, et qui forment alors, par suite, une conception qui [...] n'a pas d'existence mathématique. »

Un exemple de recherche à base axiomatique : l'intégrale

Parfois, la méthode axiomatique a un tout autre objet. Henri Lebesgue a publié en même temps (1901) la définition de sa fameuse intégrale — voir le chapitre sur le calcul différentiel et intégral — et une base de six axiomes sur laquelle il affirme avoir fondé sa recherche d'une extension puissante de l'intégrale de Riemann ; elle faisait la loi depuis quarante-sept ans.

Un extrait de ses six axiomes suffira à faire comprendre ce qu'il a voulu faire, et parfaitement réussi d'ailleurs. Il nous faut d'abord rapidement présenter une classe de fonctions très communes, les fonctions réelles définies sur un segment $[a,b]$ et *continues par morceaux*, c'est-à-dire continues sauf un nombre fini de points formant une suite croissante d'éléments de $[a,b]$, avec en chacun de ces points une éventuelle limite à gauche et à droite de $f(x)$ pour éviter des comportements trop chaotiques comme celui de la fonction $\sin\frac{1}{x}$ en 0.

Cet ensemble contient les fonctions continues tout court, ainsi que les fonctions *en escalier*, constantes entre d'éventuels points de discontinuité, donc *constantes par morceaux*. Ces fonctions correspondent à des phénomènes physiques pour lesquels des ruptures franches sont inévitables ; dans ce cadre les fonctions en escalier sont souvent appelées « fonctions créneaux ». Elles forment un espace vectoriel, c'est-à-dire que la somme de deux fonctions continues par morceaux, et le produit de l'une d'elles par une constante, sont aussi des fonctions continues par morceaux. Enfin la fonction $|f|$, qui à tout x associe $|f(x)|$, est continue par morceaux dès que f l'est.

Le but est de définir une intégrale sur l'espace vectoriel des fonctions continues par morceaux, en demandant le moins possible. Voici, en copiant à peu près

Lebesgue, trois axiomes qui la déterminent parfaitement. À toute fonction continue par morceaux f, nous voulons associer un nombre $I(f)$ vérifiant les propriétés :

- I est *linéaire*, c'est-à-dire telle que $I(\lambda f + \mu g) = \lambda I(f) + \mu I(g)$ pour tous λ, μ, f et g.
- Pour toute fonction f, $|I(f)| \leqslant I(|f|)$.
- Si f est la fonction en escalier définie par $f(x) = 1$ si x appartient à un segment $[p,q]$ inclus dans $[a,b]$ et 0 ailleurs (fonction *indicatrice* de $[p,q]$), alors $I(f) = q - p$.

Un petit raisonnement, qu'il est amusant de laisser en exercice au lecteur, permet de montrer qu'il existe *au plus* une telle fonction I (on dit que les axiomes sont *catégoriques*, comme ceux de la géométrie euclidienne plane, ou de Dedekind pour $\mathbb{N}$). Or on peut prouver, plus difficilement, par exemple en approchant une fonction continue arbitraire f par des polynômes du premier degré sur des sous-segments de $[a,b]$, que f a au moins une primitive F, et que la relation $I(f) = F(b) - F(a)$, convenablement étendue aux fonctions seulement continues par morceaux, répond à notre batterie d'axiomes. Par suite, $I(f) = \int_a^b f(x)\,\mathrm{d}x$ est parfaitement déterminé par ces trois propriétés *a priori* bien pâlottes.

Il existe bien d'autres types de détermination *ex nihilo* d'un concept par des axiomes bien choisis. Nous ne redonnerons pas ici ceux qui fondent la théorie des groupes, archiconnus, et apparus bien après que Gauss, Cauchy et Galois, par exemple, en eurent connu les principales propriétés (il faudra attendre Cayley en 1854, définissant un groupe fini par une loi associative avec élément neutre telle que les translations $x \mapsto ax$ et $x \mapsto xa$ soient surjectives, et surtout des articles de Heinrich Weber dans les *Mathematische Annalen* en 1882 et 1893, précédant les trois volumes de son traité *Lehrbuch der Algebra* de 1895). De même pour les axiomes de corps, d'espace vectoriel, etc., qui figurent dans tous les bons livres d'introduction à l'enseignement supérieur.

Nous allons nous intéresser ici à une axiomatique qui est peut-être celle ayant fait couler le plus d'encre, celle de la géométrie. Contrairement aux nombres, l'objet du chapitre suivant, l'axiomatique des points et des figures simples, la plus ancienne connue, s'est développée avant que cette branche des mathématiques ait atteint un degré de complexité supérieur ; le plus célèbre traité de mathématiques de l'Antiquité, les *Éléments* d'Euclide, parle de géométrie après avoir posé des définitions et des postulats et axiomes indiquant ce qui était considéré comme primitif, indémontrable pour telle ou telle raison, avant de commencer à étudier des problèmes et de prouver des théorèmes.

Nous verrons ultérieurement que le même travail n'a guère été tenté quant à l'autre sujet fondamental du livre d'Euclide, le nombre, pour lequel il faudra attendre le dernier tiers du XIXe siècle pour pouvoir commencer à espérer de bâtir sur du solide.

Euclide et les Éléments

Toute une partie de notre chapitre sur le matin des mathématiciens est consacrée à cet homme et à ceux de ses livres qui nous sont parvenus. Nous ne reviendrons pas sur les commentaires, mais au contraire essaierons de jeter un œil plus précis sur le contenu géométrique des *Éléments*, surtout quant à leur rapport avec l'axiomatique.

Ce sujet étant si vaste, nous traiterons de certains extraits, qui nous paraissent plus proches du problème central de ce chapitre : examiner si une méthode axiomatique pour la géométrie est possible. Il sera intéressant de les comparer avec d'autres citations du même Euclide dans le chapitre suivant, qui traite cette fois-ci du nombre, et pour lesquels il n'y a pas d'axiomatique de loin aussi précise.

Commençons par indiquer quelques **définitions**, dont la première est fort célèbre... certainement parce qu'elle ne veut pas dire grand-chose (en tout cas, elle n'est pas utilisable et ne sera jamais utilisée pendant les vingt et quelques siècles où elle a régné sur tous les cours de mathématiques du monde) :

Définitions

- D1 *Le point est ce qui n'a pas de partie.*
- D2 *Une ligne est une longueur sans largeur.*
- D3 *Les extrémités d'une ligne sont des points.*
- D4 *La ligne droite est celle qui est également placée entre ses points.*
- D5 *Une surface est ce qui a seulement longueur et largeur.*
- D6 *Les extrémités d'une surface sont des lignes.*
- D7 *Une surface plane est celle qui est également placée entre ses droites.*
- D8 *Un angle plan est l'inclinaison mutuelle de deux lignes qui se touchent dans un plan, et qui ne sont pas placées dans la même direction.*
- D9 *Et si les lignes qui comprennent ledit angle sont des droites, l'angle se nomme rectiligne.*
- D10 *Lorsqu'une droite élevée sur une droite fait deux angles adjacents égaux entre eux, chacun des angles égaux est droit ; et la droite placée au-dessus est dite perpendiculaire à celle sur laquelle elle est placée.*

- D11 *Un angle obtus est un angle plus grand qu'un angle droit.*
- D12 *Un angle aigu est un angle plus petit qu'un angle droit.*
- D13 *Une limite est ce qui est l'extrémité de quelque chose.*
- D14 *Une figure est ce qui est compris par une ou plusieurs limites.*
- D15 *Un cercle est une figure plane comprise par une seule ligne telle que toutes les droites tombant sur elle à partir d'un point parmi ceux intérieurs à la figure sont égales entre elles.*
- D16 *Et ce point est appelé centre du cercle.*
- D17 *Un diamètre du cercle est une droite menée par le centre et terminée de part et d'autre par la circonférence du cercle, et une telle droite partage le cercle en deux parties égales.*
- D18 *Un demi-cercle est la figure contenue par un diamètre et la circonférence qu'elle coupe, et le centre du demi-cercle est le même que celui du cercle.*
- D19 *Les figures polygonales sont celles qui sont comprises par des droites, les triangulaires étant celles qui sont comprises par trois, les quadrilatères étant celles qui sont comprises par quatre, et les multilatères étant celles qui sont comprises par plus de quatre droites.*
- D20 *Parmi les figures triangulaires, un triangle équilatéral est ce qui a ses trois côtés égaux, un triangle isocèle est ce qui a seulement deux de ses côtés égaux, et un triangle scalène est ce qui a ses trois côtés inégaux.*
- D21 *De plus, parmi les figures triangulaires, un triangle rectangle est ce qui a un angle droit, un triangle obtusangle est ce qui a un angle obtus, et un triangle acutangle est ce qui a ses trois angles aigus.*
- D22 *Parmi les figures quadrilatères, un carré est ce qui est à la fois équilatéral et à angles droits, un rectangle [oblong, ou hétéromèque] ce qui est à angles droits mais pas équilatéral, un losange [rhombe] ce qui est équilatéral mais pas à angles droits, un parallélogramme [rhomboïde] ce qui a ses côtés et ses angles opposés égaux l'un à l'autre mais n'est ni équilatéral ni à angles droits. Et les quadrilatères autres que ceux-là sont appelés trapèzes.*
- D23 *Des droites parallèles sont des droites qui, étant situées dans un même plan et étant prolongées à l'infini de part et d'autre, ne se rencontrent ni d'un côté, ni de l'autre.*

Après ces vingt-trois définitions, viennent les fameux cinq **postulats**, devant être compris comme suit : les propriétés ci-dessous, qui ont l'air de propositions démontrables, ne le sont pas et on *demande* de les admettre. Il est possible d'imaginer qu'il y a, en quelque sorte en facteur, les mots « On demande de pouvoir », ou « On demande d'admettre », selon le cas, en tête de chacun d'eux :

Postulats

- P1 *Conduire une droite de n'importe quel point à n'importe quel autre.*
- P2 *Prolonger par continuité une droite finie en une droite.*
- P3 *Décrire un cercle d'un point quelconque et avec un intervalle quelconque.*
- P4 *Que tous les angles droits sont égaux entre eux.*
- P5 *Que, si une droite tombant sur deux droites, fait les angles intérieurs du même côté plus petits que deux droits, ces droites, prolongées à l'infini, se rencontreront du côté où les angles sont plus petits que deux droits.*

Voici enfin, suivant la version la plus généralement acceptée, les cinq **axiomes** reconnus comme authentiques parmi les dix qui nous sont parvenus, dénommés ainsi d'après Aristote, qui ont bien le sens usuel de ce mot, ce qui les oppose aux faux théorèmes que sont les postulats :

Axiomes

- A1 *Des choses égales à une même chose sont égales entre elles.*
- A2 *Si des choses égales sont ajoutées à des choses égales, les touts sont égaux.*
- A3 *Si des choses égales sont retranchées à des choses égales, les restes sont égaux.*
- A4 *Des choses qui peuvent coïncider entre elles sont égales entre elles.*
- A5 *Le tout est plus grand que la partie.*

Quelques commentaires

La première fois qu'un lecteur moderne découvre ces textes, il est certain qu'il y a de quoi être désorienté. Quelques mots s'imposent.

Pour aider à décrypter ces textes très secs, il faut d'abord savoir que limite, ligne, surface, figure représentent des parties bornées. Ainsi, le mot « droite » signifie exactement ce que nous appelons aujourd'hui segment. À ce propos, la définition D4 est particulièrement délicate à traduire. Certains vont jusqu'à y voir qu'un segment est ce qui va le plus directement d'un point à un autre (d'où la plus courte distance parcourue l'est en ligne droite). Nous avons choisi une formulation vague — celle de 1809 due à François Peyrard, professeur de mathématiques et d'astronomie au lycée Bonaparte (Condorcet) et ancien bibliothécaire de l'École polytechnique —, mais les problèmes de syntaxe sont là, et il restera toujours une petite énigme à son sujet. De toute manière, cette définition, comme la plupart des autres, n'est pas opérationnelle, et ne sera pas évoquée comme pourra l'être un postulat.

Notons que D1, D2 et D5 permettent une manière ingénieuse, pour l'époque, de présenter ce que nous appelons aujourd'hui dimension d'une variété ; un point est à zéro dimension, une ligne est à une dimension (une longueur, pas de largeur ni *a fortiori* de hauteur), une surface à deux dimensions (pas de hauteur) ; que l'espace tout entier soit à trois dimensions est si évident qu'il n'est pas question de l'évoquer. Hilbert, dans son travail analogue examiné plus loin, prendra soin d'y remédier. Enfin les extrémités sont de dimension inférieure d'une unité à celle du « quelque chose » évoqué dans la définition D13.

On aura remarqué qu'un angle n'est pas un nombre, mais bien une partie de l'espace, ou d'un plan ; cela est conforme à notre vue actuelle, où l'on distingue un angle de sa mesure : ce n'est donc pas une invention des mathématiques « modernes ». Cela dit, des angles peuvent être égaux (D10), ou comparables par inégalité (D11 et D12) ; cela n'est pas contradictoire car, à ces relations entre les angles, on associe aujourd'hui une relation analogue entre leurs mesures.

Le cercle, étant une figure (un disque dirions-nous aujourd'hui), a sa limite, qui est sa circonférence, avec laquelle on a tendance à le confondre maintenant. Dans D15, on voit le mot « égales », déjà présent dans D10, et c'est le point de départ de ce que Hilbert par la suite appellera axiomes de congruence, soit entre des segments, soit entre des angles (être *congruent* signifiant avoir même mesure). Le mot « égales » de la fin de la D17 introduit à une notion plus générale d'égalité (celle entre les figures, comme des demi-cercles) que nous appelons aujourd'hui isométrie, mais en distinguant soigneusement l'isométrie essentielle de base, celle qui joue sur des segments, de toutes les autres pouvant s'en déduire : pour les Grecs, « être égaux » signifiait « être superposables » comme le montre l'axiome fondamental A4 ; ils n'avaient, on le voit, établi aucune hiérarchie entre ces relations.

Nous avons naturellement respecté le mot « triangle » en D19 et la suite, bien qu'il eût fallu, pour des raisons d'homogénéité, garder le terme « trilatère ». Dans D22, le mot « trapèze » n'a pas son sens moderne.

Les postulats demandent peu de commentaires. P1, P2 et P3 correspondent à la fameuse formulation « à la règle non graduée et au compas », dont l'usage est ici permis — on notera qu'il n'est nullement interdit d'utiliser d'autres instruments. La formulation de P5 peut surprendre, car il est en général modifié — par exemple dans les livres de géométrie des années cinquante — pour être mis sous la forme dite « de John Playfair » (1748-1819), « par un point donné il passe une et une seule parallèle à une droite donnée ». C'est qu'Euclide savait très bien construire une parallèle, par exemple à l'aide de deux perpendiculaires successives. Il avait donc besoin de cette seule formulation, disant essentiellement : il y a au plus une parallèle à une droite donnée passant par un point donné.

Cette forme de P5, apparemment lourde, est au contraire très commode si l'on essaie de l'utiliser, par exemple, pour montrer l'égalité des *angles alternes-internes* définis par une sécante à deux parallèles.

Ce n'est pas le lieu ici de revenir sur les siècles de discussions sur les géométries non-euclidiennes dont nous dirons quelques mots plus loin.

Enfin les axiomes sont ce qui permet d'égaler et de calculer ; il en existe d'autres, au nombre de quatre ou cinq selon certains manuscrits, permettant par exemple de diviser par deux des choses égales et ainsi de suite. Il y aurait des développements très intéressants à propos de l'axiome A5, notamment sur la signification de « être plus grand » ; nous y renonçons, il faut bien savoir se limiter !

À partir de là, Euclide peut commencer par dérouler ses problèmes et démontrer ses théorèmes. La première proposition tombe mal : il s'agit de construire, par deux coups de compas, un triangle équilatéral de base donnée.

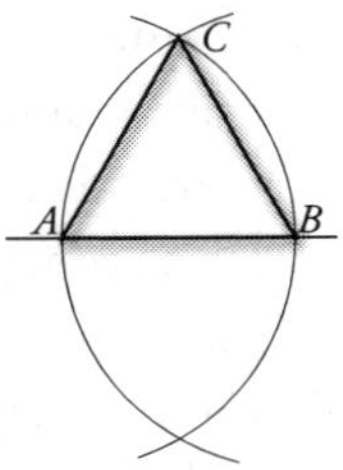

figure 39. Construction d'un triangle équilatéral par Euclide

Tout le monde sait que Leibniz remarquera que rien ne prouve, sauf l'expérience, que les arcs de cercles considérés ont effectivement deux points communs. Nous savons aujourd'hui que des géométries peuvent être définies sur des corps arbitraires : si l'on se borne comme les pythagoriciens à des figures où n'apparaissent que des rapports rationnels, les cercles d'Euclide ne se coupent pas et il n'y a d'ailleurs pas du tout de triangles équilatéraux puisque $\sqrt{3}$ est irrationnel.

Les deux propositions suivantes concernent également des constructions. La proposition 4 est bien connue sous le nom de deuxième *cas d'égalité des triangles* : les mesures de deux côtés et de l'angle qu'ils définissent déterminent un triangle à isométrie près. Bien entendu, il faut « appliquer » deux triangles l'un sur l'autre, conformément à l'axiome A4. La proposition 5 établit l'égalité des angles à la base d'un triangle isocèle ; la suivante en établit la réciproque et ainsi de suite : le troisième cas d'égalité des triangles constitue la proposition 8, le premier la proposition 16.

Nous allons devoir quitter le monde merveilleux d'Euclide. Citons simplement encore quelques résultats intéressants du livre I : la proposition 20 montre que la somme de deux côtés d'un triangle est plus grande que le troisième côté : c'est aujourd'hui la base de toute métrique, euclidienne ou non. La proposition 29 est la première à utiliser l'axiome des parallèles, pour prouver que les angles alternes-internes sont égaux. À partir de là, les théorèmes ne valent en principe plus qu'en géométrie euclidienne stricte. La proposition 32 montre qu'un angle extérieur en un sommet d'un triangle est égal à la somme des deux angles opposés à ce sommet, et que la somme des angles d'un triangle est donc égale à deux droits. La proposition 47 est le fameux théorème de Pythagore, et la suivante sa réciproque, qui clôt le livre en apothéose. Un autre livre passionnant est le III, avec tout ce qui concerne le cercle.

Un exemple de problème de géométrie euclidienne élémentaire

Passons aux travaux pratiques : voici un exercice de géométrie qu'Euclide aurait pu insérer dans son livre (pour ne pas dire cela au hasard, nous avons regardé les deux volumes de l'édition du CNRS et ne l'y avons pas trouvé ; de toutes manières, cela aurait été peu vraisemblable). Il peut se régler d'après ce qui précède et, naturellement, quelques théorèmes élémentaires ne dépassant pas le niveau d'un collège actuel. Bien entendu, les adolescents de ce temps ne sont pas beaucoup habitués à prendre des initiatives, ce qui les distingue de leurs aînés pour qui traiter un problème de géométrie demandait souvent de *proposer* de sortir du bois, et non seulement d'*appliquer* docilement des recettes.

Pour résoudre notre exercice, la géométrie analytique fonctionne naturellement, et c'est là l'outil qu'un lycéen d'aujourd'hui trouverait sans doute le plus adapté. Néanmoins, nous vous le livrons ici afin que vous le résolviez uniquement avec les méthodes euclidiennes : c'est plus joli, et même plus rapide si l'on sait s'y prendre.

Une solution en sera donnée tout à fait en fin de chapitre. Si vous le trouvez un peu difficile, peut-être préférerez-vous vous entraîner sur un cas particulier plus simple, celui où les tangentes en B et C sont parallèles. Un corrigé de ce cas sera donné avant la fin du chapitre. Voici l'énoncé :

Étant donné deux points distincts B *et* C *d'un cercle* Γ, *on appelle* P *et* Q *les points d'intersection d'une tangente à* Γ *avec les tangentes en* B *et* C, *et* R *et* S *leurs projections orthogonales sur la médiatrice de* BC. *Que peut-on dire des droites* RC *et* SB *?*

Rappelons que si un énoncé parle de droite UV c'est que, par hypothèse, U et V sont distincts ; de même s'il parle de point d'intersection de deux droites, c'est que, par hypothèse, elles ne sont pas parallèles. Rappelons aussi que le mot *médiatrice* n'existe en aucune autre langue ; il a été fabriqué par l'APMEP, association française des professeurs de mathématiques, le 18 avril 1925. Bon courage !

Géométrie pure contre géométries analytiques

Jusqu'en 1637, année de la publication de *La Géométrie*, essai accolé au *Discours de la méthode*, la seule manière de démontrer un théorème de géométrie était de suivre les règles euclidiennes, avec leur étalage de postulats, règles manipulatoires, lemmes, propositions, théorèmes et corollaires. Depuis, la géométrie analytique de Descartes et de Fermat, dont on peut retrouver des traces jusque chez un Apollonius, mais avec des axes strictement liés à la figure, a engendré de tout autres moyens de raisonnement, voire de découverte, en tout cas de vérification.

Les calculs sur les coordonnées des points d'une figure sont souvent très intéressants car ils donnent une réponse claire et plus ou moins réductible à un algorithme pour des questions du genre : ces trois points sont-ils alignés ? Mais ils n'ont pas grande valeur explicative, les démonstrations par la géométrie « pure », lorsqu'elles sont possibles, restant souvent bien plus éclairantes sur la nature du problème posé. De plus, l'intuition visuelle, sans doute la plus forte chez nombre de mathématiciens, se déploie plus à l'aise dans les schémas euclidiens.

En revanche, le calcul algébrique a un immense avantage : il épargne la plupart du temps d'avoir à considérer trois ou quatre « cas de figure » (*C* est entre *A* et *B*, ou à gauche de *A*, ou à droite de *B*...) ce qui libère le chercheur et diminue les risques d'erreur par oubli ou négligence. Quand il faut diviser par un dénominateur pouvant être zéro, cela attire l'attention sur tel ou tel cas particulier qui pourrait échapper au géomètre classique.

Les coordonnées cartésiennes n'ont naturellement pas tué la démarche euclidienne. Régulièrement, des mathématiciens attirés par la beauté de l'héritage grec ont réintroduit des méthodes « pures ». Il en a été ainsi avec une « géométrie moderne » qui a hanté par exemple le début de ce siècle, avec des résultats très élégants, feignant d'effectuer des calculs mais sans jamais les faire. Ce genre d'équilibrisme peut attirer les bravos, mais il y a des chutes brutales : le jeune Laurent Schwartz, élève de mathématiques supérieures, s'était fait remarquer en 1932 en prouvant par un contre-exemple, publié dans la *Revue de mathématiques spéciales* et qui avait beaucoup surpris, que l'on pouvait parfois glisser imprudemment à partir de raisonnements finalement peu assurés.

Le paradoxe du lycéen Laurent Schwartz

Dans ses Mémoires : *Un mathématicien aux prises avec le siècle*, Laurent Schwartz parle de « sa » première publication, celle d'un théorème faux, volontairement faux : « *Toutes les droites réelles d'un plan donné passent par un même point de ce plan* », dont il est assez fier.

Voici ce résultat paradoxal, qui repose sur deux théorèmes autrefois enseignés en classe de mathématiques spéciales : ils permettaient de merveilleux raccourcis en géométrie dite « moderne » (tout est relatif bien entendu !). L'anecdote suivante a enseigné à ses professeurs la nécessité de ne s'en servir qu'avec de très longues pincettes. Il y bien quarante ans qu'ils ont été mis au placard, quoique...

La première de ces deux propositions dit que, *si deux nombres* x *et* y *sont en correspondance bijective et bialgébrique, on passe de l'un à l'autre par une relation homographique*, c'est-à-dire de la forme $y = \dfrac{a\,x + b}{c\,x + d}$. Citons par exemple Henri Lebesgue en 1941 (*Leçons sur les constructions géométriques*, Gauthier-Villars 1949, p. 215) : « La relation liant les deux valeurs des deux paramètres t et θ qui correspondent à un même point de la courbe, devant être algébrique et biunivoque, est une relation homographique $t = \dfrac{\alpha\theta + \alpha'}{\beta\theta + \theta'}$ ». Plus précisément : supposons qu'existent deux fractions rationnelles sous formes réduites $F = \dfrac{P}{Q}$ et $G = \dfrac{R}{S}$ telles que la relation $y = F(x)$ soit équivalente à $x = G(y)$ pour tout couple de nombres complexes x et y. Il s'agit de montrer qu'alors P, Q, R et S sont nécessairement du premier degré, c'est-à-dire que les relations entre x et y sont toutes deux des *correspondances homographiques*. Que x et y soient pris dans le corps $\mathbb{C}$ des nombres complexes s'explique par l'époque. Dans les années trente et même jusqu'en 1960, le plan euclidien usuel était automatiquement enrichi de points « imaginaires » dont les coordonnées décrivaient justement librement $\mathbb{C}$. Cette généralisation, parfaitement naturelle, arrangeait d'ailleurs tout le monde (ainsi deux cercles non-concentriques avaient toujours au moins un point commun et ainsi de suite) ; l'autre extension tout aussi naturelle consistait à ajouter par surcroît des points à l'infini, en donnant finalement à ce bon vieux plan une structure complexe et projective des plus utiles.

La situation précédente est résumée par l'expression : « x et y sont algébriquement liés », ou par « on passe algébriquement de x à y et réciproquement », l'adverbe algébriquement signifiant ici qu'on obtient l'un à partir de l'autre exclusivement par des additions, multiplications et divisions (ce qui engendre bien des polynômes puis des fractions rationnelles). C'est notamment le cas si l'on passe d'un point d'un plan à un autre par des constructions géométriques ne mettant en œuvre que des intersections de droites. En effet la solution générale d'un système d'équations linéaires s'obtient justement par des additions, multiplications et divisions, à l'exclusion de toute autre opération comme une extraction de racine carrée qui interviendrait par exemple dans le cas d'intersections de droites et de cercles.

L'idée de la démonstration de cette première proposition est la suivante : le fait que $x = G(y)$ montre que l'équation en x définie par $F(x) - y = 0$ où y est un paramètre arbitraire ne peut avoir au plus qu'une racine. Or cela s'écrit encore $P(x) - y\,Q(x) = 0$; d'après le célèbre théorème de d'Alembert-Gauss, le polynôme $P - y\,Q$ ne peut avoir que 1 comme degré, et il est immédiat que cela implique que P et Q sont eux-mêmes de degré 1 puisque y peut prendre au moins deux valeurs distinctes.

La seconde proposition est un peu plus technique à présenter ici : elle dit que *si deux points* M et M′ *décrivent des droites* D et D′ *d'un même plan en étant liés par une homographie et si le point commun* O *à* D *et* D′ *correspond à lui-même, alors la droite* MM′ *passe par un point fixe.*

En voici une démonstration très simple : supposant que D est l'axe des abscisses et D' l'axe des ordonnées, la relation homographique entre M et M' se traduit par une relation homographique entre x et y, soit $y = \frac{ax+b}{cx+d}$. Le fait que O corresponde à lui-même équivaut à l'égalité $b = 0$, et il est facile de vérifier que les points M et M' sont toujours alignés avec le point Ω de coordonnées $\left(-\frac{d}{c}, \frac{a}{c}\right)$ si c n'est pas nul, ce dernier cas exceptionnel étant celui où la droite MM' reste parallèle à elle-même ; Ω est alors dit à l'infini.

Ces deux propositions établies, voici le raisonnement du jeune hypotaupin Schwartz : prenons deux droites imaginaires conjuguées D et D', par exemple les *isotropes* de O d'équations respectives $y = \mathrm{i}x$ et $y = -\mathrm{i}x$. Toute droite réelle Δ du plan les coupe en deux points M et M'. Inversement, soit M (différent de O) sur la première. Il n'existe au plus qu'une droite réelle Δ passant par M — deux droites réelles ont une intersection réelle, et exactement une seule —, celle qui joint M à son conjugué $\overline{M}$, réelle puisqu'égale à sa conjuguée. On peut donc trouver par simple calcul d'intersection de droites un unique point M' sur Δ et sur la seconde isotrope, visiblement lié à M par une correspondance bialgébrique. Enfin O se correspondant à lui-même dans cette bijection — c'est le seul point réel appartenant à D comme à D' —, il en résulte qu'il existe un certain point fixe Ω par lequel passe toute droite réelle Δ du plan.

Bien entendu un tel résultat est absurde. Nous laissons au lecteur le plaisir de découvrir où est la faute (elle est subtile, et — levons un tout petit peu le coin du voile — réside évidemment dans le « visiblement liés par une correspondance bialgébrique », en dépit de l'argument sur le type de calcul des coordonnées du point d'intersection de deux droites).

On peut ramener ce problème au fait de savoir si la conjugaison, qui à un nombre complexe $z = u + \mathrm{i}v$, associe son conjugué $\overline{z} = u - \mathrm{i}v$ est bialgébrique, c'est-à-dire homographique, puisqu'il est clair que le point M' défini ci-dessus n'est autre que le conjugué de M. Or, il n'existe bien entendu aucune fonction homographique telle que, pour tout nombre complexe z, on ait $\overline{z} = \frac{az+b}{cz+d}$. En effet cette dernière relation s'écrirait sous la forme $cz\overline{z} + d\overline{z} = az + b$, d'où $b = 0$ en faisant $z = 0$, $a = c + d$ par $z = 1$, puis $c = d = 0$ par $z = \mathrm{i}$ et $z = -\mathrm{i}$ et enfin $a = 0$. Cette conclusion étant absurde, le paradoxe de Schwartz est donc levé, et la relation entre M et M' n'est pas homographique.

Ce qui est par contre exact, c'est que le passage d'un nombre complexe à son conjugué s'effectuant par une symétrie (si l'on veut bien confondre nombres complexes et points d'un plan euclidien muni d'un repère orthonormé direct), les *coordonnées* de $\overline{z}$ s'expriment bien par des relations du premier degré à partir de celles de z. De fait, l'abscisse de $\overline{z}$ est u, qui est déjà celle de $z = u + \mathrm{i}v$, et l'ordonnée est $-v$, l'opposée de celle de z : mais ces propriétés très simples et très évidentes n'impliquent plus du tout la trop jolie conclusion d'un élève surdoué.

Nous avons écrit, dans le titre de ce paragraphe, *géométries analytiques* au pluriel. Il en existe en effet une nouvelle, très récente puisque remontant au mieux aux années quatre-vingt-dix, avec l'arrivée des logiciels de calcul formel et de dessin géométrique (comme *Mathematica, Maple, Derive* ou *Cabri-Géomètre,* chacun dans leur domaine). Ces outils sont devenus très précieux ; par leurs capacités étonnantes, ils mettent à la portée de tous des puissances de calcul défiant toute patience humaine. Transportés sur carte bancaire ou dans un téléphone portable, des calculs purement géométriques, portant sur des courbes algébriques du troisième degré par exemple, se font de manière totalement automatique et transparente. La main du mathématicien a été démultipliée de façon prodigieuse, et les résultats des calculs géométriques obtenus sur ordinateur sont souvent si lourds et compliqués à décrypter — sans parler de ceux proprement illisibles parce que tout simplement trop longs pour tenir sur un cahier d'écolier — que leur interprétation correcte est parfois impossible.

En ce domaine, il faut cependant souvent rester un peu méfiant. Ainsi l'aide en ligne de l'un des logiciels précités est-elle fière de montrer, au débutant qui vient de l'installer, tout ce qu'il peut faire pour lui. On lui propose par exemple la résolution de tel problème, exigeant plus d'une page de formules serrées, alors qu'un simple disciple d'Euclide, qui serait revenu par hasard sur Terre, aurait su le résoudre par deux coups de compas bien choisis... Les mathématiques ne seront jamais complètement réductibles à des procédures presse-boutons.

D'une manière plus générale, l'apport de l'informatique à la recherche dans notre discipline est évidemment devenu considérable, mais continue parfois à poser des problèmes assez complexes de déontologie. Tout le monde a entendu parler du problème de Francis Guthrie (1852), affirmant que toute carte de géographie peut être coloriée avec seulement quatre couleurs de telle sorte que deux régions voisines quelconques ne soient jamais de même couleur ; il a attiré l'attention de grands mathématiciens comme Henri Lebesgue (en 1940). Tout le monde sait que Wolfgang Haken et Kenneth I. Appel ont annoncé le 23 juillet 1976 posséder une démonstration basée sur 1 200 heures de calcul en assembleur IBM-360 et 370 (voir par exemple l'article d'Olivier Hudry en 1999 dans *La Recherche de la vérité,* dirigée par Michel Serfati aux Éditions ACL). Un autre programme, indépendant, retrouve l'année suivante le résultat en une cinquantaine d'heures. La question de l'acceptabilité de telles preuves, qui vont en se multipliant chaque jour, de moins en moins contrôlables de bout en bout, reste intéressante pour plus d'un mathématicien, même si la pratique quotidienne a depuis longtemps tranché.

Coloriage

Une surface étant divisée en régions qui ne doivent pas recevoir la même couleur si elles sont adjacentes, le nombre minimal de couleurs nécessaires est le nombre dit chromatique n de la surface. Il est de 6 pour la bouteille de Félix Klein, ce mathématicien (1849-1925) ayant conçu la surface fermée à une seule face, réplique du ruban de Möbius, que l'on obtiendrait en étirant le col d'une bouteille faite d'une matière très élastique jusqu'à constituer son fond après l'avoir traversée. On montre que d'une manière générale ce nombre n est la partie entière de $(1/2)(7+\sqrt{49}-24\,c)$, c étant la caractéristique d'Euler-Poincaré de la surface ($c = s - a + f$ dans le cas d'un polyèdre possédant s sommets, a arêtes et f faces). Enfin $n = 4$ (théorème des quatre couleurs) pour un plan ou une sphère, 7 pour un tore.

La géométrie algorithmique

Indépendamment du déplacement dans un espace encombré d'obstacles, les systèmes automatiques mobiles posent des problèmes tels que le champ de visée d'une caméra (simulation d'une endoscopie) ou le positionnement sur un satellite d'antennes flexibles. Ils suscitent le développement d'une géométrie dite algorithmique, pour simuler sur un ordinateur l'évolution des êtres géométriques, même si une difficulté majeure tient à la combinatoire de leurs parties.

Polytopes (voir page 348), triangulations, arrangements (figures formées par un certain nombre de corps) diagrammes logiques constituent les objets de cette géométrie algorithmique visant à répondre à des questions telles que : étant donné, dans le plan, un ensemble d'arcs ou de segments rectilignes, en combien de points coupent-ils une certaine droite D ? Une méthode peut être d'ajouter à l'ensemble un $n+1$-ième élément et de considérer le redécoupage qui en résulte. Ce problème se pose quand on s'interroge sur la vue que l'on peut avoir d'un site ou quand on entend réaliser un « balayage cavalier », afin d'explorer une image non pas ligne après ligne selon la formule d'un balayage conventionnel, mais en zigzag pour aller d'emblée au plus intéressant.

De telles recherches vont de pair avec le nouvel essor d'une géométrie différentielle à partir de thèmes aussi conventionnels que le problème de Didon dont, dans l'espace, nous savions depuis 1890 que la solution est une sphère, mais dont l'extension à un polyèdre n'était pas évidente. De tous les tétraèdres ayant un volume donné, il est acquis que le tétraèdre régulier est celui dont l'aire est maximale, mais la question est ouverte pour l'icosaèdre. Et c'est dans un autre esprit que sont abordés les pavages d'une surface S par de petits carrés : si l'on associe à chacun un point — son centre — on définit un graphe auquel peut être associé un « *girth* » (sanglage). Cette voie permet à Gregori Margoulis de résoudre nombre de problèmes fondamentaux à partir de la théorie des sous-groupes discrets des groupes de Lie : ses travaux lui valent en 1978 la médaille Fields à Helsinki.

Un peu de gymnastique mentale

Nous avions promis de donner, en cours de chapitre, une solution du cas particulier où le centre O de Γ est le milieu de BC. Il est alors facile de voir que $OCRP$ est un parallélogramme, que la droite RC est parallèle à OP, donc perpendiculaire à BD où D est le point de contact de la tangente PQ avec Γ, puis parallèle à CD par la propriété classique des cercles circonscrits des triangles rectangles (*cf.* Euclide, livre III, proposition 31). Il en résulte que C, R et D sont alignés ; on trouve exactement de la même manière, en échangeant B et C, P et Q, R et S, que B, S et D sont alignés. Par suite, les droites RC et SB se coupent sur le cercle, au point de contact de PQ avec ce cercle. La figure, tracée avec soin — c'est souvent essentiel —, avait d'ailleurs permis de deviner cette conclusion ; les élèves ont beau avoir mille fois entendu le conseil élémentaire « Regardez la figure ! », il faut tout le temps le leur redire...

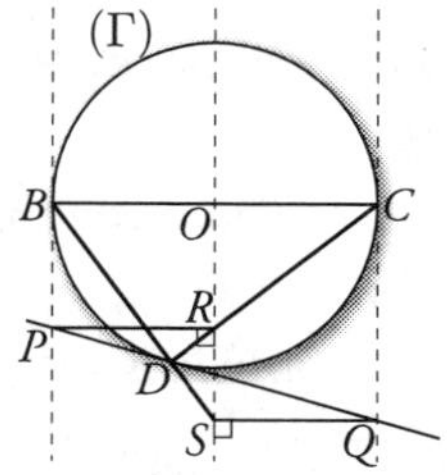

figure 40.

Il serait intéressant de retrouver comment un Euclide a pu démontrer la proposition 31 à laquelle nous avons fait allusion. Comme son axiomatique n'en est pas vraiment une, au sens moderne du mot, ce travail peut recevoir plusieurs réponses, et il sera de toutes façons utile d'aller lire la chaîne de preuves dans le texte lui-même (il en existe d'excellentes traductions tout à fait accessibles). Mais un lecteur moderne, même sans avoir suivi jadis un entraînement important de géométrie comme les auteurs de ce livre, doit être capable d'en retrouver facilement une preuve plausible, qu'il puisse faire remonter jusqu'aux axiomes sans tricherie.

Les axiomes de Hilbert

Voici une version de l'axiomatique de Hilbert en vingt-sept axiomes ; comme il a beaucoup évolué entre 1899 et 1930, on pourra en trouver d'autres dans la littérature. C'est ainsi qu'une version en vingt axiomes — l'ultime — est disponible dans le précieux livre de Morris Kline, *Mathematical Thought from Ancient to Modern Times*, publié par Oxford University Press, page 1011 du quatrième tirage (1976) de l'édition de 1972. Les différences sont plutôt de détail. Signalons toutefois que l'axiome des parallèles y devient partiel, comme dans Euclide (par un point extérieur à une droite, il passe *au plus* une parallèle à cette dernière), puisque l'existence peut se déduire des autres ; cette amélioration aurait pu, avec d'autres, trouver sa place dans le système donné ci-dessous. Nous avons préféré le donner tel quel, pour son intérêt historique :

Axiomes d'incidence

- H1 *Par deux points distincts passe au moins une droite.*
- H2 *Cette droite est unique.*
- H3 *Par trois points non alignés passe au moins un plan.*
- H4 *Ce plan est unique.*
- H5 *Si deux points distincts d'une droite appartiennent à un même plan, la droite entière est contenue dans ce plan.*
- H6 *Deux plans ayant au moins un point commun en ont au moins un autre.*
- H7 *Il existe quatre points qui n'appartiennent pas à un même plan.*
- H8 *Dans chaque plan il existe au moins trois points non alignés.*
- H9 *Sur chaque droite il existe au moins deux points distincts.*

Axiomes d'ordre

- H10 *Si B est entre A et C — ce qui signifie de plus que A, B, C sont deux à deux distincts sur une même droite — alors B est entre C et A.*
- H11 *Si A et B sont distincts, il existe au moins deux points C et D tels que C soit entre A et B et B entre A et D.*
- H12 *Si A, B et C sont trois points distincts d'une même droite, il en existe un et un seul qui est entre les deux autres.*
- H13 *Si quatre points deux à deux distincts sont donnés sur une droite, on peut toujours les appeler A, B, C et D de façon que B soit entre A et C et entre A et D et que C soit entre A et D et entre B et D.*
- H14 *Si A, B et C ne sont pas sur une même droite et si une droite D de leur plan coupe AB entre A et B, alors D coupe AC entre A et C ou BC entre B et C.*

Axiome des parallèles

- H15 *Dans un plan contenant une droite D et un point M extérieur à D, il existe une droite et une seule Δ passant par M et ne coupant pas D.*

Axiomes de congruence

- H16 *Dans l'ensemble des couples de points il existe une relation notée (A,B)=(C,D) [avoir même mesure] telle que (A,B)=(A,B) pour tout couple (A,B).*
- H17 *De plus (A,B)=(B,A) pour tout couple (A,B).*
- H18 *De plus (A,B)=(C,D) et (C,D)=(E,F) impliquent (A,B)=(E,F) pour tous les couples (A,B), (C,D) et (E,F).*
- H19 *Pour toute demi-droite CC'= Δ (d'origine C et définie par C' distinct de C comme l'ensemble des points M tels que M soit entre C et C' ou C' entre C et M) et pour tout couple (A,B), il existe sur Δ un unique point D tel que (A,B)=(C,D).*
- H20 *Si B est entre A et C et si B' est entre A' et C' avec (A,B)=(A',B') et (B,C)=(B',C'), alors (A,C)=(A',C') pour tous les triplets (A,B,C) et (A',B',C').*
- H21 *Dans l'ensemble des couples de demi-droites de même origine il existe une relation notée $(d,\delta)=(d',\delta')$ [avoir même mesure] telle que $(d,\delta)=(d,\delta)$ pour tout couple (d,δ).*
- H22 *De plus $(d,\delta)=(\delta,d)$ pour tout couple (d,δ).*
- H23 *De plus $(d,\delta)=(d',\delta')$ et $(d',\delta')=(d'',\delta'')$ impliquent $(d,\delta)=(d'',\delta'')$ pour tous les couples (d,δ), (d',δ') et (d'',δ'').*
- H24 *Pour tout point M et toute demi-droite d' d'origine A définissant un unique demi-plan P (réunion des demi-droites passant par M et d'origine sur d') et tout couple (d,δ) de demi-droites, il existe dans P une unique demi-droite δ' d'origine A telle que $(d,\delta)=(d',\delta')$.*
- H25 *Si (A,B)=(A',B'), (A,C)=(A',C') et (AB,AC)=(A'B',A'C'), alors (BC,BA)=(B'C',B'A') et (CA,CB)=(C'A',C'B') pour tous les triplets (A,B,C) et (A',B',C').*

Axiome de continuité

- H26 *Pour tout point B et toute suite de points alignés A_i deux à deux distincts tels que A_1 est entre A_0 et B et que pour tout indice* i *on ait $(A_i,A_{i+1})=(A_{i+1},A_{i+2})$, alors il existe un indice* n *tel que B soit entre A_0 et A_n.*

Axiome de complétude

- H27 *Il n'est pas possible d'ajouter de nouveaux points ou droites ou plans à un système satisfaisant aux axiomes 1 à 26.*

Hilbert et Euclide

Hilbert disait parfois que ses axiomes portent sur des concepts proches de ceux que nous offre la nature, mais que l'on pourrait tout aussi bien y remplacer *point* par *chope de bière*, *droite* par *chaise* et *plan* par *table*, sans qu'ils perdent de leur intérêt purement logique.

Même sans cela, la différence entre les deux axiomatiques est frappante. Par exemple, un axiome tel que H14, souvent appelé axiome de Pasch d'après Moritz Pasch (1843-1930), qui traduit la convexité d'une plaque triangulaire, était royalement inconnu des Grecs et de leurs successeurs, bien qu'il intervienne silencieusement dans nombre de démonstrations des *Éléments*. Il en est d'ailleurs pratiquement de même de tous les axiomes d'ordre, puisque les questions de topologie (au sens d'*analysis situs*) mettront longtemps à devenir importantes, les Anciens ayant souvent la foi du charbonnier plutôt que la curiosité d'un saint Thomas demandant des preuves pour aider à comprendre l'évidence.

La séparation en groupes d'axiomes est intéressante ; elle permet de bien sérier ce qui est indispensable pour tel ou tel type de propriété. On en trouve chez Euclide un écho très indirect dans le fait qu'il a retardé le plus possible, pendant vingt-huit propositions, le moment d'utiliser son fameux cinquième postulat. Les axiomes d'incidence portent parfois le nom d'axiomes d'appartenance. Le dernier groupe (l'axiome de complétude) est parfois englobé dans le précédent, avec le célèbre axiome connu sous le nom d'Archimède H26. L'un des triomphes de Hilbert a été de montrer qu'il existait des géométries non-archimédiennes, où ce seul axiome était inexact, ce qui est un tour de force.

Les axiomes de congruence correspondent pratiquement aux cinq (ou neuf, ou dix) axiomes euclidiens. On y retrouve à deux reprises les caractérisations des relations d'ordre qui ornèrent un temps les cahiers des écoliers des mathématiques modernes.

Il n'est pas question — on l'aura bien compris — qu'un enseignement non spécialisé, qu'une recherche professionnelle non tournée vers la logique et l'étude des fondements des mathématiques, se servent jamais explicitemement des axiomes de Hilbert. Cela dit, le fait qu'ils existent et restent parfaitemement compatibles avec nos exigences de rigueur plus d'un siècle après leur écriture est important : ils marquent, tout autant que leurs célèbres prédécesseurs grecs, un moment essentiel de l'histoire de la pensée.

D'autres géométries

La géométrie euclidienne dont nous venons de longuement analyser les axiomatiques qui se sont succédé au cours de l'histoire n'est pas la seule. Tout d'abord, il y a naturellement les célèbres *géométries non-euclidiennes*, celle de Jànos Bolyai (1802-1860), introduite vers 1823, pour laquelle il y a au moins deux parallèles (première publication en 1832 mais restée dans l'obscurité), retrouvée indépendamment et vers 1826 par Nikolaï Lobatchevsky (1793-1856) — publiée en 1829 et complétée jusqu'en 1855 —, puis confirmée par Eugenio Beltrami (1835-1900) qui construit en 1868 un modèle de leur géométrie dans le cadre euclidien. De plus, chacun sait que, de 1813 à 1831 — approximativement — Gauss avait également inventé la géométrie hyperbolique de Bolyai et Lobatchevsky, mais qu'il n'avait rien publié.

Il faut naturellement également citer celle de Bernhard Riemann, encore en 1868, qui prend l'option *elliptique* inverse (aucune parallèle, comme sur une sphère) dans le cadre de la définition de toute une famille de métriques entièrement nouvelles. Ce dernier aura la gloire de voir son espace de dimension trois, dont il avait lui-même exhibé un modèle, finalement utilisé dans le cadre de la relativité einsteinienne. Toutefois sa géométrie n'est pas strictement reliée au seul cinquième postulat, puisque ôter celui-ci de la construction d'Euclide ne suffit pas, le reste permettant de prouver — par exemple en prenant deux perpendiculaires successives — qu'il existe des parallèles. Elle est donc beaucoup plus révolutionnaire que l'option *hyperbolique* de Gauss, Bolyai et Lobatchevsky.

Dans la géométrie non-euclidienne du premier type, les sommes des angles d'un triangle sont strictement inférieures à deux droits, avec la relation inverse pour le second type. Hilbert indique, dans la traduction française par Laugel de 1900, au début de sa conclusion, qu'il existe également d'autres géométries, classifiées par son élève Max Dehn (1878-1952), à savoir *non-legendrienne* avec une infinité de parallèles et des sommes supérieures à deux droits, et *semi-euclidienne* avec une infinité de parallèles et des sommes égales à deux droits comme chez Euclide, cette liste étant exhaustive (voir aussi la traduction Rossier, p. 176).

Ces géométries sont plutôt pénibles à étudier, et ne sont citées ici qu'en raison de la très grande importance historique de leur découverte, après des siècles d'essais infructueux ; dans la réalité d'aujourd'hui, elles restent marginales, Riemann excepté. En revanche, les *géométries projectives*, obtenues à partir des espaces euclidiens par complétion par des éléments dits « à l'infini », sont d'un usage constant. Il faut d'ailleurs distinguer celles où les éléments à l'infini gardent leur particularité (on peut y définir par exemple des droites strictement parallèles comme étant des droites se coupant à l'infini) de celles où les points à l'infini sont plongés indistinctement dans la masse des autres.

Nous ne pouvons en donner ici de présentation axiomatique, bien que cela soit facile. Indiquons simplement que l'idée en est très ancienne, puisque ses précurseurs furent notamment les peintres italiens de la Renaissance qui inventèrent la perspective, dans laquelle certaines parallèles se coupent en des points à distance finie (des points de fuite, par exemple).

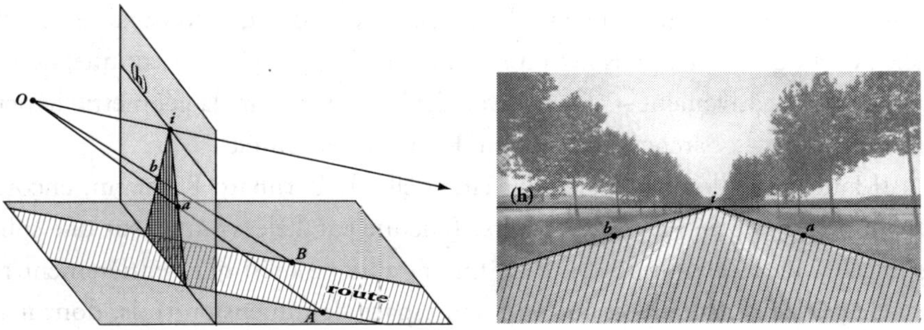

figure 41.

Le père de cette géométrie est incontestablement l'architecte-mathématicien lyonnais Girard Desargues (1591-1661) dans son *Brouillon project d'une atteinte aux événemens des rencontres d'un cône avec un plan*, de 1639. L'autre grand homme de la géométrie projective, toujours utilisée dans la recherche sinon dans l'enseignement (et c'est dommage), est évidemment Jean-Victor Poncelet (1788-1867) et son *Traité des propriétés projectives des figures*, de 1822, mais il ne faut pas oublier que le grand Pascal lui-même avait travaillé en 1640 puis 1654 sur une théorie projective des coniques restée célèbre.

Avant de quitter ce sujet seulement esquissé, indiquons l'énoncé du théorème le plus simple de la géométrie projective (bien qu'obtenu sous sa forme euclidienne par Pappus treize siècles avant Desargues), généralisé par *l'hexagramme mystique* de Pascal. C'est ce que l'on appelle encore la configuration *neuf points-neuf droites*. Se donnant neuf points deux à deux distincts (A,B,C,D,E,F,U,V,W) tels que ABC, DEF, AVF, AWE, BUF, BWD, CUE et CVD soient alignés, alors les trois points UVW sont eux aussi nécessairement alignés. Il existe d'autres configurations spéciales, comme celle qui met en œuvre neuf points réguliers d'une cubique indécomposable répartis sur six droites, et exprime qu'une certaine loi de groupe (sans le savoir, vous la retrouverez dans votre téléphone portable sous peu) est bien associative.

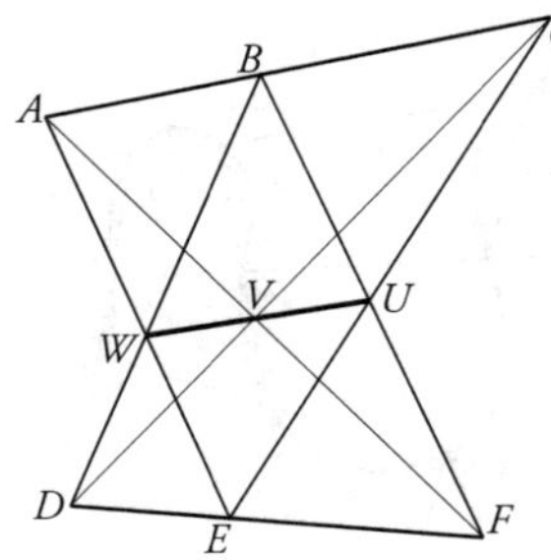

figure 42. Neuf points - neuf droites

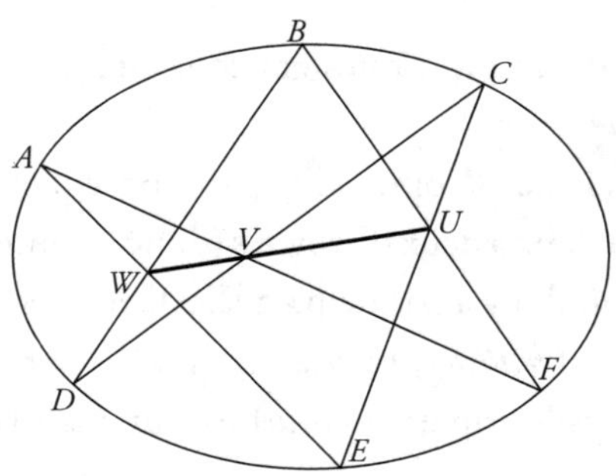

figure 43. Théorème de Pascal

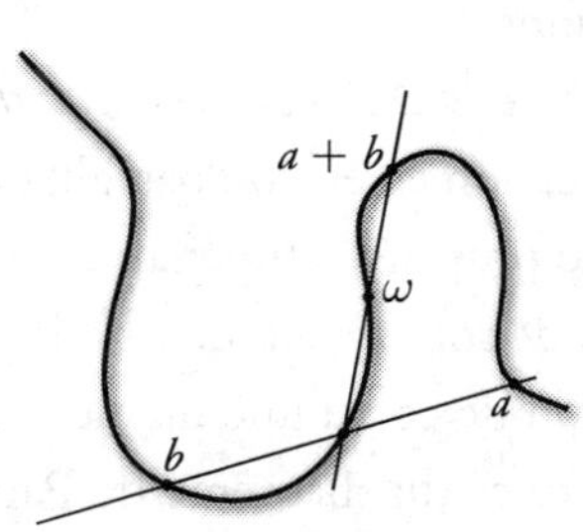

figure 44.

Loi de groupe sur une courbe elliptique d'élément neutre ω : le point $a+b$ est tel que la droite (a,b) et la droite $(a+b,\omega)$ se coupent sur la courbe.

Démontrer le théorème de Pappus-Pascal n'est pas trop difficile, soit par la géométrie analytique, soit par une géométrie euclidienne « pure » enrichie de techniques spéciales comme celle de l'involution inventée par Desargues. Comme tous les théorèmes projectifs, on peut lui trouver un équivalent où points et droites sont

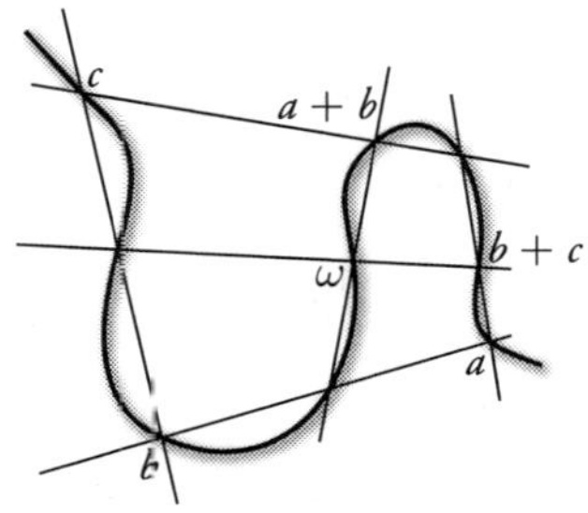

figure 45.

Configuration neuf points-six droites prouvant l'associativité de la loi de groupe d'une courbe elliptique : les droites $(a+b,c)$ et $(a,b+c)$ se coupent sur la courbe.

échangés, points alignés devenant droites concourantes et réciproquement. C'est ce que l'on appelle *la dualité.*

Le théorème dual de Pappus dit par conséquent que si neuf droites (a,b,c,d,e,f,u,v,w) sont deux à deux distinctes (donc sécantes, puisque nous sommes en géométrie projective où il n'y a pas de parallèles), et si les triplets (a,b,c), (d,e,f), (a,v,f), (a,w,e), (b,u,f), (b,w,d), (c,u,e) et (c,v,d) sont chacun formés de trois droites concourantes, alors le triplet (u,v,w) est lui aussi nécessairement formé de trois droites concourantes.

Vous pouvez tracer les deux figures, partant par exemple des points ABC puis DEF sur deux droites distinctes, et pour l'autre des pinceaux abc et def, puis constater la véracité de nos affirmations.

Vous pouvez aussi ne dessiner que l'une de ces deux figures, car le théorème dual de Pappus est... Pappus lui-même. Son extension pascalienne à six points d'une conique non décomposée n'a pas cette propriété stupéfiante, et engendre donc un nouveau théorème, connu sous le nom de son inventeur Charles Brianchon (1785-1864).

Voici une démonstration de ce qu'une même configuration neuf points-neuf droites constitue à la fois l'énoncé du théorème de Pappus et de son dual : il suffit de poser $a = ABC$, $b = CVD$, $c = CUE$, $d = DEF$, $e = BUF$, $f = AVF$, $u = UVW$, $v = AWE$ et $w = BWD$, c'est-à-dire encore, avec un abus de notation évident, $A = avf$, $B = cvd$, $C = abc$, $D = bwd$, $E = cvd$, $F = def$, $U = cue$, $V = buf$ et $W = uvw$ (il existe d'autres identifications possibles entre ces points et droites). Ce résultat très élémentaire, en tout cas par sa forme accessible à toute personne ayant entendu parler de points et de droites, est étonnant : il mérite une réelle considération.

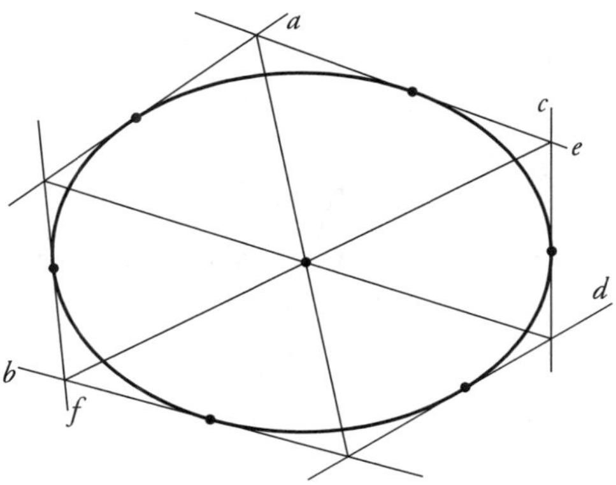

figure 46. Théorème de Brianchon

Notre problème de géométrie plane du bon vieux temps

Voici, comme promis, une réponse au problème énoncé aussitôt après les axiomes d'Euclide : les deux droites RC et SB se coupent sur Γ au point de contact de la tangente PQ. Pour la solution, nous utiliserons simplement le théorème bien connu, figurant naturellement dans Euclide [livre III, proposition 21], selon lequel, quand quatre points deux à deux distincts H, K, L et M sont sur un même cercle, les angles des droites HL et HM d'une part, KL et KM d'autre part, ont même mesure (sont congruents, aurait dit Hilbert). Ce théorème est encore connu sous la forme : deux angles inscrits qui interceptent le même arc sont égaux (et son extension au cas où les deux sommets de ces angles sont de part de d'autre de la corde définie par l'arc), et aussi sous le nom de *théorème de l'arc capable*.

On pourra voir que, contrairement à une vue naïve bien répandue, les démonstrations à la Euclide ne passent pas nécessairement par des triangles « égaux », ni par des calculs analytiques déguisés (cela arrive parfois : on verra dans le chapitre suivant comment Euclide lui-même détermine des solutions de l'équation diophantienne $x^2 + y^2 = z^2$ en partant d'un théorème de géométrie écrit sous la forme calculatoire $AB.BC + CD^2 = BD^2$). Enfin nous n'utiliserons pas non plus le pourtant très puissant arsenal des transformations géométriques comme les homothéties, les symétries, l'inversion (étudiée dès 1836 par Bellavitis) — le cas particulier où O est le milieu de BC pourrait mettre en œuvre une translation, mais nous ne l'avions alors, volontairement, pas signalé.

Nous allons montrer que, si D est le point de contact de la tangente PQ avec Γ, alors RCD sont alignés ; comme il s'ensuivra aussitôt que SBD le sont aussi, nous aurons ainsi prouvé que l'intersection des droites RC et SB, qui est le point D, est bien sur le cercle, *quod erat demonstrandum*.

Bien entendu, il y a une part de devinette dans cette solution ; comment avoir flairé que le point cherché était l'intersection du cercle et de PQ ? La réponse est

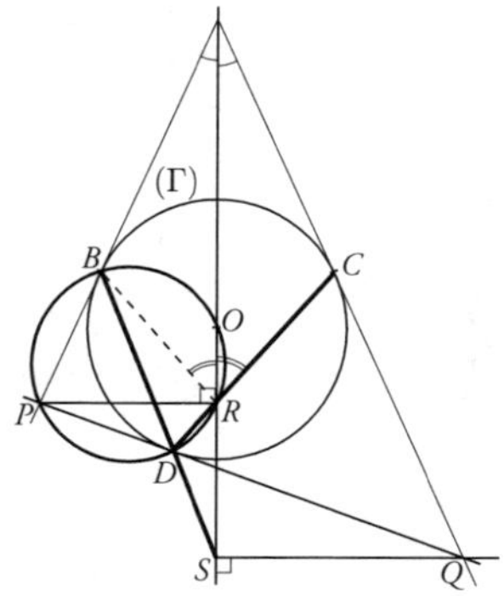

figure 47.

simple : en faisant la figure, avec soin, il semblait bien que les droites données avaient l'air de passer toutes les deux par D, et l'on a cherché à essayer... Si un échec s'en était suivi, nous aurions essayé de prendre une autre piste, comme Wiles pendant sa dernière année de travaux forcés.

Donnons donc la synthèse du travail d'analyse qui conduit à l'alignement de R, C et D. Après quelques réflexions, il est apparu que le cercle de diamètre OP, où O est le centre de Γ, est intéressant puisqu'il contient cinq points (O, P, B, D et R, d'après la fameuse proposition 31 déjà signalée sur l'angle sous lequel d'un point d'un cercle on voit un diamètre). De plus, PO est la bissectrice de l'angle $< PB,PD >$, et O est donc l'un des deux milieux de l'arc $\overset{\frown}{DB}$. En résultent les égalités entre angles de droites :

$$(RB,RO) = (RO,RD)$$

puis le fait que RO est donc une bissectrice de l'angle $< RB,RD >$; puisque RO est aussi une bissectrice de $< RB,RC >$, il en résulte que les droites RD et RC sont confondues (voir par exemple l'axiome H_{24}, et en particulier l'unicité de δ'). On remarquera que l'astuce de la solution du cas spécial donnée plus haut ne se généralise malheureusement pas, le quadrilatère $OCPR$ n'ayant aucune propriété remarquable en général. En revanche, la méthode donnée ci-dessus est valable même dans ce cas particulier. Avouons que nous avions d'abord recherché le cas simple des tangentes parallèles, fidèle au principe suivant : si un problème apparaît comme trop touffu, regarder d'abord ce qui se passe si la figure est plus simple ; c'est une excellente règle, mais qui ne permet pas nécessairement d'avancer. La géométrie n'est pas toujours bonne fille, mais c'est peut être dans de telles affres que l'on peut y trouver du plaisir ?

Chapitre 7

Qu'est-ce qu'un nombre ?

Le législateur suprême des mathématiques grecques, Euclide, tente de dire ce qu'est un point (« ce qui n'a pas de partie ») — définition 1 du livre I des *Éléments* —, ou du moins il le pense, mais donne-t-il une définition plus utilisable de ce qu'est un nombre ? Voici ce que, au début du livre VII, on peut lire (voir la traduction de Georges J. Kayas de 1978 — deux volumes — aux Éditions du CNRS, et *Les Livres arithmétiques d'Euclide* (VII, VIII et IX) de Jean Itard en 1961 chez Hermann) :

- D1 *L'unité est ce selon quoi chacune des choses existantes est dite une.*
- D2 *Le nombre est une multitude formée d'unités.*
- D3 *Un nombre est une partie d'un nombre, le moindre du plus grand, quand il mesure le plus grand.*
- D4 *Mais il est plusieurs parties quand il ne le mesure pas.*
- D5 *Le plus grand nombre est un multiple du moindre, quand il est mesuré par le moindre.*
- D6 *Le nombre pair est celui qui peut se diviser en deux parties égales.*
- D7 *Le nombre impair est celui qui ne peut être divisé en deux nombres égaux ; ou qui diffère d'une unité d'un nombre pair.*

Et, un peu plus loin :

- D11 *Un nombre premier est ce qui est mesuré par l'unité seulement.*
- D13 *Un nombre composé est ce qui est mesuré par quelque nombre.*
- D15 *Un nombre est dit multiplier un nombre lorsque le multiplié est composé autant de fois qu'il y a d'unités dans l'autre, et qu'un nombre est produit.*
- D22 *Un nombre parfait est ce qui est égal à ses propres parties.*

On voit, par exemple grâce aux définitions 2, 11 et 13, que pour Euclide *un* n'est pas un nombre, et qu'un nombre est donc au moins égal à *deux*. Aujourd'hui, il est d'usage de considérer que $\mathbb{N}$, l'ensemble des nombres entiers naturels, commence à *zéro*.

On aura certainement remarqué que l'addition entre entiers est considérée comme si naturelle qu'elle n'est évoquée qu'en passant dans la définition 7 à propos de deux nombres qui *diffèrent* de l'unité. La multiplication est évoquée dès le départ, la notion de partie — nous dirions aujourd'hui de diviseur — figurant dès la définition 3. L'arithmétique euclidienne était donc multiplicative comme on le voit par l'importance donnée par exemple aux nombres premiers, alors que la nôtre serait d'abord plutôt additive.

Bien entendu ces définitions n'en sont guère, et restituent surtout la façon dont on voyait les entiers à l'époque. Cela dit, le texte d'Euclide qui suit comporte des démonstrations non triviales, simplement basées sur ce matériel intellectuellement assez pauvre.

La détermination de triplets pythagoriciens par Euclide

Voyons par exemple comment, dans le lemme 1 suivant la proposition 28 du livre X, sont déterminés des entiers carrés dont la somme est elle-même carrée (telle est la demande). Voici ce que fait Euclide, ou le précurseur dont il a recueilli le travail, bien entendu sous forme géométrique. Il se donne trois points A, B, C avec C entre A et B (il ne le dit pas mais c'est clair par une figure), avec AB et BC de longueurs carrées, toutes deux de même parité. Introduisant le milieu D de AC, il montre rapidement l'égalité $AB.BC + CD^2 = BD^2$, qui fournit bien un exemple de triplets d'entiers tels que, si l'on pose — ce qui n'est pas dans le texte — $AB = u^2$ et $BC = v^2$ avec u et v de même parité et $u > v$:

$$(uv)^2 + \left(\frac{u^2 - v^2}{2}\right)^2 = \left(\frac{u^2 + v^2}{2}\right)^2.$$

Cette relation ne fait que traduire les égalités, elles aussi absentes de la démonstration mais visiblement présentes dans l'esprit de l'auteur :

$$4\,(BD^2 - CD^2) = (2\,BD)^2 - (2\,CD)^2 = (BA+BC)^2 - (BA-BC)^2 = 4\,BA.BC.$$

Bien entendu, on n'a pas démontré ici que *toutes* les solutions de l'équation diophantienne $x^2 + y^2 = z^2$ pouvaient être ramenées à ce type ; on en a simplement donné une sous-famille à deux paramètres ne couvrant d'ailleurs pas tous les cas possibles. Par exemple le triplet pythagoricien (9,12,15) n'y figure pas, même sous la forme (12,9,15) puisque l'équation $u^2 + v^2 = 30$ n'a pas de solutions. Mais, surtout compte tenu des longues discussions sur ce que sont des nombres premiers entre eux figurant dans les *Éléments*, il ne fait pas de doute que l'essentiel du travail avait été réglé dans ces quelques lignes.

Ce qui est vrai, c'est que toute solution *primitive* de l'équation, c'est-à-dire telle que x, y et z n'aient aucun diviseur commun sauf 1, est telle que y, par exemple, soit pair, puis que $\left(\frac{y}{2}\right)^2 = \frac{z+x}{2}\frac{z-x}{2}$, ces deux derniers facteurs étant premiers entre eux. Il en résulte que le triplet (x,y,z) est du type explicité par Euclide, puisque vérifiant à une permutation près des égalités de la forme $x = r^2 - s^2$, $y = 2rs$, $z = r^2 + s^2$, soit $x = uv$, $y = \frac{u^2 - v^2}{2}$, $z = \frac{u^2 + v^2}{2}$ pour $u = r + s$, $v = r - s$, de même parité et vérifiant bien $u > v$. Par exemple $u = 3$ et $v = 1$ redonnent la fameuse égalité $16 + 9 = 25$. Ainsi le triplet $(12,9,15) = 3\,(4,3,5)$ finit-il par passer — après simplification par 3 — sous les fourches caudines euclidiennes.

Ses définitions un peu pâlottes n'avaient donc pas empêché Euclide de faire de l'excellent travail. Nul doute qu'un Fermat, prince de l'arithmétique, labourera bien plus profondément encore, toujours sans autre base axiomatique. Dans son commentaire sur Diophante IV, 31, il avouait son intention de consacrer un livre entier aux « nombreux et abstrus mystères de la Science des nombres » et « de faire accomplir ainsi à cette partie de l'Arithmétique des progrès étonnants au-delà des bornes anciennement connues ».

Les triangles cartésiens

La théorie des nombres, comme on appelle l'arithmétique supérieure, est née en partie de Diophante, mais surtout du XVIIe siècle, français en particulier. Si l'on connaît évidemment l'œuvre immense de Fermat, on ignore davantage que Descartes y avait mis la main. Voici un exemple d'équation diophantienne résolue par lui, assez tôt dans sa vie comme on le sait à cause des symboles cossiques employés, sans qu'on en ait de démonstration, même embryonnaire. Mais elle prouve un beau talent.

Il indique en effet, dans ses *Excerpta*, deux familles de solutions de l'équation diophantienne $x^2 + xy + y^2 = z^2$, caractérisant les triangles entiers dont un angle a pour mesure 120°, après avoir fait de même pour 60° (nous ne traiterons que l'un des deux problèmes, sachant qu'ils se ramènent l'un à l'autre par une astuce géométrique évidente).

Descartes prétend, avec des notations d'aujourd'hui, plus commodes à suivre pour un lecteur amateur, que cette équation est vérifiée pour les triplets $(3p^2 + 2pq, 2pq + q^2, 3p^2 + 3pq + q^2)$ et $(q^2 - 2pq, 2pq - p^2, p^2 - pq + q^2)$. A-t-il vu que la seconde famille se ramenait à la première en échangeant x et y, en posant $p = p'$ et $q = q' - 2p'$? C'est possible, mais pas certain. Cette seconde forme est plus maladroite, puisqu'elle impose entre les paramètres p et q une relation claire, à savoir $q > 2p$. En revanche, le premier triplet de solutions suppose simplement p et q positifs et rien de plus. C'est donc de celui-là que nous allons parler.

Bien entendu c'est un jeu d'enfant que de vérifier qu'il s'agit bien de solutions, ces formules donnant non pas toutes les solutions, mais seulement — comme pour les triplets pythagoriciens — celles qui sont primitives. Le sketch de démonstration ci-après ne peut être une reconstitution fidèle de ce qu'a réellement fait Descartes ; il a le mérite, pensons-nous, de montrer comment opérer sur une telle équation.

Supposons donc x, y et z sans diviseur commun. Il faut un point de départ ; nous admettrons qu'après avoir tourné et retourné le problème sous tous les sens, on en soit venu à remarquer qu'il équivaut aux égalités :

$$3xy = z^2 - (x - y)^2 = (z + x - y)(z - x + y)$$

demandant simplement un peu d'habileté manipulatoire (il n'y avait pas de calculette dans les années 1625 ; on était bien obligé de faire ses gammes à la main).

Il est possible de démontrer, quitte à échanger x et y, que le facteur $z + x - y$ est multiple de 3, et que l'autre ne l'est pas. Il vient alors assez naturellement l'idée de poser

$$\frac{z + x - y}{3y} = \frac{p}{q}$$

où p et q sont deux entiers positifs — il est facile de vérifier que $y < x + z$ — et premiers entre eux. Il ne reste plus qu'à en déduire x, y et z, à un facteur près, en résolvant deux équations homogènes du premier degré. Encore un peu d'arithmétique euclidienne, à coups de p.g.c.d., conduit enfin aux égalités

$$x = 3p^2 + 2pq, \quad y = 2pq + q^2, \quad z = 3p^2 + 3pq + q^2.$$

Évidemment, un habitué des techniques de Fermat un peu plat ou paresseux imaginera vite un autre type de résolution : partant par exemple du point « évident » $(0,1)$ de l'ellipse d'équation $x^2 + xy + y^2 = 1$, il obtiendra toutes les solutions rationnelles, puis entières, en recoupant la courbe par une droite de pente arbitraire rationnelle t (valeur ∞ comprise). Cela fonctionne évidemment fort bien, mais avec l'inconvénient par rapport aux formules de Descartes de conduire à des égalités $x = f(p,q), y = g(p,q)$ et $z = h(p,q)$ pour lesquelles on n'obtient pas exactement l'ensemble des points à coordonnées entières *positives* de l'ellipse — les seuls intéressant les mathématiciens de l'époque, Descartes y compris — en donnant à p et à q l'ensemble de toutes les valeurs *positives* possibles. C'est pourtant le cas des premières formules dont nous avons donné une justification, puisqu'il n'y a que des signes $+$.

Nous n'insisterons pas davantage sur toutes les mathématiques hautement jubilatoires de cette veine, *a fortiori* sur les plus délicates (mais par conséquent encore plus plaisantes), faute de place ; il y a des livres de récréations mathématiques, pas assez nombreux, pour traiter de ces questions. Abandonnons à regret l'exemple de Descartes, juste en signalant qu'il serait très intéressant de connaître le mode d'emploi de leur inventeur ; faute de documents, il est douteux de pouvoir y arriver de manière convaincante. L'histoire des sciences pose des énigmes, petites ou grandes, à chaque page : le travail ne manque pas pour les chercheurs de demain.

La définition de $\mathbb{N}$ par Dedekind

Continuons à sauter à travers les siècles pour arriver dans le XIXe finissant. À l'opposé d'un Euclide, les mathématiciens de cette époque où tout bouge se posent des questions sur les fondements des mathématiques (rappelons que le point de départ de la théorie des ensembles, le chef-d'œuvre de Cantor, date approximativement de 1873).

Richard Dedekind, dernier élève de Gauss, professeur dans des écoles techniques dont celle de Zurich où Einstein fut élève, est un mathématicien qui resta largement sous-estimé de son temps. Il nous intéresse ici pour ses deux contributions à l'axiomatique des nombres, d'abord des entiers, dont nous allons parler, puis des réels. Dans ces deux domaines il interviendra de façon décisive, son travail sur les entiers étant paru après celui où il introduit les coupures entre rationnels. Rappelons aussi qu'il contribua à la construction cantorienne : voilà quelqu'un qui aimait se poser des questions fondamentales, tout en poursuivant des travaux de tout premier plan en algèbre.

Dans l'ouvrage *Was sind und was sollen die Zahlen ?* (Que sont et que doivent être les nombres ?), paru en 1888 — quatre ans après les *Grundlagen der Arithmetik* de Gottlob Frege (1848-1923) — mais sans doute écrit dans les années 1870, Dedekind essaie de donner une définition ensembliste de l'ensemble $\mathbb{N}$ des nombres entiers. Dans l'*Abrégé d'histoire des mathématiques* dirigé par Jean Dieudonné, le regretté Pierre Dugac (1926-2000) signale, p. 284, qu'un premier titre envisagé pour ce livre était « Réflexion sur les nombres. Essai d'une analyse de la notion de nombre d'un point de vue naïf ». Cette anecdote est très significative de l'état d'esprit et du but de son auteur.

Voici ses trois propriétés fondamentales, première axiomatique publiée de ce genre, dans une formulation actualisée : $\mathbb{N}$ est un ensemble tel qu'il existe une application s de $\mathbb{N}$ dans $\mathbb{N}$ ayant les propriétés suivantes :

- s est injective.
- 0 appartient à $\mathbb{N}$ mais non à son image $\mathbb{N}^* = s(\mathbb{N})$ par s.
- Toute partie A de $\mathbb{N}$ *stable* par s qui contient 0 est égale à $\mathbb{N}$.

Rappelons qu'un ensemble E est stable par une application f si et seulement si l'on dispose de l'inclusion $f(E) \subset E$; Dedekind parlait de « chaîne ». En fait Dedekind a écrit que $\mathbb{N}$ était un ensemble « simplement infini », c'est-à-dire qu'il existait en son sein une injection telle qu'il soit la chaîne de l'un de ses éléments n'appartenant pas à son image, d'où ses quatre propriétés fondatrices : l'image $s(\mathbb{N})$ est incluse dans $\mathbb{N}$, $\mathbb{N}$ est la chaîne définie par son premier élément, qui n'est pas lui-même dans l'image, et s est injective.

Il est clair que l'ensemble $\mathbb{N}$ naïf et intuitif que nous a légué Euclide vérifie ces relations, puisqu'il suffit de poser $s(n) = n+1$; mais $s(n) = n+2$ ne conviendrait pas, comme le montre l'exemple de $\mathbb{N}$ privé de 1, ou celui des entiers pairs $2\mathbb{N}$.

Un développement de l'arithmétique d'après ces axiomes peut être trouvé dans un certain nombre de livres, notamment des cours d'arithmétique de mathématiques élémentaires des années soixante, ou de terminale C dix années plus tard, par exemple celui des collections *Aleph*$_0$ et *Aleph*$_1$; si l'on ne désire qu'une mise en route, très précise mais non exhaustive, l'excellent ouvrage collectif *Les Nombres* (Vuibert, 1998) est un texte de référence, en particulier pour certaines parties de ce chapitre comme celle-ci.

Les deux premières propriétés définissent exactement les *ensembles infinis* (c'est d'ailleurs Dedekind lui-même qui, dans ce même livre, donne cette caractérisation des plus simples, mais assez peu maniable en général : essayez d'écrire une théorie des ensembles finis à partir de sa négation, et vous comprendrez pourquoi le désir de rigueur si flatteur des mathématiques modernes pouvait conduire à des difficultés insoupçonnées).

La troisième est la base de tous les *raisonnements par récurrence*. Elle exprime que $\mathbb{N}$ est exactement recouvert par une chaîne de point de départ 0 et de chaînons de la forme $< n, s(n) >$.

Le point essentiel de cette axiomatique c'est qu'elle est *catégorique* : s'il existe un ensemble $\mathbb{N}$ — c'est équivalent à l'un des axiomes incontournables de toute théorie des ensembles, à savoir qu'il existe au moins un ensemble infini —, il est unique à une bijection près. D'autres axiomatiques, comme celle des groupes, ne sont pas catégoriques puisque deux groupes différents ne sont pas nécessairement isomorphes.

On peut considérer comme un peu gênant le fait de devoir choisir et nommer un élément déterminé de $\mathbb{N}$, à savoir 0 (en réalité 1 dans le texte de Dedekind, qui étudiait les entiers non nuls, mais c'est sans importance). Une variante des axiomes de Dedekind pourrait être la suivante :

(a) s *est injective, (b) non surjective, et (c) toute partie stable autre que* $\mathbb{N}$ *est incluse dans l'image* $\mathbb{N}^* = \mathrm{s}(\mathbb{N})$.

Bien que cela semble un peu plus restrictif puisque tous les éléments de $\mathbb{N}$ privé de $s(\mathbb{N})$ participent à égalité à la définition de la récurrence, il n'en est rien car on montre aussitôt qu'il existe un seul élément de $\mathbb{N}$ n'appartenant pas à l'image $\mathbb{N}^*$; cela constitue cette fois-ci une *définition* du zéro, laissant à l'axiomatique de Dedekind ainsi modifiée un caractère très général où l'on n'est pas obligé de sélectionner ainsi un entier particulier.

Les opérations fondamentales : addition, multiplication et ordre

Disposer d'un $\mathbb{N}$ amorphe prive pratiquement cet ensemble de tout intérêt si l'on n'a pas la possibilité de calculer sommes ou produits : pour ceux-ci au moins une définition était nécessaire dès l'époque d'Euclide. Les axiomes doivent donc être complétés. Auparavant il faut démontrer, ce qui est facile, la légitimité du mode classique de définition par récurrence d'une suite — nom traditionnel d'une application définie sur $\mathbb{N}$ — vérifiant une relation du type $u_{m+1} = f(u_m)$, soit $u \circ s = f \circ u$. Cette remarque est due à Dedekind lui-même.

Cela fait, l'addition est définie par $n + 0 = n$, puis $n + s(m) = s(n + m)$. Ensuite, on peut agir de même pour la multiplication par $n \times 0 = 0$, puis $n \times s(m) = n \times m + n$. Par des routines sans difficultés spéciales mais plutôt rébarbatives, on constate que ces deux opérations vérifient toutes les propriétés usuelles. On pourrait ensuite passer à l'exponentiation qui au couple (n,m) associe n^m : $n^0 = 1$ et $n^{s(m)} = n \times n^m$.

Enfin la relation d'ordre est facile à mettre en place : $n \geqslant m$ si et seulement si l'équation $n = m + x$ a une solution, notée $n - m$. Toute l'arithmétique, jusqu'à ses conséquences les plus complexes, si l'on n'emploie pas d'autres nombres que les entiers, peut alors être construite. Même s'il faut parfois beaucoup de subtilité (par exemple les travaux d'un Patrick Ciegelski sur les théorèmes de Dirichlet et Hadamard—La Vallée-Poussin ont pu être redémontrés dans ce cadre apparemment très restreint).

Cette présentation axiomatique est sans doute à bannir d'un enseignement au niveau du lycée, parce qu'elle est simple dans ses débuts mais devient vite très pénible — mieux vaut passer le temps disponible à faire résoudre des problèmes. Cela dit, il est regrettable que le temps de la formation initiale des professeurs, à l'université ou dans des instituts professionnels, ne comporte pas une série de conférences montrant l'essentiel du travail évoqué ici. C'est d'autant plus dommage que l'on pourrait en profiter pour encourager les jeunes enseignants à lire les textes eux-mêmes, par exemple Euclide, Dedekind et Peano dont nous allons parler maintenant. Cela vaudrait bien des initiations à l'art d'*apprendre à apprendre*, dont l'intérêt n'est pas niable, mais semble bien plus contestable et devrait rester essentiellement sujet de débat dans les cercles de spécialistes des sciences de l'éducation.

L'axiomatique de Peano

Les axiomes de Dedekind vus plus haut sont souvent connus sous le nom d'axiomes de Peano. En réalité, Peano-Dedekind serait plus juste, voire Dedekind seul ; en 1889, Peano reconnaissait que le livre de Dedekind, de conception plus ancienne lui avait été « très utile », avant d'avouer plus clairement sa dette en 1891 : « ils sont dus à Dedekind ». Quoi qu'il en soit, la publication des *Arithmetices principia nova methodo exposita* en 1889 fut très remarquée ; elle contient une axiomatique formelle de neuf axiomes, construite dans un but différent de celui du travail de Dedekind, qui cherchait seulement une description minimale de $\mathbb{N}$ dans le cadre de la théorie des ensembles. Ici nous avons affaire à une démarche à situer plus en amont dans le cadre de la logique formelle. D'ailleurs les axiomes 2 à 5 sont des axiomes de logique pure. Le premier des neuf dit simplement que $\mathbb{N}$ — en fait comme chez Dedekind $\mathbb{N}$ privé de 0 — est un ensemble ; le sixième spécialise un élément (1) dans cet ensemble et les axiomes 7 à 9 parlent de s, le 7 comme d'une injection, le 8 comme d'une application dont 1 n'est pas une image, et le 9 affirmant le principe de récurrence sous la forme classique $s(A) \subset A$ et $1 \in A$ impliquent $A = \mathbb{N}$ (privé de 0).

Ces axiomes jouent un rôle important dans l'imposante somme *Formulario mathematico* publiée par Peano en cinq volumes très pénibles à lire, entre 1895 et 1908. Ils sont aujourd'hui un peu déchus de leur place originelle dans la mesure où ils peuvent être déduits — sauf le premier, affirmant l'existence d'un ensemble infini — de l'axiomatique ZFC développée à partir de 1908 jusqu'en 1930. Beaucoup plus large puisque s'appliquant à la théorie des ensembles, actuellement adoptée par le plus grand nombre des mathématiciens, elle est due à Ernest Zermelo (1871-1953), Abram Fraenkel (1891-1965) et Thoralf Skolem (1887-1963) après avoir été enrichie en 1904 de l'axiome du choix.

Une définition de $\mathbb{N}$, due à Von Neumann (1903-1957), peut y trouver sa place sous la forme suivante : $0 = \emptyset$ et $s(n) = n \cup \{n\}$. Cela ne veut pas dire grand-chose du point de vue intuitif mais se révèle très commode pour l'introduction du système péanien dans ZFC. Il en est de même de la définition sous forme d'ensemble du couple (a,b), qui doit absolument être distinct de (b,a) sauf si $a = b$: on pose généralement $(a,b) = \{\{a\},\{a,b\}\}$, juste pour démontrer que $(a,b) = (c,d)$ équivaut à $a = c$ et $b = d$, et l'on n'y reviendra ensuite plus jamais.

Nous ne pouvons pas quitter la passionnante construction de $\mathbb{N}$ sans indiquer qu'il existe une tout autre définition possible, à partir de la *relation d'ordre* $\leqslant$ (voir par exemple les collections $Aleph_i$). On appelle $\mathbb{N}$ tout ensemble totalement ordonné non majoré dont tout sous-ensemble non vide admet un élément minimum, et tout sous-ensemble non vide majoré admet un élément maximum.

Ainsi o est-il le minimum de $\mathbb{N}$, et $s(n)$ le minimum de l'ensemble des $m > n$ (non vide car $\mathbb{N}$ n'est pas majoré). Il en résulte que $s(n) > n$, puis que tout $m \neq 0$ est tel qu'il existe un (unique) p pour lequel $m = s(p)$, défini comme le maximum de l'ensemble (non vide) des $q < m$; il est clair que $p < m$ par définition de p d'où $s(p) \leqslant m$ par définition de s ; par ailleurs $s(p) > p$ implique $s(p) \geqslant m$ par définition de p, d'où $s(p) = m$: p est le *prédécesseur* de m qui est son *successeur*.

La propriété de récurrence est alors triviale : si une partie stable A contient o, alors elle est égale à $\mathbb{N}$ puisque sinon son complémentaire $\mathbb{N}$ privé des éléments de A aurait un élément minimum, forcément différent de o et donc de la forme $s(p)$ avec $p \in A$, ce qui est contradictoire.

Il est dommage que cette axiomatique très intuitive ne soit pas mieux connue. Bien qu'équivalente à celle de Peano-Dedekind, son côté moins abstrait permettrait sans doute aux futurs enseignants de mathématiques d'accéder à une vision raisonnable de ce qu'est aujourd'hui, et depuis cent trente ans, une construction des mathématiques.

Qu'est-ce qu'un entier relatif ?

L'anneau $\mathbb{Z}$ des entiers relatifs, union de $\mathbb{N}$ et de l'ensemble des opposés pour l'addition des éléments de $\mathbb{N}^*$, est si intuitif qu'il a toujours été considéré comme un tout, intéressant dès que le XVIIe siècle a commencé à accepter les nombres négatifs comme légitimes. Ils étaient déjà utilisés au VIIe siècle, nous l'avons signalé, par Brahmagupta (598-665), mais il faudra attendre par exemple Michel Stifel (1486-1567) et ses *nombres absurdes*, Nicolas Chuquet, René Descartes et surtout Johann Hudde (1629-1704) en 1659 dans une annexe à la traduction latine de *La Géométrie* par Frans Van Schooten (1615-1660), pour les voir acceptés sans discrimination.

C'est à Dedekind — comme c'est étrange — que l'on doit la définition actuelle de $\mathbb{Z}$ en 1913. Puisque l'on peut associer à un entier naturel n l'ensemble des couples (a,b) d'entiers naturels tels que $a = b + n$, il est naturel de définir $-n$ comme l'ensemble des couples (a,b) tels que $b = a + n$ (en termes modernes, la relation $(a,b) \sim (a',b')$ définie par $a + b' = a' + b$ est une relation d'équivalence, et un élément de $\mathbb{Z}$ est une classe d'équivalence pour cette relation).

On peut donner une interprétation opératoire de cette définition : puisque $a - b = n$ où $a = b + n$ et $n = 0 + n$ dans le premier cas, on considérera par analogie que $-n$ est le résultat de l'opération, *a priori* insensée, symbolisée par $a - b$ dès lors que $a = b + n \leqslant b$. En particulier $-n$ peut être vu comme $0 - n$, où le zéro a disparu, ce qui est normal car il est neutre pour l'addition ; de même peut-on écrire par abus de langage $+n = 0 + n$: voir par exemple *Les Nombres et leurs mystères* (éditions du Seuil, 1961), p. 49-51, et *Les Mathématiques modernes* (même éditeur, 1969), p. 107-108.

Somme et produit de deux entiers relatifs se définissent bien à partir de ces couples, comme la relation d'ordre. Ce qui est essentiel, c'est naturellement que $\mathbb{N}$ peut-être perçu comme un sous-ensemble canonique de $\mathbb{Z}$, qui en est donc une extension. Plus exactement, il faudrait dire que $\mathbb{Z}$ contient une partie $\mathbb{N}'$ isomorphe à $\mathbb{N}$ pour les opérations et l'ordre de cet ensemble.

Dans $\mathbb{Z}$ il y a des nombres premiers (ceux de $\mathbb{N}$ et leurs opposés), des p.g.c.d. et p.p.c.m., des exponentielles n^m (mais seulement avec m positif), très fortement liés à l'arithmétique de $\mathbb{N}$.

Il n'est pas utile de s'appesantir longtemps sur $\mathbb{Z}$, qui a sur $\mathbb{N}$ l'immense avantage d'une structure algébrique riche (celle d'anneau commutatif intègre), mais dont la théorie ne pose pas de problèmes particuliers autres que ceux pouvant être pensés en termes d'entiers naturels. Aussi passerons-nous maintenant à l'ensemble des nombres rationnels, un peu plus fécond.

Qu'est-ce qu'un nombre rationnel ?

La même démarche permet de définir les nombres rationnels, connus de tout temps (au moins quant aux positifs ; voir par exemple Euclide en son livre V, mais les pythagoriciens les manipulaient déjà avec brio). La notation p/q représente la solution de l'équation $qx = p$ où q n'est pas nul. Cela n'a de sens dans $\mathbb{Z}$ que si p est un multiple de q ; alors p'/q' est égal à p/q chaque fois que $pq' = p'q$. Lorsque p n'est pas un multiple de q, le symbole p/q, *a priori* insensé, définit un nouveau nombre.

L'ensemble ainsi formé, techniquement considéré comme l'ensemble quotient de $\mathbb{Z} \times \mathbb{Z}^*$ où $\mathbb{Z}^*$ représente $\mathbb{Z}$ privé de zéro par la relation d'équivalence $(p,q) \sim (p',q')$ si, et seulement si, $pq' = p'q$, est noté $\mathbb{Q}$. C'est un *corps*, c'est-à-dire que l'on peut y effectuer des additions (par exemple $p/q + p'/q' = (pq' + p'q)/qq'$), des soustractions, des multiplications et des divisions (sauf par 0). Cet ensemble contient $\mathbb{Z}$ comme sous-ensemble : il suffit d'assimiler n à $n/1$, c'est-à-dire à la classe de $(n,1)$. Cette construction est due à Heinrich Weber (1842-1913) en 1895 dans son *Lehrbuch der Algebra*, au moins pour les rationnels positifs, huit ans avant Dirichlet et la construction analogue pour $\mathbb{Z}$.

Ce corps est structuré également par une relation d'ordre bien connue ; il est *archimédien*, c'est-à-dire que pour tout couple (a,b) avec $b > 1$, il existe un entier n dans $\mathbb{N}$, donc dans $\mathbb{Z}$ et dans $\mathbb{Q}$, tel que $nb > a$. De plus, et c'est nouveau par rapport à $\mathbb{Z}$, entre deux rationnels il existe une infinité de rationnels.

Les questions concernant les rationnels, comme l'étude des racines des polynômes à coefficients rationnels (les nombres *algébriques*, ou encore *non transcendants*), se ramènent toujours plus ou moins simplement à des problèmes sur les entiers. Les extensions $\mathbb{N} \subset \mathbb{Z} \subset \mathbb{Q}$ sont très intéressantes au point de vue théorique, mais l'essentiel est toujours dans $\mathbb{N}$, ou alors dans le corps $\mathbb{R}$ des nombres réels, qui constitue le « clou » de notre visite au Zoo des nombres.

Avant de quitter $\mathbb{Q}$, signalons juste au passage deux ensembles, deux anneaux, coincés entre $\mathbb{Z}$ et $\mathbb{Q}$: celui des nombres binaires ou dyadiques $\mathbb{B}$, qui peuvent se décrire avec un dénominateur ne comportant que des puissances de 2, essentiel pour l'informatique par exemple, dense dans $\mathbb{Q}$ (c'est-à-dire qu'entre deux rationnels il y a toujours une infinité de nombres binaires) et celui des nombres décimaux $\mathbb{D}$, familier à tous, où des puissances de 5 au dénominateur sont permises en plus. Si l'utilité pratique du dernier, par exemple, est incontestable, leur poids scientifique est assez léger, car ce ne sont pas des anneaux aux propriétés algébriques très remarquables.

Qu'est-ce qu'un nombre réel ?

Les pythagoriciens, qui croyaient d'abord que tout nombre (positif) était rationnel, avaient déjà mis le doigt sur un scandale : le nombre $\sqrt{2}$. Il existe puisqu'on peut le construire à la règle non graduée et au compas. Racine dira-t-on plus tard de l'équation $x^2 = 2$, il est *irrationnel*. Voir par exemple le dialogue du *Théétète* de Platon, où il est attribué à Théodore (470-420), qui aurait été, d'après Proclus, son professeur. Dès lors tout le monde savait que la droite (le $\mathbb{R}$ de l'époque) était formée de rationnels et d'irrationnels. Par exemple, Descartes admet parfaitement en 1637 ces deux sortes de nombres parmi les racines des polynômes, avec également les complexes qu'il avait appris à manier chez les Italiens du siècle précédent et son prédécesseur François Viète.

Aujourd'hui nous pouvons facilement repérer les « incomplétudes » de $\mathbb{Q}$. Dans ce corps, il existe beaucoup de « trous » :

- Il n'est pas vrai que toute suite croissante majorée ait une limite.
- Il n'est pas vrai que tout ensemble majoré non vide ait une *borne supérieure*, c'est-à-dire un majorant plus petit que les autres.

• Il n'est pas vrai qu'une suite de segments $[a_n, b_n]$ *emboîtés*, c'est-à-dire tels que $a_n \leqslant a_{n+1} \leqslant b_{n+1} \leqslant b_n$, ait une intersection $\bigcap [a_n, b_n]$ non vide.

• Il n'est pas vrai que toute partie bornée non vide ait un *point d'accumulation*, c'est-à-dire que l'on puisse en déduire injectivement une suite convergente.

• Il n'est pas vrai que toute *suite de Cauchy*, c'est-à-dire telle que $|u_p - u_q|$ puisse être pris aussi petit que l'on veut dès que p et q sont assez grands, ait une limite (en 1872, Cantor écrira dans un article sur les séries trigonométriques des *Mathematische Annalen*, qu'une telle suite « a la propriété que la différence $a_{n+m} - a_n$ devient infiniment petite quand n croît, quel que puisse être l'entier positif m »).

Tout corps $\mathbb{K}$ contenant $\mathbb{Q}$ et où ces propriétés seraient vraies — il suffirait que l'une d'elles le soit — serait réputé compléter $\mathbb{Q}$; on pourrait d'ailleurs se poser la question de savoir si les a_n, b_n, u_n *etc.* peuvent y être remplacés par des éléments de ce corps K : ce serait bien que les réponses à ces défis soient également positives dans cette extension.

Il se trouve que tout corps $\mathbb{K}$ remplissant ces conditions fortes contient au moins un plus petit corps, alors appelé *complété* de $\mathbb{Q}$: c'est bien entendu $\mathbb{R}$. Toutes les constructions de $\mathbb{R}$ que nous allons évoquer l'ont été à partir de l'une ou l'autre des demandes ci-dessus.

L'année mirifique 1872

L'histoire des nombres réels a connu, en 1872 et 1873 (voir plus loin les paragraphes sur les nombres algébriques), des développements exceptionnels et vu naître des solutions extrêmement fécondes. Bien sûr, il s'agit ici d'une simplification. On pourrait faire naître la démarche chez Eudoxe, présumé avoir inspiré le livre X des *Éléments* d'Euclide. On pourrait citer des chercheurs comme le Bas-Normand Nicole Oresme (1325-1382), Nicolas Chuquet, Simon Stevin et ses fractions décimales, et bien d'autres qui manipulaient parfaitement les irrationnels et devaient en avoir une certaine idée, et enfin Cauchy, puis Martin Ohm (1792-1872) — à ne pas confondre avec son frère, le physicien bien connu — qui publia un premier essai de construction de $\mathbb{R}$ (insuffisant) dès 1822, deux mémoires d'Hamilton en 1833 et 1835, les travaux de Bernard Bolzano (1781-1848), certains remontant jusqu'à 1817 et restés longtemps ignorés... Nous tricherons à peine en oubliant que les *Remarques sur la nature des quantités définies par la condition de servir de limites à des variables données* de Charles Méray (1835-1911) datent de 1869, dans un mémoire donné à la *Revue des sociétés savantes*, car son livre *Nouveau précis d'analyse infinitésimale* est bien sorti en 1872.

En 1872 donc paraissent l'ouvrage de Méray déjà cité mais aussi des notes de Karl Weierstrass datant de 1861 à 1865 et recueillies par son élève Kossak sous le titre *Die Elemente der Arithmetik*, le mémoire de Édouard Henri Heine (1821-1881) *Die Elemente der Funktionenlehre* inspiré par Cantor dont il simplifie les idées, et surtout *Stetigkeit und die Irrationalzahlen* de Dedekind, dont il dit que l'idée centrale

— les fameuses *coupures* — lui était apparue le 24 novembre 1858 (*Stetigkeit* signifie « continuité »). Sa publication tardive, précipitée par la sortie de l'article de Heine est justifiée « d'abord parce que l'exposition de cette théorie ne semblait guère simple, ensuite parce que la théorie elle-même avait peu d'avenir ».

Les deux essais fondamentaux de Dedekind, celui de 1872 sur $\mathbb{R}$ et celui de 1888 sur $\mathbb{N}$, ont été traduits et réunis en 1901 sous le titre *Essays on the theory of Numbers* (réédité par Dover en 1963).

Les différentes constructions de $\mathbb{R}$

Nous ne pouvons rentrer ici dans tous les détails de ces travaux aussi importants les uns que les autres pour l'historien. À défaut de lire les textes eux-mêmes, difficiles mais indispensables pour une étude sérieuse, on se rapportera à l'excellent article 5 du chapitre 6 de Pierre Dugac dans l'*Abrégé* dirigé par Jean Dieudonné.

Essayons quand même de fixer quelques idées.

Aucun de ces auteurs n'est parti de l'idée pourtant de loin la plus naturelle, qui avait certainement nourri depuis bien longtemps l'intuition des mathématiciens, reposant sur la notion de *développement décimal illimité*. Elle présente en effet l'avantage énorme de réaliser de manière presque concrète la bijection fondamentale entre $\mathbb{R}$ et n'importe quelle droite euclidienne (n'oublions pas que, lorsqu'il y a un substrat géométrique pour une construction axiomatique, il est toujours très rentable de le mettre en évidence autant qu'on le peut). Mais elle est entachée par deux défauts essentiels : d'abord le développement n'est pas unique ($2 = 2{,}000000000\ldots = 1{,}999999999\ldots$), ensuite définir addition et multiplication sur cette base est techniquement très pénible. Toutefois cette idée ne doit pas être oubliée pour donner un premier panorama des nombres réels à des adolescents ou des curieux peu portés à l'abstraction.

Weierstrass, avec sa notion d'*agrégats* (ensembles) de rationnels, avec lesquels on pouvait fabriquer des suites, se fondait essentiellement sur le principe des intervalles emboîtés, et de l'unicité de l'élément de $\bigcap [a_n, b_n]$ lorsque $b_n - a_n$ tend vers zéro. Nous savons aujourd'hui que Bolzano travaillait également dans ce sens.

Méray, Cantor et Heine s'appuient sur la notion de suite de Cauchy, présentée comme convergente de manière évidente dans son *Cours d'analyse algébrique de l'École royale polytechnique* de 1821. Leur méthode est souvent enseignée au niveau universitaire (quand on y prend le temps de construire $\mathbb{R}$; c'est un peu plus difficile que $\mathbb{N}$ ou $\mathbb{Q}$).

Méray répartit ces suites en deux catégories : celles ayant une limite, qui n'introduisent rien de neuf, et celles n'en ayant pas, qu'il appelle « limites fictives ». Il est naturellement conduit à confondre deux suites de Cauchy à limite fictive satisfaisant à une certaine condition (leur différence tend vers 0) de façon à avoir unicité de la limite, lorsque qu'elle quitte le côté fictif pour entrer dans la réalité, c'est-à-dire pour devenir un nombre irrationnel.

Dans les cours modernes, on considère une relation d'équivalence entre les suites de Cauchy en exprimant justement que leur différence tend vers zéro. Le corps des réels est alors le quotient de l'anneau de ces suites par cette relation d'équivalence. Définir les opérations sur $\mathbb{R}$ est assez facile, mais un peu lourd. Ce qui est vraiment subtil, c'est de définir la limite de la suite (cette limite est simplement *l'ensemble des suites qui lui sont équivalentes*, ce qui est plus facile à écrire formellement qu'à bien comprendre), et surtout de démontrer *in fine* que toute suite de Cauchy *de nombres réels*, liste dénombrable d'ensembles eux-mêmes formés d'une infinité de suites équivalentes, admet à son tour une limite réelle. Cette démonstration est assez courte en somme et peut se faire par un procédé diagonal à la Cantor, une fois définies par exemple des valeurs approchées décimales ou binaires par défaut, mais son contenu intuitif est plutôt difficile à dégager des développements techniques formels.

La définition de Dedekind est plus compréhensible, mais bien plus rarement présentée aujourd'hui dans des cours universitaires. Nous lui consacrons notre prochain paragraphe.

Les coupures de Dedekind

Écoutons l'auteur : « Il restait seulement à [obtenir] une réelle définition de l'essence de la continuité. J'ai réussi le 24 novembre 1858 », puis : « J'ai trouvé l'essence de la continuité dans [...] le principe suivant : si tous les points de la ligne droite tombent entre deux classes telles que chaque point de la première classe soit à gauche de chaque point de la seconde classe, alors il existe un point et un seul qui assure cette division de tous les points en deux classes, ce partage de la ligne droite en deux parties. » Et enfin : chaque coupure qui n'est pas définie par un rationnel séparant les deux classes « crée un nouveau nombre irrationnel α qui est complètement défini par cette coupure ; nous devrions dire que le nombre α correspond à cette coupure ou qu'il produit cette coupure. »

Cette définition est parfaitement intuitive, de base géométrique et claire. Il est vrai que définir le produit de deux coupures n'est pas toujours drôle, surtout à cause des réels négatifs. Cela dit, cette façon d'introduire un étudiant au monde abstrait des nombres réels nous semble la plus agréable, et il est exact que c'est elle qui avait été généralement subie par les grands analystes du début du XXe siècle. Elle a donc largement fait ses preuves !

Signalons que l'idée de coupure était déjà, d'une certaine manière, dans Eudoxe qui, pour tous les nombres positifs, rationnels ou irrationnels, avait donné la règle suivante (présente dans le livre V d'Euclide) : pour vérifier que $a/b = c/d$, il suffit de voir que, pour tous les entiers p et q, on aura $cq < dp$ dès que $aq < bp$ et les implications analogues où l'on remplace le signe $<$ par $=$ et $>$. C'est fou comme les choses deviennent simples losqu'on les regarde vingt-trois siècles plus tard !

Nous avons beaucoup parlé de Hilbert dans le chapitre précédent consacré à l'axiomatisation de la géométrie. Il est bon de savoir qu'il avait écrit en 1899 une axiomatique de $\mathbb{R}$ assez différente des précédentes dans son esprit, car elle ne partait pas de $\mathbb{Q}$, et la propriété permettant de différencier les deux corps était un « axiome de continuité » selon lequel on ne pouvait pas ajouter d'autres nombres à un système formé des dix-sept autres axiomes. On peut la lire dans ses *Grundlagen der Geometrie* à partir de la septième édition sous forme d'annexe (voir la traduction commentée de 1971 par Paul Rossier chez Dunod, p.74 ; la comparaison entre les deux axiomatiques de Hilbert est alors frappante). Ce système est aussi exposé dans le chapitre 41 de l'excellent livre *Mathematical Thought from Ancient to Modern Times* de Morris Kline déjà cité.

Le nombre de Liouville-Erdös

Il existe beaucoup de nombres réels remarquables. Comme exemple de la richesse que peut atteindre la définition d'un réel, et comment la connaissance d'un seul nombre peut être équivalente, en principe, à toute une foule de savoirs, donnons celui du nombre de Liouville-Erdös, que le livre de Jean-Paul Delahaye sur les nombres premiers vient de remettre à l'honneur.

Il s'agit de montrer comment on peut enfermer la liste de tous les nombres premiers dans un seul réel. Les trente-neuf premières décimales de ce nombre sont les suivantes :

$$L = 0{,}200\,300\,005\,000\,000\,700\,000\,001\,100\,000\,000\,013\,000\ldots$$

On imagine le processus. Formellement, la définition correcte de L est la suivante : si p_n est le n-ième nombre premier, alors $L = \sum_{n=1}^{+\infty} \frac{p_n}{10^{n^2}}$.

Précisons un peu les choses, car il faut être rigoureux en ces domaines. Tout d'abord la convergence de cette série est-elle certaine ? Sur les premières décimales, tout a l'air clair, mais rien ne dit que l'espace entre deux nombres premiers successifs sera toujours suffisant. En fait, nous admettrons ici un résultat sur p_n qu'il est d'ailleurs assez facile de prouver élémentairement : à savoir l'inégalité $p_n < 10^n$ (il y a évidemment bien mieux, par exemple à l'aide du théorème de Joseph Bertrand (1822-1900) démontré en 1851 par Pafnouty Tchebitcheff (1821-1894). Il établit que $p_{n+1} < 2p_n$, d'où $p_n \leqslant 2^n$; cela n'a rien d'extraordinaire, puisque le théorème d'Hadamard dit que p_n est de l'ordre de $n \ \ln n$, donc polynomial en n et majoré par des exponentielles telles que 10^n). Par suite le terme général de la série est majoré par 10^{n-n^2} et donc par celui de la série géométrique de terme général 10^{1-n}.

Cela fait, montrons comment « repêcher » le nombre p_n à partir de L, par exemple au moyen d'un programme informatique. Rappelons la signification d'un symbole très important en théorie des nombres : x étant un réel, $\lfloor x \rfloor$ est sa *partie entière*, c'est-à-dire l'unique élément n de $\mathbb{Z}$ tel que $n \leqslant x < n+1$. Par exemple, $\lfloor 100\pi \rfloor = \lfloor 314{,}159... \rfloor = 314$. Dès lors, la deuxième décimale de π peut être obtenue par l'égalité :

$$4 = 314 - 10 \times 31 = \lfloor 100\pi \rfloor - 10 \times \lfloor 10\pi \rfloor.$$

Cette technique, d'ailleurs utilisée — avec évidemment beaucoup plus de finesse — par l'algorithme de Plouffe *et al.* pour déterminer les décimales de π en base 16, va nous servir pour retrouver p_n, puisque, si nous posons $\lambda_n = \lfloor 10^{n^2} L \rfloor$, il vient aussitôt :

$$p_n = \lambda_n - 10^{2n-1} \times \lambda_{n-1} = \lfloor 10^{n^2} L \rfloor - 10^{2n-1} \times \lfloor 10^{(n-1)^2} L \rfloor.$$

Reste cependant encore une vérification : les choses sont un peu plus complexes que pour la deuxième décimale de π ; bien que cela paraisse évident, il reste à montrer que $\lambda_n = \sum_{k=1}^{n} 10^{n^2} \frac{p_k}{10^{k^2}}$. Nous ne développerons pas en détail ce point, disant simplement qu'il suffit d'employer, encore une fois, la majoration $p_k < 10^k$, l'inégalité triviale $(n-k)(n-k+1) \geqslant 0$, d'où $n^2 - k^2 + k \leqslant (-n)(1 + 2[k-n-1])$ et de rappeler qu'une série géométrique de raison 10^{-2n} a pour somme un réel strictement inférieur à 1, d'où la majoration $\sum_{k=n+1}^{+\infty} 10^{n^2-k^2} p_k < 10^{-n} < 1$.

Bien entendu, la méthode fonctionne pour toute suite vérifiant $p_n < 10^n$, et peut être adaptée à d'autres situations. C'est ainsi que Joseph Liouville (1809-1882), pour définir au moins un nombre transcendant — voir plus bas — avait utilisé en 1844 une série de terme général $\frac{a_n}{10^{n!}}$ où les a_n sont des chiffres (compris entre 0 et 9 par conséquent, ne confondons pas chiffre et nombre), dont une infinité n'est pas nulle. C'est la raison de la présence du nom du subtil Liouville dans ces paragraphes.

Bien entendu, la connaissance de L, incontestablement parfaitement défini, n'est d'aucun secours pour trouver directement le millième nombre premier, puisque sa construction dépend justement, au moins jusqu'à aujourd'hui, de celle de *tous les nombres premiers*. C'est également par des méthodes de ce genre, encore élémentaires mais un peu plus compliquées, que l'on peut prouver l'existence du nombre $A = 1{,}306\ldots$ de Mills, trouvé en 1947, tel que la suite des entiers $\lfloor A^{3^{n+1}} \rfloor$ où n décrit $\mathbb{N}$ soit strictement incluse dans celle des p_n (on trouve successivement 2, 11, 1361...). Cette existence, étonnante, repose sur le théorème des segments emboîtés dont nous avons parlé et le fait que, pour x assez grand, il existe un nombre premier entre x et $x + x^{13/23}$.

Notre démonstration au sujet de L prouve simplement une chose : puisque connaître un seul nombre peut être équivalent à en connaître une infinité dénombrable, la notion de nombre réel est vraiment subtile ; il n'y a pas à s'étonner qu'elle ait mis si longtemps à émerger avec précision, et qu'elle n'ait pas fini de poser des problèmes d'analyse dite « fine » aux mathématiciens. Les merveilleuses calculettes, même avec la possibilité théorique de définir le nombre de décimales que l'on veut, en dépit de leur puissance extraordinaire qui a fait vibrer tous les mathématiciens depuis 1972 et la HP35, ne remplaceront jamais un esprit alerte. Merci à Liouville et Erdös de nous l'avoir rappelé.

Qu'est-ce qu'un nombre algébrique ?

Nous venons d'évoquer la notion de nombre transcendant, dont π, e ainsi que la plupart des réels sont des exemples. Les réels non transcendants sont dits algébriques, comme 18 et $\sqrt{2} + \sqrt{3}$. Ils forment un ensemble $\mathbb{A}$ qui a une structure de corps puisque la somme et le produit de deux algébriques, comme l'inverse d'un algébrique non nul, sont eux aussi algébriques.

Ce corps est exactement coincé entre $\mathbb{Q}$ — ensemble des algébriques de degré un — et $\mathbb{R}$. Techniquement, il est défini par le fait qu'il existe au moins une équation de la forme $P(x) = 0$, où P est à coefficients dans $\mathbb{Z}$. Tous les polynômes ayant cette propriété sont multiples de l'un des leurs appelé *polynôme minimal* de x.

Par exemple, $\sqrt{2}$, $\sqrt{3}$ et $\sqrt{2} + \sqrt{3}$ ont pour polynômes minimaux respectifs $X^2 - 2$, $X^2 - 3$ et $X^4 - 10X^2 + 1$. Ce dernier polynôme est aussi minimal pour $\sqrt{2} - \sqrt{3}$, $\sqrt{3} - \sqrt{2}$ et $-\sqrt{2} - \sqrt{3}$.

Comme nous venons de le voir, c'est Liouville qui a démontré l'existence de nombres transcendants, en en fournissant un exemplaire (celui pour lequel les a_n sont égaux à 1). Il faudra attendre exactement vingt-neuf ans pour en apprendre beaucoup plus sur ce sujet.

C'est à la fin de l'extraordinaire année 1873, pendant laquelle Charles Hermite (1822-1901) avait prouvé la transcendance de e, que Dedekind a démontré que $\mathbb{A}$ est *dénombrable*, c'est-à-dire que l'on peut indexer ses éléments avec des indices pris dans $\mathbb{N}$, par une technique calquée sur celle que Cantor a inventée quelques semaines plus tôt pour établir la dénombrabilité de $\mathbb{Q}$ qu'il venait de conjecturer. Le 9 décembre, les deux compères sauront que $\mathbb{R}$ n'est pas dénombrable : cette première application du principe diagonal de Cantor aura des suites importantes.

De la dénombrabilité de $\mathbb{Q}$, on peut donner une démonstration remarquable très simple ; il suffit de bâtir une bijection de $\mathbb{Q}$ sur $\mathbb{N}$, laissant fixe 0, et transformant un rationnel sous forme réduite $\pm\left(\prod p^{n}\right)$ où les p sont premiers et deux à deux distincts et les n des entiers relatifs non nuls, en l'entier naturel $\varphi\left(\prod p^{\varphi(n)}\right)$ où $\varphi(n) = 2n$ si $n \in \mathbb{N}^*$, et $\varphi(n) = 2|n| + 1$ si $-n \in \mathbb{N}^*$. D'autres techniques sont possibles, par exemple à l'aide de *suites et fonctions de Brocot*; la dénombrabilité de $\mathbb{A}$ est alors un peu plus difficile à obtenir, en commençant à classer suivant le degré du polynôme minimal, puis en fonction de la somme des valeurs absolues de ses coefficients.

La subtile théorie des nombres algébriques et celle de son complément naturel des nombres transcendants, sont encore l'un des domaines les plus actifs de la théorie des nombres, et aussi l'un des plus délicats. Hilbert ne s'y était pas trompé, qui en avait fait le thème de son septième problème, résolu indépendamment en 1934 par Alexandre Gelfond (1906-1968) et Theodor Schneider (né en 1911) : a^b est transcendant si a est algébrique tel que $a^2 \neq a$ et b irrationnel algébrique. Ce résultat sera notablement généralisé en 1966 par Alan Baker (né en 1939), qui prouve par exemple que $\ln a$ est transcendant dès que $a > 1$ est algébrique.

Donnons un exemple de problème encore non résolu : on ne sait pas si $\pi^{\mathrm{e}} = 22{,}4591577\ldots$ est transcendant, alors que Gelfond a démontré en 1929 que $\mathrm{e}^{\pi} = 23{,}1406926\ldots$ l'est parce qu'égal à $\mathrm{i}^{-2\mathrm{i}}$ (voir plus loin ; la question de la transcendance de ce dernier avait aussi été posée, avec cette formule comme guide, par Hilbert en 1900). Il en va de même pour la constante d'Euler $\gamma = 0{,}5772156649\ldots$, limite quand n tend vers l'infini de $-\ln n + \sum_{k=1}^{n} \frac{1}{k}$ ou les valeurs de la fonction $\zeta(n)$ pour n impair (pour n pair, on sait que ce sont des produits de rationnels par des puissances de π^2, donc des transcendants) ; tout au plus sait-on, par un résultat assez récent de Roger Apéry, que $\zeta(3) = 1{,}2020569\ldots$ est irrationnel, ce qu'il a pu prouver en juin 1978 aux Journées arithmétiques de Marseille, par des méthodes (presque) à la portée d'un Euler deux siècles et demi plus tôt. Le *Book of God* a encore beaucoup de pages inviolées.

Au-delà du corps des réels : les complexes

L'histoire du corps des nombres complexes est bien connue ; elle remonte, nous le savons, au XVIe siècle avec des mathématiciens comme Bombelli qui, a propos de l'équation $x^3 = 15x + 4$, découvre en 1560 l'égalité $4 = \sqrt[3]{2+\sqrt{-121}} + \sqrt[3]{2-\sqrt{-121}}$. Le 2 février 1702, dans une lettre à Pierre Varignon (1654-1722), Leibniz raconte qu'il avait étonné Christian Huygens (1629-1695) en lui soumettant l'égalité analogue $\sqrt{6} = \sqrt{1+\sqrt{-3}} + \sqrt{1-\sqrt{-3}}$. Il utilisait déjà la caractérisation des racines carrées de nombres complexes par leur partie réelle positive, comme les logiciels de calcul formel de nos jours.

Retenons que, contrairement à une opinion généralement bien répandue, c'est probablement pour résoudre des équations du troisième degré, et non celles du second dont le discriminant est négatif, que la nécessité de compléter $\mathbb{R}$ s'est fait sentir, puisque, après plus d'un siècle, une relation comme celle de Leibniz pouvait encore éblouir un scientifique de haut niveau comme Huygens, physicien et mathématicien reconnu, fils d'un ami, lui aussi mathématicien, de Descartes. Cela dit, rien n'est jamais définitif en histoire des sciences : Jérôme Cardan écrit en 1545, dans le chapitre 37 de son livre *Ars magna sive de regulis algebraicis*, que l'équation $x(10-x) = 40$ a pour racines $5+\sqrt{-15}$ et $5-\sqrt{-15}$, ajoutant aussitôt que ce cas est impossible, sophistiqué, subtil, inutile bien que l'on puisse quand même opérer sur lui. Il est donc difficile de conclure.

Bien que ce soit un sujet passionnant, nous ne dirons des nombres complexes que quelques mots. Comment les définir correctement ? Cette question n'était pas si évidente puisqu'elle occupa quelques grands esprits comme Gauss et Cauchy. Aujourd'hui, on aime utiliser une remarque de celui-ci, à savoir en substance que le nombre complexe $a + \mathrm{i}\, b$ est l'ensemble des polynômes réels de la forme $P(X) = a + bX + (X^2+1)\, Q(X)$ où Q est un polynôme arbitraire (évidemment le discours est actuel). Au temps des « mathématiques modernes », la commission Lichnérowicz avait choisi la matrice carrée d'ordre deux $a + \mathrm{i}\, b = \begin{bmatrix} a & -b \\ b & a \end{bmatrix}$. Le numéro spécial de *Pour la science* sur Bourbaki s'en moque gentiment, en publiant en fac-similé une page du livre d'algèbre de la collection *Aleph*$_0$ où figure cette définition ; si elle peut en effet paraître aujourd'hui assez décalée, elle présentait quand même deux avantages importants, rendant d'abord inutiles toutes sortes de vérifications ennuyeuses (associativité du produit) et surtout mettant clairement l'accent sur le lien entre nombres complexes et géométrie, rotations ou similitudes en l'occurrence.

Ce n'est pas le cas de la définition actuellement en faveur, remontant à 1835 et due à William Hamilton (1805-1865) dans son essai *Theory of Conjugate Functions or Algebraic Couples*, où il dit que le corps $\mathbb{C}$ est l'ensemble des couples $a + \mathrm{i}\, b = (a,b)$ de nombres réels muni de deux opérations, l'addition membre à membre et la multiplication définie par $(a,b) \times (c,d) = (ac - bd, ad + bc)$. Elle est immaculée, pédagogiquement correcte puisqu'assimilant $\mathbb{C}$ à $\mathbb{R}^2$ muni d'une opération spéciale, mais ennuyeuse et cachant surtout, comme celle de Cauchy, la partie géométrique sous-jacente.

L'interaction entre nombres complexes et géométrie est primordiale. On sait combien il est difficile de définir la notion d'argument θ d'un nombre complexe non nul, alors que celle de module est immédiate. Notons au passage que la meilleure définition de l'argument, valable lorsque $a + \mathrm{i}\, b$ n'est pas un réel négatif — il faut bien qu'il y ait quelque part rupture dans le plan, puisque l'on peut prouver qu'il n'existe aucune fonction continue $\theta(z)$ telle que $z = |z| \,.\, \exp \mathrm{i}\,\theta(z)$ pour tout $z \neq 0$ — est donnée par l'égalité :

$$\arg(a + \mathrm{i}\, b) = \theta = 2 \operatorname{Arctan} \frac{b}{a + \sqrt{a^2 + b^2}}.$$

C'est simplement une traduction géométrique du fait que, si AB est un diamètre d'un cercle de centre O, l'angle sous lequel on voit de O un arc $\overset{\frown}{AM}$ du cercle *(angle au centre)* a une mesure double de celui sous lequel on le voit de B *(angle inscrit)*, l'un des plus beaux et des plus vieux théorèmes de la géométrie classique.

Comme application de cette formule donnant l'argument, on peut en déduire celle qui définit le logarithme complexe principal (toujours pour un complexe non réel négatif), à savoir : $\ln(a + \mathrm{i}\, b) = \ln \sqrt{a^2 + b^2} + \mathrm{i} \arg(a + \mathrm{i}\, b)$. On peut en déduire la signification d'expressions comme $\mathrm{i}^{-2\mathrm{i}} = \exp(-2\mathrm{i} \ln(\mathrm{i})) = \mathrm{e}^{\pi}$, réelle en dépit des apparences (Euler, lettre à Goldbach en 1746).

Entre le corps $\mathbb{Q}$ des rationnels et le corps des réels $\mathbb{R}$, nous avons dit qu'il y avait le corps $\mathbb{A}$ des nombres algébriques ; il en existe bien entendu une version complexe, comprise comme $\mathbb{R}$ entre $\mathbb{A}$ et $\mathbb{C}$, formée des complexes algébriques, c'est-à-dire des racines complexes d'équations algébriques $P(z) = 0$ où P est à coefficients dans $\mathbb{Z}$. Son intersection avec $\mathbb{R}$ est naturellement $\mathbb{A}$; il est dénombrable comme $\mathbb{A}$.

Toute une partie passionnante de l'algèbre et de la théorie des nombres est consacrée à des corps intermédiaires entre $\mathbb{Q}$ et $\mathbb{C}$; il est dommage que nous ne puissions pas nous étendre sur ces questions, bien qu'elles présentent certains aspects fascinants facilement médiatisables, mais il faut savoir se limiter ! Il faudrait cependant également citer au moins l'anneau des entiers de Gauss ($a + \mathrm{i}\, b$ où a et b sont dans

$\mathbb{Z}$), les différents anneaux $\mathbb{Z}(\sqrt{d})$ et surtout les corps finis $\mathbb{F}_q = GF(q)$ de Galois, où $q = p^n$ est une puissance d'un nombre premier, si importants aujourd'hui et appliqués à tour de bras en informatique et cryptographie, ainsi que les nombres p-adiques et encore mille autres joyaux.

Les nombres complexes, monstres hybrides justifiés *a posteriori* par le mariage fermato-cartésien de l'algèbre et de la géométrie, ainsi que les fonctions qui leur sont associées, ont donné du travail aux chercheurs pendant près de deux siècles, en particulier à ceux du XIXe, emportés par les découvertes exaltantes d'un Cauchy. On sait qu'ils ont été longtemps indispensables à la démonstration d'un théorème d'arithmétique pure comme celui de Hadamard et La Vallée-Poussin. Aucune personne se prétendant cultivée ne devrait ignorer, aujourd'hui, ce qu'est un nombre complexe. On en est bien loin pour le moment.

Au delà du corps des complexes : les quaternions

Le corps $\mathbb{H}$ des quaternions, inventé par Hamilton dans les conditions que nous avons rapportées, peut donc être défini à partir des formules $i^2 = j^2 = k^2 = ijk = -1$. Après qu'en 1841 Cayley (1821-1895) eut introduit les matrices, une définition matricielle a été donnée en 1858 par celui-ci dans son article général *A Memoir on the Theory of Matrices* : il est montré que l'on peut se passer des pénibles vérifications (toujours l'associativité du produit) préconisées par Hamilton si l'on identifie $\mathbb{H}$ à ce que l'on appellerait aujourd'hui $\mathbb{R}^4$ muni d'une structure spéciale.

Au-delà de $\mathbb{H}$, il n'y a plus de corps simplement lié à $\mathbb{H}$, $\mathbb{C}$ ou $\mathbb{R}$ (c'est-à-dire comme espaces de dimensions finies sur ces corps). Seuls les *octaves* ou *octonions* découverts par un certain John Graves en décembre 1843, puis en 1845 par l'inévitable Cayley, ont encore quelques propriétés intéressantes — il s'agit d'une algèbre $\mathbb{O}$ de dimension 8 sur $\mathbb{R}$, donc construite sur $\mathbb{R}^8$ et définissable par huit unités analogues au quadruplet $(1, i, j, k)$ générateur de $\mathbb{H}$ — mais la multiplication n'y est même pas associative ce qui fait que ses applications sont plutôt réduites, bien qu'elle ait des relations avec les groupes de Lie et la topologie différentielle ; on pourra consulter le chapitre 9 du livre collectif *Les Nombres* déjà cité, pour une présentation algébrique élémentaire de $\mathbb{O}$.

Voici donc une bien longue chaîne

$$\mathbb{N} \subset \mathbb{Z} \subset \mathbb{B} \subset \mathbb{D} \subset \mathbb{Q} \subset \mathbb{A} \subset \mathbb{R} \subset \mathbb{C} \subset \mathbb{H} \subset \mathbb{O}$$

sortie des incantations euclidiennes : *l'unité est ce selon quoi chacune des choses existantes est dite une* et *le nombre est une multitude formée d'unités.* Peut-être les siècles suivants verront-ils encore fleurir de nombreuses variétés de cette plante si vivace que sont les nombres ; mais ils auront toujours suffisamment à faire pour tenter de régler les problèmes innombrables et délicieux que $\mathbb{N}$ et $\mathbb{R}$, pour parler seulement de ces deux-là, poseront longtemps à la sagacité des mathématiciens.

Chapitre 8

Mathématiques et information (1) : vaincre les distances

L'électricité s'est longtemps bornée à inspirer la crainte ou quelque curiosité devant l'attraction d'objets légers. Elle se construit en tant que discipline spécifique sur des mathématiques inspirées de la mécanique céleste avant de révéler toute sa subtilité et jouer un rôle toujours plus important dans le quotidien comme dans l'industrie avec des besoins croissants en outils de calcul.

Une équation identique à celle de Newton est en effet formulée par un ingénieur du corps du génie ayant, à la Martinique, construit le fort Bourbon : Charles de Coulomb (1736-1806) a, en 1772, abandonné l'armée pour élaborer une théorie des machines simples et notamment du pendule de torsion. Une utilisation de celui-ci lui permet d'affirmer en 1784, grâce à de très fins fils d'argent, qu'entre deux charges électriques Q et q séparées par la distance d s'exerce la force $F = k\,Qq/d^2$.

Pas plus que l'attraction universelle, elle n'a reçu de justification. Elle est suggérée par des mesures, au degré de précision autorisé à la fin du XVIIIe siècle. Nul ne peut dire comment les charges électriques — dont il va sans dire que la nature est incomprise — agissent à distance, mais cela n'inquiète pas. Non seulement le précédent de la gravitation est là, mais Coulomb s'est intéressé au magnétisme et, dans un mémoire couronné par l'Académie des sciences (*Recherches sur la meilleure manière de fabriquer des aiguilles aimantées*), il a été conduit, utilisant des aimants longs et minces, à admettre le concept de masses magnétiques avec, entre elles, une attraction de même type.

Cette transposition de la loi de la gravitation va suggérer d'adopter pour l'électricité les termes, la procédure et les équations de la mécanique céleste. Derechef, l'accent est mis sur le fait que $1/d^2$ est la dérivée de $-1/d$, donc là encore, la force dérive d'un potentiel : les manuels d'électrostatique vont fortement ressembler à des cours de mécanique. Cependant, les physiciens sont intrigués par l'existence de deux électricités — on les dira vitrée et résineuse — avec la considération que deux charges de même nature se repoussent : un tel scénario ne se rencontre pas en gravitation où toutes les masses s'attirent.

Par ailleurs, à la différence de la gravitation jugée inhérente à la matière, l'électricité semble conférée à celle-ci : on avait autrefois observé son apparition quand on frotte de l'ambre (*elektros* en grec), le mot électricité ayant été introduit en France en 1720 avec une traduction de Newton, qui s'est intéressé à la question, par Costes. On « charge » les objets comme si l'électricité était un fluide dont on provoquerait l'accumulation. Un clou de l'Exposition universelle à Paris en 1937 sera, au palais de la Découverte, le grand éclateur imaginé par Frédéric Joliot-Curie pour obtenir — entre deux sphères en laiton de 3 m de diamètre chargées par des courroies caoutchoutées se mouvant à 100 km/h — des décharges simulant la foudre. Le caractère électrique de celle-ci a été mis en évidence en 1752 à Philadelphie par Benjamin Franklin (1706-1790) avec son expérience ayant consisté à capturer, un soir d'orage, l'électricité des nuages au moyen d'un cerf-volant.

L'opération a donné à réfléchir à un professeur à l'école royale de Côme, Alessandro Volta (1745-1827). L'idée lui est venue de concevoir non le collecteur épisodique d'une colossale électricité naturelle, mais un petit générateur de laboratoire, en permanence alimenté par des réactions chimiques se déroulant dans des cellules constituées par des disques de cuivres, de carton mouillé et d'argent. Ainsi dira-t-il en 1800 avoir construit une *pile*. Elle lui permet d'étudier la circulation de l'électricité dans des corps qu'il s'impose d'appeler conducteurs. Ce sont singulièrement des métaux auxquels on va tout naturellement conférer la forme de fils.

Parmi les effets observés s'inscrit la décomposition de substances. Le phénomène est découvert, en envoyant le courant d'une pile dans de l'eau acidulée, par le chimiste Anthony Carlisle (1768-1840) et par le pharmacien William Nicholson (1753-1815). Michael Faraday (1791-1867) l'appellera électrolyse. Encore inconnu au début du XIXe siècle, l'aluminium sera par ce moyen fabriqué en quantités gigantesques à partir de son minerai, la bauxite, que le charbon ne réduit pas. Cela, le jour où l'on produira des courants à bon compte car, aussi longtemps que l'on doit se contenter de générateurs chimiques, l'aluminium restera obtenu parcimonieusement, à un prix comparable à celui de l'or.

Surtout, les générateurs chimiques font découvrir les lois du courant électrique. Le terme a été créé par ce touche-à-tout de génie ayant, comme Pascal, écrit à treize ans un traité sur les coniques : André-Marie Ampère (1775-1836). Il est alors professeur au Collège de France. Auparavant, le fait qu'une électricité se dirige vers une autre évoquait un affrontement. Parler d'un courant suggère une analogie avec l'hydraulique. Les physiciens vont raisonner comme si, dans les conducteurs, cheminait une entité invisible sans paraître les modifier.

Ainsi doit-on se contenter d'attacher au courant électrique des paramètres, et d'abord un sens. Sur les bornes d'une pile, on fait figurer un + et un − parce qu'on les situe respectivement en haut et en bas du chemin (*odos* en grec, de sorte que l'on parlera d'une anode et d'une cathode) de façon totalement arbitraire. Les physiciens avaient dans ces conditions une chance sur deux de se tromper. Ce fut le cas : lorsqu'on réalisera que des électrons migrateurs se déplacent au sein d'un conducteur, on s'apercevra qu'ils se meuvent en sens inverse du courant électrique.

Le sens malencontreusement adopté pour celui-ci ne sera pas modifié pour autant au grand dam de professeurs très contrariés de devoir parler, d'une part d'un courant qui physiquement ne correspond à rien, d'autre part du mouvement, en sens opposé, d'électrons à l'origine des effets que l'on avait imputés à cette fiction. D'aucuns cependant se satisferont d'une telle situation, soulignant que, dans un conducteur, la vitesse moyenne de la troupe très indisciplinée des électrons, inférieure à 1 mm/s, relève d'un scénario complexe : quand un ordre lui est intimé de se mettre en marche, parce qu'on a relié les deux bornes d'un générateur, il est reçu quasi instantanément dans la totalité du conducteur, se propageant dans celui-ci à la vitesse de la lumière, des milliards de fois plus grande. Ainsi peut-il apparaître judicieux de commencer par enseigner l'électricité avec le modèle proposé au XIXe siècle.

Selon ce modèle, un courant électrique continu circule entre deux points d'un conducteur parce que ceux-ci ne sont pas au même potentiel — la notion est introduite par Franz Ernst Neumann (1798-1895) — comme l'eau d'un fleuve chemine de sa source vers son embouchure parce que leur altitude n'est pas la même. La différence de potentiel V est l'homologue d'une dénivellation, le débit — quantité d'eau par seconde traversant une section de ce cours d'eau — étant, toutes conditions égales, plus faible si, dans son lit, des matériaux font obstacle. Pareillement, aux substances que l'on dit conductrices, il s'impose, cela était déjà sous-jacent chez Cavendish, d'attribuer une résistance R plus ou moins grande qu'elles opposent à la progression du fluide électrique. Si I est l'intensité du courant — son débit — alors il faudra considérer que $V = IR$.

Telle est la relation — devenue vite célèbre — qu'un professeur au Collège de guerre de Berlin, Georg Ohm (1789-1854), formulait en 1827, l'année même ou Ampère publiait son mémoire *Sur la théorie mathématique des phénomènes électrodynamiques uniquement déduite de l'expérience*, proposant un vocabulaire dans lequel apparaissait notamment le terme de tension. Elle était vérifiée expérimentalement en 1834 par Claude Pouillet (1790-1868), directeur du Conservatoire national des arts et métiers et professeur des enfants de Louis-Philippe, introducteur du concept de force électromotrice.

Cette loi d'Ohm est restée la clé d'une électricité pratique ne demandant pas un niveau mathématique supérieur au certificat d'études. Si un appareil de mesure indique que 0,5 ampère circule dans une ampoule sous une tension de 220 volts, nous en déduisons que l'ampoule a une résistance de 440 ohms, les grands artisans d'une électrodynamique scientifique — Volta, Ampère, Ohm — ayant vu leurs noms immortalisés par ces unités.

D'autre part — au même titre que si, en une seconde, un poids P tombe d'une hauteur h, la puissance Ph est libérée — une différence de potentiel V vaut à une intensité I de créer la puissance $W = VI$ ou $W = RI^2$ en vertu de la loi d'Ohm.

On en déduit que l'ampoule consomme 110 watts...

Un monument : les équations de Maxwell

Le contraste va cependant s'avérer frappant entre une simplicité apparente de l'électrodynamique des courants continus et les mathématiques sophistiquées auxquelles les phénomènes magnétiques vont obliger à recourir.

Ils sont découverts en 1820, lorsque Hans Œrsted (1777-1851) observe la déviation de l'aiguille d'une boussole par un courant circulant à proximité. Deux ans plus tard, Ampère met en évidence l'attraction de deux fils parcourus par des courants électriques. Cela encore peut être traduit par des formules simples. Tel n'est plus tout à fait le cas — on doit introduire des dérivées — avec l'induction que Faraday découvre en 1831 : un courant naît dans une bobine A quand on cesse d'alimenter une bobine B disposée en vis-à-vis.

Surtout, 1833 marque la naissance d'une physique des étincelles dont la mise en équations est d'autant plus difficile que les phénomènes sont mal expliqués : un rôle de pionnier est joué par Joseph Henry (1797-1878) dont, à l'instar des trois physiciens ci-dessus, une unité recevra le nom (ce sera l'unité d'inductance électrique : 1 henry implique la création de 1 volt par un courant dont l'intensité varie de 1 ampère/seconde). Ayant constitué une source haute tension en montant des piles en série, Henry connecte ses bornes à deux fils plongés dans un bain de mercure : ils sont traversés par une intensité considérable qui aurait dû, pensait-on, tomber à zéro à l'instant précis où l'un des fils est extrait du bain. Or, après son retrait, une étincelle jaillit entre celui-ci et le mercure comme si un événement s'était déroulé.

Cette expérience pique la curiosité. Son analyse va s'imposer à l'ère du télégraphe, apparu en 1833 à Göttingen à l'initiative de Gauss et de Wilhelm Weber (1804-1894) à partir d'une idée d'Ampère. Grâce à David E. Hughes (1831-1900), professeur de musique, il pourra imprimer en 1855. Il permet, sur de grandes distances, des liaisons d'une importance stratégique pour une puissance à vocation planétaire telle que la Grande-Bretagne : la Manche a été franchie en 1851, l'Atlantique le sera (pendant un mois) en 1858. Afin de pouvoir interpréter tout signe d'une défaillance des câbles, leur étude mathématique est entreprise par William Thomson (1824-1907), pas encore célèbre sous le titre de Lord Kelvin qu'il recevra en 1892. À l'époque, il s'illustre par des recherches en relation avec la rupture d'un câble sous-marin. Elles confirment le caractère oscillatoire de la décharge d'une bouteille de Leyde dans un circuit, comme Hermann von Helmholtz (1821-1894) l'avait annoncé dès 1847. La période des oscillations, montre Thomson, est $T = 2\pi\sqrt{LC}$, C étant la capacité du circuit et L son coefficient d'auto-induction.

Identique avec une bobine de Ruhmkorff, cette formule dominera à la fois la physique des étincelles et la radio. Elle fait sensation par l'analogie avec un système mécanique encore que la nature oscillatoire des décharges sera seulement constatée *de visu* sur des photographies que prendra, en 1887, Reginald Fessenden (1866-1932), le radioélectricien futur inventeur de l'hétérodyne. Alors la physique des étincelles sera devenue une physique des ondes, en deux étapes.

C'est d'abord un prodigieux travail théorique à l'actif de James Clerk Maxwell (1831-1879), auteur en 1873 de *Treatise on Electricity and Magnetism*, synthèse de tout ce que l'on sait sur l'électricité (tome I) et sur le magnétisme (tome II), en même temps qu'ouvrage de haut niveau dont les 1 196 pages abondent en intégrales multiples tandis que des chapitres sont consacrés à une présentation d'outils mathématiques. Cela, pour bâtir un électromagnétisme unitaire : les phénomènes d'induction sont devenus des actions exercées de proche en proche. Un milieu intermédiaire (l'éther) est évoqué, quasiment à regret mais jugé indispensable. Le concept d'un « champ magnétique H » a été introduit en 1845 par Faraday afin de symboliser la force qui s'exercerait, à l'intérieur d'un certain domaine, sur une masse magnétique de valeur +1. On devra parler d'un champ électromagnétique — avec un couple h, H de vecteurs perpendiculaires entre eux — et admettre le concept d'une onde qui progresse selon une direction perpendiculaire à h et à H.

Cet ouvrage de Maxwell suscite quelque hostilité : Thomson n'est pas le dernier à le critiquer. *A contrario*, aux yeux de maxwelliens, une ère nouvelle a été ouverte pour la science (une opinion qu'au XXe siècle Einstein fera sienne). Au premier rang des grands enthousiastes figure Oliver Heaviside (1850-1925), dont l'œuvre mathématique sera considérable. Nous lui devrons notamment les quatre célèbres équations, dites aujourd'hui de Maxwell, que l'on chercherait en vain dans l'ouvrage de 1873 : Heaviside les formulera en 1884 et il les publiera l'année suivante dans *L'Électricité*.

Ce sont aussi Georges Fitzgerald (1851-1901), un des pionniers de la relativité restreinte, et un professeur à Liverpool, Oliver Lodge (1851-1940). Tous cherchent à produire physiquement des ondes électromagnétiques dont Maxwell a prédit l'existence sans donner un moyen pour les créer. C'est dire l'intérêt qui va être porté aux expériences de Heinrich Hertz (1857-1894).

Après huit années de réflexion, celui-ci montre en effet en 1887 que des ondes naissent si une bobine est génératrice d'oscillations dans une tige reliant deux sphères, avec un éclateur au milieu. Leur longueur dépend du rayon des sphères. Elles se propagent à une vitesse finie ; des miroirs métalliques les réfléchissent, elles sont détectées par le résonateur que constitue un anneau de cuivre présentant une fente réglable au moyen d'une vis micrométrique.

À ce stade, des communications sans fil apparaissent possibles avec le handicap des énergies considérables qui seraient nécessaires, selon un tel scénario, pour transmettre des messages.

Le radioconducteur avec Branly

La situation devient différente si l'on recourt à un radioconducteur. Un professeur à l'Institut catholique de Paris, docteur en physique et en médecine, Édouard Branly (1844-1940), a été — dans le cadre de ses recherches sur la photoélectricité — intrigué par le comportement électrique des poudres métalliques : si on les étale sur une plaque en ébonite ou une lame de verre, leur conductivité se trouve diminuée par une création d'étincelles dans leur voisinage. Pour étudier le phénomène, Branly place dans un très petit tube une limaille entre deux pistons afin d'observer, sous l'influence de l'onde produite par un éclateur, les variations de sa résistance électrique. Elles se révèlent considérables, et cela fait découvrir un confluent étrange : d'aucuns évoqueront un effet de gâchette avec deux systèmes. Le premier inclut la limaille et l'onde électromagnétique dont elle reçoit une énergie E qui, tout en étant minime, suffit pour modifier profondément ses caractéristiques électriques. Le second système est le circuit, alimenté par une source locale, dans lequel la limaille a été insérée. Il est soudain parcouru par un courant intense au point d'assurer à un récepteur une énergie E' très supérieure à E.

Cette radioconductivité déroute d'autant plus qu'elle apparaît assez générale. Quel que soit le métal (fer, aluminium, cadmium, zinc, bismuth ont notamment été testés), la résistance électrique de sa limaille est élevée : elle se mesure en millions d'ohms. Or sous l'effet d'une onde électromagnétique, elle s'abaisse à quelques milliers, voire quelques centaines d'ohms, de sorte qu'un courant appréciable peut circuler et allumer une ampoule, mettre en marche un moteur ou provoquer toute autre action mécanique. Une démonstration est donnée, entre deux locaux de la rue d'Assas, le 15 novembre 1890 devant un groupe de scientifiques parmi lesquels figure Arsène d'Arsonval (1851-1940) ; elle est suivie par une communication à l'Académie des sciences. La télécommande est née : un signal extrêmement faible — une information s'il a été envoyé à dessein — est capable de déclencher une action pouvant faire intervenir une énergie gigantesque.

L'information est en l'occurrence la plus rudimentaire que l'on puisse imaginer, le distinguo entre deux cas aujourd'hui appelé *bit*. Le terme, en anglais, veut dire morceau et c'est une contraction de *binary digit* (« chiffre binaire », c'est-à-dire dans le système de numération de base 2 dont les seuls chiffres sont 0 et 1). Branly a trouvé le moyen de transmettre un bit. Et un seul dans la journée ! Lorsque son radioconducteur a été excité, la limaille reste en effet agglomérée, non pas indéfiniment mais pendant une durée de l'ordre de vingt-quatre heures.

Il s'impose de chercher à réduire le temps de sa persistance dans un tel état. C'est possible au prix d'un coup sec sur le tube. Il sera donné automatiquement si l'on utilise le courant instauré dans le radioconducteur pour commander un marteau qui le frappera. La limaille se désagrège, reprenant une forte résistance électrique ; cela rend le tube prêt à recevoir un autre signal. Un dispositif de ce type est réalisé en 1894 par Lodge qui a voulu étudier la radioconductivité avec des dispositifs de son cru. Il les dénomme « cohéreurs », testant plusieurs formules dont la fine aiguille reposant sur sa pointe sur une plaque d'aluminium. Elle préfigure le transistor : quelque cinq décennies plus tard, celui-ci naîtra en effet sous les traits de pointes appliquées sur une surface. Après l'intermède du tube, le transistor sera le grand composant de l'électronique par lequel, dans un très petit volume, le circuit d'une toute petite énergie en commande un autre où l'énergie est beaucoup plus forte. Avec Lodge, le débit d'information a été élevé. Un problème majeur reste la portée.

Entre alors en scène Alexandre Popov (1859-1906), un ingénieur de la Marine impériale russe qui a étudié les phénomènes liés à la foudre. Il invente l'antenne. Branly avait constaté que la sensibilité de son dispositif était accrue quand on lui ajoutait deux appendices, en l'occurrence des tubes cylindriques. Popov utilise un fil, suspendu à un ballon, qui se comporte en collecteur. Associé à une prise de terre, il permet d'exciter le cohéreur par une onde de moindre puissance, donc sur une plus grande distance : un système de transmission est présenté par Popov le 7 mai 1895 à l'École des torpilleurs de Cronstadt, puis une démonstration est donnée le 24 mars 1896 devant des représentants de la Société russe de physique et de chimie : 250 m séparent l'Institut de chimie de l'université de Saint-Pétersbourg où a été installé un émetteur à étincelles et le cabinet de physique où se trouve le récepteur. Un texte est transmis grâce au langage que, cinquante ans auparavant, le peintre Samuel Morse (1791-1872) a créé pour les besoins du télégraphe. Un manipulateur —

nom donné à un interrupteur actionné grâce à une poignée — commande le temps pendant lequel un courant est envoyé : le signal est appelé point ou trait selon qu'il est court ou long. Pour traduire l'alphabet, Morse a proposé un code dans lequel on trouve déjà cette idée, à partir de laquelle, au XXe siècle, Claude Shannon bâtira sa théorie de l'information : assurer à une lettre une expression courte si elle est employée fréquemment. Ainsi Morse a-t-il retenu un point pour le E en regard de quatre signes pour le B (trait-point-point-point), sans toutefois donner aux chiffres — rares à son époque dans les communications — une représentation rationnelle. Il a adopté point-trait-trait-trait-trait pour 1 (autrement dit, la transmission du plus simple des chiffres est compliquée), point-point-trait-trait-trait pour 2, point-point-point-trait-trait pour 3...

La portée, avec Marconi

Par la voie des ondes, on envoie donc des textes à des distances de plus en plus grandes : toutes les conditions sont remplies pour des applications civiles et militaires. L'enjeu est mesuré par un étudiant bolonais, Guglielmo Marconi (1874-1935) qui construit en 1896 un dispositif d'une portée de 500 m et ambitionne beaucoup plus. Les moyens lui sont refusés en Italie, il va les trouver en Angleterre grâce à une rencontre avec le chef du Post Office britannique, William Preece.

Une grande course est alors engagée. Coopérant avec Popov, l'industriel Émile Ducretet réalise le 5 novembre 1898 une liaison par ondes sur 4 km entre la tour Eiffel et le Panthéon. Le 28 mars 1899, c'est sur 46 km, entre Douvres et un site proche de Calais (Wimereux), que Marconi transmet par la voie des ondes ce message : « M. Marconi envoie à M. Branly ses respectueux compliments pour le telégraphe sans fil à travers la Manche, ce beau résultat étant dû en partie aux remarquables travaux de M. Branly ». Le 12 décembre 1901, après un contact entre le continent et la Corse, c'est sur 3 200 km qu'une liaison est assurée entre l'Europe et l'Amérique avec des antennes hautes de 200 m portées par des tours en bois.

Branly est l'homme de laboratoire ayant cherché à comprendre comment des ondes électromagnétiques peuvent rendre une limaille moins résistante : l'expliquer eût été sa grande satisfaction. Marconi est l'homme des applications, ayant entrevu l'immense intérêt de pouvoir, sans fil, envoyer des informations d'ordre économique ou militaire : lors de la guerre russo-japonaise de 1905, l'amiral Togo est averti par la voie des ondes du mouvement des unités adverses, aussi peut-il les écraser à Tsushima.

C'est ce dynamique et habile ingérieur qu'en 1909 le jury de Stockholm récompensera par un prix Nobel de physique, Marconi étant le seul pionnier de la radio à avoir reçu cette distinction. À juste escient. Mais Branly et Tesla *(infra)* l'auraient eux-mêmes méritée.

La télégraphie sans fil ou TSF est née : on achemine non la parole mais des points et des traits sans que le terme d'information soit pour autant utilisé. On ne trouve pas au demeurant le concept qui aujourd'hui préside à son traitement, à savoir une cadence. Alors que la pièce de base de nos ordinateurs est une horloge, pour que chaque opération vienne à son heure, aucun rythme n'est imposé quant à l'émission de ces points et de ces traits. L'opérateur les crée selon son humeur et son habileté ; elle permet jusqu'à sept signaux par seconde, mais alors l'imprimante ne suit pas. En 1900, au Congrès international d'électricité, Ducretet préconise l'écouteur : sa mélodie sera parlante à un habitué des transmissions.

Une électronique du discontinu est née de façon empirique sans intervention directe, à ce stade, des mathématiques. Car on est encore dans l'impossibilité totale de mettre en équation les circuits : le phénomène de radioconduction étant constaté mais incompris.

L'explication commencera à être entrevue trois décennies plus tard avec la mécanique ondulatoire, refusant des localisations strictes aux particules. À nouveau, trois décennies s'écouleront avant que soit admis *l'effet tunnel* : le flou de sa localisation permet à un électron de passer d'un milieu dans un autre dont il est séparé par le vide ou par un isolant ; il disparaît du premier pour réapparaître dans le second. Encore trois décennies et cet effet donnera lieu à une spectaculaire exploitation avec le microscope à pointe. Autrement dit, une explication au fait que le courant passe ou non d'un grain de limaille enrobé dans sa couche superficielle à un autre sera une entreprise de longue haleine : l'émetteur à étincelles aura été quasiment oublié lorsque les scientifiques s'estimeront en mesure de la formuler, en même temps qu'ils rendront compte du « pouvoir des pointes », celles-ci ayant connu leur heure de gloire au XXe siècle dans un premier âge de l'électronique du solide, à savoir le poste à galène, quand une TSF utilisant largement des tubes sera devenue une téléphonie sans fil diffusant parole et musique.

Les courants alternatifs

C'est alors le grand règne des courants non plus continus, circulant toujours dans le même sens entre une borne + une borne −, mais alternatifs, les polarités et la tension ne cessant pas de varier de façon cyclique à des fréquences qui, à l'ère des tubes, seront bientôt très élevées.

Tel Edison, l'ingénieur serbe Nicola Tesla (1896-1942) fut un inventeur universel, sa contribution à la jeune électrodynamique ayant été déterminante. Il fut l'homme du courant alternatif : créateur du moteur synchrone, il s'installa à New York pour constuire des alternateurs et se posa en protagoniste des courants triphasés dont on sait l'intérêt économique. Le fait que, quel que soit t,

$$\cos \omega t + \cos\left(\omega t + \frac{2\pi}{3}\right) + \cos\left(\omega t + \frac{4\pi}{3}\right) = 0$$

permet en effet de transmettre 3 courants avec seulement 3 fils. Non moins important est l'apport de Tesla à une électronique naissante : il se pose en champion de la haute fréquence n'ayant de cesse de créer des fréquences toujours plus élevées. Ainsi se trouva engagé un mouvement promis à se poursuivre pendant tout le XXe siècle, la question se posant de moduler judicieusement un courant alternatif par un autre de plus basse fréquence.

L'antenne d'une station émettrice rayonnant un courant alternatif de fréquence N, celle-ci doit être haute parce que, pour acheminer les fréquences n dont est constitué un son, il faut en effet que N soit très supérieur à n. N se situait au-dessus de 10^4 pour la télégraphie sans fil. On dépasse d'emblée 10^5 pour la téléphonie sans fil : le microphone — créateur du courant $a \sin 2\pi nt$ s'il reçoit une note musicale de fréquence n — module un courant de la forme $A \sin 2\pi Nt$. L'antenne rayonne un signal dont l'amplitude est le produit de $A \sin 2\pi Nt$ par $(1 - a \sin 2\pi nt)$ si l'on a opté pour une modulation d'amplitude, ou AM, dont le paramètre a, compris entre 0 et 1, mesure la profondeur. Une autre solution est la modulation de fréquence ou FM avec laquelle l'émetteur fonctionne toujours sous une amplitude maximale, le microphone faisant varier la fréquence entre $N - n$ et $N + n$ de sorte qu'il faudra accorder à chaque émetteur une bande d'autant plus large que sera plus importante l'information acheminée. Avec la prolifération de stations voulant transmettre une information toujours plus riche, cela va imposer de rechercher des fréquences toujours plus hautes, c'est-à-dire des longueurs d'onde toujours plus courtes.

Pour sa part, un récepteur doit évidemment pouvoir capter plusieurs stations mais en recevoir une seule à la fois. Une solution à ce problème dit de la

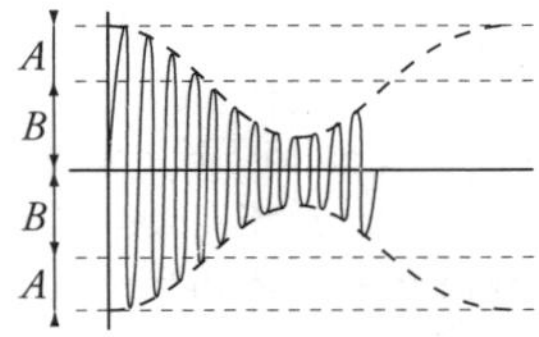

figure 48. La modulation d'amplitude

« syntonisation » a été donnée par Tesla avec le « circuit bouchon » : une inductance L en parallèle avec une capacité C laisse essentiellement passer sa fréquence de résonance N ($4\pi^2 N^2 LC = 1$, notions-nous *supra*).

Ainsi peut-on choisir N dans une large plage avec d'une part un jeu de bobines (pour sélectionner par exemple des grandes ondes ou des petites ondes) et d'autre part un condensateur variable (pour s'accorder sur une fréquence N à l'intérieur de la bande couverte par la bobine choisie). À l'instar d'un émetteur, un récepteur comporte des étages amplificateurs, qui eux-mêmes doivent être accordés avant l'étape de la détection. Aujourd'hui nous utilisons des « tuners » résonnant sur des longueurs d'onde à l'instar de la corde d'un instrument. Aux temps héroïques, on ne connaît que le condensateur variable fait de plaques mobiles déplacées entre des plaques fixes ; chaque étage doit avoir le sien et il convient qu'ils soient manœuvrés simultanément.

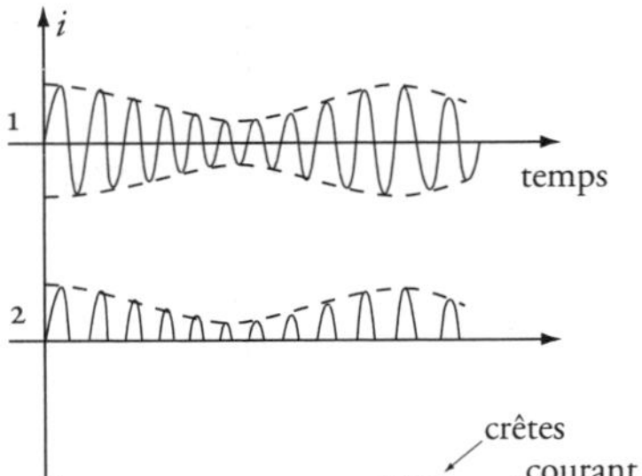

figure 49. La détection : une extraction de la modulation

De cette servitude, on s'affranchit en 1929 avec le superhétérodyne dont le principe consiste à créer localement une haute fréquence différente de la HF reçue par l'antenne et à la composer avec celle-ci, afin d'avoir ensuite à amplifier une MF (moyenne fréquence) identique quel que soit le courant HF. C'est là un problème de battement aisément résolu avec les fonctions trigonométriques. Ainsi la radio analogique est-elle une grande utilisatrice de celles-ci, à l'instar des télécommunications qui se développent dans sa foulée.

Schéma fonctionnel

La radio, née TSF, voit se répandre le concept de schéma fonctionnel. Avec le poste à galène, A et T sont respectivement l'antenne et la terre : ils constituent le collecteur — pouvant prendre différentes formes — par lequel sont « captées » les ondes qui sillonnent l'éther. Entendons qu'elles font arriver tous les courants haute fréquence induits par des stations émettrices. On en sélectionne une grâce au circuit d'accord, ou circuit bouchon, que constituent une bobine d'inductance L (éventuellement un jeu de selfs ou une bobine à curseur) et un condensateur C (possédant des lames mobiles pour que l'on puisse faire varier sa capacité). Ce circuit laisse essentiellement passer, parmi tous les courants reçus, celui qui correspond à sa fréquence de résonance ($1/N^2 = 4\pi^2 LC$). Une galène se comporte en détecteur D du fait qu'elle a une bonne conduction dans un sens seulement. Ainsi recueille-t-on à sa sortie la basse fréquence — parole ou musique — par laquelle le courant haute fréquence a été modulé. Ce courant basse fréquence est producteur d'un son dans l'écouteur E : un électro-aimant fait vibrer une membrane à sa fréquence.

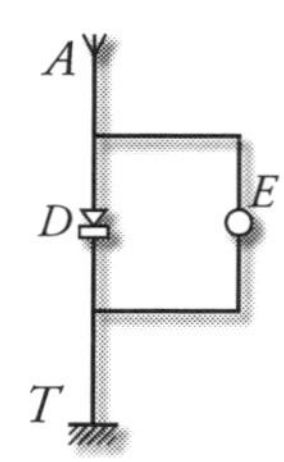

figure 50. Le schéma fonctionnel du poste à galène le plus simple

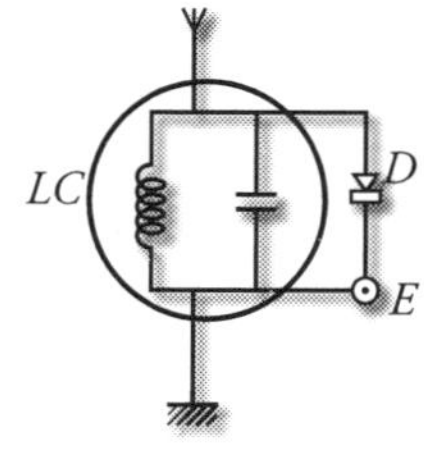

figure 51. Poste à galène comportant un circuit bouchon *LC*

Un recours : le calcul complexe

L'apport des mathématiques est devenu considérable pour décrire les courants alternatifs à toutes les échelles, aussi bien en électrotechnique pour la distribution de fortes puissances sur des centaines de kilomètres que dans les appareils, quelle que soit leur fonction, où un courant est utilisé non pour son énergie mais pour l'information attachée à ses variations.

Dans les deux cas, un ensemble de branches — quels que soit leur nombre et la manière dont elles sont liées — est dit former un réseau. Son étude est possible si l'on fait appel aux nombres complexes, ayant une partie réelle et une partie imaginaire dans la foulée des travaux de Bombelli, Abraham de Moivre (1667-1754) (un protestant ayant du quitter la France pour l'Angleterre après la révocation de l'édit de Nantes) et Leonhard Euler, celui-ci ayant montré, respectivement en 1722 et en 1738 (en écho à la formule logarithmique que Cotes avait donnée dès 1714 dans *Philosophical Transactions*), que :

$$(\cos x + \mathrm{i} \sin x)^n = \cos nx + \mathrm{i} \sin nx \quad \text{et} \quad \mathrm{e}^{ix} = \cos x + \mathrm{i} \sin x.$$

L'intérêt particulier des nombres complexes pour décrire un circuit parcouru par un courant alternatif A tient au fait que, si ce circuit comporte une inductance L et une capacité C, elles sont créatrices de courants alternatifs A' et A'' dephasés de $\pi/2$ et de $-\pi/2$ par rapport à A. Leur composition se traduit par un courant manifestant un certain déphasage par rapport à A alors que, dans d'autres branches du réseau, il sera évidemment différent. La situation serait assez inextricable avec les écritures conventionnelles. Tout devient simple en notant le courant $A\,\mathrm{e}^{i\omega t}$, sachant que $\mathrm{e}^{i\omega t} = \cos \omega t + \mathrm{i} \sin \omega t$. Sauf que, pour les électriciens, i était traditionnellement l'intensité d'un courant. Qu'à cela ne tienne : ils adopteront souvent la lettre j pour désigner la racine carré de -1 (la confusion possible avec une racine cubique de l'unité apparaissant moins grave) ; un courant alternatif est ainsi pour eux de la forme $i = i_0\,\mathrm{e}^{j\omega t}$.

Le calcul opérationnel

Une autre contribution des mathématiques à l'étude des courants variables — alternatifs ou transitoires annonciateurs du numérique — concerne le calcul opérationnel. Il remplace un système d'équations différentielles (les courants dus aux

L et aux C sont respectivement proportionnels à la dérivée et à une primitive du courant principal) par des équations algébriques linéaires.

Là encore, les physiciens ont eu la chance de disposer d'un outil mathématique ayant, au siècle dernier, été élaboré pour sa beauté.

Heaviside a en effet considéré comme licite l'assimilation du symbole d/dt de la dérivation à une grandeur p justifiable d'un traitement algébrique, en notant p^2 la dérivée seconde et p^{-1} une prise de primitive. Une telle audace fit d'abord frémir. On a, depuis lors, été convaincu du parfait bien-fondé d'une telle procédure quand les grandeurs i et u exprimant l'intensité et la tension en fonction du temps sont remplacées par des grandeurs dites opérationnelles, I et U, obtenues à partir de i et u par une transformation dite de Mellin-Fourier, ces I et U devenant des fonctions de p.

Alors les phénomènes se trouvent décrits par des équations simples dans un autre espace, un espace non physique, où les phénomènes peuvent être à la fois mieux compris et étudiés de façon beaucoup plus générale. La démarche étant concevable pour tout système linéaire, électrique ou non, un langage formel naît pour décrire un système sans tenir compte de sa nature : les mêmes équations se traduiront par une identité d'effets. Ainsi une matrice de chaîne $[ABCD]$ est-elle attachée au quadripôle que constituent deux systèmes simples couplés. Il mérite l'appellation de transformateur si $D = A$. Le quadripôle $[ABCD]$ est dit réciproque si $AD - BC = 1$. Il est gyroscopique si $AD - BC = -1$, son taux de non-réciprocité ayant une valeur purement imaginaire.

Une équation des télégraphistes — faisant apparaître une onde active et une onde réactive — traduit par ailleurs comment une information se trouve modifiée par un acheminement par un support filiforme assimilable à une chaîne de quadripôles se commandant de proche en proche : une ligne très longue se ferme sur son impédance itérative quel que soit le message. Traduisez : si vous êtes psychologiquement éloigné de votre interlocuteur, quoi que vous dise celui-ci, vous percevrez ce que vous vouliez entendre...

La victoire du quartz

En électricité, un système simple est la branche que l'on constitue en montant en série une inductance L, une résistance R et une capacité C. Dans ce dipôle se meuvent des charges électriques q (créatrices du courant dq/dt) si l'on applique entre ses extrémités une tension u. Son évolution répond à l'équation différentielle :

$$u = Lq'' + Rq' + q/C \quad (1)$$

qui, avec des grandeurs opérationnelles, devient $U = ZI$ avec $Z = Lp^2 + Rp + \frac{1}{C}$.

Considérez en mécanique une masse M capable de se déplacer sur l'axe Ox avec un certain frottement, homologue d'une résistance R, et reliée à l'origine des coordonnées par un ressort de raideur k. Son équation est :

$$f = Mx'' + Rx' + kx \qquad \text{de même type que (1).}$$

Cette identité est intéressante d'un point de vue théorique du fait qu'elle permet à une logique des systèmes de parler un même langage et d'utiliser les mêmes équations quel que soit l'agent physique. Concrètement, elle assure des simulations. On connaîtra le comportement d'un système mécanique sans avoir seulement à le créer : il suffit de s'intéresser au système électrique décrit par les mêmes équations et d'observer sa réponse à différentes excitations. Ainsi, la suspension d'une automobile est-elle étudiée en faisant rouler un modèle électrique sur une route mathématique.

C'est d'autre part la possibilité de faire des choix techniques judicieux sachant que, si les équations sont les mêmes, les composants peuvent offrir des caractéristiques assez différentes selon leur nature. L est forcément appréciable en mécanique, s'identifiant à une inertie. Il peut être moindre en acoustique et extrêmement petit en électricité. Au contraire, si l'on ne fait pas appel à la supraconductivité, l'électricité impose à R des valeurs toujours élevées. Toute l'importance de cette considération apparaît lorsqu'on prend en compte le coefficient α par lequel est appréciée la sélectivité d'un circuit LC, c'est-à-dire son aptitude à laisser passer un courant aussi élevé que possible sur sa fréquence de résonance N_0, mais aussi faible que possible lorsque l'on se sera écarté de N_0 d'une certaine valeur ε. Or le courant i dans LC est tel que i^2 se trouve réduit de moitié pour $\varepsilon = 2\pi\alpha$ avec $2\alpha = R/L$.

Ce nombre α est révélateur de ce que l'on dit être la surtension. Le coefficient dépasse rarement 10^3 en électricité alors qu'il atteint 10^6 en mécanique avec un quartz que l'on fait vibrer et dont on s'explique que le rôle soit aujourd'hui considérable à l'heure des transformateurs mixtes dont les grandeurs d'entrée peuvent être mécaniques et les grandeurs de sortie électriques ou vice versa, puisque ce nom de transformateur est donné à tout quadripôle dont la matrice Z est de la forme :

$$\begin{bmatrix} Z_1 & M \\ M & Z_2 \end{bmatrix}.$$

Or le quartz est a l'origine d'un effet piézoélectrique expliqué par la théorie des cristaux en ce sens que, s'il se présente comme une lame convenablement taillée, il est créateur — entre deux armatures auxquelles on applique une force f — d'une tension $u = Af$. Mais cette force comprime le quartz dont l'épaisseur e diminue de la quantité Su/e, S étant la surface de la lame et E son module d'élasticité de sorte que $q = ASE\,x/e$. Il suffit alors d'écrire l'équation du circuit LC parcouru par un courant i dans lequel la lame est insérée, l'équation du quartz dont l'épaisseur varie à la vitesse v et de prendre les transformées I et V de ces grandeurs pour découvrir que le système est régi par une équation :

$$\begin{bmatrix} U \\ F \end{bmatrix} = \begin{bmatrix} A & Q \\ Q & B \end{bmatrix} \begin{bmatrix} I \\ V \end{bmatrix}.$$

qui est de type (2), annonciatrice de l'effet inverse : si une lame de quartz est insérée dans un circuit électrique, elle se dilate ou se contracte. En même temps, est mis en évidence le rôle de médiateur joué par le mathématicien entre le physicien et le technicien. Un langage commun peut être utilisé avec la mise en évidence des effets propres aux systèmes en raison non pas de la nature des éléments qui les constituent, mais de leur architecture. Les phénomènes en dépendent, la performance étant commandée par le matériel.

De Cauchy à Nyquist

Les imaginaires ont encore un mot à dire, par un chapitre particulièrement prestigieux de l'histoire des mathématiques.

Au XIXe siècle, Augustin Cauchy a en effet été, d'une certaine manière, le dernier grand mathématicien « universel » avant peut-être Poincaré. À une époque où l'ensemble des branches de la discipline pouvait encore tenir dans le cerveau d'un homme, il fut celui-là, n'ayant eu de cesse d'élever la qualité des raisonnements par le souci d'une rigueur toujours plus grande. Sur un plan théorique, il s'est d'autre part employé à créer une théorie des fonctions d'une variable complexe. Dans la foulée de Descartes, on avait, deux siècles durant, essentiellement pris en compte les fonctions $y = f(x)$ dans lesquelles x et y étaient des grandeurs réelles ; on n'avait guère accordé une attention aux nombres complexes que quand ils étaient racines de l'équation $f(x) = 0$. Cauchy s'est penché sur le cas où la variable est non pas un réel x mais un nombre complexe z de sorte que la fonction donne elle-même un nombre complexe $Z = f(z)$.

Or ces fonctions d'une variable complexe revêtent un intérêt considérable par les outils qu'elles procurent. Ainsi est-on conduit à largement recourir à elles pour des applications telles que la recherche, par la transformation de Nikolaï Joukovski (1847-1921) qui, après avoir construit le *Condor 13* en 1902, s'est attaché à déterminer les profils d'ailes et de pales les plus efficaces. Et, dans une logique des systèmes ayant attaché aux réseaux des équations où figurent des grandeurs complexes, on découvre que, sans devoir les résoudre, un critère permet de dire si, un système ayant trouvé un certain équilibre, celui-ci est stable. Tel est le cas, montre l'ingénieur américain d'origine suédoise Harry Nyquist (1889-1976), créateur en 1932 d'une théorie mathématique des amplificateurs et des systèmes asservis complexes. Cela survient, à partir des travaux de Cauchy, quand, dans le plan des nombres complexes, l'origine se trouve à l'intérieur de la courbe fermée G représentative de sa fonction $Z(p)$. Ainsi aujourd'hui évite-t-on les régimes critiques d'un moteur ou l'instabilité d'une image de télévision à partir du théorème ayant affirmé que le nombre de révolutions d'une courbe G autour de O est égal à la différence entre le nombre de racines et le nombre de pôles de $Z(p)$ dans G...

Du transistor au numérique

Le tube à vide de Lee De Forest (1873-1961) — à la fois oscillateur, détecteur et amplificateur, du fait qu'un courant appliqué à sa grille peut créer dans le circuit plaque un courant plus intense mais obéissant à la même loi de variation — a largement laissé la place, après 1960, au transistor. Celui-ci se caractérise par une étonnante complexité et une grande solidité. Elles se doublent de rendements élevés, mais la théorie est loin d'être élémentaire, au point qu'Émile Aisberg, auteur à l'ère du tube du best-seller *La TSF, mais c'est très simple*, sollicité d'en écrire la réplique à l'ère du semi-conducteur, nous disait qu'il avait songé à ce titre au grand désespoir de son éditeur : *Le Transistor, ce n'est pas simple.*

Sa théorie exige en effet de prendre en considération pourquoi des électrons migrateurs existent au sein des conducteurs (les métaux) alors qu'il n'y en a guère dans les isolants et donc d'étudier la structure même de la matière afin de comprendre dans quelles conditions des corps — bien nommés semi-conducteurs — sont capables de se comporter dans certains cas comme des isolants et dans d'autres comme des conducteurs ; lorsqu'on leur injecte des électrons, leurs atomes sont incités à se dépouiller. Les transistors vont se multiplier, singulièrement sous la forme de puces pour les besoins des ordinateurs.

Ceux-ci sont nés du va-et-vient électronique, le flip-flop que le physicien Henri Abraham (1868-1943), aède de la triode en France, avait imaginé en 1929 en connectant deux tubes de telle manière que la plaque de l'un commande la grille de l'autre, afin que l'excitation du premier provoque son blocage en débloquant le second. Dans ces conditions, les impulsions arrivant à l'entrée du système sont distribuées alternativement aux deux sorties. Avec une cascade de tels dispositifs, on traite tout en binaire, l'impulsion — un courant interrompu sitôt que créé — étant l'agent de tous les systèmes numériques dont l'emploi généralisé, à partir de 1980, renouvelle les techniques informatiques. C'est en effet une manière totalement différente d'aborder les problèmes et d'abord de parfaitement respecter la courbe représentative d'un phénomène.

En analogique, celle dont vous avez le profil à la sortie d'un microphone très fidèle ne peut pas être acheminée sans courir le risque d'être peu ou prou dégradée. Pas plus que vous ne sauriez transporter un édifice à grande distance. La solution rationnelle est d'en dresser le plan avec un descriptif détaillé permettant qu'ailleurs il soit, à partir de matériaux locaux, reconstruit à l'identique. Pareillement, alors que l'analogique transporte une courbe, le numérique en extrait l'information à partir de laquelle elle sera reconstituée.

Il suffit pour cela de procéder à des mesures suffisamment précises de l'ordonnée des points suffisamment nombreux : le technicien parle d'échantillonnages du signal. À celui-ci, il attache *n* fois par seconde — *n* étant la fréquence de l'échantillonnage — un nombre binaire : ce sera un ensemble de 4 signes (de 0000 à 1111) s'il désire une distinction entre 16 valeurs. Elle sera assurée parmi 256 valeurs avec les 8 signes du format 8 bits. Ce sera entre 65 536 valeurs avec le 16 bits, entre 4 294 967 296 valeurs avec le 32 bits... Et bien entendu, on augmentera corrélativement *n*. Rien n'interdit à ce jeu d'avoir une représentation de la courbe assurément bête mais aussi fidèle qu'on le voudra sous la forme d'une suite de 1 et de 0 : la résolution sera à la réception la même qu'à l'émission si l'on a des seuils de sécurité donnant l'assurance qu'au cours de la transmission un 1 restera un 1 et un 0 un 0.

Dans ces conditions, rien ne limite le nombre des signaux pertinents par lesquels un son sera transmis jusqu'à atteindre le niveau où l'oreille ne fera plus la distinction entre le son original et le son restitué. C'est le cas, a-t-on admis, avec 1 400 000 bits par seconde. Ce standard est celui du CD, recourant à la technique du disque, dont, avec le 78-tours, le 45-tours et le 33-tours, les sillons n'avaient déjà cessé, en analogique, d'être toujours plus rapprochés. Sur la spirale du CD, on consigne du numérique : un creux symbolise 1, son absence 0.

Avec le DVD, dont les pistes ne sont plus séparées que par 0,4 μm, les 1 sont des bosses mais il s'agit là d'un détail technique. Le point capital est un nouveau rapprochement des sillons au point de loger 4,7 Go sur 1 face/1 couche et 17 Go (soit 126 Gbits) sur 2 faces/2 couches pour enregistrer de longues heures d'excellente musique ou des images ; avec la perspective d'une multiplication par 9 si l'on travaille en ultraviolet, sur 235 nm, grâce à un diamant semi-conducteur. C'est un âge que caractérise une disparité entre des facilités pour enregistrer une gigantesque quantité de signaux et les problèmes ardus que pose leur transmission, impliquant un appel aux mathématiques à l'heure d'une nouvelle télévision.

Des programmes pour ordinateurs

Dès l'instant où un couple de tubes ou de transistors trient les impulsions, il est facile de créer des engrenages électroniques dans le système de numération binaire, où la suite des nombres est : 0, 1, 10 (2), 11(3), 100 (4), 101 (5), 110 (6)... avec des règles de calcul particulièrement simples.

Ce sont, quant à la table d'addition :

$$0+0=0;\quad 0+1=1;\quad 1+1=10.$$

Tandis que la table de multiplication est :

$$0\times 0=0;\quad 0\times 1=0;\quad 1\times 1=1.$$

Leur exploitation a permis un fantastique essor de l'ordinateur selon les règles du calcul mécanique, avec le concept d'un programme explicitant une suite d'opérations pour qu'elles soient exécutées automatiquement. C'est par exemple : additionner a et b et inscrire le résultat dans la mémoire $M1$: additionner c et d et inscrire le résultat dans la mémoire $M2$; diviser $M1$ par $M2$ et inscrire le résultat dans $M3$...

« Wellington defeated... »

Au soir du 18 juin 1815, un télégramme de trois mots était envoyé à Londres pour rendre compte de la bataille de Waterloo. Seuls les deux premiers parvinrent à la presse : *Wellington defeated.* Elle fut consternée. Charles de Rothschild fut en possession du télégramme entier : *Wellington defeated Napoleon.* Il prit des dispositions en conséquence. La technique ne fournit jamais que des données : elles deviennent des informations chez des hommes qui peuvent les utiliser.

La situation n'a pas changé à l'ère de l'ordinateur. Aussi longtemps que peu nombreuses sont les personnes à l'utiliser, elles peuvent prendre des décisions en connaissance de cause. En octobre 1954, la chronique est défrayée par les exploits de William Morris. En quarante-huit heures, cet homme empoche 500 millions de dollars. Son secret ? Il a programmé des ordinateurs pour comparer sur-le-champ les attraits respectifs — difficilement appréciables à première vue compte tenu de la grande diversité des clauses — de différentes obligations, notamment des bons d'État à 3,7544% et d'un emprunt à 3,8601% de la Bank of America. Cela lui a permis des arbitrages. Mais l'exploit ne pourra évidemment pas être renouvelé le jour où, dans chaque banque, chacun sera à même de se livrer à pareil calcul.

La vitesse sera toujours plus considérable avec la miniaturisation des composants, réduisant les distances à franchir — en une picoseconde (10^{-12} s), la lumière ne parcourt que 0,3 mm — et avec une judicieuse distribution des tâches pour qu'un certain nombre d'unités travaillent en parallèle. Cela était décrit dès 1922 par L.F. Richardson qui, dans *Weather production by universal process*, évoquait une « fantasy » avec 64 000 calculateurs et un chef d'orchestre pour calculer le temps. On en est là, avec la *connection machine* de Daniel Hills.

En fait, le parallélisme intervient à quatre niveaux. D'abord, il faut faire état d'un parallélisme dit honteux, parce que caché, dans la conception même des microprocesseurs. Ce sont ensuite l'architecture de l'ordinateur et celle du réseau constitué par les stations de travail dans lequel on le place. C'est enfin l'habitude d'embaucher comme « intérimaires » les machines non utilisées de l'entreprise lorsqu'un grand calcul autorise une large distribution des tâches.

La vitesse de calcul se mesure en opérations élémentaires par seconde ou flops, le téraflop, soit 1000 milliards d'opérations par seconde, étant aujourd'hui dépassé. C'est d'autre part un développement vertigineux des mémoires dont la liste a été longue — nombre de moyens ont été mis en œuvre — ce nom de mémoire étant donné à tout support capable de consigner puis de restituer une quelconque suite de 0 et de 1. Essentiellement des mémoires vives (constituées par des dispositifs à base de semi-conducteurs) sont ultrarapides, mais elles étaient hier considérées comme coûteuses, de sorte que l'on en limitait l'emploi tandis que les mémoires mortes — singulièrement le disque — sont très économiques, et elles offrent des capacités gigantesques pour toutes les gestions qui nous sont aujourd'hui familières : stocks des magasins ou des entrepôts, sécurité sociale d'une population, réservation de places. Indépendamment d'opérations qui, sans l'informatique, n'auraient pas été concevables : Notre-Dame de Dresde ayant été détruite le 13 février 1945 dans les conditions que l'on sait, 25 000 pierres récupérées ont été numérotées dans un programme qui leur redonnera le même emplacement dans la nouvelle cathédrale promise à être inaugurée en 2006 pour le 800e anniversaire de Dresde.

Le support de toutes les mémoires mortes fut largement magnétique avec les disquettes des ordinateurs ou leurs disques durs, très faciles à effacer ; on fait de plus en plus appel au disque optique dont les performances étaient évoquées ci-dessus avec le CD et le DVD, une évolution n'ayant manqué de s'esquisser pour que le même support enregistre à volonté des images, des sons, des données, ou des programmes.

Tout cela avec des suites de 0 et de 1. On devra toutefois avoir adopté un code et, d'abord, avoir précisé de quel type d'enregistrement il s'agit. En tout état de cause, la suite de 0 et de 1 incarnera des données et des instructions.

À cette fin, les informaticiens ont retenu très tôt le code universel ASCII (*Americain Standard Code Information Interchange*) dont le principe consiste à lire les signes non pas un par un, mais huit par huit, un bloc de huit signes étant dit byte par les Anglo-Saxons (1 byte = 8 bits), octet par les Français, ces blocs étant de 256 types. Une centaine sont réservés à des caractères, chiffres ou lettres (01000001 $(=65)$ pour le A et 01100001 $(=97)$ pour le a) et aux signes de ponctuation ou consignes fondamentales à l'instar de ce qu'offre le clavier d'une machine à écrire, sans qu'une standardisation ait été possible compte tenu d'abord d'alphabets différents selon les langues. Des signes sont souvent laissés à la discrétion des constructeurs. En mathématiques, où il s'agit d'écrire des programmes dans le libellé desquels figurent des symboles, un avantage de l'ordinateur est de pouvoir accepter ceux-ci sans limitation de nombre ou de complexité, un autre résidant évidemment dans la quantité gigantesque d'opérations qu'il peut effectuer. Cela n'a pas changé les mathématiques elles-mêmes, mais un nouvel état d'esprit a été induit.

Ainsi, au cours des trois derniers siècles, une distinction fondamentale avait été opérée entre les fonctions dont on savait expliciter la primitive et celles pour lesquelles cela ne paraissait pas possible, de sorte que l'on devait recourir à des calculs numériques. Ils étaient fastidieux voire impossibles en raison du temps exigé, d'où une certaine vénération pour la première catégorie de fonctions. La mentalité devient différente alors que les ordinateurs permettent l'intégration de n'importe quelle fonction en calculant servilement l'aire sous une courbe comme la limite de la somme d'un grand nombre de termes.

Cela en théorie, car même compte tenu de la puissance des machines, certains calculs seraient extrêmement longs. C'est le cas si l'on se trouve en présence de millions d'équations dans lesquelles figurent des millions d'inconnues : une telle situation se rencontre lorsqu'on procède à un maillage, substituant à un milieu continu un grand nombre de très petits domaines qui interagissent sachant que la modélisation est d'autant plus fidèle que le nombre de ces domaines est élevé. Ce n'est pas toutefois une variante du problème de l'échantillonnage car des problèmes nouveaux se posent dont celui de discerner lesquels, parmi ces domaines, sont particulièrement importants, la solution de ces problèmes exigeant des compétences. Et, lorsqu'un nombre se présente comme la somme des termes d'une série, il est en général aussi la somme des termes de plusieurs autres séries ; la préférence ira évidemment à celle qui converge le plus vite.

Le temps des compressions

Une autre considération est un vif contraste. Alors que l'on sait enregistrer et consigner un nombre gigantesque de données, les limitations sont souvent sévères en matière de transmission, de sorte que des sélections et des conversions préalables seront opportunes. Le problème se pose avec acuité en télévision lors de la multiplication des chaînes, avec une soudaineté qui surprend après que longtemps, dans l'aventure électronique, le rôle de la télévision a été mineur.

Elle naît dans le sillage de la TSF dont elle utilise les moyens, les méthodes et les mathématiques. Elle est la radio du riche.

Si les signaux acheminés sont beaucoup plus nombreux — ce qui impose d'emblée de travailler en ondes courtes — ils sont en effet de même nature : analogiques. Le microphone a été remplacé par une cellule photoélectrique par laquelle sont explorées successivement les lignes d'une scène. Leur nombre est la définition de l'image (625 lignes en Europe en attendant les 1250 de la TVHD ou télévision à haute définition), le rythme des images ayant été fixé à 25 par seconde en Europe, 30 aux États-Unis (où 525 et 1050 lignes ont été retenues). Les moyens employés pour passer d'une image à l'autre ou, dans une image, d'une ligne à la suivante sont d'abord fort simples : le sablier est un condensateur qui se décharge avec un top de synchronisation. La télévision méritera l'épithète « numérique » le jour où elle recourra aux techniques de la photographie numérique, c'est-à-dire lorsque sa caméra sera créatrice de signaux binaires qui seront traités en tant que tels dans toute la chaîne de transmission.

En attendant cette formule — qui va exiger un renouvellement total du matériel et notamment une reconception du téléviseur promis à ressembler à un ordinateur — un subterfuge a eu la faveur des utilisateurs pour faire passer une dizaine de programmes par un canal où naguère un seul trouvait place : le recours à des compressions qui, en tout état de cause, s'imposeront massivement à l'heure d'une véritable télévision numérique.

Le problème pourrait s'énoncer comme suit : quand vous devez acheminer une suite binaire renfermant un nombre gigantesque de 0 et de 1, comment lui susbstituer une autre suite qui comptera un nombre de signes incomparablement moindre mais fera parvenir quasiment la même information ?

Or une solution ne peut être donnée que si l'on connaît la nature de cette information incarnée par ces 0 et ces 1. Imaginez en effet qu'ils représentent la séquence en binaire des décimales de π : aucune compression n'est concevable puisque chaque signe est essentiel. Des compressions sont en revanche possibles lorsque seuls certains signes sont particulièrement importants ou encore lorsque les mêmes séquences reviennent fréquemment. En matière d'images, les possibilités sont immenses. Dès 1994

— l'année où, avec la sonde *Clementine*, on testait la compression d'images envoyées depuis une orbite lunaire — on définissait pour les besoins de la télévision une norme dite MPEG (*Motion Picture Expert Group*) à partir des deux observations suivantes :

- C'est pour donner à l'œil une impression de cinéma que notre télévision s'astreint à projeter vingt-cinq images par seconde. Le plus souvent, les différences sont peu importantes d'une image à la suivante, même si elles ont été incitées à le devenir en moyenne un peu plus en réponse au zapping. Avec la norme MPEG-2, seule une image sur douze est transmise. Entretemps, l'écran est meublé par des images que crée le décodeur, ces images non authentiques étant de deux sortes. Si les 1, 13, 25 sont authentiques, on intercale en 4, 7, 10 puis en 16, 19, 22... des images dites prédites en ce sens qu'elles sont créées à partir des 1 et 13 avec une information rudimentaire révélant quels éléments de la scène ont, dans l'intervalle, sensiblement changé. Quant aux autres images (2-3, 5-6, 8-9, 11-12, 14-15, 17-18...), elles sont créées de toutes pièces, sans apport d'information, en calculant des moyennes. Généralement, le téléspectateur n'y voit que du feu.
- Des économies sont possibles à l'intérieur d'une image authentique. Au lieu de transmettre successivement l'éclairement de ses différents pixels, il est judicieux de prendre en considération la teinte moyenne de l'image et, pour chaque pixel, de faire état de son écart par rapport à cette teinte de référence. Autrement dit, de transmettre ce que le mathématicien dira être des Δ.

Cela sur la base des techniques commerciales actuelles. Les recherches de laboratoire nous apprennent que l'on ira demain très loin grâce aux mathématiques, d'abord en segmentant l'image. C'est le cas si, renonçant à la formule barbare d'un balayage, on prend en considération les lignes naturelles qui existent sur une scène : elles la divisent en un certain nombre de zones. Les informations fondamentales sont cette segmentation et la teinte de chaque zone ; elles seront suivies par la transmission de détails qui, parfois, n'auront même pas besoin d'être explicités si le récepteur dispose d'un catalogue de textures pour représenter par exemple un ciel sans nuage, un ciel un peu ou beaucoup nuageux, une peau de banane, un sol crevassé. À partir d'une production locale, les textures voulues seront mises dans ces zones pour, à défaut du contenu véritable de l'image, assurer à notre œil ce qu'il doit transmettre à notre cerveau pour que nous percevions ce contenu, de telles techniques de compression avancées offrant un intérêt économique évident.

Elles feront appel à des moyens — notamment la théorie des fractales et des ondelettes — que les sciences de la Terre nous donneront l'occasion d'évoquer et au développement desquels elles promettent de puissamment contribuer.

Chapitre 9

Mathématiques et information (2) : un ordinateur pour chacun

Lorsqu'une organisation européenne de l'époque a pris contact en 1960 avec l'un des auteurs de ce livre pour lui proposer d'être candidat au poste de responsable d'un centre de calcul situé en Italie, il était bien clair qu'un nombre forcément très limité de calculateurs, essentiellement utilisés pour les calculs scientifiques, devrait suffire pour couvrir les besoins du monde entier.

C'était alors, en forçant à peine l'image, la période « un ordinateur pour tous ». Depuis la fin des années quatre-vingt, certains — dont Bill Gates — prônent au contraire qu'il faut « un ordinateur pour chacun ». Et comme on le sait cette prophétie, au moins dans les pays riches et moyennement développés, va se réaliser dans les premières années du siècle qui s'ouvre.

Y a-t-il objet plus mathématique qu'un ordinateur ? Seul peut-être le téléphone mobile peut le concurrencer sur ce point. L'histoire de l'informatique, que nous ne pouvons malheureusement qu'effleurer de très loin dans ces pages, montre évidemment qu'elle n'aurait pas pu voir le jour si elle n'était sortie de la cuisse de Jupiter. Entendons par là que, comme l'astronomie, la logique, la navigation, la musique et la physique théorique (sinon la physique tout court), **l'informatique est fille des mathématiques.** Mieux, pour certains — dont nous sommes — elle est encore une branche des mathématiques pour ce qu'elle a d'essentiel : ce que les Anglo-Saxons appellent *computer science,* c'est-à-dire sa partie intellectuelle, laissant les problèmes (importants) du développement des machines à l'industrie électronique et les questions de publicité aux marchands du Temple.

Bien sûr, ce que l'informatique a apporté au monde de la seconde moitié du XXe siècle, c'est une nouvelle possibilité de traiter toute sorte d'information. D'où son nom français ; ailleurs, pour traduire qu'il n'est d'information qu'en coopération avec un sujet conscient, on parle de traitement de données : *data processing.* Plus généralement, c'est donc un mode plus puissant encore, et même révolutionnaire, de communication en prenant ce terme au sens large. D'abord, en regardant ce mot pour ce qu'il signifie de manière stricte, l'informatique a bouleversé notre façon de transmettre des idées, comme le prouvent évidemment les fax, courriers électroniques et autres moyens dont nous nous sommes servis pour n'avoir pas à traverser Paris ou la Normandie en vue d'échanger le texte d'un chapitre.

Mais c'est surtout la communication avec les systèmes complexes qui régissent notre monde actuel qui a profité de l'usage intensif, sans retour, des ordinateurs et de leurs logiciels. Transmettre une table des matières ou une correction orthographique, c'est communiquer au premier degré (et c'est déjà important). En revanche consulter des cours de Bourse à travers des instruments transformant en graphique l'évolution de l'action Microsoft en temps réel fait bien autre chose que remplacer un facteur (préposé) un peu lent pour notre époque pressée. Il y a là effectivement naissance d'information, aide à la décision, voire dans certains cas ajout ou même création de valeur nouvelle, comparable à celle qui résulte d'un travail de production classique de transformation de matières premières. L'informatique — souvent déguisée par les politiques sous le nom pompeux de NTIC ou « nouvelles technologies de l'informatique et de la communication », bien plus flatteur pour leur image — aurait étonné Marx ; en revanche, il n'aurait probablement pas été surpris qu'à l'heure du téléphone mobile de troisième génération l'UMTS, (*Universal Mobile Telecommunications Systems*), le gouvernement britannique demande à un professeur d'Oxford spécialiste en théorie des jeux de formuler la réglementation pouvant assurer la rentrée d'argent maximale.

Qui doit enseigner l'informatique ?

Pour être sûr de bien connaître la nature profonde de cette science, il suffit de regarder par qui et comment on peut l'enseigner. Il est bien clair qu'il faut ici distinguer plusieurs plans. Pour habituer un élève à taper sur un clavier, art que les auteurs de ce livre pratiquent depuis plus de quarante ans à la suite de leurs histoires personnelles mais jusqu'à présent peu répandu, point besoin d'être lecteur de Newton ou de Lebesgue. De même, les professeurs d'économie et de gestion sont les mieux placés pour préparer à l'usage quotidien de traitements de texte et de tableurs. Dans les établissements scolaires, surtout de type technique, de vastes salles leur sont à juste titre réservées. De même, l'étude de ce qu'est et de comment marche un microprocesseur est laissée aux sciences physiques et industrielles. Les brevets de technicien supérieur d'action commerciale sont l'endroit idéal où apprendre le commerce sur Internet...

En revanche, le lien entre les cours de (l'esprit des) mathématiques et tout ce qui reste de l'informatique, c'est-à-dire le cœur de cette discipline, est évident, et, d'ailleurs, peu de systèmes d'éducation au monde contestent cette association nécessaire et profitable à tous.

Pourtant quelques adversaires des mathématiques le contestent. Citons l'un des plus déterminés parmi eux :

« La science des ordinateurs s'est développée presque sans [mathématiques], en alliant technologie et combinatoire, sans théorèmes ni formules complexes. »

Sans compter l'erreur classique consistant à confondre technologie (*explication des termes propres aux différents arts et métiers*, Littré) et techniques (*ensembles des procédés d'un art, d'une fabrication*), cette formule est si excessive que son auteur trop prolifique se contredit quelque peu, en affirmant quelques lignes plus haut, toujours agressif mais plus près de la réalité, que :

« L'ordinateur ne résulte pas de la découverte de lois de la nature, c'est un artefact produit par le cerveau humain. En ce cas il est le cousin germain des mathématiques. À leur différence, ce n'est pas un objet mental. »

Cet « objet mental » que l'on ne veut pas voir en dépit du fait qu'on ne peut ignorer tout à fait le « cerveau humain » et la « combinatoire » (opposée bizarrement au reste des mathématiques), est pourtant aveuglant pour qui sait garder les yeux ouverts. Nous pouvons remonter pour cela à Pascal ou surtout à Leibniz, pour qui les machines à calculer étaient déjà autre chose qu'un outil de commerce — leur œuvre entière en témoigne, particulièrement chez le second —, puis à Charles Babbage (1792-1871) et sa *machine analytique* ou à Stanley Jevons (1835-1882) et son *piano logique*. Citons un texte de 1842 du disciple de Babbage, Ménabréa, qui écrit :

« Beaucoup de personnes qui ne sont pas familières avec les études mathématiques imaginent que, parce que le travail de l'engin [de Babbage] consiste à donner ses résultats sous forme de nombres, sa nature doit par conséquent être arithmétique et numérique, plutôt qu'algébrique et analytique. C'est une erreur. La machine peut arranger et combiner ses quantités numériques exactement comme s'il s'agissait de lettres ou de tout autres symboles généraux. »

Ce texte a cent soixante ans !

Sans même aller si loin dans l'histoire, il suffit de parcourir les biographies des pionniers qui, dès avant la Seconde Guerre mondiale, ont permis la naissance de l'informatique pour qu'abandonner la naissance des ordinateurs à la seule capacité des ingénieurs apparaisse pour ce qu'elle est : une mesquine escroquerie intellectuelle. Deux noms suffisent pour clore ce débat peu glorieux : Alan Turing (1912-1954) et, bien entendu, John Von Neumann (1903-1957).

Fort bien, pourrait-on dire. L'informatique est née de Platon, mais peut-être a-t-elle pris inexorablement le large ? Il est facile de répondre : si le *commerce* qui en est fait et celui qu'elle contribue à bouleverser n'ont pas grand-chose à voir avec la caractéristique universelle de Leibniz, de même que les agences de France Telecom semblent loin de Maxwell, la structure même de l'informatique est si imprégnée de mathématiques que l'on voit mal comment elle pourrait quitter un jour complètement sa mère naturelle.

Quelle informatique doit enseigner le mathématicien ?

Soyons précis. Dans tout enseignement d'informatique, il y a trois points à distinguer, dont les deux premiers au moins ne doivent être confiés qu'à des enseignants partiellement ou totalement mathématiciens :

- l'informatique au service des mathématiques (ce que la fille apporte à sa mère) ;
- les mathématiques au service de l'informatique (comment la mère nourrit sa fille) ;
- l'informatique pour l'informatique (plaisir et nécessité du développement des techniques propres à la discipline).

C'est évidemment surtout dans les deux premiers points que l'intrication est inexorable. Mais même en ce qui concerne le dernier, notre science n'est pas absente, qu'il s'agisse pêle-mêle de l'étude des langages et de leurs compilateurs, des fonctions de calcul — numérique et/ou formel — ou de constructions géométriques — CAO —, voire des solveurs accompagnant les tableurs, l'organisation de données complexes, l'imagerie numérique, l'intelligence artificielle et les réseaux neuronaux, la sécurité et la cryptologie, Postscript, HTML...

Que l'informatique enrichisse les mathématiques professionnelles, c'est clair quand bien même il serait très exagéré de dire, par exemple, qu'elles ont bouleversé le secteur de la recherche. Cela va tellement de soi qu'il est difficile d'envisager un laboratoire ou un mathématicien isolé — par exemple le soir chez lui — sans ordinateur. Comment imaginer un analyste spécialiste des questions de combustion, par exemple, qui ne pourrait pas simuler les conséquences de ses conjectures par des images colorées en trois dimensions ?

Comment l'informatique peut enrichir l'enseignement des mathématiques

Elle le fait en accroissant les possibilités de cet enseignement, même au collège, certainement plus encore au lycée et à l'université sous toutes ses formes (d'ailleurs les programmes des classes préparatoires aux grandes écoles, entre autres, ont incorporé l'ordinateur depuis plus de quinze ans). Voici quelques points que tous les enseignants pourraient aborder à l'occasion.

Le bénéfice le plus important sur ce plan est sans doute la modification considérable qu'elle induit dans le calcul (formel y compris, c'est-à-dire celui qui porte sur des lettres a, b, c..., et bien sûr numérique). Ainsi des expressions telles que $(\sqrt{a} - \sqrt{b})(\sqrt{a} + \sqrt{b})$ sont simplifiées par un logiciel de calcul formel (*Derive* par exemple), mais le résultat peut en être conjecturé par des simulations à la calculette pour différentes valeurs numériques et ainsi de suite, ce qui conduit ensuite à une démonstration classique.

Mieux : dans des conditions un peu plus lourdes, on imagine que certains programmes peuvent donner un résultat plus compliqué que celui qui est attendu, surtout si l'on n'est pas certain d'être dans le domaine des réels ; c'est alors au professeur de terminale d'expliquer pourquoi $\sqrt{ab} - \sqrt{a}\,\sqrt{b}$ n'est pas toujours nul. Donnons un exemple élémentaire : $a = b = \mathrm{j}^2 = \dfrac{-1 - \mathrm{i}\sqrt{3}}{2}$ pour lesquels $\sqrt{a} = \sqrt{b} = -\mathrm{j} = \dfrac{1 - \mathrm{i}\sqrt{3}}{2}$ et $\sqrt{ab} = \sqrt{\mathrm{j}} = -\mathrm{j}^2 = -\sqrt{a}\,\sqrt{b}$, si l'on prend pour convention naturelle, comme tous les logiciels professionnels sérieux, que la partie réelle d'une racine carrée complexe est toujours positive ou nulle.

C'est là un magnifique exemple pour montrer les limites de toute machine, et enseigner le doute cartésien, ce qui est l'un des plus nobles objectifs de l'éducation. Évidemment, si vous dites de façon convenable au logiciel que a et b sont positifs, tout marche très bien, mais on ne peut pas échapper à ces dressages : **faire des mathématiques ne se réduira jamais à presser des boutons**. Si vous entendez autour de vous quelqu'un, même de très distingué, dire cela, allez acheter *1984* d'Orwell chez le libraire le plus proche pour vous purifier.

Il en va bien entendu de même dans le cas des constructions géométriques, planes ou même dans l'espace, que des outils tels que Cabri-Géomètre permettent de voir sous un tout autre jour. Mais ne vous attendez pas non plus que votre PC de salon puisse vous démontrer tout seul que les angles à la base d'un triangle isocèle sont égaux : certes des machines spécialisées peuvent le faire, mais elles sont probablement hors de votre portée. Et de toutes les manières, avant qu'elles puissent réécrire Euclide toutes seules (comme l'on prétendait que Pascal l'avait fait enfant) simplement en pressant une touche, il aura fallu y mettre beaucoup d'intelligence humaine et raisonner finement à partir de prémices fort complexes en étant conscient de ce que l'on fait.

Parmi les bénéfices attendus lorsque les enseignants auront tous été formés, soit à l'université soit dans des cycles de mise à niveau professionnels, figurera sans aucun doute le fait que l'informatique, très bien dirigée, pourra rendre moins ardues la compréhension et la maîtrise des définitions délicates de limite, de continuité et autres préambules au calcul différentiel à propos desquels on a aujourd'hui jeté l'éponge de façon peut-être trop irréfléchie.

Il semble enfin clair qu'une dose modérée de programmation dans un langage simple, de type Pascal ou Visual Basic, ne peut qu'aider à comprendre ce qu'est une démonstration, cœur de toute activité mathématique, même si elle n'est pas le seul mode d'initiative à développer chez l'élève. Il serait sans prix de pouvoir utiliser ces programmes pour clarifier les notions de variables, de constantes et même de fonctions, par exemple en insistant sur les représentations physiques (adresses directes, indirectes) à l'intérieur des mémoires physiques.

Cette mathématique indispensable à l'informatique

Parler ici des mathématiques nécessaires à une bonne compréhension et à la maîtrise de l'informatique serait trop long si l'on essayait absolument d'expliquer les notions encore mal vulgarisées entrant en jeu. Disons simplement d'une part que certains items que l'on vient de passer en revue, comme représentation des nombres (ou des figures) en mémoire, acquisition de la capacité de programmer un ordinateur, posent, à leur tour, des véritables problèmes de mathématiques. Ce n'est nullement nouveau : quelles étaient les compétences exigées, à votre avis, pour écrire les premiers compilateurs Fortran, sinon un très haut degré de rigueur et de formalisation que seule donne notre science ? Bill Gates l'étudiait à Harvard, avatar américain de nos grandes écoles, lorsqu'il a réussi ce tour de force de faire tenir un compilateur Basic en assembleur du microprocesseur 8080 sur 4 kilo-octets — 4K —, avant de devenir l'homme d'affaires que l'on sait.

On peut aussi signaler, sans être exhaustif le moins du monde, le haut intérêt d'expliciter devant des étudiants un peu avertis :

- comment fonctionne un traitement de texte, avec une démystification de ce qu'est la frappe au kilomètre, et surtout de la recherche en un temps raisonnable d'une chaîne donnée de caractères dans un fichier ;
- suivant quelles règles on effectue une opération arithmétique aussi élémentaire qu'une division entre nombres réels définis sur 32 ou 64 bits, voire d'un entier de cent chiffres par un autre de cinquante (pour les décompositions en facteurs premiers) ;
- ce qu'est une preuve de programme (assurant qu'il n'y a pas de bogue, et que l'on obtient bien toujours exactement ce que l'on est en droit d'en attendre, et non pas n'importe quoi) ;

• comment écrire un programme de parties vues et cachées dans la représentation de surfaces en trois dimensions sur un écran ;

• les procédures d'utilisation d'imprimantes de divers types, et plus généralement le pilotage d'autres périphériques, y compris dans le domaine du son ;

• ce qu'est une compression d'images — par exemple à l'aide de la géométrie fractale ;

• une preuve élémentaire du fait qu'à l'aide d'un seul type d'instruction (la fameuse `while`, signifiant « tant que »), on peut écrire des programmes sans labels ni branchements, c'est-à-dire sans le fameux `goto` qui fit couler tant d'encre ;

• comment assurer les problèmes de hiérarchies (qu'est-ce qu'un anneau à jetons ?) et de sécurité dans un réseau de taille moyenne ;

• les décompositions élémentaires des principaux types de mouvements nécessaires pour piloter des robots ou fabriquer des images de synthèse ;

• les mécanismes qu'un tableur met en œuvre lorsqu'une demande de recalcul automatique est lancée, et la manière dont il détecte les définitions en cercle vicieux...

Dans tous ces items, la place des mathématiques est irremplaçable. Nul doute que les années futures verront encore davantage d'interventions de ces dernières dans le développement des techniques de l'informatique. Après lecture d'une telle liste, comment croire encore qu'elle est née et pourra continuer à vivre à partir de simples « bidouillages » d'ingénieurs à la main verte ?

Algorithmes et programmes

Mais s'il est difficile de donner quelques indications précises sur ce que l'informatique attend essentiellement des mathématiques, c'est que cela tourne autour d'un mot qui semble bien connu, celui d'*algorithme*, mais dont la richesse et la complication dépassent de beaucoup les limites d'un livre comme celui-ci. Signalons d'abord une bizarrerie : il n'y a pas de bonne définition d'un algorithme, ni d'une fonction programmable. C'est même un problème qui agitait déjà les logiciens des années trente comme Alan Turing et sa machine (28 mai 1936), Alonzo Church et son λ-calcul (15 avril 1936) ou Emil Post et ses fonctions calculables (octobre 1936), présentant tous indépendamment une définition personnelle de ce que l'on peut espérer obtenir d'un algorithme, dans quelques mois d'une même année qui fut certes un très bon cru pour la logique et l'informatique. Un jour, l'un d'entre nous fit le tour de sa bibliothèque privée pour y recenser les définitions qu'il pourrait y trouver : il lui en tomba soixante-quinze sur les bras, naturellement non réductibles à une phrase de taille raisonnable...

Les caractéristiques du fonctionnement des différents types d'algorithmes sont très riches, mais aussi redoutables de subtilité et de questions encore ouvertes.

C'est par exemple le cas du fameux « problème de la halte », célèbre problème dit « de décision » (parce que la réponse obtenue est parfaitement binaire : oui ou non). Ce problème peut être résumé par la phrase suivante, trop imprécise, mais qui en donne au moins une idée à peu près convenable : *y a-t-il moyen de savoir, en lisant un programme informatique, s'il se terminera un jour ou s'il bouclera sans fin* ? Si ce problème-là est résolu depuis longtemps, il reste — dans le même champ de curiosité — de nombreuses énigmes concernant la durée maximale, voire moyenne, de l'achèvement de la tâche d'un type d'algorithme exprimé en fonction des dimensions des données qui y sont introduites, qui peuvent d'ailleurs avoir de réelles et très importantes conséquences économiques. C'est ce que l'on appelle les problèmes de *complexité*, qui mettent en œuvre de nombreuses techniques d'algèbre et d'analyse, y compris parfois des éléments de logique formelle. À cette complexité sont liées de très nombreuses questions qu'il n'est pas possible, faute de place, d'évoquer ici, comme par exemple celle qui préoccupe depuis trente ans toute une profession sous l'énoncé étrange $P \neq NP$ (disons simplement que NP — *Nondeterministic Polynomial* — est une certaine classe de problèmes pour lesquels il existe un moyen « facile » (polynomial) de vérifier qu'une solution proposée est bien correcte, alors que P est la classe des problèmes résolubles par des algorithmes polynomiaux, c'est-à-dire tels qu'une évaluation de leurs temps d'exécution puisse s'exprimer par des fonctions polynômes) ; $P \neq NP$ est d'ailleurs l'un des sept problèmes du Clay Institute, longuement repris par la presse qui le découvrait sous sa forme américaine PvsNP, avec vs pour *versus*. Il y a aussi les problèmes NP-complets de Stephen Cook (1971), au moins aussi difficiles que tous les problèmes NP quelque chose.

Le théorème de Turing

Donnons une idée (beaucoup trop naïve) de la démonstration de Turing au début des années trente sur la réponse *négative* à donner au problème de la halte (ce qui ne signifie naturellement pas qu'on soit incapable de dire, sur un cas particulier, si un programme *p* parfaitement connu va terminer ou non). Résoudre une telle question n'est sûrement pas simple, car démontrer qu'*on ne pourra jamais faire telle ou telle chose* apparaît comme des plus présomptueux. Et pourtant...

Tout d'abord, simplifions un peu les choses en identifiant abusivement algorithme et programme informatique le mettant en œuvre (une telle distinction peut paraître inutile ou abusive, mais il n'en est rien : nous sommes ici dans un monde subtil où il faut faire très attention à chaque pas).

Supposons donc qu'il existe un programme p_0 capable de décider, à la lecture d'un programme arbitraire p rendu autonome en y incorporant les valeurs des variables qui servent à l'initialiser, s'il tournera indéfiniment (cas numéro 1) ou s'il aura une fin, même très lointaine (cas numéro 2). Alors il « suffirait » de proposer à p_0 d'examiner si p_0 lui-même est susceptible de faire halte un jour : cela conduirait à une contradiction.

Nous ne pouvons ici que renvoyer à la littérature plus spécialisée pour une étude sérieuse des conséquences de cet acte bizarre, tester p_0 par p_0, dont la hardiesse rappelle des paradoxes bien connus de la théorie des ensembles, comme celui du barbier, proposé en 1918 par Lord Bertrand Russell (1872-1970) : dans un village où l'unique barbier rase tous les hommes qui ne se rasent pas eux-mêmes et aucun autre, qui rase le barbier ?

C'était en fait une variante d'une question posée en 1901 à Gottlob Frege (1848-1925) sur l'ensemble X formé des ensembles x tels que x n'appartient pas à x. La relation $x \in X$, en symboles $x \notin x$. est vérifiée pour la plupart des ensembles *a priori*, mais elle pourrait ne pas être universellement valide, puisque par exemple l'(éventuel) ensemble — infini — de tous les ensembles infinis n'appartiendrait pas à X et ne la satisferait pas, alors que l'ensemble (tout aussi éventuel) de tous les ensembles finis lui appartiendrait. On peut aussi évoquer l'ensemble des ensembles définissables en français en moins de mille signes, qui se contient lui-même. La question, toute simple, était : a-t-on $X \in X$? Tournez-la dans votre tête pendant la nuit, vous verrez que chacune des deux réponses envisageables est aussi absurde que l'autre.

Comme dans le cas du paradoxe de 1905 de Richard (1862-1956) qui reprenait le procédé diagonal de Cantor, également utilisé plus tard par Gödel et simplifié par la suite pour aboutir au « plus petit nombre qui ne peut pas être défini en avec moins de cent signes typographiques », ou celui du « catalogue contenant tous les catalogues qui ne se citent pas eux-mêmes »), il s'agit toujours au fond du fameux problème crétois d'Épiménide : quelle confiance faire à qui vous affirme « je mens » ? S'il dit la vérité, c'est qu'il ne la dit pas, et donc qu'il la dit...

Il en va bien de même avec notre hypothétique p_0. Rappelons que, appliqué à un programme p, il est capable de dire, en un temps fini, si p va boucler indéfiniment (cas 1) ou si p aura certainement une fin (cas 2). Rien n'empêche de modifier p_0 pour l'obliger à boucler lui-même indéfiniment dans le deuxième cas, et seulement dans ce cas. Il suffit d'insérer dans p_0 cinq lignes de la forme

```
if 2 then
    begin
        while 0 = 0 do nothing
    end ;
endif ;
```

c'est-à-dire, dans un langage ressemblant plus ou moins à du Pascal : si l'on est dans le cas numéro 2, testez sans cesse si $0 = 0$ — c'est toujours vrai — sans rien faire d'autre, ce qui implique clairement que le logiciel tournera indéfiniment dans le vide sans s'arrêter. Par suite, si p rentre dans le cas 1, $p_0(p)$ s'arrêtera ; si p rentre dans la catégorie 2, $p_0(p)$ ne s'arrêtera jamais.

Le programme p_0 est-il lui-même dans la catégorie 1, c'est-à-dire boucle-t-il indéfiniment ? Dans ce cas, $p_0(p_0)$ doit s'arrêter, ce qui contredit l'hypothèse. Le cas contraire n'est pas davantage envisageable, ce qui conduit à une contradiction insoluble, ce qui veut dire qu'un p_0 ne pourra jamais être écrit.

Bien entendu notre « démonstration » n'en est pas une, pour de nombreuses raisons (par exemple à cause de la confusion sous-jacente entre p_0 et $p_0(p_0)$, mais aussi du fait que le mot même de programme ne soit pas défini clairement du fait qu'il ne s'agit pas d'un texte de statut mathématique précis) ; mais il ne trahit pas trop l'idée, extrêmement subtile, de Turing dont cette trouvaille fut le premier éclat, fracassant, de son génie.

Mathématiques et société : les cartes bancaires

Parmi les problèmes difficiles de complexité des algorithmes, encore largement ouverts pour le plus grand profit des chercheurs, certains ne sont pas que des amusements de l'esprit sans conséquence aucune sur votre vie quotidienne. En effet, l'an 2000, année mondiale des mathématiques, en a apporté la preuve de la manière la plus bruyante.

Nous allons essayer d'expliquer avec quelque précision — ce que la grande presse n'a jamais, et à tort pensons-nous, essayé de faire — ce qui se passe lorsque nous glissons notre carte de crédit (notre carte à puce) dans la fente de l'appareil à la porte de notre agence bancaire. Le public sait qu'un tel geste est, ou était à l'époque, assez dangereux pour l'équilibre financier du système, banquier et utilisateur compris, depuis ce que l'on a appelé l'affaire Humpich du nom du « casseur » (ou prétendu tel) qui a montré en juin 1998 comment tromper le terminal.

Pour fixer les idées, car le protocole que nous décrivons sera sans aucun doute changé au cours du temps, plaçons-nous au matin du 2 janvier 2000, tout heureux de savoir que le « bogue de l'an 2000 » n'a pas ravagé la planète. Plus précisément, une personne nommée *A* (*A* pour Alice dans la littérature spécialisée, mais ce pourrait être Albert ou André, bref un quidam) se présente devant le guichet automatique *B* de sa banque, avec dans la main sa carte à puce, numérotée 1234 5678 9012 3456, que lui a délivrée le chef du Groupement des cartes bancaires, maître en cryptologie, dénommé ici *C*.

Pour décrire les six actes de la saynète qui nous occuppe, il faut revenir un peu en arrière, car les deux premiers temps en ont eu lieu plus tôt. Le premier se déroule sans doute vers 1990, lorsque *C* a été engagé et a mis au point sa technique ; le second remonte à l'époque où *A* a demandé à son agence de lui fournir une carte à puce.

Voici ces deux moments forts, reconstitués avec, espérons-le, une très grande vraisemblance (mais il faut remarquer que, jusqu'en 2000 en tout cas, jamais le consortium n'a accepté de dévoiler le dessous des cartes) :

- A 1 : *C* choisit en secret deux nombres premiers p et q, d'environ cinquante chiffres, et un troisième, beaucoup plus court, noté e, appelé l'exposant.

Cela ne pose aucun problème, il existe des algorithmes très rapides donnant des nombres premiers de longueurs presque arbitraires, en tout cas de plusieurs centaines de chiffres.

- A 2 : *C* calcule $n = p \times q$, appelé le module ou la clef.

Ce nombre n a donc une centaine de chiffres (un peu moins s'il est écrit en système hexadécimal, mais cela n'a pas beauoup d'importance).

- A 3 : *C* calcule un entier d tel qu'il existe un entier c vérifiant l'égalité

$$de = 1 + c\,(p-1)\,(q-1).$$

Cet entier d est ce que l'on appelle un « inverse » de e dans l'anneau des entiers modulo $(p-1)\,(q-1)$; un algorithme remontant à Euclide lui-même permet d'obtenir d sans difficultés, parce que l'on connaît p et q. La propriété arithmétique fondamentale de a est que, pour tout entier x, on dispose de l'égalité $x^{de} = x \bmod n$, c'est-à dire que n divise la différence $x^{de} - x$. Ce résultat est connu depuis Euler, et remonte même sans doute à Fermat lui-même ; il figure, en principe, dans les programmes d'arithmétique usuelle au niveau d'un bon baccalauréat scientifique. Trouver d à partir de e et n seulement semble aujourd'hui encore extrêmement difficile si l'on ne connaît pas effectivement la décomposition $n = p \times q$.

- A 4 : *C* « publie » n et e, et garde secrets p, q et d.

Nous avons écrit « publie » parce que telle est la terminologie usuelle, mais en fait il n'en est rien ; tout ce que fait *C* consiste à placer n et e dans chacun des quelque 600 000 terminaux bancaires *B*. Il y a donc diffusion hors des ordinateurs du consortium, mais avec une transparence très limitée. Il semble même, dans le cas précis des cartes françaises, qu'il y ait eu trois modules différents, mais cela ne remet pas fondamentalement en cause la validité du processus en cours de description.

Tout cela datant du début des années quatre-vingt-dix, passons maintenant au second acte, celui où *A* est admis dans le club des 25 millions de Français ayant une carte à puce.

- B 1 : *A* remplit une demande, en répondant à de nombreuses questions : nom en capitales, prénom, date de naissance, adresse et l'envoie à *C*.

Ce questionnaire a pour but de fournir à *C* un stock d'informations sous formes de chiffres et de lettres, que l'un des nombreux codes connus permet de transformer en nombres (par exemple le code naïf $a = 1$, $b = 2$..., ou les codes ASCII et ANSI bien connus des informaticiens).

- B 2 : *C* construit le numéro de carte *I* (ici 1234 5678 9012 3456) à l'aide des réponses au questionnaire. Il l'embosse sur la carte et le place sous forme codée sur la piste magnétique (noire) située au dos de celle-ci.

Cet identificateur serait lui-même « sécurisé », d'après en tout cas ce que dit le consortium. N'importe quel groupe de seize nombres ne saurait en effet être un numéro crédible (et en tout cas pas celui que nous avons choisi comme exemple !), d'où l'importance, pour les voleurs, de ramasser des facturettes jetées dans la rue portant un tel numéro. Il existe donc des tests pour vérifier que *I* n'est pas bidon, sans doute analogues aux tests de parité en télécommunication, voire aux CRC (*cyclic redundency check*, que nous regrettons de ne pouvoir développer ici, mais qui seraient l'occasion d'une magnifique leçon d'algèbre commutative et de théorie des nombres).

- B 3 : *C* déduit de l'identificateur *I* qu'il vient de définir un code secret *t* de quatre chiffres, analogue au PIN (*personal identification number*) des téléphones portables, par une technique dite de *hachage*. Il faut que *t* et *n* soient premiers entre eux, ce qui est évidemment le cas.

Ici le code de *A* a été présenté comme étant égal à 1234. Dans ce cas extrême, la fonction *h* qui à *I* associe $t = h(I)$, bien entendu appellée fonction de hachage, est immédiate puisqu'elle consiste à prendre en tout et pour tout les quatre premiers chiffres de *I*. Dans la réalité, définir un bon protocole de hachage est une opération mathématique très complexe, dont le but est de condenser, de résumer, de donner une empreinte très courte d'une expression nettement plus longue (un peu comme un calcul de preuve par neuf « résume » en un seul chiffre un nombre dix fois, voire cent fois plus long).

En effet l'on impose à *h*, outre d'être très rapide, de rendre très improbables ce que l'on appelle des *collisions*. Il y a collision s'il existe *I* et I' distincts tels que $h(I) = h(I')$; c'est possible, puisque *h* n'est visiblement jamais injective, mais l'on imagine que cela puisse être rendu rare par un choix intelligent de *h*, par exemple compte tenu du fait que *I* et I' ne sont certainement pas n'importe quelles suites de seize chiffres. Les noms des principales fonctions de hachage connues sont barbares : on parle de Chaum-van Heijst-Pfitzmann, MD4, MD5, SHS... Pour des questions de date, on pourrait imaginer que c'est le MD4 de Ron Rivest, publié en 1960, qui a été choisi, mais les auteurs ignorent même, au moment où ils écrivent, si c'est vraiment un hachage qui permet d'obtenir le code secret à quatre chiffres, tant le consortium est resté discret ! Cela dit, notre hypothèse est probablement vraie, et est en tout cas raisonnable.

Retenons encore que la façon de passer de *I* à *t* est très loin d'être publique C'est heureux puisque l'on verra que la connaissance de *I*, résultant par exemple du vol de la carte, ne permet pas de tirer d'argent du terminal *B* tant que l'on n'a pas obtenu, par exemple sous la contrainte, le code secret $t = h(I)$. Un autre mode opératoire, plus sûr que la torture, consistant tout simplement à guetter par-dessus l'épaule les gestes de A devant le clavier, il en résulte que les conseils de prudence des banquiers ne sont pas à négliger...

La protection de la fonction de hachage choisie par C est donc l'un des piliers de la sécurité du système de la carte à puce. S'il était gravé quelque part dans du silicium à l'intérieur d'un terminal B, un bricoleur capable comme Serge Humpich n'aurait eu aucun mal à trouver les codes secrets correspondant à des identificateurs réels I, faciles à obtenir par des fraudes élémentaires.

- B 4 : C envoie le code secret t à A par la poste.
- B 5 : C calcule $s = t^d \bmod n$, puis $t^{-1} \bmod n$ et enfin $v = (t^{-1})^e \bmod n$.

Il s'agit ici, cette fois, de calculs modulo n, c'est-à-dire d'arithmétique dans l'anneau $\mathbb{Z}/n\mathbb{Z}$. Ces calculs ont été popularisés par les fameuses mathématiques « modernes » ; par exemple, les noms des jours de la semaine sont en fait des entiers modulo 7, ceux des heures de la journée des entiers modulo 24, comme lorsque l'on remplace la description de tel événement politique qui s'est déroulé lors de la 515e heure de l'année 2000 par une désignation plus commode en disant qu'il a eu lieu à 11 heures (le 22 janvier), puisque $515 = 21 \times 24 + 11$ est *congru* à 11 modulo 24.

Tous les logiciels modernes de calcul rendent très rapides ces opérations, y compris l'inversion — toujours grâce à Euclide — et l'élévation à un exposant donné d ou e, même si n a cent chiffres comme c'est le cas, ou davantage. Notons que le nombre secret d a été utilisé ici ; il ne l'est qu'une seule fois pour un client donné A, et ne circulera jamais sur une ligne téléphonique, ni ne sera inséré dans des terminaux ou sur la carte elle-même.

- B 6 : C écrit e, v et s sur la carte bancaire.

Le couple (v,s) est appelé *certificat* délivré par le consortium à son client A, connu de sa banque sous l'identificateur I. Il n'est pas vraiment public, puisque embusqué sur la carte (sans aucun doute sur la puce, pas sur la piste magnétique), mais un technicien qui connaîtrait le protocole utilisé par C pourrait, sur une carte perdue ou volée, retrouver v et s sans problèmes ; ce certificat est donc « presque » public...

Oublions qu'une partie de ce second acte se répète tous les deux ans (lors du renouvellement de la carte, mais sans modifier I, ni t, v et s) pour affirmer que tout est maintenant prêt pour un très grand nombre d'utilisations, même si chacun sait bien qu'une puce peut parfois « saturer » sans prévenir. Soyons simples et observons ce qui se passe le 2 janvier 2000, lorsque A, carte en main, aborde le teminal B situé au coin de sa rue pour y effectuer un retrait.

Dialogue avec le terminal

- C 1 : *A* introduit sa carte dans la fente prévue à cet effet.

On peut penser que *B* lit alors *I* sur la piste noire au dos de la carte, mais ce n'est pas forcément vrai (ce serait inutile si notre hypothèse était correcte ; il suffirait de faire cette lecture plus tard). Cela dit, il est vrai qu'il se passe un peu de temps avant que *B* permette à *A* de passer au stade suivant, que nous ne savons pas bien interpréter. Appel à tous...

- C 2 : *A* tape son code secret *t* qu'il connaît par cœur.
- C 3 : *A* choisit aléatoirement un entier *k*.

Comme pour les opérations suivantes, ce n'est pas en réalité *A* qui fait ce choix, mais le micro-ordinateur spécialisé enfoui dans sa puce. Nous ne le répéterons plus pour ne pas lasser. À partir d'ici, la personne *A* ne fera d'ailleurs plus rien... jusqu'à la partie (non décrite ici) où elle choisit le montant du retrait et enlève carte et billets.

- C 4 : *A* calcule $\gamma = k^e \bmod n$.

Rappelons que même si *n* paraît très grand, ce genre de calcul ne demande pas une grande puissance informatique (il existe d'ailleurs un algorithme d'« exponentiation rapide » très efficace et facile à implanter sur un microprocesseur).

- C 5 : *A* envoie *v*, *s* et γ à *B*.

Cet « envoi » est une simple lecture, par une tête analogue à une tête de disque dur, d'informations présentes dans la puce. C'est immédiat.

Commence alors une quatrième étape (la seconde de la procédure de retrait proprement dite), qui comporte deux temps de vérification de l'identité de *A* (on parle en termes techniques d'*identification*).

- D 1 : *B* calcule $s^e \bmod n$.

Il vient de recevoir *s* de *A*, et connaît *e* depuis toujours.

- D 2 : *B* compare le résultat de ce calcul au code secret *t*.

Faisant cela, *B* qui connaît *t* par C 2, vérifie une première fois que *A* est bien *A*, puisque l'on doit avoir $s^e = (t^d)^e = t^{de} = t \bmod n$. Une autre hypothèse serait que *B* lise à ce moment là *I* sur la piste magnétique et recalcule $t = h(I)$ qu'il compare avec le *t* tapé par *A* ; mais cela supposerait que la fonction de hachage hyper-secrète soit insérée dans le terminal, ce qui n'est pas vraisemblable.

Cette première vérification, qui aboutit au fameux « CODE BON » qui nous illumine lorsque nous le lisons sur la machine de la caissière du supermarché — c'est certainement le même protocole —, est très insuffisante ; il n'y a en effet que dix mille codes secrets possibles, de 0000 à 9999 ! L'un d'eux convient parfaitement à *s*. Elle est donc suivie d'une seconde vérification, beaucoup plus probante.

L'attaque réussie de Serge Humpich qui a déclenché le scandale semble avoir prouvé que certains B ne tenaient pas compte de I puisqu'ils recevaient sans problème n'importe quel code, même impossible à obtenir à partir d'un identificateur réel. Son attaque intelligente a certainement consisté à offrir à B un identificateur I acceptable — sinon B n'aurait pas pu donner l'ordre de débiter un compte bancaire ayant pignon sur rue à l'issue de la transaction — et un code secret t inventé de toute pièce, simplement relié au nombre s enfoui dans la puce par la relation $s = t^d$, ce qui exige de connaître d et donc d'avoir pu décomposer n.

- E 1 : B choisit aléatoirement un entier r.

Comme au C 3, c'est un logiciel (comportant souvent dans son titre le sigle RND ou RAND pour *random*, « hasard » en anglais) qui permet ce choix arbitraire. Ici encore il est très important que le terme « aléatoirement » soit bien justifié, ce qui est d'ailleurs très difficile à assurer. Si ce logiciel était en défaut, le système pourrait très facilement être cassé.

- E 2 : B envoie r à A.

Il s'agit d'une question *(request)* envoyée à A, attendant une réponse y, pour que celui-ci n'ait pas eu tranquillement le temps, devant une batterie de superordinateurs, de préparer une réponse satisfaisante pour B, qui pourrait par exemple être toujours la même.

- E 3 : A calcule $y = k\,t^r \bmod n$.

En effet A connaît k, t et vient de recevoir r. Sa puce est parfaitement capable d'effectuer ce calcul.

- E 4 : A envoie y à B.

C'est la réponse attendue, qui doit prouver fortement l'identité de A. Comme elle dépend de deux nombres aléatoires, k et r, respectivement choisis par A et B, elle ne peut avoir été préparée à l'avance ni par A, ni par B.

Vient enfin l'ultime estocade :

- E 5 : B calcule $v^r y^e \bmod n$.
- E 6 : B compare le résultat de ce calcul à γ.

En effet ces deux entiers doivent être égaux, puisque

$$v^r y^e = \left((t^{-1})^e\right)^r (k\,t^r)^e = t^{-er} k^e t^{re} = k^e = \gamma.$$

Cette fois-ci, si le compte est bon, B peut être sûr avec une bonne probabilité que A est bien A et lire I s'il ne l'a pas fait encore. Enfin il peut démarrer l'opération de délivrance des billets demandés et commander au compte authentifié par son identificateur I de débiter la somme correspondante.

Une vengeance par Internet interposé

Voilà les mathématiques tapies derrière un retrait d'argent grâce à une carte bleue munie d'une puce (pour l'instant inconnue ou presque, notons-le, aux États-Unis, où seule est concernée la piste magnétique). Notre scénario est fondé sur différents documents, dont l'excellente présentation des procédures d'identification dans *Cryptographie : théorie et pratique* de Douglas Stinson, remarquablement traduit chez le même éditeur par le célèbre cryptologue Serge Vaudenay, et les messages ayant circulé sur Internet à partir du 9 février 2000. Les plus importants sont le mail signé « Anie Nomat » (Humpich lui-même ou un ami ?) à cette date, et la « petite feuille Maple » du 3 avril du forum *cesyard* (« c'est si hard », c'est-à-dire : « c'est si dur ») sur `fr.misc.cryptologie` largement montrée sur les lucarnes du Vingt Heures.

On y trouve des précisions étonnantes (mais sans explications ; par exemple le fait qu'il s'agisse de processus d'identification de Guillou-Quisquater n'y est pas écrit nettement, même si Anie Nomat cite le nom de Guillou et le sigle GQ). L'auteur de ce mail, caché sous l'adresse `mail@jardin-internet.fr`, donne n, qui a quatre-vingt-dix-huit chiffres décimaux, ses facteurs p et q, vérifie l'égalité $n = p \times q$, donne e (égal à 3) et d, ici égal au tiers de $1 + 2\,(p - 1)\,(q - 1)$. Partant d'un code secret arbitraire, justement égal à notre $t = 1234$, il montre comment calculer $s = t^d$, puis le retrouver par $s^e = t$.

Sans doute certains professeurs auront distribué en mars 2000 cette feuille de calcul sous le logiciel Maple à leurs élèves, qui auront ainsi une leçon d'arithmétique vivante bien ancrée dans l'actualité. Cette affaire n'est d'ailleurs pas uniquement une histoire de mathématiques et d'informatique, mais a des prolongements économiques énormes et même politiques, ce qui n'est plus notre propos.

Retenons simplement que des conséquences très importantes ont découlé d'une simple erreur de logique, voire de mathématiques (presque comme par une bête faute de calcul). Si Humpich a raison (si nous avons raison avec lui), l'arrogance du consortium des cartes bancaires qui a cru qu'il lui suffisait de vérifier que t était bien égal à t sans vérifier que t était bien le hachage de I a porté un coup très dur à tout une profession. Comme on dit dans le monde de la cryptologie : les terminaux disent *« yes »* trop vite à la carte...

La sécurité des cartes, qui sans doute est plus complexe que ce que nous avons dit, a souffert d'un excès de confiance, puisque Humpich a pu décomposer en facteurs un nombre n de moins de cent chiffres. Nous savons d'ailleurs comment il a procédé : d'après Anie Nomat, il lui aurait déclaré avoir utilisé un logiciel japonais utilisant une variante de l'algorithme de factorisation MPQS (ou crible quadratique, inventé par Carl Pomerance en 1990).

Guillou, Quisquater, Rivest, Shamir et Adleman

Des lecteurs attentifs auront bien entendu reconnu, au passage, les similitudes entre l'identification à la Guillou-Quisquater et le fameux système de cryptage et signature RSA, sigle formé des noms de ses auteurs Lon Rivest, Adi Shamir et Len Adleman (sur ce sujet, on pourra se reporter à de nombreux ouvrages, dont celui de Simon Singh déjà cité et surtout *Cryptographie appliquée* de Bruce Schneier, chez Vuibert comme le livre de Stinson). Dire que nous savions tous, auteurs et lecteurs, assez de mathématiques pour inventer le protocole de Guillou-Quisquater ou le RSA ! L'intelligence pure n'a pas toujours besoin, même en mathématiques, de s'exercer sur des domaines hérissés de difficultés techniques redoutables.

Nous ne reviendrons pas ici sur ce fameux RSA, inventé en 1977, officiellement publié en 1978, déjà objet d'un problème en classe de mathématiques spéciales au lycée Louis le Grand dès septembre 1979, sujet d'innombrables articles. Rappelons simplement qu'à notre connaissance il n'a jamais été « cassé », mais que son talon d'Achille réside dans les progrès de plus en plus importants réalisés dans la factorisation des entiers.

Outre la méthode QS *(quadratic sieve)*, qui tient pour l'instant la corde, il existe en effet d'autres algorithmes très performants pour décomposer un entier en facteurs premiers, comme le récent « crible algébrique » ou celui, un peu plus ancien, qui repose sur l'étrange arithmétique que l'on peut définir sur les points de certaines cubiques curieusement appelées « courbes elliptiques ». Quelles sont leurs limites ?

Cette question nous ramène d'ailleurs à RSA. En effet, dans l'article de vulgarisation d'août 1977 où Martin Gardner dévoilait dans *Scientific American* les sortilèges de la cryptographie à clef publique, des défis étaient lancés aux lecteurs : en particulier, il fallait décomposer certains entiers, dont RSA-129, ainsi nommé parce qu'il a 129 chiffres, dont on pensait qu'il faudrait cinquante milliards d'années pour le briser...

En avril 1994, six cents chercheurs répartis dans le monde, reliés par Internet, ont réussi à décomposer RSA-129, en utilisant le crible quadratique. Viendront RSA-130 en 1996, puis RSA-140 et RSA-155 en février et août 1999, tous cassés à l'aide du crible algébrique (encore connu sous le nom de NFS pour *Number Field Sieve*). Ces renseignements, et bien d'autres, sont réunis dans l'excellent *Merveilleux Nombres premiers* de Jean-Paul Delahaye. Tout le chapitre 8, entre autres, est en plein dans notre sujet (et on y parle aussi de RSA sous toutes ses coutures). Pendant que nous évoquons cet auteur aux titres hyperboliques, nous ne résistons pas au plaisir de signaler, dans la même collection son *Fascinant Nombre* π ; mais tous nos lecteurs doivent déjà le posséder, le plaisir ça existe...

Comme les auteurs de ce livre, Delahaye avait été passionné par la dernière décomposition citée, celle de RSA-155 le 22 août 1999. Même une presse peu loquace en ce qui concerne les mathématiques s'y était intéressée. En effet un quotidien en avait traité en septembre de la même année, donnant *in extenso* le nombre $n =$ RSA-155 et ses deux facteurs p et q, tous deux de 78 chiffres (cette égalité $n = p \times q$ s'écrit, très grossièrement, sous la forme $1{,}09 \times 10^{154} = 1{,}03 \times 10^{77} \times 1{,}07 \times 10^{77}$), en commettant malheureusement trois oublis — un dans chacun des trois entiers n, p et q. Cela n'est rapporté ici que pour l'anecdote, pas pour ironiser facilement sur les difficultés du journalisme que nous ne connaissons que trop bien.

Il vaut d'ailleurs mieux qu'un média continue à parler de mathématiques sérieusement, quitte à vérifier le détail, par exemple à l'aide des sites Internet compétents auquel il renvoie d'ailleurs quand on lui signale une erreur. Mais on doit comprendre qu'écrire quelque chose de ce style dans un article qui sera lu par des professionnels risque d'avoir quelques conséquences. Ici, il ne s'agissait pas du tout de mettre en doute les données publiées, mais de tester un logiciel de calcul formel par des questions du genre : le nombre p que voici est-il premier ? La réponse immédiate ayant été « non » pour chacun des deux facteurs, il a bien fallu remonter au produit de p par q et voir qu'il différait de n — ce qui *a posteriori* était bien évident puisque le produit de deux entiers de 77 chiffres de ce type ne pouvait pas en avoir 154... Cela dit, nous attendrons avec patience que, à l'occasion de l'année 2000 ou d'autres événements, nos grands quotidiens reprennent l'habitude de parler de mathématiques aussi sérieusement qu'ils le font pour la biologie ou la physique des particules.

À l'heure où l'on boucle ce livre, il semble donc que, sauf exceptions pour des entiers de forme particulière, un nombre de plus de 200 chiffres (à peu près 600 bits) soit encore indécomposable. Pour combien de temps ? D'autant plus que, depuis quelque temps déjà, on imagine des informatiques basées sur des ordinateurs tout à fait différents (par exemple conçus d'après une théorie physique *a priori* très éloignée de cette science : la mécanique quantique) pour lesquels les complexités des algorithmes de décomposition en facteurs premiers seraient très inférieures à celles que nous connaissons avec les bonnes vieilles puces en silicium.

En 2050, il y aura encore de la cryptographie, c'est-à-dire des mathématiques parfaitement sophistiquées au service de l'informatique, sachant qu'il faut attendre nombre d'applications nouvelles. Singulièrement, le vote électronique devrait être très vite adopté : le secret sera garanti par des artifices mathématiques analogues à ceux qu'utilisent les banquiers pour protéger leurs transactions ; voilà ce que l'on peut parier à coup sûr. Mais sur quelles bases seront-elles fondées, il est absolument impossible de le prévoir.

La révolution du mobile

La vitesse avec laquelle évoluent les événements est en effet prodigieuse. Nous en avons l'illustration avec l'explosion du portable au tournant du millénaire. L'usager observe le déroulement des événements par le petit bout de la lunette : il apprécie de pouvoir, à tout moment, appeler ou être appelé grâce à un appareil léger au point de tenir dans sa poche. Mais pour en arriver là, il a fallu beaucoup plus qu'assurer au radiotéléphone les avantages d'une miniaturisation des composants.

Avec le GMS (aujourd'hui sigle de *Global System for Mobile* après avoir été celui de Groupe spécial mobile) — la considération valant aussi bien pour le DCS (*Digital Cellular System*) — on est en présence d'un système ayant été d'emblée rationnellement conçu en vue d'une demande gigantesque. Imaginez, à la naissance de l'automobile, des dispositions qui auraient été prises afin qu'à chaque possesseur d'une voiture — libre de l'utiliser à sa guise — l'assurance ait pu être donnée qu'il pourrait toujours compter sur un itinéraire dégagé et un parking à l'arrivée.

La comparaison est fallacieuse, direz-vous, car un véhicule prend physiquement de la place, tel n'étant pas le cas pour l'information. Certes. Mais la communication avec les mobiles met en présence de contraintes non moins grandes.

Elles sont d'abord énergétiques avec la difficulté de stocker de grandes quantités d'électricité, même à l'heure des batteries au lithium. On doit d'autre part travailler dans un espace des fréquences. Face à une demande immense, elles sont rares, parcimonieusement distribuées par l'UIT (*Union internationale des télécommunications*) siégeant à Genève. Elle a accordé au GMS basique ces deux bandes : 890-915 MHz pour les liaisons montantes, 935-960 MHz pour les liaisons descendantes, soit une largeur de bande qui aurait autorisé 250 canaux avec des moyens conventionnels. Des prodiges d'habileté ont dû être déployés pour s'en satisfaire, leur évocation étant intéressante à la fois pour faire découvrir ce que les mathématiques permettent et pour prendre conscience du pas franchi par rapport à ce que les ondes autorisaient un siècle plus tôt.

Tant pour économiser les fréquences que pour assurer des liaisons de bonne qualité, votre portable ne fait pas moduler par votre voix la HF qu'il émet. On ne pouvait pas davantage songer à transposer les techniques de l'échantillonnage numérisant un signal dont nous avons exposé le principe.

La solution extrême aurait été de partir du fait que notre parole se compose d'une quarantaine de sons élémentaires appelés phonèmes. On aurait pu se proposer de les identifier (une opération, en fait, pas simple du tout) et de leur attribuer un numéro pour n'avoir à acheminer qu'une suite de chiffres à partir de laquelle une voix synthétique aurait été créée à l'arrivée. Mais psychologiquement cela n'était pas concevable : nous voulons entendre non un message de notre correspondant, mais sa voix, sa chaleur, son timbre avec tout ce qu'il évoque pour nous. D'autre part, ne pas accepter d'élever les débits, c'eût été techniquement le faux-fuyant réplique de la carapace dans l'histoire de la vie : les plus grandes possibilités d'évolution sont allés aux êtres ouverts sur leur milieu. Lorsque le portable naquit, on comprit qu'il serait appelé, par la suite, à transmettre bien autre chose que la voix.

Le compromis a été trouvé par un combat sur les deux fronts. Ainsi, les techniciens ont-ils cherché à minimiser le nombre des signaux exigés pour la transmission de la parole en s'inspirant de la voix synthétique. Dès l'instant où la formule de la voix anonyme était écartée, il s'agissait de rechercher le moyen de se contenter d'un nombre minimal de signaux pour pouvoir à l'arrivée créer une voix nous donnant l'impression d'entendre notre interlocuteur, avec un temps de retard non décelable.

Ainsi a-t-on retenu la formule d'une « paquétisation » de la parole. Celle-ci est écoutée pendant 20 ms et, au bout de ce temps, elle est traitée. D'abord elle est numérisée sur la base d'un débit de 13 Kbit/s jugé nécessaire pour qu'un générateur ait, à l'arrivée, l'information permettant sa reconstitution fidèle (le débit nominal du GMS est en fait de 9,6 Kbits/s). En 20 ms, ce sont ainsi les 260 bits d'une « parole non protégée » qui sont recueillis. Mais ce ne sont pas eux qui sont acheminés. Par des opérations faisant intervenir des dizaines de paramètres, ces bits sont l'objet d'une exégèse électronique. Singulièrement, des filtres les introduisent dans des polynômes pour juger de leur importance relative et dégager les structures de la voix : cela conduit à les classer en un certain nombre de groupes. Un paquet est alors formé par les 132 bits jugés les plus importants avec l'adjonction de 78 bits secondaires et d'un certain nombres de bits de registre, de service et de correction automatique d'erreurs ; elles sont décelées par un CRC (code cyclique à polynômes générateurs) et le recours à l'algorithme de Viterbi. Cela donne au total 456 bits de parole dite protégée, sécurisée et accompagnée d'instructions pour leur transport et leur exploitation avec un maximum de vraisemblance.

Il est alors possible de passer à la phase suivante : l' acheminement. Ce train de 456 bits est tronçonné en 4 bursts de 114 bits injectés dans une trame TDMA (*Time Division Multiple Access*), la technique d'une transmission par multiplexage temporel ayant été retenue pour le GSM comme pour le DECT. Entendons que huit communications simultanées sont multiplexées sur un même couple de fréquence. Dans la bande allouée, une porteuse (à laquelle est attribuée le numéro n si elle émet sur $890+0{,}2\,n$ MHz) est divisée en slots d'une durée de 75/130 ms et, dans chaque slot, trouve place un burst. Vous avez évidemment le droit de déplorer ces anglicismes : il vous est difficile de ne pas les utiliser compte tenu aujourd'hui de leur adoption internationale. Retenez plutôt que, pour faire face aux exigences d'un trafic intense, la possibilité s'offre d'assurer à l'utilisateur non pas un slot (numéroté de 0 à 7) sur une trame TDMA, mais seulement un slot (numéroté de 0 à 15) toutes les 2 trames. Et là assurément la comparaison avec l'automobile pêche : lorsqu'un parking est saturé, on ne saurait retenir la solution de n'octroyer qu'une demi-place à chaque véhicule.

Mais qui écoute votre mobile ? Votre correspondant ? Non, il se situe en bout de chaîne : votre émission radioélectrique dont la puissance est limitée (généralement 2W avec un matériel standard) s'adresse à une station de base proche, celle-ci desservant une cellule dont la dimension est toujours réduite, singulièrement en milieu urbain. Avec le DCS (qui permet de se contenter de portables de moindre puissance mais exige des stations en nombre extrêmement élevé, le rayon d'une cellule est compris entre 0,1 et 4 km. Avec le GSM, sa taille varie entre 0,3 et 30 km, et déjà à cette échelle des solution de compensation ont dû être mises en œuvre pour éviter d'intempestifs chevauchements, sachant que 0,1 ms est nécessaire aux ondes électromagnétiques pour parcourir 30 km : il faut prévoir le cas où un mobile se trouverait tout près de la station de base alors qu'une autre en serait assez loin.

En tout état de cause, la couverture d'un territoire important exige un nombre de stations toujours élevé dont l'implantation ne se justifie que par un trafic estimé commercialement intéressant (85% du territoire français). Cela étant, le propre d'un mobile est de voyager. Le système doit savoir où vous êtes pour vous adresser les appels qui vous sont destinés via la station qui vous dessert. Il ne peut évidemment le savoir que si vous l'en informez de quelque manière. Ainsi, indépendamment de l'instauration de communications, des liaisons dites de localisation sont nécessaires ; elles seraient consommatrices d'une énergie aberrante et souvent inutiles, si elles étaient instaurées avec une fréquence déterminée. Une solution a été que la station de base se livre effectivement à des vérifications périodiques mais que le mobile garde en mémoire l'indicatif de la station dont il a reçu le dernier appel de localisation. Cela lui permet d'envoyer un accusé de réception seulement s'il est devenu différent. Alors la station de base de la nouvelle cellule où il se trouve en prend bonne note : elle inscrit le mobile sur la liste de ses clients et en fait part au système.

Vous trouvez peut-être cela subtil. Or ce n'est encore là qu'un aspect du système dont le fonctionnement exige par ailleurs une troisième catégorie de liaisons, pour l'exploitation. Le système doit en effet authentifier l'utilisateur, une originalité du GSM étant la distinction faite entre l'abonné — auquel est offerte la faculté, très appréciée, de pouvoir utiliser n'importe quel portable — et l'appareil dont il se sert à un moment donné. Cela est possible grâce à la carte SIM (*Subscriber Identity Module*) qui lui est délivrée, pour qu'il l'insère dans le portable de son choix. Elle est volontiers comparée à une carte bancaire.

Il s'agit d'une carte à puce qui présente, en effet, les caractéristiques d'une carte bancaire de sorte que ce seul élément de votre portable est justifiable des réflexions ci-dessus, d'autant plus que l'on tend à faire jouer à cette SIM un rôle toujours plus important. Pour s'assurer de l'authenticité de l'usager, le système est émetteur de signaux aléatoires RAND dont — à partir d'une clé Ki dont elle est détentrice — la carte SIM calcule la signature grâce à un algorithme $A3$. Une confidentialité est d'autre part obtenue du fait que les informations acheminées sur les canaux dédiés sont codées grâce à une autre clé, dite de chiffrement, qui est élaborée par le mobile à partir du nombre aléatoire RAND et de l'algorithme $A8$, les chiffrements et déchiffrements étant gérés par un algorithme $A5$.

Ainsi le système met-il en présence d'une impressionnante concentration de moyens mathématiques, alors qu'il ne s'agit encore que d'un prologue, les événements étant promis à se dérouler très vite, l'essor du mobile ayant pulvérisé toutes les prévisions. Il représente un événement économique majeur par l'impulsion donnée à tout un secteur de recherche avec des incidences qui tendent à dépasser celles de l'ordinateur. Ce n'est pas sans peine que celui-ci semblait avoir enfin trouvé sa place au domicile pour un ensemble d'activités.

Voici que le mobile se prépare à lui en ravir certaines avec la technique GRPS (*General Packet Radio Service*) pour, avec une élévation du débit de 13 à 170 Kbit/s, acheminer confortablement des données via Internet. Ce sera ensuite le temps de débits qui se mesureront en Mbits/s avec l'UMTS et l'adoption de la formule Bluetooth. Entre les différents équipements, celle-ci assurera des connexions non plus par câble mais par ondes pour que le mobile, capable de recevoir aussi bien le son que des données ou des images, se comporte en terminal volant dans une société de la communication.

Chapitre 10

Mathématiques et matériaux

Historiquement, dans la foulée d'études sur le frottement ou sur le flambement des poutres, la résistance des matériaux avait toujours davantage eu recours aux mathématiques pour optimiser la forme des objets et leur structure. Voici que le mouvement prend une grande ampleur à l'heure des fonctionnalisations : en témoigne la complexité des calculs devenus nécessaires pour concevoir un pont, une nouvelle voiture ou un catamaran.

Mais en outre un problème majeur est, aujourd'hui, la conception du matériau *ad hoc* pour chacune des parties de chaque objet.

Dans maintes occasions, on s'intéresse à la résistance mécanique des corps. Si elle est grande, on se contentera de masses moindres avec tout l'intérêt qui peut en découler pour l'automobile — elle maigrit de 10 kg par an — et bien entendu pour l'avion, chaque kilogramme en moins se traduisant par 200 litres de kérosène économisés sur son temps de service. La fibre de carbone permet un gain de 25% quant à la masse et 60% quant au nombre des pièces. Cela, à considérer ce que permettent des moyens éprouvés, car avec des techniques de pointe, ce sont de très extraordinaires perspectives que fait entrevoir la conquête de la légèreté, l'une des plus étonnantes étant, au-delà de l'ULM, l'avion solaire sans pilote. Pour alimenter des moteurs électriques entraînant ses hélices, il possède des ailes dallées de photopiles sur toute leur surface : précurseur du *Centurion*, le *Pathfinder Plus* américain, dont l'envergure dépasse 36 m, s'est élevé à 24 000 m.

L'équation de la fusée

Des matériaux légers permettent de doter les satellites de très grandes antennes pour des communications plus faciles avec la Terre. Par-dessus tout, la légèreté est l'âme des lanceurs spatiaux.

Si le principe de la fusée est vieux comme le monde, il faut en effet souligner qu'elle a ouvert les portes de l'espace le jour où l'on a pu l'alléger substantiellement, ce point méritant d'autant plus l'attention qu'il est peu évoqué, le réflexe étant d'imputer les succès de l'astronautique à la découverte de combustibles extraordinaires : or le premier étage de l'énorme *Saturne V* ayant lancé des hommes vers la Lune était alimenté par du kérosène !

La fusée est au demeurant intéressante d'un point de vue mathématique d'abord parce qu'elle vient contribuer à médiatiser le nombre transcendant e dont nous savons qu'il est la base naturelle du système de logarithmes.

Longtemps les occasions ont manqué pour celui-ci de se faire connaître faute d'une illustration aussi concrète que le rapport entre la circonférence et le diamètre d'un disque. Il est facile d'évoquer son rôle « financier », mais e intervient aussi dans la théorie de la fusée, avec laquelle est exploité le principe de l'action et de la réaction : quand un système se scinde en deux parties, de masses respectives M et m, dans des conditions qui confèrent à celle-ci la vitesse V, alors M prend, en sens opposé, la vitesse v telle que $Vm = Mv$. Cette équation traduit l'égalité des quantités de mouvement, le centre de gravité G du système restant immobile. Par exemple, si un sujet de 50 kg sur des patins à roulettes tire de sa poche une balle de 0,1 kg et la lance devant lui à 10 m/s, alors il reçoit en sens opposé une impulsion de 2 cm/s.

À ce phénomène, un canon doit son recul. Et Pascal avait imaginé le wagonnet rempli d'eau dont, à la partie inférieure, un robinet assure le jaillissement à l'horizontale. Le fait qu'ensuite elle tombe est sans importance. Le facteur à prendre en compte est sa vitesse, que Torricelli, élève de Galilée, nous a appris à calculer : si h est, dans le wagonnet, la hauteur du liquide au-dessus du robinet, la vitesse à laquelle il jaillit est telle que $v^2 = 2gh$, autrement dit l'eau a la vitesse que prendrait un objet tombant de la hauteur h. Aussi longtemps que son écoulement se poursuit, le wagonnet sera animé d'une vitesse qui, n'étaient des frottements, irait toujours en croissant.

Cela ne put toutefois être mis en équations que tardivement. Quelle que soit la forme continue qu'il revête, qu'il s'agisse de l'écoulement de l'eau avec un wagonnet de Pascal ou d'une fusée et quelle que soit la taille de celle-ci, on doit faire appel au calcul infinitésimal selon une démarche à la fois extrêmement simple et très parlante dont le suivi pourra apparaître comme une excellente initiation à ce calcul rendu nécessaire par le fait que la masse M de la fusée varie. Elle se trouve en effet diminuée de la masse des propergols brûlés. Ainsi faut-il raisonner en considérant le très court intervalle de temps dt, pendant lequel la variation relative de M sera non significative tandis que la masse dm est éjectée à une vitesse V qui, dans le vide, peut être considérée comme constante. Pendant ce temps dt la vitesse de la fusée s'accroît d'une valeur dv telle que

$$V.dm = M.dv$$

et cela permet d'écrire, en divisant les deux membres par dt

$$V\,dm/dt = M\,dv/dt.$$

Mais dm/dt n'est autre que la consommation instantanée de combustible : elle est souvent elle-même une constante μ que l'on dénomme consommation spécifique. Quant au quotient dv/dt, il représente l'accélération γ de la fusée. Mais alors, en vertu de l'équation fondamentale de la dynamique, le produit de M par γ est la force P — traditionnellement appelée poussée — créée par le lanceur et dont nous avons en conséquence la valeur : $P = V\mu$.

C'est dire combien elle peut être facilement calculée. Par exemple, si les gaz jaillissent de la tuyère à 3000 m/s, l'éjection de 200 kg par seconde sera productrice d'une poussée de 60 t. Entendons qu'il s'agit d'une poussée égale au poids, sur notre planète, d'un objet de 60 t.

On notera par ailleurs que $dM = -dm$.

Ainsi $M\,dv = -V\,dM$ et donc $dv = -V\,dM/M$.

On en déduit en prenant la primitive des deux membres :

$$v = -V \operatorname{Log} M + \text{ une constante.}$$

Soit, puisque $v = 0$ pour $M = M_0$ (masse de la fusée sur sa plate-forme de lancement)

$$v = V \operatorname{Log} M_0/M.$$

Cela nous apprend comment croît (toujours sans intervention d'un champ de pesanteur) la vitesse de la fusée, extrêmement vite, jusqu'à atteindre la valeur $v = V$ si, au moment où la dernière goutte de propergols est brûlée, la fusée a la vitesse M_1 telle que

$$M_0/M_1 = \mathrm{e}.$$

Autrement dit, la vitesse finale de la fusée est égale à la vitesse d'éjection de ses gaz — par exemple elle atteint 3 km/s si ceux-ci jaillissent de la tuyère à la vitesse de 3 km/s — lorsque les masses respectives de la fusée pleine et de la fusée sèche sont dans le rapport e.

Sachant que e = 2,718..., cela correspond au cas d'une fusée qui, lors de sa mise à feu, aurait une masse de 271,8 t tandis que, sèche, elle se trouverait réduite à

100 t (représentées par sa structure, ses équipements et sa charge utile). Cela implique 171,8 t pour les propergols dont, de ce fait, la part à bord de la fusée est (e−1)/e soit 63,2%. Un tel scénario est à retenir, car, souvent, on est en présence d'une proportion de cet ordre.

Bien entendu, les performances sont, toutes conditions égales, d'autant meilleures que la vitesse d'éjection des gaz est plus grande. Elle est particulièrement élevée (voisine de 4,5 km/s) si l'on fait appel à la plus énergétique des réactions auxquelles il est possible d'avoir recours, qui est en même temps la plus simple de toutes, à savoir la combinaison de l'hydrogène et de l'oxygène $H_2 + (1/2)\ O_2 \rightarrow H_2 O$. Si le lanceur emporte 63,2% de propergols (le terme englobant l'hydrogène et l'oxygène lui servant de comburant), la fusée atteindra nominalement 4,5 km/s. C'est une valeur impressionnante, comparée à des vitesses terrestres. Elle est cependant insuffisante pour une opération spatiale. Nous le savons en effet : le placement d'un objet sur une orbite basse exige quelque 8 km/s. En outre, une lourde servitude grève l'opération : lorsqu'une fusée décolle verticalement, il convient, durant son ascension, de retrancher son poids de la poussée dont elle est créatrice : seule la différence assure son accélération. Une telle considération nous explique pourquoi, à ce jour, les fusées spatiales ont eu plusieurs étages afin que chacun puisse jouer en fin de combustion le rôle d'une plate-forme pour le suivant.

Cela sur la base de 63,2% de propergols. Si la part de ceux-ci est plus importante, la vitesse finale est plus élevée. La relation $v = V \operatorname{Log} M_0/M_1$ nous apprend que $v_0 = 2V$, autrement dit la fusée s'adjuge en fin de combustion deux fois la vitesse d'éjection des gaz avec 86,5% de propergols à bord. Et pour une proportion de 95%, alors $v_0 = 3V$: il n'y a plus besoin d'étages se détachant les uns des autres, un seul suffit pour, depuis un centre de lancement, atteindre une vitesse orbitale.

De 86,5 à 95% de propergols auraient été inconcevables avec les lanceurs d'hier (la structure de la V-2 représentait 24% de la masse de la fusée sur sa plate-forme). Il en va différemment si l'on peut faire appel à des matériaux suffisamment légers : les techniciens rêvent au « monoétage » qui, à partir de la Terre, irait se mettre en orbite et dont les réservoirs contiendraient encore une quantité de combustible suffisante pour sa récupération, de sorte que ce type de lanceur servirait, sinon indéfiniment, du moins très longtemps. Cela simplifierait les opérations spatiales, dont le coût diminuerait considérablement.

Assurément, il ne servirait à rien d'arriver en orbite, sauf pour donner une démonstration, avec une fusée à un seul étage si sa charge utile était insignifiante. Elle ne saurait être importante si l'on dispose de 5% seulement pour l'ensemble constitué par la charge utile et la fusée sèche. Ainsi recherchera-t-on, en fin de compte, le meilleur compromis en associant au lanceur dit monoétage — qui regagnerait la Terre par ses propres moyens — un petit second étage ou en l'assistant par des boosters.

Quelle que soit la solution, elle passe par un emploi de matériaux légers. Ils sont promis à révolutionner l'astronautique au XXIe siècle après avoir permis son essor au XXe : dans les projets de ses pionniers, le rapport de masse (rapport entre la masse de la fusée au décollage et la charge qu'elle placera en orbite) dépassait souvent 100 000 et les Américains en étaient encore à peu près là en 1957 avec leur programme Vanguard d'une fusée de plus de 10 t pour lancer un *Pamplemousse* de 1,5 kg. Les rapports de masse ont pu être abaissés à des valeurs inférieures à 25.

Cela pour atteindre une orbite circumterrestre basse.

Si l'on vise un objectif lointain, on doit compter avec des vitesses caractéristiques en conséquence, à savoir plus de 3 km/s en sus pour, à partir d'une orbite basse, viser la Lune ou Mars (ce sont 8 km/s si l'on prend Jupiter pour objectif), quelque 3 autres km/s pour freiner l'arrivée sur la Lune au moyen d'une rétrofusée. Lorsqu'on est sur Mars, ce sont quelque 6 km/s qui sont nécessaires pour revenir vers la Terre. Dans un programme de mission, toutes les vitesses relatives à ses différentes phases s'ajoutent pour donner une vitesse caractéristique totale qui devient vite importante. Plus impressionnant encore est le fait qu'avec les meilleurs combustibles actuels, on doit compter sur un décuplement du rapport de masse lorsque la vitesse caractéristique augmente de 4 km/s. C'est dire combien on se trouve limité en charge utile si l'on envisage des missions lointaines. Même en tablant sur une utilisation des matériaux que l'on trouvera sur les autres mondes, de telles missions apparaissent aujourd'hui tributaires des réalisations auxquelles des matériaux plus légers que ceux d'aujourd'hui donneront demain le jour.

A contrario, la nouvelle astronautique est un puissant stimulant pour leur avènement. On mesurera l'enjeu en notant que, sur la base des moyens actuels, un gain de 1% sur la masse de l'ensemble des constituants d'une fusée (allégement de la structure et des équipements, réduction de 1% du combustible embarqué par un meilleur rendement des moteurs) suffit *pour tripler la charge utile.*

De l'empirisme au calcul

Mais comment calculer et créer des matériaux ? Il semblera s'imposer de prendre en considération les rouages de la matière. Les propriétés macroscopiques d'une substance ne découlent-elles pas essentiellement des attributs de ses éléments et de leur mode d'assemblage ?

Encore faut-il connaître lesdits éléments.

Au XIXe siècle, les travaux d'Amedeo Avogadro (1776-1856) et Ampère ont fait découvrir la structure moléculaire de la matière et révélé chaque molécule faite d'un certain nombre d'atomes. Cela est traduit par une formule chimique mais alors personne n'a la moindre idée de l'aspect que revêtent molécules ou atomes. Et surtout on comprend mal pourquoi ces composants viennent à rester liés comme s'ils exerçaient les uns sur les autres une attraction qu'il ne saurait être question d'imputer à la gravitation : la constante de Cavendish conduit à tabler, entre deux atomes, sur une force 10^n fois trop faible, n étant supérieur à 30 de sorte que l'ordre de grandeur est complètement différent.

Une piste est explorée par le physicien néerlandais Johannes Van der Waals (1837-1923) dont les travaux seront couronnés par un prix Nobel de physique en 1910. Alors, il sera en effet admis que les atomes sont constitués de particules porteuses de charges électriques. Atomes et molécules sont neutres du fait qu'ils contiennent des charges positives et négatives en quantités égales, mais on doit prendre en compte la manière dont elles sont réparties en leur sein. Qu'il y ait chez eux davantage de charges négatives d'un côté et davantage de charges positives de l'autre — c'est évidemment là une caricature, mais elle permet d'imaginer le modèle qui connaîtra la célébrité sous le nom de dipôle — et alors on concevra que deux dipôles puissent s'accoler, la zone positive de l'un attirant la zone négative de l'autre.

En fait, lorsque Van der Waals énonce sa loi des états correspondants en 1873, il n'est pas encore question de ce modèle. Le physicien se contente de considérer qu'une force n'ayant rien à voir avec la gravitation semble pousser les composants de toute matière à s'attirer. Son idée de génie est de souligner que, sous la seule condition de lui assurer des températures différentes, le même corps peut être solide, liquide ou gazeux. Mieux : des équilibres, à l'étude desquels Van der Waals se consacre, permettent à un corps de passer d'une phase à l'autre et les trois phases peuvent même coexister. Si l'on voit dans la température un paramètre mesurant le degré d'agitation des substances — recevant une énergie de l'extérieur, elles la mettent en elles de différentes manières — il s'impose de considérer que dans un solide les forces de cohésion l'emportent, rendant la substance peu déformable comme si ses composants étaient astreints à garder des emplacements bien déterminés les uns par rapport aux autre. Dans un liquide, ces forces de cohésion sont encore suffisantes pour interdire aux composants de prendre leur liberté mais pas assez fortes pour assurer la conservation d'une structure. Dans un gaz enfin, les constituants ont acquis leur indépendance, chacun se déplaçant avec son mouvement propre.

Ce dernier cas sera à première vue le plus facile à étudier ; il semble s'imposer de le considérer d'abord pour comprendre la matière. À une étude des gaz se livre Ludwig Boltzmann (1844-1906). Ce mathématicien autrichien tient la gageure de jeter un pont entre la matière particulaire et la matière macroscopique — en dépit de l'énormité du fossé qui les sépare — pour rendre compte d'un tout à partir de ses composants dans ce cas apparemment le plus simple d'une absence de structure. Du moins peut-on raisonner ainsi si — reprenant un modèle que Daniel Bernoulli avait proposé en 1738 — l'on assimile les constituants d'un gaz à de petits objets — des boules s'il s'agit d'atomes, de petites haltères si l'on se trouve en présence de molécules comportant chacune deux atomes — que l'on ne cherche pas à décrire. On se contente de leur imputer une taille dont dépendra la fréquence de leurs chocs et on les imagine se déplaçant en tout sens selon les lois du hasard. Cela leur vaut de se heurter souvent, et l'on raisonne comme si, entre deux chocs, ils se déplaçaient en ligne droite (l'attraction de la Terre leur vaut de décrire des arcs d'ellipse, mais d'une courbure si faible que, dans une telle modélisation, il est permis de la négliger).

Ainsi définit-il au sein du gaz un « libre parcours moyen » pour ses molécules : il est de quelques nanomètres dans les conditions normales de température et de pression (environ 6 nm en ce qui concerne l'azote ou l'oxygène, mais moins de 4 pour le dioxyde de carbone dont, la molécule, triatomique, a une taille plus importante). On peut faire état d'une vitesse standard. Ou plutôt de deux vitesses — la vitesse moyenne et la vitesse quadratique moyenne — selon que l'on prend en compte la moyenne des vitesses ou la valeur obtenue à partir d'une moyenne de leurs carrés.

La première est intéressante pour une détermination du nombre moyen de chocs en une seconde, un nombre de l'ordre de 10^7 du fait que, pour les gaz dont l'air est principalement constitué, le temps moyen entre deux chocs est légèrement supérieur à 0,01 ns.

La seconde — la vitesse quadratique moyenne — est l'unité de temps le plus souvent prise en compte par les physiciens du fait que l'énergie d'une molécule dépend du carré de sa vitesse. Elle est dans l'air à 0° C, de 493 m/s pour les molécules d'azote, 461 m/s pour les molécules d'oxygène, 393 m/s pour les molécules de dioxyde de carbone, avec les leçons que l'on peut prendre du calcul des probabilités, les mathématiciens nous disant que la distribution des vitesses est gaussienne. Le XIXe siècle a vu en effet — singulièrement à l'instigation de l'illustre Gauss — se développer un mouvement pour tenter d'attacher des grandeurs à une collectivité faite d'un très grand nombre d'objets relevant d'une même catégorie mais dont les paramètres font apparaître des variations dues au hasard. Boltzmann utilise les résultats pour, quant à leurs vitesses, répartir les molécules d'un type déterminé en un certain nombre de tranches avec la considération que leur population nominale sera d'autant plus faible que l'on s'écartera davantage de la vitesse moyenne et en particulier que les populations deviendront non significatives au-delà de 7 fois la vitesse moyenne. Dans l'air que vous respirez, il faut présumer qu'un certain nombre de molécules d'oxygène ou d'azote sont animées de vitesses instantanées atteignant 1 ou 2 km/s, mais il n'y a guère de chance que vous en trouviez qui se déplaceraient à 4 km/s...

C'est là une considération qui sera précieuse pour juger de l'aptitude d'un corps céleste à perdre son atmosphère : il suffira de comparer sa vitesse de libération à 7 fois la vitesse moyenne de ses molécules, celle-ci croissant avec la température.

Au zéro absolu, ce serait en tout état de cause un repos total. Il n'est pas question de l'atteindre car une énergie infinie serait nécessaire pour immobiliser complètement des atomes. À défaut en dirigeant vers eux un rayon laser qui les freine, on peut aujourd'hui s'en approcher très près.

Enfin, avec la théorie cinétique des gaz, la grandeur appelée pression reçoit elle-même une interprétation mécanique : elle est due à la percussion des molécules sur les parois de leur enceinte. Les calculs sont cohérents, simples dans leurs principes, ce qui ne signifie pas que la théorie soit élémentaire : Boltzmann recourt à des mathématiques de haut niveau pour décrire les événements et rendre compte de l'entropie. Il fait la distinction — que reprendra Émile Borel (1871-1956) avec sa célèbre image des singes dactylographes qui, en frappant au hasard sur des machines à écrire, reproduiraient la Bible — entre les événements qui surviendront et des événements qui, bien que théoriquement possibles, doivent être regardés comme humainement impossibles. Il se pourrait par exemple que, fortuitement, des molécules rapides s'accumulent dans une partie du gaz tandis qu'il y aurait surtout dans l'autre des molécules lentes. Ce serait assurément possible dans l'absolu, mais cela n'arrivera pas concrètement en raison de la très haute improbabilité d'un tel événement.

La théorie cinétique des gaz donne la première piste pour, à partir de l'atome, énoncer des propriétés macroscopiques. Elle prendra avec le temps une importance considérable à de nombreux titres, mais ce n'est pas le cas sur le moment. Quand Boltzmann publie son travail en 1876, il reçoit un accueil très mitigé de la communauté scientifique. D'abord, on lui reproche son caractère abstrait : de fait, il n'est pas possible de mesurer individuellement les vitesses des molécules et plus généralement les paramètres qui leur sont attachés, ils sont essentiellement déterminés à partir de grandeurs macroscopiques telles que température, pression et viscosité du gaz. Bientôt une franche hostilité est affichée envers l'atomisme sur lequel s'appuie son système. Désespéré et bientôt gravement malade, Boltzmann mettra fin à ses jours. Or son mérite avait été immense de parvenir à faire reposer la théorie cinétique des gaz sur une seule équation, complexe car différentielle avec des intégrales multiples : en 1912, Hilbert réussissait à en donner des solutions approchées avant qu'à l'ère spatiale un approfondissement de la question se révèle nécessaire pour, l'ordinateur aidant, modéliser les écoulements devant le nez de la navette et le long de ses ailes.

Les sciences de la matière ont entretemps été transformées par une nouvelle donne.

Cette nouvelle donne, c'est d'abord la théorie des quanta, première théorie holiste qui marche, diront certains scientifiques. Elle est enfantée, à l'instigation des mathématiciens, pour rendre compte du résultat absurde auquel font aboutir les lois du rayonnement formulées au XIXe siècle. C'est là une très étonnante histoire.

Gustav Kirchhoff (1824-1887), un professeur de physique mathématique ami de Bunsen — avec lequel il découvrira le césium et le rubidium — s'est, en 1859, employé à étudier l'énergie rayonnée par les objets du seul fait de leur température T. Il introduit le concept d'un « corps noir » qui absorberait totalement les radiations et, *a contrario*, émettrait l'énergie maximale pour sa température : nombre d'objets — dont le Soleil — ne sont pas loin de répondre à ce critère. Josef Stefan (1835-1893), directeur de l'Institut de physique de l'université de Vienne, affirme en 1879 que la puissance d'un tel corps est $W = \sigma T^4$. Les mesures le confirment : l'énergie émise par un corps noir croît comme la quatrième puissance de sa température absolue ; c'est dire qu'elle augmente extrêmement vite, la constante σ — dite de Stefan-Boltzmann — valant $5{,}67.10^{-8}\ Wm^{-2}K^{-4}$. Les astrophysiciens considéreront que chaque mètre carré de la surface d'une étoile émet 10 000 fois plus d'énergie pour une température de 20 000 K que pour une température de 2000 K : ce sont respectivement 935 kW et 9,35 MkW.

Mais de quelle nature est ce rayonnement ? Si l'on admet la théorie de Maxwell, il s'agit d'une onde électromagnétique à laquelle une longueur d'onde est attachée. On doit en fait parler au pluriel : un corps chauffé émet sur toutes les longueurs d'onde. La loi de distribution de l'énergie à travers le spectre n'est pas la même selon la température mais, pour une température donnée, on peut tracer une courbe isotherme et constater qu'elle a toujours la même allure. Si dW est l'énergie émise dans la tranche des longueurs d'onde comprises entre λ et $\lambda + d\lambda$, Wilhelm Wien (1864-1928) — qui a été l'assistant de Helmholtz — montre en 1898 que le rapport $dW/d\lambda$ est maximal pour une certaine longueur d'onde λ_0 telle que $\lambda_0\, T = 2886$, la longueur d'onde étant mesurée en micromètres (μm) tandis que T est la température absolue en kelvins.

Quand T croît, en même temps que l'énergie devient plus forte, on voit de ce fait diminuer la longueur d'onde pour laquelle l'énergie est maximale. Après avoir été invisible (infrarouge) — encore que fort bien perceptible par notre corps — le rayonnement voit sa couleur passer du rouge cerise (0,71 μm) au rouge vif (0,68 μm) puis au jaune (0,59 μm). Ce serait au bleu (0,46 μm) puis au violet (0,40 μm) si la température pouvait être supportée : cette loi de Wien est remarquablement corroborée, du moins au degré de précision autorisé par les mesures.

La satisfaction à ce stade devrait être totale. Il y a malheureusement une grande ombre au tableau : lorsque le mathématicien intègre, autrement dit lorsqu'il calcule, l'énergie totale émise sur l'ensemble des longueurs d'onde à partir de ces lois du rayonnement, il a la mauvaise surprise de trouver une énergie infinie ! Oui, avec une loi qui semble coller à la réalité, la somme des énergies émises sur toutes les longueurs d'onde — des énergies de plus en plus petites mais dans un nombre de tranches qui est infini — est elle-même infinie. Sans que cela puisse être imputé à une mauvaise détermination des constantes physiques. Quelle que soit leur valeur, l'intégration donnera une valeur infinie. Il y a là une anomalie fondamentale : une refonte de la physique va en résulter.

Max Planck (1858-1947), un professeur à l'université de Berlin qui s'est spécialisé dans la thermodynamique et l'étude du rayonnement électromagnétique ne voit qu'une issue : renoncer au concept sous-jacent de continuité, admis lorsque, dans la tranche des longueurs d'onde comprises en λ et $\lambda + d\lambda$, la physique traditionnelle tablait sur l'émission d'une énergie ΔW non nulle quelle que soit λ.

Il en va différemment si, à ce scénario d'une continuité, on substitue une granulation, les échanges d'énergie se faisant par paquets ou *quanta.* Dans les tranches de longueur d'onde proches du maximum, les paquets sont nombreux, ainsi est-il licite de raisonner comme si l'on se trouvait face à une continuité. Mais il suffit de s'en éloigner pour arriver à quelque moment dans des tranches de longueurs d'onde où l'on ne trouve plus que 1 ou 0 paquet, 0 étant de plus en plus la règle pour les longueurs d'onde très grandes ou des très petites, de sorte que le total — la sommation arithmétique — aura une valeur finie, comme il se doit. Le scénario des échanges énergétiques a été bouleversé par le résultat aberrant auquel, par les voies conventionnelles, on parvient en calculant une intégrale. Le 14 décembre 1900, jour où Planck expose sa théorie à la Société allemande de physique, ouvre bel et bien une nouvelle ère de la science du fait que, désormais, la description des phénomènes doit tenir compte du modèle quantique, et les conséquences vont s'avérer gigantesques.

Le photon est une particule

C'est d'abord une grande revanche pour la théorie corpusculaire de la lumière. Celle-ci avait longtemps été assimilée à un jet de particules, si rapides que lorsqu'elles venaient à frôler un corps céleste, leur trajectoire ne faisait apparaître aucune courbure appréciable. Tel avait été le raisonnement tenu par les Grecs : l'impossibilité de déceler une quelconque déviation de la lumière les avait incités à tabler sur sa très grande vitesse.

Newton a admis le principe d'une déviation. Il n'a toutefois pas pu la calculer — alors qu'elle allait revêtir une importance majeure avec la relativité générale — faute d'une bonne détermination de la vitesse de la lumière dont, dans la seconde partie du XVIIe siècle, on n'aura encore qu'un ordre de grandeur par l'observation des satellites de Jupiter. Si l'on s'en réfère aux tables données par Cassini en 1665, on constate en effet que leurs éclipses par la planète accusent de l'avance ou au contraire du retard. L'astronome danois Olaf Römer (1644-1710) comprend que ces irrégularités sont liées aux positions relatives de la Terre et de Jupiter dans le système solaire : leur plage de 16 min correspond au temps mis par la lumière pour franchir une distance représentant le diamètre de l'orbite terrestre lorsque celui-ci s'ajoute à l'éloignement de Jupiter à son périgée. Une valeur précise de la lumière s'en serait déduite si ce diamètre avait été connu : ce sera le cas seulement dans la seconde partie du XVIIIe siècle. Mais alors l'optique retient peu l'attention.

De surcroît, la théorie ondulatoire va bientôt s'imposer. En 1801, des interférences lumineuses sont mises en évidence : le médecin anglais Thomas Young (1773-1829) se trouve conduit à affirmer — c'était à l'époque inconcevable — que, dans certaines situations, en ajoutant de la lumière à de la lumière, on obtient de l'obscurité, et l'expérience lui donne raison. Augustin Fresnel (1788-1827) — un ingénieur des Ponts et Chaussées, auteur d'un mémoire sur la diffraction de la lumière couronné en 1819 par l'Académie des sciences — montre que seule la théorie ondulatoire explique le phénomène, et il convainc. La cause semble entendue.

Voici qu'elle ne l'est plus au XXe siècle : si l'on admet les quanta de Planck, on doit voir dans tout rayonnement un jet de particules. Leur réalité est montrée par Einstein. L'année même où il formule son équation $E = mc^2$ affirmant que 9.10^{16} joules (l'énergie fournie par deux millions de tonnes de charbon) peuvent se transformer en un kilogramme de matière, il explique par des mathématiques fort simples l'effet photoélectrique, à savoir le fait que des électrons peuvent s'échapper d'un métal éclairé. Alors Fleming a créé sa diode ; on admet qu'à l'intérieur de tout métal cheminent des électrons pouvant en sortir si on le chauffe. Pour provoquer leur évasion, une autre solution est de diriger sur le métal un rayonnement lumineux, à la condition que sa longueur d'onde soit inférieure à une certaine valeur.

C'est logique, dit Einstein. Un rayonnement ayant la longueur d'onde λ et en conséquence la fréquence $\nu = c/\lambda$ se présente comme un jet de paquets qui délivrent chacun l'énergie $W = h\nu$, h étant la constante de Planck. Or, pour extraire un électron du métal, une certaine énergie $W_0 = h\nu_0$ est nécessaire. Si donc le rayonnement est fait de paquets apportant une énergie plus petite que W_0 — entendons si la fréquence de ce rayonnement est inférieure à n_0 — ils ne peuvent que modifier la trajectoire des électrons au sein du métal sans leur permettre d'en sortir. En revanche, si l'énergie $h\nu$ du paquet dépasse W_0, alors une partie de cette énergie peut libérer l'électron tandis que le reliquat lui conférera une énergie cinétique. L'électron jaillira du métal avec la vitesse v telle que

$$W_0 + (1/2)\, mv^2 = h\nu.$$

Ce scénario est corroboré par des expériences conduites en dirigeant sur le sodium (pour lequel $\lambda_0 = 680\ \mu$m) un rayonnement intense rendu monochromatique par des filtres tandis qu'un électromètre mesure la tension V nécessaire pour repousser les électrons qui sortent du métal : elle révèlera leur vitesse du fait que $eV = (1/2)\, mv^2$. Or on trouve entre V et ν une relation remarquablement linéaire. C'est à la fois une consécration de la théorie quantique et une première estimation de la constante de Planck dont la meilleure détermination est aujourd'hui $6{,}6260755 \cdot 10^{-34}$ J.s, sachant qu'elle a la dimension d'une action (produit d'une énergie par un temps). C'est le triomphe pour Einstein dont l'équation est vérifiée de la façon la plus précise par un très habile expérimentateur, le physicien Robert Millikan (1868-1953), futur président du Caltech. Einstein ne sera toutefois consacré par un prix Nobel qu'en 1921, deux ans avant Millikan, mais deux années après une retentissante confirmation de sa relativité générale, pour laquelle un prix exceptionnel aurait semblé s'imposer. Mais c'eût été compter sans la grande réserve dont une fraction de la communauté scientifique ne se départira pas. En 1921, c'est le travail de 1905 sur l'effet photo-électrique que le jury de Stockholm récompense, après un prix Nobel de physique décerné à Planck en 1918.

Enfin un modèle de l'atome

À Einstein, nous devons donc de regarder tout rayonnement lumineux comme un jet de particules. Elles sont bientôt appelées *photons*, avec l'immense fortune que le terme va connaître alors que, par ailleurs, de la théorie des quanta naît un modèle enfin acceptable de l'atome.

Le XIXe siècle s'est en effet achevé sans qu'il ait été possible de se prononcer quant à la structure de ce « constituant ultime » de la matière. Les présomptions se sont seulement accumulées pour faire admettre que Jean Perrin avait raison lorsque, face aux partisans d'un atome plein, il marquait sa préférence pour un grand vide dans lequel se trouverait un nombre réduit de très petites particules. Reprenant le modèle proposé en 1904 par Nagaoka Hantaro (1865-1950), un pionnier de la physique mathématique, Ernest Rutherford of Nelson (sa ville natale en Nouvelle-Zélande, 1871-1937) suggère en 1911, alors qu'il est professeur à Manchester, de voir dans l'atome un système solaire en miniature avec, en son centre, un noyau porteur d'une charge électrique positive mais dont la constitution est encore incomprise (elle ne le sera pleinement qu'en 1932 avec la découverte du neutron). Autour, tournent des électrons, chacun porteur d'une charge élémentaire négative, de sorte que leur vitesse semblerait pouvoir être calculée par une transposition de la gravitation. Apparemment, il suffit de remplacer les masses par des charges électriques en considérant que chaque électron de charge q est attiré par le noyau de charge Q, dont il est séparé par une distance d, par la force $F = k\, Qq/d^2$, celle-ci se trouvant équilibrée par la force centrifuge V^2/d que développe sa rotation.

Mais ce modèle suscite une objection fondamentale. Autour du Soleil, les planètes bouclent leur révolution en des temps qui se mesurent en mois ou en années si ce n'est en siècles. Ainsi l'onde de gravitation générée par cette rotation exporte une énergie insignifiante. Dans l'atome, les ordres de grandeur sont complètement différents : l'électron effectue des milliers de milliards de tours par seconde et cela implique la création d'une onde électromagnétique par laquelle une énergie appréciable devrait être emportée, de sorte que l'atome serait éphémère : au bout d'un temps très court, ses électrons cesseraient de tourner.

Et pourtant ils continuent à se mouvoir imperturbablement. Les quanta arrivent à point pour rendre compte de ce qui se passe. En 1913, Niels Bohr (1885-1962) admet l'existence d'orbites stables auxquelles seraient attachés autant de « niveaux d'énergie », sur lesquelles un électron ne rayonne pas. L'atome est ainsi assuré d'une pérennité, nonobstant le mouvement perpétuel de ses constituants, aussi longtemps qu'ils restent sur de telles orbites. En revanche quand un électron passe d'une orbite à une autre, alors il y a émission d'un rayonnement, nous voulons dire d'un photon dont la fréquence ν dépend des niveaux d'énergie correspondants.

Cela est traduit par l'équation $E_1 - E_2 = h\nu$, fort bien accueillie car elle permet de comprendre le rayonnement discontinu des atomes. Au XIXe siècle, les physiciens avaient remarqué qu'indépendamment du spectre continu des corps selon leur température, un atome excité tend à répondre en émettant sur certaines longueurs d'onde des radiations, appelée raies, constituant en quelque sorte sa signature, avec tout l'intérêt qu'elle peut présenter, en astrophysique ou en télédétection, pour identifier un élément à distance.

Elles permettent d'ausculter l'atome du fait qu'une analyse des raies émises instruit quant à ses niveaux d'énergie, le premier étant dit fondamental. L'architecture de l'atome se révèle subtile ; à chaque niveau, on est conduit à attacher des variantes explicables par des événements propres à l'atome ou à son excitation : un champ magnétique provoque un dédoublement des raies. Les observations de la spectroscopie trouvent leur explication.

De Broglie et Schrödinger

On est sur la bonne voie, sans pour autant afficher une totale satisfaction. Les phénomènes lumineux imposent deux langages : on ne rend pas compte des interférences si la lumière est présentée comme un jet de photons tandis que l'onde n'explique pas l'effet photoélectrique. Et pourquoi, au sein d'un atome, certaines orbites seraient-elles privilégiées ?

La situation se décante au cours de la période 1923-1927, féconde s'il en fut en physique fondamentale.

D'abord le photon est regardé comme une « vraie » particule. Il se révèle avoir une masse nulle et cela incontestablement déconcerte. Il en ira plus tard différemment quand on découvrira par dizaines des particules auxquelles on devra attribuer des paramètres en nombre croissant, la masse n'en étant qu'un parmi d'autres. Ce seront autant de nombres quantiques auxquels on conviendra de donner des appellations telles qu'étrangeté, couleur ou beauté, convaincu qu'aucune représentation physique n'est admissible. C'est l'esquisse d'une physique formelle avec laquelle seront, pour décrire les phénomènes, introduits des symboles sans valeur autre que mathématique.

Non seulement il sera bientôt concevable que les photons aient une masse nulle, mais cela apparaîtra au fond tout à fait logique puisqu'en vertu de la relativité restreinte une énergie infinie serait nécessaire pour conférer la vitesse de la lumière à un objet dont la masse ne serait pas nulle. Et cette nullité de sa masse n'empêche pas le photon d'avoir une énergie $W = h\nu$ (ν étant la fréquence qui lui est attachée) ainsi qu'une quantité de mouvement $p = h\nu / c$, ces deux grandeurs permettant que, lors de chocs, le photon ait le comportement mécanique d'une banale particule. En 1923, un professeur à l'université de Saint-Louis, Arthur Compton (1892-1962), s'attache ainsi à étudier les collisions entre des photons X de grande énergie et les électrons du graphite. Il observe d'une part des « électrons de recul » nés des chocs, d'autre part un rayonnement X ayant une fréquence différente de celui utilisé : lorsqu'un photon vient à perdre de l'énergie, celle-ci est en effet gagnée par l'électron et vice-versa, les vecteurs quantité de mouvement attachés à ces particules se composant selon les règles de la mécanique conventionnelle. Le rayonnement X avait été jusqu'alors une onde : tout se passe comme si elle accompagnait des photons dont la mécanique est celle de particules. Une explication à cette situation va être donnée par la mécanique ondulatoire de Louis de Broglie (1892-1987).

Celui-ci soutient le 14 novembre 1924 sa thèse historique, bâtie non sur des expériences mais sur un artifice mathématique : il a eu une idée comme on n'en rencontre pas deux dans un siècle, dit Einstein — informé par Paul Langevin (1872-1946) —, qui la présente au congrès Solvay. C'est le principe d'associer une onde à toute particule en mouvement, mettant le point final au dualisme onde-particule de la façon la plus radicale : en le banalisant.

La consécration est la mise en évidence d'ondes attachées aux électrons. À la suite d'un léger incident de laboratoire, un physicien travaillant aux laboratoires Bell de New York, Clinton Davisson (1881-1958), se trouve conduit à étudier l'impact de flux d'électrons sur un cristal de nickel : il observe des interférences auxquelles ils donnent lieu. De leur réalité, il s'assure en répétant l'expérience avec Lester Germer (1896-1971). La conviction est emportée, avec tout l'intérêt que ces ondes présentent. En premier lieu, leur exploitation permet de concevoir, pour piloter les électrons, des dispositifs qui seront l'équivalent de lentilles pour des photons. Ainsi va naître le microscope électronique dont le haut pouvoir résolvant se traduira par un bond sans précédent dans l'exploration du très petit.

Et les conséquences théoriques sont gigantesques : l'onde que Louis de Broglie a attachée à toute particule donne une piste pour expliquer qu'au sein d'un atome certaines orbites sont privilégiées. Le niveau fondamental ne correspondrait-il pas, pour l'électron, à une circonférence de longueur égale à celle de la longueur d'onde qui lui est attachée ? L'image du tuyau sonore ou de la corde vibrante s'impose.

Les choses ne sont pas aussi simples, mais avec l'analogie acoustique, le grand mot a été lâché : résonance ! On va chercher à décrire les orbites stables des électrons — et plus généralement les états de tout système — par des équations traduisant, en terme de quanta, que des résonances sont instaurées. Einstein demande aux mathématiciens de trouver la solution générale à ce problème. C'est l'Autrichien Erwin Schrödinger (1887-1961) qui va donner l'outil grâce auquel la mécanique du très petit va enfin pouvoir être décrite. Il a été créé à partir de l'idée qu'associer la longueur d'onde λ à une particule revient à dire qu'elle vibrerait à la fréquence ν telle que $\lambda\nu = c$, c'est-à-dire avec la pulsation $\omega = \nu/2\pi$. D'où la légitimité d'assimiler son comportement à celui d'une corde vibrante, en se souvenant qu'un point matériel vibre si, ayant été éloigné à une distance y de sa position d'équilibre, il tend à y revenir sous l'influence d'une force proportionnelle à y de sorte que $y'' + a\,y = 0$, la solution la plus générale de cette équation étant $y = \alpha \cos \omega t + \beta \sin \omega t$.

Par analogie, pour une particule vibrant non de part et d'autre d'un point mais sur une trajectoire, Schrödinger propose de lui attacher une fonction d'onde ψ, de la forme $\psi = A\, e^{\omega t - \alpha x}$. On constatera que, quand elle peut être résolue, l'équation dans laquelle on l'introduit donne une solution corroborée par l'expérience à tous les problèmes où interviennent des particules. Non sans poser de grandes interrogations, la première étant évidemment le sens des symboles qu'elle fait intervenir.

Un sens ? Mais n'en cherchez pas, ne vont cesser de répéter les protagonistes d'une physique formelle, aux yeux desquels il serait puéril — et ce serait une tentative certainement vouée à l'échec — de vouloir habiller les signes décrivant le monde particulaire par des concepts macroscopiques. Les problèmes d'interprétation que soulève la mécanique ondulatoire donnent en fait lieu à des prises de position extrêmement diverses.

Des voix s'élèvent contre l'attitude d'accepter — comme les mystères d'une nouvelle religion — des choses que nous devons croire bien que nous ne puissions pas les comprendre. C'est une faiblesse, entend-on rétorquer, de vouloir à tout prix des images alors qu'il s'agit d'appliquer des formules décrivant de façon remarquable la réalité. Elles choquent une génération ? Encore un peu de temps et elles seront jugées naturelles.

Les ténors persistent et signent. Niels Bohr souligne que, sans un appareil de mesure, la fonction d'onde serait dénuée de sens et que l'on doit se garder de lui attribuer une valeur explicative. Elle représente, considère le physicien, non le monde quantique mais nos possibilités de communiquer avec lui. Wolfgang Pauli (1900-1958) sera plus catégorique encore quand il affirmera en 1947 : « Quelque chose ne se produit vraiment que quand une observation est faite. » Mais cela, nombreux sont ceux à le dénoncer. Jamais, considère le mathématicien et physicien contemporain Roger Penrose dont nous avons évoqué les pavages, on ne pourra accepter les absurdités sur lesquelles la mécanique quantique fait déboucher.

Il n'y a pas que la répugnance à utiliser des signes mathématiques sans que l'on puisse dire ce qu'ils représentent. La question capitale est bien de savoir si la mécanique ondulatoire traduit une réalité profonde : il ne suffit pas de constater qu'elle semble décrire les phénomènes. Tel avait été, pendant un temps, l'apanage de la loi de la gravitation formulée par Newton. Pareillement, l'équation de Schrödinger, va-t-on répéter pendant des décennies, a été postulée, non démontrée.

Elle marque cependant des points grâce aux mathématiciens ; on la trouvera bientôt au carrefour de disciplines telles que géométrie, analyse, équations aux dérivées partielles, probabilités. Cela, parallèlement à une autre initiative, ayant historiquement été la première, puisque, dès 1923, Werner Heisenberg (1901-1976) tenait en suspicion les fondements mêmes de la mécanique classique pour proposer — il en faisait part au cours de l'année suivante à Max Born (1882-1970) et à Pascual Jordan (1902-1980) — « sa » solution au problème du dualisme onde-particule : représenter toute variable physique par une matrice dans les lignes et les colonnes de laquelle entrent des termes en nombre infini. La démarche devait le conduire, peu avant Schrödinger, aux mêmes conclusions, avec l'énoncé percutant d'un principe d'incertitude affirmant que $\Delta p.\Delta q > h$, Δp et Δq étant l'imprécision dont sont entachées les coordonnées de position et de vitesse d'une particule et avec l'astreinte de remplacer les espaces, classiques tels que l'espace des phases, par des espaces plus généraux dont l'algèbre des coordonnées n'est plus commutative.

Ainsi peut-on dire que la nouvelle mécanique a été introduite par deux écoles ayant travaillé indépendamment et suivi des voies différentes. L'habitude s'est prise, pour des raisons de commodité, d'adopter l'équation de Schrödinger, mais on aurait aussi bien pu bâtir sur les matrices de Heisenberg cette nouvelle mécanique dont le caractère formel va s'affirmer avec Eugen Wigner (1902-1990). Cet autre récipiendaire d'un Nobel de physique — en 1963, après Compton (1927), Broglie (1929), Heisenberg (1932), Schrödinger (1933) et Born (1954) — codifie la mécanique quantique par la théorie des groupes, assimilant les systèmes physiques fondamentaux aux représentations unitaires irréductibles ou UIR (*Unitary Irreductible Representation*) du groupe de Poincaré à partir de matrices non décomposables. Alors naît le concept de l'objet mathématique le plus élémentaire, défini par deux paramètres m et s (ce dernier étant relié au groupe des rotations spatiales, avec un nombre de degrés de liberté égal à $2s + 1$), auxquels on donnerait les valeurs les plus simples, soit 0 et 0. C'est le photon !

Les aèdes d'une physique formelle proposent de ne plus considérer deux mécaniques — l'ancienne pour les phénomènes macroscopiques et la nouvelle pour les phénomènes particulaires — mais uniquement celle-ci. Et par ailleurs de ne pas voir dans le principe d'incertitude une entorse à un déterminisme souverain. La réalité serait au contraire un indéterminisme quantique, notre déterminisme devant en être regardé comme une conséquence statistique.

Un pythagorisme de la matière

La théorie des quanta annonce-t-elle un nouveau pythagorisme ? La question est posée alors que, dans l'atome, il se révèle qu'une place prépondérante est tenue par les nombres entiers. Ils commandent les différents niveaux d'énergie et, à chaque niveau, le nombre des électrons pouvant trouver place, un nombre imposé par la nécessité qu'ils se présentent comme des particules « discernables » : cela implique que tous leurs nombres quantiques ne soient pas identiques. Une telle condition autorise la présence de 2 électrons sur la première couche de l'atome, de 8 ensuite, de sorte que le tableau de Mendeleïev est expliqué par une mathématique simple, avant que la situation ne se complique pour des atomes lourds dont les couches pourront renfermer 18 électrons ou plus.

Par ailleurs, l'existence du quantum d'action h permet de calculer des grandeurs élémentaires avec la présomption qu'elles jouent un rôle majeur dans l'architecture de l'univers. Malheureusement, elles relèvent d'un ordre les rendant inaccessibles à l'expérience.

C'est notamment une « longueur de Planck » $\ell = (Gh/c^3)^{1/2}$ voisine de 10^{-35} m, la conviction étant emportée qu'à cette échelle le seul concept d'une continuité de l'espace ne saurait avoir de sens. C'est par ailleurs un rayon de Bohr $a = h^2/me^2$ dont on constate qu'il correspond à peu près à la taille de l'atome. On parlera d'un temps de Planck, supérieur à la durée du Big Bang, alors que l'univers avait une taille inférieure à la longueur de Planck. C'est par excellence la raison pour laquelle une transposition de nos images macroscopiques est interdite.

Cette idée d'un pythagorisme quantique ne donne toutefois lieu au XXe siècle qu'à des réflexions sporadiques, laissant le problème quasi entier au seuil du XXIe siècle. Plus encore, on est intrigué lorsque l'on découvre la possibilité de déduire des grandeurs sans dimension du quantum de Planck. Tel est le cas de la constante dite de structure fine, $\alpha = e^2/hc$.

Sa valeur dépend évidemment des modes d'expression que nous choisissons pour évaluer *e*, *h*, *c*. C'est en tout état de cause un nombre arithmétique dont, selon le mode retenu, la valeur est voisine de 1/136 ou de 1/25. Pourquoi ? Comment concevoir que la charge de l'électron « dépend » de *h* et *c* ? Ou faut-il admettre la vitesse *c* de la lumière commandée par les valeurs de *e* et de *h* ? Ou *h* serait-il une « conséquence » de *e* et de *c* ? Wolfgang Pauli avait considéré ces questions comme absolument fondamentales : elles auraient justifié un investissement immense, singulièrement mathématique. En fait, nombreux sont les chercheurs à avoir soupçonné que l'on apprendrait beaucoup de choses sur les particules si l'on perçait les arcanes de ce nouveau pythagorisme. En dépit de travaux remarquables, on en est encore, cent ans après le travail de Planck, à l'heure des conjectures.

C'est une tout autre conception des choses sur un plan théorique avec une invite, pour qui prétend dominer la physique, à la faire entièrement reposer sur la nouvelle mécanique. Ce sera toujours plus judicieux au fur et à mesure qu'il s'agira de décrire les choses plus finement : de cette évolution, nous sommes les témoins. Et cette mécanique formelle sera à la base d'une science des matériaux dès l'instant où ceux-ci sont faits de particules justifiables d'une équation de Schrödinger. C'est réellement une nouvelle donne de taille...

Vers une théorie atomique des cristaux

Elle est prise en compte alors que les idées sur la structure des solides ont passablement évolué. Dans un solide, les physiciens savaient depuis longtemps que l'on trouve les mêmes composants que dans un gaz, mais au lieu de voguer librement, ils sont astreints à vibrer autour de positions commandées par une architecture qu'imposent leurs voisins. À la différence du gaz, image d'un grand désordre — dont la description recourt à l'outil statistique — le solide met ainsi en présence d'un ordre, justifiable de mathématiques très différentes, *a priori* extrêmement riches puisque devant englober toutes les modes d'organisation : un solide se caractérise par une structure, à savoir l'ensemble des contraintes qui lui assurent à la fois sa cohésion, et une répartition géométrique de ses particules, créatrice de cristaux.

La découverte de ceux-ci débute en 1647, lorsque l'illustre Huygens — après avoir étudié l'astronomie et la mécanique — s'interroge sur un étrange phénomène optique : la biréfringence de la calcite, découverte quelques années auparavant par un professeur de mathématiques à Copenhague, Erasmus Bartholin (1625-1698). On voit double lorsque, sur un texte, on pose un cristal de calcite. Et quand celui-ci se brise, on obtient des solides semblables au polyèdre initial. Huygens présume le cristal fait d'un assemblage de petits polyèdres.

Une étape est franchie lorsque des éléments de symétrie sont pris en considération, en 1772 par Torbern Bergmann (1735-1784), auteur d'une théorie réticulaire des réseaux, et en 1782 par René-Just Haüy (1743-1822) : celui-ci succède à Daubenton au Museum d'histoire naturelle, ce qui lui vaut une chaire à la faculté des sciences de Paris. Il montre que les différents cristaux d'une même espèce chimique dérivent d'une forme primitive par des troncatures, possibles seulement pour certaines orientations.

Les événements se précipitent au XIXe siècle. Parallèlement à la découverte d'une constitution atomique de la matière, on pressent que les lois de la symétrie, commandant la position des faces, contrôlent ce qui se passe à l'intérieur du cristal. L'idée a émergé avec Jean-Baptiste Biot (1774-1862), David Brewster (1781-1868), Augustin Fresnel (1788-1827), August Seeber (auteur en 1824 d'une étude sur les réseaux et les arrangements parallélipédiques), Franz Neumann. En 1831, le minéralogiste Johann Hessel propose une description systématique des formes cristallines : trente-deux classes peuvent exister, explique-t-il dans *Kristallometrie oder Kristallonomie und Kristallographie*, qui passe à peu près inaperçu. Ces trente-deux classes relèvent de quatorze types, affirme l'astronome Auguste Bravais (1811-1863) qui, en 1849, veut rendre compte à la fois de la similitude des polyèdres naissant du clivage d'un cristal et du nombre limité de troncatures concevables. Bravais considère que l'étude d'un cristal est d'abord celle de sa maille, celle-ci se répétant dans les trois directions de l'espace.

Par exemple, le réseau de Bravais du chlorure de sodium est de type cubique *F* (à faces centrées) : chaque atome de chlore est entouré de 6 atomes de sodium et vice versa, la maille représentant 0,563 μm. Le sulfure de plomb, le bromure d'argent, le diamant (dont la structure peut présenter une forme hexagonale) relèvent eux-mêmes de ce type. Et l'on découvre un réseau cubique simple (P) avec le chlorure de césium ou avec le laiton (alliage de cuivre et de zinc).

En 1867, un professeur de physique à l'École d'artillerie de Saint-Pétersbourg, Axel Gadoline (1828-1892), s'attache — dans la ligne des travaux de Hessel — à étudier tous les éléments de symétrie des polyèdres cristallins. Cela le conduit également à répartir les cristaux en trente-deux classes constitutives de sept systèmes, chacun caractérisé par des combinaisons d'éléments de symétrie. La géométrie semble alors reine. Elle explique les formes primitives des cristaux, une cohabitation de plusieurs d'entre elles étant possible dans les cristaux naturels ou artificiels.

Les 230 groupes de Schoenflies-Fedorov

Le grand pas est franchi par les mathématiciens, qui répertorient toutes les manières de répéter un motif à l'infini dans les trois directions de l'espace. Cela les conduit à considérer le groupe d'espace d'un cristal, à savoir l'ensemble des éléments de symétrie transformant un point en un point équivalent.

Le problème est résolu, quasiment au même moment, par deux scientifiques qui, au début, s'ignorent. C'est, peut-on dire, le cas idéal, non pas pour les intéressés pour des raisons évidentes de paternité, mais pour la discipline : il est bien connu que les chances d'obtenir une solution juste sont beaucoup plus grandes si l'on confie un même travail à deux mathématiciens entre lesquels aucun lien n'existe, pour ensuite comparer leurs conclusions. C'est, par un mûrissement parallèle des idées, ce qui s'est passé en cristallographie.

Arthur Schoenflies (1853-1928) est, à Göttingen, un professeur de mathématiques très intéressé par la géométrie cinématique : il établit en 1890 l'existence de 230 groupes de symétrie. Or c'est de ce même nombre que fait état Ievgraf Fedorov (1853-1919), un cristallographe alors professeur à Moscou qui a recouru à maint moyen, dont le microscope polarisant, pour connaître les propriétés optiques des minéraux. Non seulement les deux hommes apportent « la » solution fondamentale, mais avec eux les bases sont jetées pour un grand essor des mathématiques de la cristallographie.

Cela, au XXe siècle car, sur le moment, leur travail est accueilli avec beaucoup de réserves en raison notamment des symétries spéciales dont il fait état. Il s'agit d'axes hélicoïdaux essentiels et de miroirs avec glissements : la translation d'une maille comportant au moins deux atomes peut s'accompagner de sa rotation d'une fraction de période et de sa réflexion. Nous disons aujourd'hui que chaque élément du groupe d'espace G du cristal peut être considéré comme le produit d'un opérateur de translation T_n par un opérateur de rotation $\alpha_i R_i$. Sans que cela puisse être vérifié matériellement : les mathématiques sont en avance sur la physique de sorte que la théorie de Schoenflies et Fedorov reste une hypothèse.

L'heure de son triomphe sonne en 1912 lorsque le physicien Max von Laue (1879-1960), alors professeur à Munich, crée les conditions permettant à des cristaux de diffracter un rayonnement X (dont il a été établi que la longueur d'onde est de quelques 10^{-11} m). Sur la plaque photographique, apparaissent des figures à la fois très symétriques et fort complexes, créées par des empilements de plans réticulaires, auxquelles le nom de radiogrammes est donné. Leur interprétation n'est pas aisée : elle est réussie à Leeds par le mathématicien William Henry Bragg (1862-1942) et par son fils William Lawrence (1890-1971) que récompensera conjointement en 1915 — après que le prix Nobel de physique eut été attribué en 1914 à von Laue — un Nobel décerné pour un travail essentiellement mathématique venu corroborer la théorie non moins mathématique de Schoenflies et Fedorov.

C'est une nouvelle ère de la cristallographie : toute l'attention va se porter sur les 230 groupes. On relève que 73 d'entre eux sont simples ; un point a son équivalent. On parlera d'un groupe ponctuel, sous-groupe du groupe d'espace G. Les 157 autres groupes font intervenir des éléments de symétrie spéciaux.

Le cristal peut être défini comme une portion d'un milieu dont les atomes sont distribués d'une manière régulière et périodique. Toujours avec le concept d'une extension à l'infini dans les trois directions de l'espace. La prise en compte des limites du cristal pose un autre problème — épineux quand on viendra à considérer des couches minces — mais sa solution a été implicitement donnée par Schoenflies et Fedorov : ces derniers ont établi que, si l'on raisonne en deux dimensions, le nombre des groupes d'espace d'un cristal est égal à 17.

Une cristallographie formelle

En 1952, dans *Symmetry*, publié aux Princeton University Press, c'est directement à partir des idées de Galois qu'Hermann Weyl (1885-1955) n'hésite pas à aborder le problème des cristaux. Sa démarche est d'abord de rechercher, dans un plan, tous les groupes finis de transformations orthogonales homogènes (telles que $x^2 + y^2 = X^2 + Y^2$) non orthogonalement équivalents (X étant différent de x et de y) pour rappeler la solution donnée par Léonard de Vinci à partir des polygones réguliers avec lesquels apparaît le groupe des rotations propres. Dans un espace à trois dimensions, Weyl souligne qu'aux cinq polyèdres réguliers correspondent des groupes en nombre moindre puisque toute rotation qui transforme le cube en lui-même laisse l'octaèdre invariant et vice-versa ; il en va de même pour ces autres figures polaires que sont le dodécaèdre et l'icosaèdre. Ainsi doit-on évoquer seulement trois groupes de rotations propres avec des ordres respectifs (nombre d'opérations internes) de 12, 40 et 160. Weyl dénomme ces groupes T, W, P, après C et D (rotations et retournements) dans un plan.

Cela lui permet de dresser un tableau de tous les groupes finis de rotation, propres et impropres, pour entreprendre l'étude des cristaux en termes de géométrie formelle. Pour qu'un réseau soit invariant, seuls sont en effet admissibles les axes de rotation de multiplicité 2, 3, 4, 6. On est alors conduit à dresser une liste de 32 éléments auxquels on montre que sont attachés les nombres h_I, h_{II}, h_{III}, h_{IV} ayant pour valeurs $+\infty$, 32, 70, 230. Autrement dit, l'introduction d'une métrique dans les réseaux permet une étude fondamentale du cristal : celui-ci est pour Weyl une décoration de la nature.

Elle est porteuse de messages. L'existence de silicates était connue autour de maintes étoiles et dans les disques protoplanétaires. Le satellite ISO nous a appris qu'ils se présentent sous la forme non d'une matière amorphe mais de cristaux d'une taille micrométrique dont l'étude constitue aujourd'hui l'objet d'une nouvelle discipline, l'astrominéralogie, appelée à bénéficier des enseignements d'une cristallogenèse ayant, sur la Terre, enfanté olivine et pyroxène.

Les phonons

Il s'agit d'une décoration dynamique. On introduit la nouvelle mécanique en partant du principe que les vibrations d'un réseau sont quantifiées comme le sont les excitations, externes ou internes, auxquelles il se trouve soumis.

Le terme de photon ayant été inspiré par le rayonnement, l'habitude s'instaure — parce que les transmissions d'énergie dans un solide ont été liées à des phénomènes acoustiques — d'appeler *phonons* les quanta d'énergie lorsqu'ils cheminent dans un réseau cristallin. Le concept rend compte tant de ses réactions que des différents aspects de sa conduction.

Ces phonons se comportent en effet comme si — à l'instar des photons — ils avaient la quantité de mouvement hK, K étant le vecteur d'onde. Cela leur vaut de jouer, à l'égard des nucléons, des électrons ou des photons, le rôle de particules avec la double possibilité qu'un phonon naisse d'une collision inélastique ou qu'un phonon soit absorbé : ainsi aura-t-on souvent recours à la diffusion inélastique des neutrons pour connaître le spectre des phonons. À ce stade, il semblerait que l'on dispose d'un outil pour étudier le comportement d'un solide et faire connaître ses propriétés.

Tel est effectivement le cas. Toutefois, même compte tenu de la puissance des ordinateurs actuels et des performances à attendre au cours des dix années à venir, sachons que la complexité des calculs serait dans le cas général tout à fait dissuasive. Il arrivera que l'on s'engage dans cette voie, pour résoudre des problèmes ponctuels au sens physique du terme, par exemple pour étudier ce qui se passe, dans un microscope à effet de pointe, entre l'atome terminal du palpeur et la surface qu'il explore. Ou encore on voudra lever des options lorsqu'il s'agit d'élaborer des matériaux nouveaux tels que les fullerènes : 60 atomes de carbone ou davantage s'unissent en une structure qui prend la forme d'un ballon, faisant découvrir une classe de corps que l'on crut d'abord nés de la technique avant que les astrophysiciens en découvrent la signature çà et là à travers l'univers. Il peut être nécessaire de prendre en considération l'onde qui est associée à ces structures. Des fentes larges de 50 nm et distantes de 100 nm ont permis, à l'université de Vienne, que des interférences soient mises en évidence avec des molécules de fullerène par Markus Arndt. Et l'équation de Schrödinger apprend comment la molécule C_{60} devient émettrice de photons quand elle est chauffée.

Il s'agit cependant là d'études spécifiques dont il est capital de déterminer l'opportunité, sachant que cela ne saurait être partout et toujours. On méditera que la théorie cinétique des gaz n'a pas encore pu être vérifiée par des calculs qui auraient permis de passer rigoureusement de la partie au tout. Ce serait le cas si l'on prenait en considération n particules d'un gaz pour lesquelles on retiendrait des conditions initiales plausibles. À chacune, on attacherait alors une fiche sur laquelle seraient consignées ses coordonnées de position et de vitesse au cours du temps, du fait de son mouvement et de celui de toutes les autres particules qui, en permanence, devraient être prises en compte, de manière à déterminer comment ils modifieraient le mouvement des particules concernées. Il serait en conséquence possible de connaître les libres parcours moyens effectifs et les vitesses de chacune dont la trajectoire serait calculée. Le problème est celui du nombre. Pour être pertinente, l'opération devrait porter sur un nombre de particules de l'ordre de 10^{18} (même pas 1 cm^3 dans les conditions normales de température et de pression). Non seulement nous n'en sommes pas capables — la difficulté croissant comme le carré du nombre de particules — mais cela apparaît fondamentalement inconcevable à l'échelle de tout avenir prévisible.

Et ce, en se contentant de faire intervenir les équations du choc dans l'esprit de l'ancienne mécanique. Si l'on devait — ce qui s'imposerait pour une représentation fidèle — recourir à la nouvelle mécanique, alors que la complexité atteindrait un niveau dont on aura la mesure en retenant que les calculs faisant intervenir l'équation de Schrödinger ont encore à peine permis de dépasser le domaine de la molécule.

Nombreux sont toutefois les cas où le problème du nombre se pose en des termes beaucoup moins ingrats qu'avec la théorie cinétique des gaz pour laquelle on s'aperçoit que, tout compte fait, l'absence de structure était un cadeau empoisonné. Lorsqu'une structure existe, son importance physique se double d'une importance mathématique au moins aussi grande par les moyens qu'elle offre pour décrire un tout à partir de ses parties, surtout si celles-ci et celui-là s'avèrent minuscules, comme tel tend à être le cas à l'ère des nanotechnologies, où souvent la taille des domaines se rapproche du niveau quantique. Beaucoup le déplorent en raison des limitations que cela fait entrevoir.

Cela dans l'esprit de l'ancienne mécanique. Quant à la nouvelle mécanique, ce sont au contraire de grandes possibilités qui s'ouvrent avec l'obligation d'y recourir dans certaines circonstances, notamment aux très basses températures. Les dessins que l'on voit apparaître sur un fluide, les étranges propriétés de l'hélium superfluide seraient inexplicables pour qui ne voudrait pas recourir à la mécanique ondulatoire : il se déconnecterait de la réalité et en subirait les conséquences. Nous en sommes à l'heure d'une large exploration des possibilités que fait entrevoir la nouvelle mécanique là où elle implique un tout autre comportement des substances, certaines applications donnant déjà lieu à des démonstrations en laboratoire. Elles méritent une double attention : économique, car elles annoncent une nouvelle industrie au XXIe siècle, logistique, avec le rôle toujours plus important que va être appelée à jouer la nouvelle mécanique sous le signe des mathématiques.

L'art du mathématicien

La science des matériaux va évoluer dans ce sens, sachant que le modèle aura toutes les chances d'être très différent selon que l'on s'intéressera à une certaine propriété du solide ou à une autre.

Sans doute n'appréciez-vous pas, lorsque vous entrez dans un magasin et demandez un article, entendre le vendeur vous répondre : « C'est pour quoi faire ? » Votre sentiment est que cela ne le regarde pas et pourtant, à la réflexion, il pourra vous apparaître que la question était judicieuse : on va toujours davantage vers le matériau à la carte, promis à vous assurer les meilleures performances s'il a été élaboré pour l'application à laquelle vous le destinez. N'est-il pas caractéristique que quelque 5000 alliages soient proposés à qui construit des objets en acier ?

Êtes-vous intéressé par la diffraction ? Vous vous appliquerez à relier aussi largement que possible les propriétés optiques d'un cristal aux composantes de Fourier de sa densité électronique.

Le critère est-il l'élasticité ? Hooke (1635-1703), Poisson (1781-1840), Cauchy (1789-1857) avaient autrefois dégagé des notions, toujours à la base d'une étude des propriétés élastiques des substances en général et des cristaux en particulier. Dans ce domaine également, l'apport de Léon Brillouin (1889-1969) — le scientifique français qui, s'étant rendu aux États-Unis en 1941, y resta pour une très prodigieuse carrière — a été important, avec un recours au calcul tensoriel. Ainsi, à l'énergie libre d'un cristal déformé, donne-t-on aujourd'hui l'expression :

$$E = (1/2)\, \lambda_{iklm} u^{ik} u^{lm}.$$

Le tenseur du 4e ordre λ_{iklm} — tel que $\lambda_{iklm} = \lambda_{kilm} = \lambda_{lmik}$ — est dit tenseur des modules d'élasticité. Dans le cas général, il a 21 composantes distinctes et il permet de définir le tenseur des contraintes $\sigma_{ik} = dE/du_{ik}$:

$$\sigma_{ik} = \lambda_{iklm} u_{lm}$$

qu'il s'impose d'appliquer aux différents types de cristaux. On découvre que, dans un système triclinique, les 21 modules d'élasticité sont indépendants et non nuls alors que, dans un système cubique où le tenseur λ_{iklm} possède seulement 6 composantes distinctes du fait des équivalences découlant de rotations, c'est à 3 que se réduit le nombre des modules d'élasticité.

Vous intéressez-vous à des propriétés électriques ? Il vous faut prendre en considération les facteurs valant à un solide de conduire plus ou moins bien le courant. Sa résistance traduit des collisions entre phonons et électrons. Plus précisément, la résistivité ρ d'un métal doit être regardée comme la somme d'une résistivité ρ_1 imputable aux phonons thermiques et d'une résistivité ρ_2 due à une diffusion, par les anomalies du réseau, des ondes liées aux électrons.

La prise en considération de la fonction d'onde s'avère de plus en nécessaire localement dans un circuit intégré. Au gaz d'électrons libres d'un métal qui se meuvent à l'intérieur d'un cube de côté a, on est alors conduit à associer l'onde stationnaire $\Psi = A \sin(p\pi x/a).\sin(q\pi y/a).\sin(r\pi z/a)$, p, q, r étant des nombres entiers. On explique pourquoi un lien direct existe entre la conductibilité thermique et la conductibilité électrique.

Et une démonstration a été donnée de la loi d'Ohm — admise de façon empirique au siècle dernier, avons-nous souligné — à partir de l'incrément de vitesse v assuré aux électrons d'un conducteur lorsque, dans celui-ci, est instauré un champ électrique h. Cet incrément est en effet $v = -eh\theta/m$, m étant la masse de l'électron et θ le temps qui s'écoule entre deux collisions d'un électron avec des éléments du réseau ou avec des phonons. Si n est le nombre d'électrons par unité de volume, cela donne pour la densité de courant $j = nqv$ l'expression $j = ne^2\theta h/m$, qui est bien de la forme $j = \sigma h$.

Cela explicite la grandeur σ dite conductivité (inverse de la résistivité), dont on sait qu'elle s'exprime en siemens :

$$\sigma = ne^2\theta/m.$$

On explique pourquoi la résistivité varie dans des plages importantes. Ainsi la résistivité du nickel devient-elle des dizaines de fois plus forte si, à ce métal, on ajoute un peu de chrome : on change l'aspect de son réseau cristallin. Ou encore, la résistivité du cuivre se trouve multipliée par un facteur de l'ordre de 30 si on lui ajoute du nickel pour créer l'alliage connu sous le nom de constantan dont la résistivité est quasiment indépendante de la température. *A contrario*, dans des cristaux de cuivre extrêmement purs, il arrivera qu'à la température de l'hélium liquide le libre parcours moyen de leurs électrons atteigne 10 cm : alors la conductivité du métal est 100 000 fois plus forte qu'à la température ordinaire.

Ces considérations montrent comment, en n'ignorant pas que des équations très subtiles décrivent le mouvement des particules mais en jouant en quelque sorte à cache-cache avec elles, chaque fois que cela est possible, des résultats importants sont obtenus.

Quand le défaut est une qualité

Ainsi est-on aujourd'hui convaincu de l'importance majeure revêtue par les « défauts » des cristaux, de sorte que, souvent, il est opportun de raisonner par différence en prenant pour référence les performances d'un réseau théorique qui serait présumé parfait et de les comparer à celles d'un cristal réel pour attribuer la différence aux défauts de ce dernier.

Une telle attitude présente un aspect très positif du fait que la différence peut aller dans un sens souhaité pour certaines applications. Alors la science des solides est repensée dans un esprit entièrement nouveau, notamment en considérant comme un défaut la présence de tel corps B dans le cristal d'un corps A. C'est une voie féconde, souligne Charles Kittel dans *La Physique de l'état solide*, pour étudier les alliages : regarder ceux-ci comme de fortes concentrations de défauts ponctuels. Sur la liste des défauts que le dresse le physicien, figure la lacune, à savoir l'absence de base à un nœud : le réseau existe, mais certains de ses postes sont inoccupés. L'existence de lacunes est inévitable pour des raisons statistiques ; leur proportion est parfois aussi faible que 0,0001 mais il lui arrive d'atteindre 0,5 et en conséquence de modifier profondément le cristal de corps très durs tels que le carbure de tungstène. C'est d'autre part le défaut dit « de Frenkel » lorsqu'un atome occupe une position interstitielle où rien ne devrait se trouver ; c'est assez souvent le cas dans les halogénures dont la bonne conductivité électrique peut être le fait d'un mouvement non pas d'électrons mais d'ions. Surtout, les fortes variations potentielles de la résistivité d'un semi-conducteur sont dues aux impuretés qu'on leur incorpore pour faire de leur gaz d'électrons un objet instable dont une infime excitation suffira pour provoquer l'absorption ou la libération.

Avec tout l'intérêt porté aux phénomènes de basculement. Alors que, très pur, le silicium est un isolant, il devient conducteur pour un certain taux de phosphore.

Et ce sont d'étonnantes perspectives que font entrevoir, au delà des fullerènes, les nanotubes de carbone. Il suffit de sectionner le ballon de football C_{60} en deux hémisphères, et d'insérer 10 atomes de carbone supplémentaires pour obtenir le ballon de rugby C_{70}, rien n'interdisant de renouveler l'opération jusqu'à $C_{1\,000\,000}$ voire très au-delà : des machines ont vu le jour, singulièrement à la Rice University, pour donner naissance à un cristal unidimensionnel ayant 1,7 nm de diamètre, sans limitation de longueur. Sa structure hélicoïdale ravit le mathématicien par sa symétrie : elle obéit aux lois formulées par Euler quant aux polyèdres. Des « défauts calculés » lui sont conférés si, au lieu d'être un hexagone, une maille est un pentagone, créateur d'une courbure gaussienne positive. Un heptagone sera générateur d'une courbure négative, toujours avec, entre les nombres de sommets, d'arêtes et de faces, la relation $s - a + f = 2$. C'est l'émergence d'une nouvelle physique du fait que ces courbures commandent le comportement local du nanotube, dont certaines parties pourront exercer les fonctions d'un métal, et d'autres celles d'un semi-conducteur ou d'un isolant.

Pareillement, les caractéristiques mécaniques d'un solide, à commencer par son élasticité, dépendent largement de ses défauts et cela signifie que pour conférer à un corps des « propriétés garanties », indispensables à la perennité du système dans lequel on l'incorporera, des précautions exceptionnelles peuvent s'imposer, d'autant plus grandes que l'on doit commander de façon plus précise le taux et la nature des impuretés. Cette exigence est à l'origine de nouvelles méthodes d'élaboration des substances, souvent très coûteuses, mais appelées à un réel avenir surtout si l'on veut donner naissance à des matériaux anisotropes, c'est-à-dire ne présentant pas les mêmes propriétés selon les différentes directions. Relève de cette formule la solidification dirigée, fort intéressante pour la fabrication d'aubes de turbines.

Partant du principe que, dans le vide et en l'absence d'un champ de pesanteur, les plus grandes possibilités devraient être offertes pour faire arriver là où l'on veut les atomes d'un cristal en cours d'élaboration et ainsi créer des matériaux à la carte, des expériences ont été conduites, consistant à opérer en orbite dans le sillage d'un bouclier ; cela minimise les agressions d'une atmosphère résiduelle toujours présente dans l'environnement de la Terre. Nous assistons en vérité à une multiplication des processus pour que les atomes soient pilotés alors qu'ils étaient naguère abandonnés à eux-mêmes.

Au laboratoire, ils sont aujourd'hui manipulés par des pinces *ad hoc*. Celles-ci ont pu disposer 32 atomes de cobalt sur une ellipse et permettre de constater que, si un signal est créé à l'un des foyers de cette dernière, on enregistre une réponse à l'autre, une nouvelle preuve étant donnée, s'il en était encore besoin, de la réalité des fonctions d'onde et de leur vocation à gouverner une population de particules.

Une autre démonstration nous en est donnée par les condensats dits « de Bose-Einstein » et l'étrangeté des situations que l'on découvre avec un ensemble d'objets décrits par une seule et même fonction d'onde, tel semblant être le cas pour tous les électrons appariés d'un supraconducteur, les scientifiques réalisant que le phénomène de supraconduction — parce qu'il se présente comme un effet justifiable de la mathématique — se manifeste avec des métaux et des alliages, mais également avec des composés binaires ou ternaires et avec les cristaux que donnent des molécules organiques telles que pentacène, tétracène, anthracène...

Dans le même temps, les idées de Weyl inspirent une électrodynamique quantique construite, comme la relativité, sur une invariance de jauge. Le champ de matière est couplé à un champ électromagnétique dans un espace mathématique dit « fibré » du fait que ses différents points sont autant de fibres symbolisant la liberté quantique.

Chapitre 11
Les sciences de la Terre : une planète en équations

Au temps où la Terre est assimilée à une sphère, il s'agit de mesurer son rayon. Se posant en émules d'Ératosthène, Jean Fernet au XVIe siècle, Jean Picard au XVIIe comptent les tours de roue de leur voiture lorsque, partant de Notre-Dame de Paris, ils gagnent Notre-Dame d'Amiens où, à midi, le Soleil est moins haut dans le ciel de 1°. Cependant la précision ne sera guère meilleure : la base d'Ératosthène était sept fois plus longue et sa mesure avait procédé d'une compilation statistique, à savoir les enseignements donnés aux officiers royaux après de multiples liaisons entre Alexandrie et Syène.

En outre, toute méthode visant à évaluer une distance sur un méridien se heurte à la difficulté de le suivre : comment s'assurer qu'à quelque moment on ne dévie pas à droite ou à gauche ?

Une telle servitude n'existe pas — et l'on bénéficie de redondances — avec des triangulations, lorsque des mesures de distance entre points proches du méridien s'accompagnent de visées trigonométriques. La première carte établie sur le méridien de Paris — par Picard et Philippe de la Hire (1640-1718) — est présentée à l'Académie des sciences en 1682. Éditée en 1693, elle sera surimposée à la carte produite en 1649, pour montrer un tracé souvent en retrait, singulièrement sur la côte atlantique. Après Jean-Dominique Cassini (1625-1712), son fils Jacques (1677-1756), devenu lui-même directeur de l'observatoire de Paris, s'adonnera à cette tâche.

Elle conduira à substituer à la sphère une surface plus élaborée, un ellipsoïde, c'est-à-dire une quadrique pouvant être évocatrice d'un ballon de rugby ou au contraire d'une citrouille selon qu'elle est allongée ou aplatie. Induit en erreur par des cartographies encore trop sommaires, Cassini croit la Terre allongée, considérant son rayon polaire plus grand que son rayon équatorial tandis que Newton est d'un avis contraire : comme Huygens, il la déclare aplatie en raison d'une force centrifuge développée par sa rotation.

Pour en décider, deux expéditions sont organisées par l'Académie des sciences — à l'instigation de Louis XV, sur le conseil de Maurepas — afin de mesurer un arc de 1° sur un méridien, respectivement en Laponie et dans la partie du Pérou où se trouve aujourd'hui le pays ayant pris le nom d'Équateur. Dans la première, commandée par le mathématicien Pierre Maupertuis (1698-1759), a trouvé place Anders Celsius (1701-1744) l'astronome auquel nous devons l'échelle thermométrique de nos actuels degrés (°C) avec, entre la glace fondante et le point d'ébullition de l'eau, 100 divisions au lieu des 80 qu'avait imaginées Réaumur : c'est en fait Celsius qui avait eu l'idée de l'opération.

L'évaluation en Laponie d'un arc de 1°, sur le méridien de Kittis, a lieu entre Tornio Church non loin de l'embouchure de Kittisvaara à 4 km de Pello. Cela dans « des lieux pleins d'ennui » : le golfe de Botnie est surplombé par une montagne à la fois glaciale et infestée de moustiques. Allant dans le sens des vues de Newton, les conclusions de l'expédition ne sont, en France, pas très bien acceptées. On rappelle que Maupertuis avait à Londres suivi Voltaire (qui ne le ménagera pas pour autant) : cela suffit pour qu'il soit taxé de partialité et d'incompétence.

Un consensus interviendra toutefois après le retour de la seconde expédition. Constituée de l'astronome Louis Godin (1704-1760), l'officier Charles La Condamine (1701-1774) et l'hydrographe Pierre Bouguer (1698-1758), elle s'est rendue, non loin de Quito, à Mitad del Mundo, une cité ainsi dénommée pour se trouver juste sur l'équateur à 2483 m d'altitude. Un monument rappelle le travail de ces scientifiques qui se trouvèrent confrontés à des conditions psychologiquement difficiles, au point que chacun œuvra et rentra en France indépendamment des autres. Cependant, la confrontation de leurs trois arcs permit d'estimer à 56 750 toises le degré de l'équateur, en regard de 57 438 en Laponie et 57 060 près de Paris.

En 1744, le modèle doit ainsi être adopté d'une Terre non pas ballon de rugby mais citrouille, dont la description ne fait encore intervenir que deux grandeurs : son rayon équatorial et son aplatissement. Leur estimation sera peu à peu améliorée jusqu'à 6378,15 km pour le rayon équatorial d'un ellipsoïde dit « de Hayford » dont l'aplatissement est 1/297 au seuil du XXe siècle : le géodésien John Hayford (1868-1925) était calculateur au Coast and Geodesic Survey.

À l'ère spatiale, la Terre peut être modélisée de façon globale en demandant aux mathématiciens d'interpréter le mouvement des satellites.

Le renflement équatorial de notre planète leur vaut en effet de décrire non pas une courbe fermée mais une rosette, assimilable à une ellipse qui pivoterait à un régime commandé par l'inclinaison de leur plan. Ainsi peut-on aujourd'hui estimer égal à 1/298,257222 l'aplatissement de la Terre, dont le rayon équatorial vaudrait 6 378 137 m, si l'on conservait le modèle d'un ellipsoïde. Il est dépassé.

De l'ellipsoïde de Hayford au géoïde

À tout point de la surface de la Terre, ce modèle assignait en effet un éloignement de son centre déterminé par sa latitude : l'ellipsoïde était dit de révolution. Or le sondage des océans au radar depuis une orbite révèle des écarts qui, le long d'un parallèle, atteignent souvent des dizaines de mètres. Ainsi la recherche d'une précision métrique impose de substituer à l'ellipsoïde un « géoïde » élaboré en mesurant les distances entre le centre de la Terre et de très nombreux points de la surface des océans.

Ces résultats intéressent les militaires, en raison d'une relation présumée entre le niveau de la mer et ses fonds dont une bonne connaissance permet de savoir quels gîtes sont intéressants pour les sous-marins. Une excellente connaissance du champ gravifique de la Terre est par ailleurs nécessaire pour calculer la trajectoire balistique d'un missile. Ainsi, dix-huit mois durant, les données recueillies grâce au satellite *Geosat* — lancé en 1985 pour le compte de la Defense Mapping Agency — sont tenues secrètes.

Mais peu à peu, elles sont déclassifiées et l'on mesure alors leur immense intérêt scientifique : on apprend par exemple l'existence à petite échelle, sur la dorsale océanique, de suites de discontinuités dues à des failles transformantes. Elles sont séparées par des formations présumées en relation avec la distribution des sources magmatiques. Des cartes colorimétriques sont créées pour visualiser les creux des mers (jusqu'à −81 m) et leurs bosses (jusqu'à +104 m).

Au géoïde ainsi obtenu, aucune équation algébrique ne peut être liée, mais les mathématiciens ne sont pas en reste. À une ligne ou à une surface, ils ont toujours la ressource d'attacher des sommes d'un nombre extrêmement grand de termes tendant vers zéro calculables par des algorithmes informatiques, de sorte qu'une augmentation de leur nombre sur un canevas pertinent assurera une représentation toujours meilleure. L'outil mathématique adéquat a été créé à la fin du XVIIIe siècle par Adrien-Marie Legendre (1752-1833), professeur à l'École militaire qu'avait préoccupé la création d'un référentiel commun à Paris et à Greenwich : d'Alembert l'avait fait nommer à l'académie de Paris.

Legendre — dont Jean-Baptiste Delambre (1749-1822) reprendra les méthodes dans la campagne dite de la méridienne pour déterminer la valeur du mètre — a étudié l'attraction de deux ellipsoïdes et d'abord de deux sphères. Cela l'a conduit à s'interroger : un corps céleste en rotation est-il bien un ellipsoïde ? Une solution complète au problème de l'équilibre d'une masse fluide qui tourne autour d'un axe sera seulement donnée un siècle plus tard par Poincaré. Mais Legendre a fait un grand pas dans sa direction en s'attaquant au problème du potentiel — la force newtonienne $\frac{1}{r^2}$ étant pour les mathématiciens la dérivée d'un potentiel $U = -\frac{1}{r}$ —

dans un mémoire déposé en 1781 à l'Académie des sciences. Il n'en était toutefois pas membre. Ainsi ne faisait-il pas partie des cinquante-cinq privilégiés auxquels une pension était versée par le roi. Et par ailleurs, cela lui valait quelque dédain de la part des académiciens : l'un d'eux — l'illustre Pierre Simon de Laplace (1749-1827) — prodigieusement intéressé par ce travail de Legendre, s'en inspira dans une publication en oubliant de citer l'auteur qui, évidemment, s'en indigna sans pouvoir obtenir mieux qu'être enfin mentionné par Laplace en 1784. Le mémoire de Legendre sera publié l'année suivante.

Il reste d'actualité, faisant apparaître, dans le développement du potentiel gravifique de la Terre, une suite de polynômes devenus célèbres sous leur actuel nom de *polynômes de Legendre.* Les trois premiers sont $P_1 = X$, $P_2 = \frac{3X^2 - 1}{2}$, $P_3 = \frac{5X^3 - 3X}{2}$; vous pourrez afficher quelque perplexité si l'on vous demande la suite. Plus perplexe encore, vous le serez si l'on vous dit que $P_4 = \frac{35\,X^4 - 30\,X^2 + 3}{8}$. En fait, ils peuvent être trouvés l'un après l'autre à partir de la relation $nP_n = (2n - 1)\,X P_{n-1} - (n - 1)\,P_{n-2}$.

Et il faut savoir que ces polynômes sont bel et bien, parmi mille autres utilisations, des pierres angulaires pour exprimer la structure de la Terre. Mais celle-ci est aujourd'hui pour le scientifique plus qu'un objet, c'est un *système.*

Le système Terre

On doit donner ce nom de système à tout ensemble d'éléments entre lesquels des relations existent. Un certain nombre d'effets en découlent auxquels seront attachées, quant aux relations extérieures du système, autant de fonctions de transfert. Sur un plan intérieur, auquel on s'intéresse particulièrement si l'on vit sur la Terre, on voit ses paramètres changer à une vitesse commandée par les effets. Lorsque ceux-ci sont multiples, de grandes lignes de transformation s'esquissent auxquelles il conviendra d'attacher des constantes de temps très diverses. Si l'on prend en compte une tranche de temps telle que le changement ne soit pas appréciable, on dira que l'on est en présence d'une structure.

Une telle réflexion s'impose à qui prétend comprendre le système Terre aux constantes de temps multiples, de sorte que son étude ne sera pas entreprise de la même manière selon la durée à laquelle on s'intéresse. On peut dire qu'il en va de notre planète comme du ciel : au cours d'une vie humaine, le dessin des constellations semble rester identique mais les astronomes mesurent la vitesse dont sont animées les étoiles sur la sphère céleste. Ils nous disent comment en réalité changent leurs positions relatives, de façon non décelable à l'œil, non perceptible dans un instrument. Ainsi en va-t-il pour la géographie. Depuis que la Terre existe, elle s'est toujours modifiée : c'est une œuvre passionnante de créer le film faisant revivre la ballade de ses continents au fil des temps géologiques. Mais si vous rapportez les événements à une échelle humaine, non seulement le phénomène est imperceptible, mais vous auriez historiquement bien étonné les signataires de traités qui, après de rudes batailles, venaient à « reconnaître » des frontières, si vous leur aviez expliqué qu'autant en emportera un jour la planète du fait de sa plasticité.

Ainsi y a-t-il une option à lever quand on crée un modèle du système Terre : choisir la tranche de temps pendant laquelle on le veut représentatif, sachant que si cette tranche est égale à zéro, on se trouvera face à un système figé (nos cartes traditionnelles). Mais, si le dévolu est jeté sur une tranche importante, une impression de chaos sera retirée du fait que tout bougera par rapport à tout. C'est seulement une question de temps pour que toute structure doive être regardée comme éphémère.

Autrement dit, la *complexité spatiale* du système Terre — un incroyable enchevêtrement de boucles où interviennent les phases fluides et solides de matériaux dont est constitué le globe — se double d'une *complexité temporelle* non moins grande du fait que si l'on considère des tranches de temps de plus en plus longues T_1, T_2, T_3... ce qui est structure dans T_1 évolue dans T_2, sans que l'on puisse dresser une démarcation lorsque le changement semble se faire sous le signe de la continuité, avec des imbrications permanentes entre les différentes tranches.

Nous sommes en présence du problème complexe par excellence, dont la solution intéresse les scientifiques au premier chef. Il serait *a priori* séduisant de lui donner cet énoncé le plus général : « Étant donné, dans le cosmos, une planète de masse M dont la composition, la distribution initiale et la température de ses matériaux sont connues, comment cet objet évoluera-t-il s'il tourne sur lui-même avec une vitesse angulaire ω autour d'un axe ayant une certaine orientation par rapport à l'espace inerte, sachant qu'il reçoit du milieu extérieur d'une part de la matière, d'autre part des rayonnements, avec éventuellement, parmi ceux-ci, une source dominante ? » Tel sera sans doute au XXIe siècle, le point de vue adopté pour passer en revue les destins de tous les objets secondaires, c'est-à-dire des corps au sein desquels il n'est pas concevable que se perpétuent des réactions thermonucléaires, par opposition aux objets primaires — les étoiles — dans lesquels de telles réactions s'entretiennent.

Dans l'immédiat, c'est par la modélisation de l'un de ces objets, leur planète, que les hommes sont au plus haut point concernés. Ils veulent comprendre les incartades du système Terre par lesquelles leurs activités sont menacées lorsque se produisent des événements appelés cataclysmes, ou seulement modulées par des caprices climatiques. Surtout, ce système subit le contrecoup des entreprises humaines, de sorte qu'il est impératif de le gérer.

Et une telle considération privilégie une ligne de conduite. Elle suggère — parallèlement à l'œuvre fantastique, éminemment importante, que représente l'élaboration d'une théorie générale des objets secondaires — de d'abord s'intéresser à la tranche de temps qui sera dite contemporaine quant à cet objet : notre monde. Il s'agit de décrire le système Terre et son évolution sur quelques décennies afin de jeter les bases d'un modèle fondamental qui pourra être d'une part rendu de plus en plus sophistiqué par la collecte et le traitement des données, d'autre part prolongé dans le passé et extrapolé vers l'avenir.

Le grand défi

L'entreprise, direz-vous, a largement commencé. Nous avons assisté à l'essor de différentes disciplines par lesquelles sont concernés autant d'aspects du système Terre.

Ce fut d'abord la météorologie, avec ses modèles de plus en plus évolués pour toujours mieux décrire l'atmosphère, prévoir le temps, découvrir ses limites. Edward Lorentz, dans le cadre d'une théorie du chaos, a très bien montré en 1963 avec son simulateur météorologique que d'infimes modifications des conditions initiales (dont la description ne prendra jamais en compte qu'une information limitée) peuvent entraîner des évolutions très différentes. On est notamment aujourd'hui convaincu de l'impossibilité d'étudier l'atmosphère comme si elle constituait un milieu fermé. Elle est en interaction avec les continents, avec les glaciers, avec les mers.

Et lorsqu'on fait intervenir l'océan, on ne saurait négliger les impressionnants mouvements dont il est le théâtre. Ils se traduisent par des courants mesurés en dizaines ou en centaines de sverdrups, une unité ayant reçu le nom de l'océanographe norvégien Harald Sverdrup (1880-1957), dont l'ouvrage *The Ocean* publié en 1942 fait autorité. C'est une unité dont on appréciera le gigantisme en notant que le débit total des cours d'eau de la planète est de l'ordre de 1 sverdrup.

Ce sont des courants de surface tels que le Gulf Stream créé par la rencontre des courants de Floride et des Caraïbes : des eaux chaudes (de 22 à 26° C) sont, sur une centaine de kilomètres de largeur, poussées par le vent en direction de l'Europe à une vitesse de 1,8 m/s ; elles décrivent des tourbillons, le débit représentant 100 millions de tonnes d'eau par seconde, soit plus de 300 000 fois la Seine à Paris. Ou, dans le Pacifique, El Niño aux caprices pouvant élever de 8°C la température de la mer au large des côtes sud-américaines. Ce sont par ailleurs d'impressionnants mouvements en profondeur avec une plongée dans l'Atlantique de masses d'eau qui referont surface dans le Pacifique mille ans après. La dernière décennie du XXe siècle a vu le déroulement des opérations TOGA (Tropical Ocean and Global Atmosphere) et WOCE (World Ocean Circulation Experiment) pour comprendre les couplages océan-atmosphère et la circulation océanique.

S'il existe d'éminents océanologues, on ne saurait toutefois évoquer une science de l'océan qui bénéficierait de moyens internationaux comparables à ceux sur lesquels peuvent compter les sciences de l'atmosphère. Cela pour des raisons d'ordre militaire. D'extrêmes réticences ont toujours été observées de la part des gouvernements quant à la création d'un centre international où seraient rassemblées toutes les informations concernant l'océan.

Le satellite Topex-Poseidon fait sensation — après avoir permis de suivre année après année le niveau de l'océan global — par la somme de données qu'il fournit quant à l'amplitude des marées en pleine mer. L'équation de Laplace :

$$\frac{\partial U}{\partial t} + f \cdot U = -gH\nabla(\xi) - F$$

(dans laquelle U représente le transfert de masses d'eau à la profondeur H, f la force de Coriolis et F la dissipation d'énergie), révèle que, sur une puissance moyenne de 2,4 TW imputée à la marée, environ 0,8 TW se trouve dissipé en profondeur, constituant une source d'agitation intense du fait de la Lune. C'est une source qui dut être considérable au temps où notre satellite se trouvait à quelque 100 000 km seulement. Elle a encore une valeur lui assignant d'émarger de façon très significative en tant qu'animatrice des masses marines dont naguère l'activisme était empreint de mystère.

Et si une glaciologie est née, elle en est encore à s'interroger sur les bilans de masse. Autrement dit, les disciplines concernées par le système Terre sont nées indépendamment les unes des autres, chacune ayant sa culture et son langage. Ainsi le défi suprême pour le mathématicien est-il un assemblage de toutes les contributions des disciplines concernées en un modèle unique, tant il est vrai qu'il n'y a qu'un système, hier étudié de manières différentes, à l'enseigne de grandes disparités entre les masses des diverses parties : atmosphère $= 5{,}1 \times 10^{18}$ kg ; océan $= 1{,}4 \times 10^{21}$ kg ; croûte $= 2{,}6 \times 10^{22}$ kg ; manteau $= 4{,}043 \times 10^{24}$ kg ; noyau externe $= 1{,}835 \times 10^{24}$ kg ; graine (noyau interne) $= 9{,}675 \times 10^{22}$ kg. Il s'agit de surcroît de milieux très dissemblables par leur nature, de sorte qu'ils ne sont pas appréhendés de la même manière.

Un fluide est décrit par les fameuses équations de Navier-Stokes, très générales jusqu'à être utilisées en fonderie pour idéalement remplir un moule par un métal en fusion : l'ordinateur aidant, elles évitent les ébauches qui, hier, étaient indispensables avant d'avoir un produit au point (tout en continuant à poser des problèmes théoriques essentiels, comme l'a rappelé le Clay Mathematics Institute). Ces équations rendent bien compte des phénomènes atmosphériques ou océanographiques. Lorsqu'il est en présence d'un solide, le physicien recourt plutôt au calcul tensoriel dont nous savons la fécondité en termes d'élasticité et de conductivité. Il faut tenir les deux langages au sein de la Terre, là où les masses sont pâteuses et à sa surface, lorsque des blocs de glace avancent sur les tapis d'eau nés de leur fusion.

Il est devenu possible de jeter un pont entre ces disciplines en recourant à des « équations aux différences » proposées par Jacques-Louis Lions, spécialiste de l'analyse des systèmes et de leur contrôle, président en 1991 de l'Union mathématique internationale. Par de telles équations sont obtenues des interfaces mathématiques. Elles connectent des modèles ayant pu, dans leur élaboration, relever de philosophies très différentes. Avec une nouvelle mentalité.

Le modèle fondamental

Dans cet esprit, nous proposerons un schéma fondamental aux lignes peu nombreuses mais sans doute judicieuses pour créer un graphe-canevas.

Certaines s'imposent. C'est d'abord, compte tenu du rôle primordial joué par le rayonnement solaire, sa symbolisation par une ligne S ayant pour origine le Soleil lui-même : elle repartira sinon vers lui, du moins dans toutes les directions de l'espace, après avoir atteint la Terre. Nous considérerons que cette ligne apporte l'énergie E : elle quitte le domaine terrestre en emportant l'énergie E' dont la forme est extrêmement différente, singulièrement parce que — nous allons le préciser — la Terre aura largement substitué un rayonnement infrarouge au rayonnement visible du Soleil. Mais si l'on se borne à considérer des quantités d'énergie, la comparaison de E' et E apparaîtra évidemment fondamentale : si $E' < E$, la Terre s'échauffera : elle se refroidira pour $E' > E$.

Une autre ligne clé, géométrique celle-là, est l'horizontale, qui sépare l'intérieur de la Terre de l'extérieur, le domaine des z négatifs de celui des z positifs où se trouve l'atmosphère, en interaction d'une part avec les continents et la surface de la mer, d'autre part avec le rayonnement solaire, avec toute l'audace de prétendre assimiler leur fantastique interface à une ligne.

L'atmosphère sera symbolisée par une ligne A horizontale à une certaine distance du sol, cela lui valant de couper S en des points par lesquels seront symbolisés les interactions de l'atmosphère avec le rayonnement qui arrive du Soleil et avec le rayonnement qui repart vers l'espace.

Enfin, on devra prendre en compte les échanges entre la Terre et son atmosphère, ce qui conduira à associer à *A* une ligne *B* — *B* pour boucles — ayant son point de départ à la surface de la planète dont quelque chose partira (de la mer ou des continents) pour y revenir.

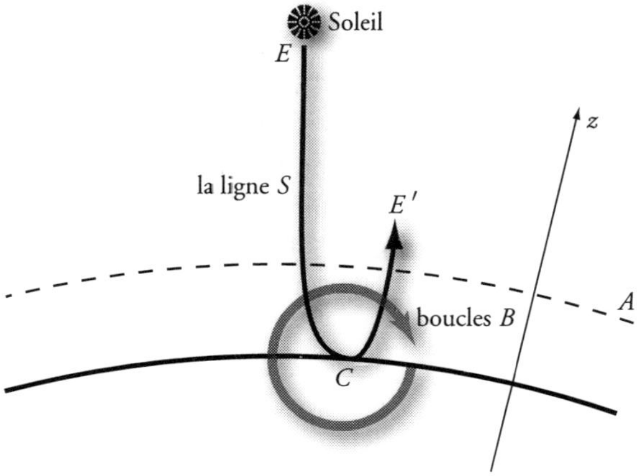

figure 52.

La ligne S

La ligne *S* a pour origine le Soleil, source pour nous de toute vie : il fut le dieu Ra pour les Égyptiens.

Du fait de sa taille (109 fois notre planète) et de la température de sa surface (5778 K), une puissance considérable en émane : $3{,}846 \times 10^{26}$ W. On appelle « constante solaire » ce que la Terre en reçoit par unité de surface, à la limite supérieure de son atmosphère. Longtemps, elle fut exprimée en calories par minute au centimètre carré, par un nombre voisin de 2 pour une surface normalement exposée au rayonnement solaire. Aujourd'hui, c'est en watts au mètre carré que les satellites font connaître une constante solaire corrigée des écarts que lui imposent, au cours de l'année, des changements dans la distance Terre Soleil : 1367,6 W/m^2 est la valeur moyenne la plus souvent retenue. En réalité, il ne s'agit pas d'une constante, ses variations devant être prises en considération. Cela exige de s'intéresser à la mécanique du Soleil. Mais la mise en équation d'une étoile est extrêmement difficile en raison de sa complexité. D'abord, il s'agit d'un objet dont la matière se présente dans un état fort différent de ce que nous avons l'habitude de considérer, sa substance étant non un gaz mais un plasma, extrêmement sensible aux champs électriques ou magnétiques. C'est par ailleurs une matière « chauffée par en dessous » en ce sens que le cœur de toute étoile est un réacteur thermonucléaire : il assure 63 000 kW à chaque mètre carré de Soleil mais avec un régime peu ou prou chaotique, du fait que la matière caloporteuse de l'énergie qu'il envoie arrive à la surface de l'astre par de pseudo-cheminées parallèles, créatrices de granulations et de supergranulations.

Au moins peut-on faire état de considérations propres à la classe d'étoiles dont le Soleil fait partie : leur évolution est marquée par une lente mais irrésistible augmentation de puissance.

Dans les temps ayant suivi sa formation, le Soleil était plus gros qu'actuellement et deux fois moins dense. Il était moins chaud, de sorte que sa luminosité devait être de 30% inférieure à sa valeur actuelle : une constante solaire voisine de 1000 W/m^2 aurait assigné thermodynamiquement à notre monde −40° C. Or la température de la Terre dépassait considérablement cette valeur. Cela conduit à opérer la distinction entre la température d'équilibre théorique d'une planète lorsque son atmosphère n'est pas prise en compte et sa température réelle sachant qu'une atmosphère se manifeste par deux effets. Elle constitue un miroir pour le rayonnement solaire. L'albédo de la Terre — fraction de ce rayonnement qu'elle réfléchit — est de 0,30, en regard de 0,15 pour Mars et 0,65 pour Vénus qui doit son éclat à cette haute valeur. Mais par ailleurs, cette atmosphère se comporte, quant à son côté pile pourrait-on dire, en miroir face au rayonnement infrarouge émanant de la planète, de sorte que même si une faible fraction du rayonnement solaire est acceptée, la température de sa surface pourra être extrêmement élevée. Nous en avons l'illustration avec 485°C aujourd'hui sur Vénus.

On appelle souvent problème des origines la recherche des circonstances ayant valu à la Terre, tout au cours de son histoire, de presque toujours bénéficier d'une température supérieure à 0°C — et cela même alors que le Soleil était encore une étoile chétive — sans devenir torride à l'heure d'un Soleil chaud. Toujours des compensations et régulations semblent avoir joué après des mouvements ayant parfois pris une grande ampleur. Ainsi, au cours d'une époque à situer entre 750 et 580 millions d'années dans le passé, la Terre aurait été couverte de glaces à quatre reprises : chaque fois, une vigoureuse rétroaction positive aurait fait remonter la température jusqu'aux environs de +50°C.

Cela étant, il est évident que, pour une atmosphère donnée, les variations de la constante solaire ne peuvent que se répercuter sur les climats. D'où l'intérêt de la mesurer avec la plus grande précision. Or, grâce à des appareils hautement sophistiqués embarqués sur les sondes spatiales, sa modulation par l'activité solaire a été mise en évidence au cours du dernier quart du XXe siècle. Elle était inférieure à 1367 W/m^{2} en 1975 (période de Soleil calme) ; elle a ensuite oscillé autour de 1367,6 avec des pointes au dessus de 1368 au cours de la période 1979-1982 (Soleil agité) pour retomber sous la barre des 1367 en 1986, avec un scénario quasi identique lors du cycle suivant de onze ans de notre astre du jour.

Antérieurement à l'ère spatiale, on dispose des enseignements de la dendrochronologie : les anneaux de croissance des arbres nous apprennent que la constante solaire fut basse sous le règne du roi Soleil. En 1666, elle aurait été de 1364 W/m^{2} et elle se serait quasiment maintenue à cette faible valeur jusqu'au début du XVIIIe siècle, avec un effet cumulatif qui expliquerait le terrible hiver de 1709 au cours duquel les températures, en France, s'abaissèrent au-dessous de −30°C : la Seine fut tarie du fait que beaucoup de ses affluents s'étaient trouvés totalement glacés. Ce fut ensuite, entre 1710 et 1760, une croissance relativement rapide ayant élevé la constante solaire à 1366 W/m^{2}, puis une plongée entre 1760 et 1790 et, depuis lors, une croissance, particulièrement nette depuis 1880, jusqu'à nos 1367,6 W/m^{2} nominaux actuels, avec au XXe siècle une augmentation des températures de la Terre ayant représenté 0,8°C dans son hémisphère nord.

On ne pourra pas s'empêcher de penser que si, sur 300 ans, les variations de la constante solaire ont atteint 0,3%, les écarts ont sans doute été plus importants sur des millénaires, *a fortiori* sur des temps très longs.

Cela en raison du seul chaos solaire. Un chaos dont nous avons l'illustration à notre échelle de temps : le cycle de onze ans du Soleil est en relation avec une recrudescence de son activité dont témoigne l'extension de ses facules (par un développement des supergranulations) et, par contrecoup de ses taches, ces dépressions — qui apparaissent sombres en raison de leur température plus basse — dans lesquelles la matière retombe, leur nombre ayant été historiquement pris comme indicateur de l'activité solaire.

Mais indépendamment du problème climatique, un aspect du chaos solaire retient l'attention. Épisodiquement, en effet, l'enveloppe magnétique du Soleil — faite d'un ensemble de lobes — est « crevée » par des essaims de particules qui peuvent atteindre le domaine de la Terre. Or on est aujourd'hui très sensible à leurs effets en raison des doses de radiations auxquelles leur arrivée soumet les occupants des vaisseaux cosmiques et également les pilotes d'avion : ceux-ci peuvent recevoir 1 rem/heure lors de grandes éruptions, comme celles de février 1956, août 1972 ou mars 1989, ayant vu 6 millions de Canadiens privés d'électricité en raison d'un dysfonctionnement de leur réseau. D'autre part, une forte dose de radiations peut endommager les satellites de communication avec des conséquences redoutables alors qu'ils tiennent une place majeure dans notre vie économique : ainsi a-t-on, le 11 janvier 1997, enregistré une cessation de service du satellite de communication Telstar 401.

Les périodes de Milankovitch

Par ses mouvements, la Terre entre d'autre part en ligne de compte, indirectement mais très significativement, dans cette ligne *S*.

Si nous symbolisons par un point *C* l'endroit où le rayonnement solaire l'atteint avant de repartir vers l'espace sous un autre costume, les transformations qu'il subit sont commandées par le site : la réponse d'un sol dépend de son revêtement. Elle n'est pas celle d'un océan. Ainsi la conversion globale que notre planète assure au rayonnement solaire dépend de la répartition des terres aux différentes latitudes, donc, pour une géographie donnée, de l'inclinaison de son axe de rotation.

Plus généralement, on doit faire intervenir les paramètres de son mouvement autour du Soleil. Or ils varient de façon cyclique. Au XIXe siècle, James Croll soutenait la thèse — qui, à l'époque, ne devait connaître aucun écho — de l'existence en climatologie d'une période voisine de 100 000 ans ayant une cause astronomique. L'idée était reprise avec la théorie édifiée en 1941, à partir d'une considération des insolations du niveau du 60e parallèle nord, par le physicien serbe Milutin Milankovitch (1879-1958) auquel on se réfère abondamment. Une corrélation a été établie entre la climatologie du globe et ces paramètres :

- L'inclinaison *i* de l'axe de la Terre (obliquité de l'écliptique) variable sur 41 000 ans entre 21°59' et 24°36'. Elle vaut actuellement 23°26'21,41" et décroît de 0,48" par an, le prochain minimum devant être atteint dans 10 000 ans ; ainsi sommes-nous dans une période de l'histoire de la Terre où, de ce fait, les contrastes entre été et hiver tendent à être moins marqués.
- L'excentricité *e* de l'orbite terrestre qui varie avec des périodes de 95 000 ans et 110 000 ans, entre 0,0005 et près de 0,058. Quand elle s'approche de cette dernière valeur, elle intervient de façon notable dans les écarts entre saisons, se conjuguant avec le facteur précédent pour les accentuer lorsque le périhélie de la Terre (effectuant une révolution en 20 965 ans) coïncide avec un solstice : *e* — actuellement 0,001671 — est en ce moment décroissante, avec la perspective que l'orbite de la Terre soit quasi circulaire dans 27 000 ans (son excentricité sera tombée à 0,003), cela allant également dans le sens de différences saisonnières moins accusées.

Les observations mettant en évidence un cycle astronomique dans les climats de la Terre sont nombreuses. Les microfossiles marins ont d'abord permis de reconstituer le climat de la Terre sur 30 000 ans. Puis c'est une durée dix fois plus importante qui a été permise avec les forages de Vostok dans l'Antarctique en analysant (à partir du rapport isotopique $^{18}O/^{16}O$) les bulles d'air emprisonnées par les glaces d'autant plus vieilles que plus profondes. On remonte aujourd'hui au-delà de 500 000 ans avec les recherches auxquelles se sont livrés Gideon M. Henderson du Lamont Observatory et Niell C. Slowey du département océanographe de l'université du Texas à partir de prélèvements de sédiments aux Bahamas à 3 m sous fonds marin. Un subtil travail mathématique a permis de modéliser les températures passées de la Terre à partir d'isochrones avec les isotopes de l'uranium et du thorium avec des formules telles que :

$$\frac{^{230}Th}{^{238}U} = f^{230}(1 - e^{\lambda^{230}t}) + \frac{f^{230}\lambda^{230}}{\lambda^{230} - f^{230}\lambda^{234}} \times 0{,}148\,(e^{-f^{230}\lambda^{234}t} - e^{-\lambda^{230}t}),$$

les λ étant les constantes de désintégration, f la fraction du produit qu'elles engendrent. En procédant par itération pour créer des courbes climatiques très précises, on constate la répétition d'un cycle fondamental de 103 000 ans, ce cycle présentant deux phases très dissymétriques :

- C'est d'abord un réchauffement rapide autant qu'important sur une durée de 18 000 ans. Nous serions actuellement à la fin d'une telle phase 1 ayant débuté avec la déglaciation amorcée il y a quelque 18 000 ans, dont une conséquence spectaculaire a été une élévation de 120 mètres du niveau de la mer.
- C'est ensuite un lent et chaotique refroidissement, les aspects quelque peu disparates de la courbe de cette phase 2 étant révélateurs de la multiplicité des facteurs qui viennent moduler macroscopiquement les climats, mais toujours avec le passage sur quelque 85 000 ans de la température la plus haute à la température la plus basse. Alors redémarre une phase 1. Pour quelle raison, après être devenue très basse, la température se remet-elle à monter brutalement ? Visiblement, on est en présence d'une oscillation de relaxation : certains paramètres ont atteint une valeur permettant à une rétroaction positive de se déclencher.

Les climatologues sont actuellement à la recherche du processus et ils disposent d'un indice. Contrairement à ce que pensait Milankovitch, qui avait concentré toute son attention sur l'hémisphère Nord, la clé de l'énigme pourrait se trouver dans l'énorme réservoir d'eau que constitue le Pacifique sud et dans ses différentiels de température dont les phénomènes El Niño et La Niña sont des manifestations. Le fait que l'initiative vienne de l'hémisphère Sud est suggéré par la considération que, lors d'un réchauffement, l'Antarctique semble régulièrement affecté quelque 2000 ans avant le Groenland.

Une surprise est assurément la découverte d'une certaine unité thermique du système Terre puisque, quand l'hémisphère Sud vient à se réchauffer, le phénomène gagne l'hémisphère Nord.

Cela étant, ces facteurs astronomiques se caractérisent par de longues constantes de temps. Il ne serait pas impossible que nous soyons en ce moment au pic de l'actuel cycle de 103 000 ans. Jamais depuis un millénaire les températures n'ont en effet été aussi chaudes qu'au XXe siècle, au cours duquel les « anomalies » se sont accumulées : +1,85°C au-dessus de la température moyenne en 1922 (dépassant celle déjà importante présumée enregistrée en 1045), record de la plus forte chaleur à la fois sur deux décennies et sur 90 ans. Mais un calcul de probabilité incite à la prudence, le pic pourrait se situer dans 200 ans, 500 ans ou 1000 ans. Alors, les paramètres non astronomiques seraient dominants.

A — Le coussin atmosphérique

La ligne A symbolise l'atmosphère, ce coussin entourant la Terre dont la masse se calcule à partir de la pression qu'il exerce. Ainsi Galilée avait-il expliqué aux fontainiers de Florence pourquoi leurs pompes ne pouvaient pas élever l'eau au-dessus de 10,33 m. Le poids d'une colonne d'eau ayant cette hauteur équilibre celui d'une colonne atmosphérique de même section. Une hauteur 13 fois moindre, soit 76 cm, suffira avec du mercure, qui a 13 fois la densité de l'eau.

C'est un coussin d'autant plus rembourré que l'on est plus près du sol, la pression de l'air diminuant lorsqu'on s'élève selon la loi dite « de Laplace », facile à établir par un calcul infinitésimal si l'on considère la masse m qui, dans une colonne d'air, se trouve au-dessus de l'altitude z. Une tranche de cette colonne d'épaisseur dz se trouve en effet soumise à une pression proportionnelle à m, de sorte que sa masse est $dm = -km\,dz$. Cela confère à m — du fait que dm/m est la différentielle de ln m — la valeur $m = M\mathrm{e}^{-kz}$. La pression atmosphérique obéit évidemment elle-même à cette loi, de sorte que si l'on désigne par p_0 la pression, pour $z = 0$, la pression p_z à l'altitude z sera :

$$p_z = p_0\mathrm{e}^{-kz}.$$

Les physiciens de l'atmosphère posent souvent $k = 1/H$, de manière à introduire le concept d'échelon : chaque fois que l'on s'élève d'une hauteur H, la pression est divisée par e.

Ou encore, on peut écrire : $p_z = p_0 2^{-z/Z}$ et donner à Z, l'altitude dont il faut s'élever pour que la pression diminue de moitié, le nom de palier : $Z = H$ Log 2.

Z et H dépendent de la température qui commence par décroître de façon quasi linéaire (à raison de quelque 7°C/km) dans la région dite troposphère qui s'étend entre le sol et l'altitude, voisine de 10 km, où débute la région qui avait été dénommée stratosphère aux temps où l'on imaginait l'atmosphère formée de couches superposées. Les températures dépendent de la latitude, mais si l'on s'intéresse aux ordres de grandeur, on retiendra que Z est voisin de 5 km et donc que la pression diminue de moitié chaque fois que l'on s'élève de cette altitude.

Ainsi à 5 km de la Terre a-t-on déjà la moitié de l'atmosphère sous soi. Placée à ce niveau, la ligne A représente le « milieu massique de l'atmosphère ».

Si l'on s'élève toujours, on sera conduit à parler d'un « dégradé ». Il abaisse la pression à 10^{-10} am vers 50 km à 10^{-20} am à 100 km sans que l'on puisse raisonner sur les mêmes bases, car le libre parcours moyen des atomes ou des molécules commence à devenir appréciable au point que le milieu cessera d'être justifiable de la théorie cinétique des gaz, et donc de la loi de Laplace.

Cependant, l'agitation des atomes et des molécules se traduit par une continuelle interpénétration. On sait aujourd'hui que, chaque année, 70% de la stratosphère passent dans la troposphère tandis que des échanges ont lieu entre la stratosphère et les couches les plus hautes, l'atmosphère ne pouvant même pas être considérée comme un domaine clos si loin que l'on repousserait ses limites. Outre son continuel pétrissage par la radiation solaire, elle est bombardée par les électrons et les protons de la magnétosphère. Ainsi est appelé un domaine — qui s'étend jusqu'à quelque 80 000 km du côté du Soleil et beaucoup plus loin dans la direction opposée (prolongé par une imposante queue magnétique) — à l'intérieur duquel les particules électrisées sont piégées par le champ magnétique (variable) de notre planète. Une décantation conduit l'hélium à constituer l'élément dominant de l'atmosphère à 800 km tandis qu'à 1500 km ce rôle sera joué par le plus léger de tous les gaz, l'hydrogène, qui tend à s'évader du domaine terrestre.

En orbite autour de la Lune, les astronautes des missions *Apollo* ont pu, avec une caméra ultraviolette, saisir le cocon d'hydrogène — se dissipant lentement dans l'espace — dont la Terre est entourée, cela au prix d'une décantation : pour 30 000 atomes d'hydrogène ordinaire, on compte aujourd'hui dans l'atmosphère de la Terre cinq atomes d'hydrogène lourd ou deutérium au lieu de un dans la nébuleuse primitive.

B — Les boucles

Les constituants de l'atmosphère étaient hier présentés selon leur abondance volumique : azote (78,084%), oxygène (20,946%), argon (0,934%)...

On prend aujourd'hui en compte des constituants permanents et des constituants renouvelés par les boucles dans lesquelles il s'insèrent. Cela dans la tranche de temps actuelle car il n'y eut aucun composé permanent à l'échelle de l'histoire de la Terre. L'atmosphère de celle-ci était autrefois très différente et, longtemps, elle ne contint pas du tout d'oxygène, ce gaz lui ayant été injecté par la végétation, donnant un exemple majeur d'une transformation de la Terre par la vie. En revanche, à l'échelle du millier d'années, on peut aujourd'hui raisonner comme si les quantités d'azote, d'oxygène et d'argon dans l'atmosphère ne variaient pas de façon significative.

Il en va différemment quant aux constituants renouvelés rapidement parce qu'ils partent de la Terre pour, après quelque temps, la retrouver. Et ils méritent une attention d'autant plus grande que leur rôle est considérable dans une modélisation du système.

On les découvre d'abord avec la boucle de l'eau, notre monde ayant toujours été une planète océan. Les mers recouvrent plus de 70% de sa surface, un océan a continué à exister à travers toute son histoire parce que ses températures le permirent. La boucle atmosphérique de l'eau se ferme sur l'immense réservoir océanique selon le scénario suivant :

Quelque 18% du rayonnement solaire reçu par la Terre est employé à faire passer à l'état de vapeur dans l'atmosphère une partie du contenu de ce réservoir. C'est une opération énergétiquement très coûteuse du fait que 540 calories sont nécessaires pour transformer, à une température voisine de 0°C, un gramme d'eau en un gramme de vapeur qui se trouvera à la même température. Mais la puissance du rayonnement solaire permet de vaporiser chaque année une masse d'eau qui — abstraction faite de ce qui retombe très vite dans la mer — représente 36 000 Gt (1 Gt = 10^9 tonnes) avec une distribution géographique très spécifique ; par ce phénomène sont en effet particulièrement concernées les eaux très chaudes des régions tropicales ou équatoriales dans lesquelles il convient de voir les grands approvisionneurs en eau de l'atmosphère et, toutes conditions égales, l'évaporation est d'autant plus intense que la Terre est plus chaude.

On notera que ces 36 000 Gt équivalent à peu près à une hauteur de 10 cm. C'est considérable si l'on note que la profondeur moyenne des océans du globe est 3700 m. Autrement dit, il faut raisonner comme si toute l'eau des océans du globe passait dans l'atmosphère en 37 000 ans, et c'est là une durée très petite en regard de l'âge de la Terre. Notre planète aurait depuis longtemps perdu tout son élément liquide si sa boucle n'avait pas été quasiment fermée : de faibles pertes auraient suffi pour enlever à l'océan mondial une part appréciable de sa masse. Cette boucle reste en effet « au ras des pâquerettes », nous voulons dire qu'il faut situer son graphe au-dessous de la ligne *A*.

La vapeur d'eau monte d'abord, du fait de sa faible densité (0,62 par rapport à l'air), mais la diminution des températures atmosphériques quand l'altitude croît lui vaut de bientôt rencontrer des couches qui lui font reprendre l'état liquide. Alors sa condensation restitue l'énergie qu'a exigée sa vaporisation, de sorte que l'on doit faire état d'un grand transfert de chaleur entre la surface de la mer et l'atmosphère dans laquelle l'eau existe alors sous la forme de gouttes : 90% d'entre elles retombent dans la mer (dont l'amputation aurait représenté non pas 10 cm mais près de 1 m sans cette restitution). Quant aux 10% de gouttes restantes — dont la masse représente nos 36 000 Gt —, ils constituent les nuages. Ceux-ci peuvent avoir des masses totales gigantesques mais ils flottent dans l'atmosphère du fait de leur faible densité : les gouttes ont évidemment la densité de l'eau, ainsi sont-elles quelque mille fois plus lourdes que l'air à des altitudes de l'ordre de 2000 m mais elles se tiennent à une certaine distance les unes des autres en raison de leur répulsion électrique. Et celle-ci vaut au nuage de constituer un objet se mouvant dans l'atmosphère au gré des vents et du relief de la Terre.

C'est en tout état de cause un objet éphémère dont la vie est de l'ordre de la dizaine de jours seulement — elle semblerait s'être récemment réduite de 9,6 à 9,4 jours — car le moment vient où son équilibre est détruit. Alors l'eau tombe sous la forme de pluie.

Pour retrouver la mer quelque trois semaines après l'avoir quittée.

Telle est la durée, courte, d'un grand cycle de l'eau, conduisant à estimer à 2700 Gt la masse d'eau, en fait extrêmement variable — et ce point sera capital en climatologie — présente à un moment donné dans l'atmosphère à l'enseigne d'un renouvellement rapide.

Hauteur de l'océan

Le niveau de la mer nous concerne alors que le bord de l'océan a attiré une fraction importante de la population de la Terre. En fait ce niveau, mesuré sur une côte, varie pour plusieurs raisons, certaines non directement hydrauliques : il faut compter avec le soulèvement ou l'abaissement des plaques tectoniques. C'est ainsi que, sur les rives de la Méditerranée, les deltas européens sont en expansion alors que les deltas africains sont en régression.

Par ailleurs, si l'on considère la part revenant à l'océan dans les changements de son niveau, la grandeur à prendre en compte est évidemment son volume V : à température égale, il serait constant si l'apport A qu'il reçoit, singulièrement grâce aux fleuves, compensait la perte E que lui vaut son évaporation.

V décroît si $E > A$, il augmente pour $E < A$. Et lorsqu'il croît, c'est de façon non linéaire que s'élève l'océan puisque sa surface S tend à devenir plus grande avec l'immersion des territoires. On notera que si, au cours d'une certaine période, l'excès cumulé $A - E$ venait à élever le niveau de la mer à 200 m — comme nous savons que cela a eu lieu dans le passé — l'océan couvrirait non pas 70,8% mais quelque 78% de la surface du globe, en l'occurrence de façon très inégale : avec la géographie actuelle de la Terre, 25% de l'Amérique du Sud subsisterait, en regard de 50% pour l'Amérique du Nord, 55% pour l'Europe, 60% pour l'Asie et 95% pour l'Afrique.

La déglaciation des 20 000 dernières années

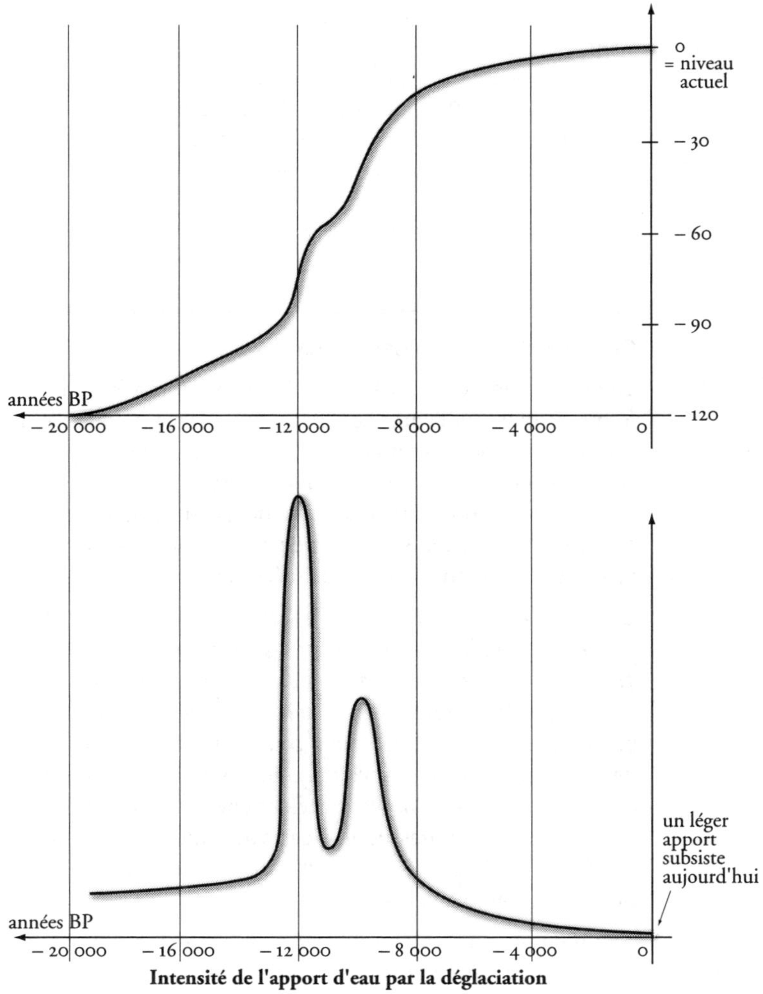

figure 53.

Le seconde fonction (apport excédentaire à la mer) est la dérivée de la première (niveau de l'océan mondial).

Sous réserve de considérer des hauteurs corrigées (pour prendre en compte qu'une augmentation du volume de l'eau de 1% ne représente pas exactement 1% de plus quant au niveau), ce modèle lie le niveau de la mer aux événements de la dernière déglaciation. Il a été élaboré en lissant, non sans une part d'arbitraire en raison de la pauvreté relative des données, la courbe du niveau de la mer depuis vingt mille ans en un site de la Barbade. Les datations, enfin, ont été obtenues à partir du rapport $^{18}O/^{16}O$ dont la considération n'est pas sans donner lieu à des controverses.

Autrement dit, nous avons là un modèle essentiellement mathématique. Mais il est intéressant à plusieurs titres. D'abord, il est révélateur d'un nouvel état d'esprit dans les sciences de la Terre quand celles-ci sont justifiables d'une étude globale. Concrètement, il fait ressortir l'impact sur le niveau de la mer de deux grandes décharges à situer respectivement vers −13 000 et vers −10 000. Séparées par le refroidissement du Dryas, elles correspondent à des époque de disparition accélérée des deux grands « inlandsis » qui couvraient l'Europe du Nord sur quelque 2500 m et le nord de l'Amérique, à l'est des Rocheuses (inlandsis dit des Laurentides).

Redistribution des masses océaniques

Chaque année, 96 cm d'eau océanique s'évaporent mais 86 cm retombent sous forme de pluie sur la mer. La différence, 10 cm, est créatrice de 24 cm d'eau sur les continents dont la surface est 2,4 fois plus petite : ils s'ajoutent aux 42 cm qui, chaque année, s'en évaporent pour retomber sur les continents. Ainsi reçoivent-ils en moyenne 66 cm de pluie venant les réhydrater et permettre à l'océan de retrouver son niveau. Tel est du moins le scénario théorique global que l'on peut proposer pour rendre compte d'un état d'équilibre.

Concrètement, des problèmes de redistribution se posent du fait que la pluie ne tombe pas de façon uniforme sur les continents. Ainsi peut-on faire état d'une grande bande proche de l'équateur où la hauteur annuelle de la pluie dépasse 100 cm, le record étant détenu par la région des îles Hawaii avec plus de 1200 cm par an ; cette bande devient un *Y* couché dans l'Atlantique ouest en ce sens que, de la mer des Antilles, on voit en émaner une bande qui se dirige vers la mer du Nord, apportant aux côtes occidentales de l'Europe douceur et humidité. *A contrario*, un peu au-dessus de la ceinture équatoriale, il faut faire état d'une zone de sécheresse (moins de 10 cm d'eau) comprenant, en Afrique, le Sahel. Elle se prolonge en Arabie et jusqu'en Chine.

On ne saurait en tout état de cause raisonner comme si la mer récupérait une quantité d'eau rigoureusement égale à celle qu'elle perd. On doit compter avec des écarts susceptibles de persister pendant de longues durées et donc de se traduire par des effets cumulatifs.

Ils sont imputables à des phénomènes de confiscation lorsque les continents gardent une partie de l'eau qu'ils reçoivent parce qu'elle leur arrive sous la forme, non pas d'une pluie, mais d'une neige qui s'entasse jusqu'à constituer d'énormes glaciers. Le processus peut drainer annuellement plusieurs centimètres d'eau des mers et il suffit qu'il se poursuive pendant des millénaires pour que le niveau des océans s'abaisse notablement, entraînant une augmentation de la surface des continents : la Terre prend un autre faciès auquel la vie s'habituera.

Une déglaciation induira une restitution. Le scénario sera un océan recevant plus qu'il ne perd, son niveau pouvant monter très haut. Il s'élèverait à 200 m au-dessus du niveau actuel, réduisant de près de 30% la surface des continents, si tous les glaciers venaient à disparaître. Ainsi, les géologues évoquent-ils le temps où l'actuel territoire de la France se présentait, alors que les Alpes n'étaient pas encore nées, comme une grande île — le Massif central — flanquée de ses marches hercyniennes en Bretagne et dans les Vosges.

figure 54. Niveau de la mer surélevé de 200 m

Qu'en est-il de nos glaciers actuels ? Au pôle Nord, la banquise a partiellement disparu et le bilan de masse du Groenland est négatif : on estime que sa fonte contribue à élever le niveau de la mer de 0,05 mm/an.

La situation de l'Antarctique pourrait être différente. Naguère on aurait, sans hésitation aucune, attribué au sixième continent un bilan négatif. On est devenu beaucoup plus réservé. Alors qu'il aurait pu sembler logique de lier le développement d'un glacier à un grand froid local, on souligne aujourd'hui qu'un temps humide assure aux régions polaires une neige abondante à laquelle un été pas trop chaud permettra de subsister. Ainsi d'aucuns font état d'un bilan positif pour l'Antarctique : il abaisserait le niveau de la mer de 0,1 mm/an. Selon d'autres spécialistes, le bilan pourrait être positif pour une partie du sixième continent, négatif pour l'autre. Le satellite *Icesat* devrait clarifier la situation.

Alors qu'une grande déglaciation met en présence un mouvement dominant, les paramètres à prendre en compte pour se prononcer quant à une tendance sont en effet nombreux dans les cas intermédiaires. Ainsi les sciences de la gravitation avaient-elles été fécondes au XVIIIe siècle avec le modèle d'un système solaire constitué par quelques petits objets face à un objet énorme. Il en alla ensuite très différemment lorsqu'on s'intéressa aux actions mutuelles de *n* objets. Pareillement, lorsqu'une déglaciation cesse de faire apparaître un facteur dominant, l'interaction de multiples boucles modifie le niveau de la mer de façon complexe, différente selon les régions du globe comme l'a montré le satellite *Topex-Poséidon* au cours de la période 1993-2000.

La guerre des ondes

Sur la ligne horizontale de notre graphe (*figure 52, p.298*), véritable interface physique de la Terre puisqu'elle sépare le domaine des z positifs de celui des z négatifs, nous trouvons tout ce qui existe sur notre planète, c'est-à-dire beaucoup de choses à commencer par la vie sous toutes ses formes, l'homme et son action qui, aujourd'hui, se traduit par une pléthore de boucles nouvelles et l'altération des anciennes. Il est mis en accusation, ayant été peu soucieux de son environnement. Les Romains jetaient pêle-mêle les cadavres des animaux ou des esclaves dans une fosse à ciel ouvert. Et au XVIIIe siècle, dans les villes, on déversait encore les pots de chambre par les fenêtres ; il fallut en France un édit de Louis XVI pour interdire cette pratique. Timidement, des circuits ont commencé à être créés pour l'évacuation et le traitement des déchets...

Le fait nouveau, c'est le vertigineux accroissement de la population de la Terre avec un mode de vie qui a changé. Déjà l'agriculture avait, voilà 8 millénaires, permis aux hommes d'être sur la planète beaucoup plus nombreux qu'aux temps où ils devaient se contenter de la cueillette, de la pêche et de la chasse. Si la population de la Terre peut aujourd'hui dépasser 6 milliards d'hommes, c'est d'abord en raison des moyens qu'assure l'industrie. Et il s'agit d'êtres exigeants qui entendent toujours ajouter à leur confort. Ils se chauffent bien et ils s'éclairent luxueusement. Ils se déplacent beaucoup. Ils ont une meilleure hygiène et une nourriture plus saine. Ainsi l'espérance de vie à la naissance est-elle passée de 13 ans autrefois à plus de 75 ans aujourd'hui dans nombre de pays : les aliments sont conditionnés, ce qui implique des emballages, des transports, des moyens de conservation. Un exercice intéressant consiste à passer en revue ce qui est devenu normal dans la vie quotidienne. Cela commence par la pile électrique du réveil, par l'eau courante de la toilette, par le petit déjeuner : le cacao et le café viennent de loin. Les feuilles d'aluminium utilisées pour les emballages ont exigé une matière première étrangère et beaucoup d'électricité pour leur traitement. Les automobiles construites à raison de plus de 50 millions d'exemplaires chaque année — on parlerait d'une catastrophe industrielle si la production venait à baisser — exigent matière et énergie pour leur fabrication ; plus encore leur utilisation demande des combustibles. Tout cela est à l'origine de rejets sur le sol, dans les cours d'eau ou dans les mers. Et ce sont des composés multiples qui sont envoyés dans une atmosphère devenue différente.

Autrement dit, une modélisation de la Terre doit aujourd'hui prendre en compte l'action de l'homme, celle-ci présentant un aspect quantitatif à insérer dans le graphe fondamental que nous avons présenté. Et en l'occurrence, il faut le considérer comme un fait sur lequel il est impossible de revenir. Nous pouvons seulement éviter que, dans l'avenir, l'effet de serre ne se développe exagérément en prenant la décision de ne pas consommer trop de charbon et de recourir au gaz naturel plutôt qu'aux hydrocarbures. Autrement dit, à l'échelle d'un avenir prévisible, on se propose d'agir au niveau de la dérivée seconde, sachant que désormais il y a dans l'atmosphère de Terre, sous forme de dioxyde non pas 600 Gt de carbone comme tel était le cas au seuil de l'ère industrielle mais sensiblement plus. Moins que si toute la quantité que nous en avons rejetée s'y trouvait. Chaque année charbon, pétrole et biomasse en injectent quelque 6 Gt dans l'atmosphère. Mais un tiers de celui-ci est absorbé par la végétation, provoquant notamment un surdéveloppement de la forêt dans l'hémisphère Nord (en témoigne le différentiel interhémisphérique O_2/N_2). La considération du rapport $^{13}C/^{12}C$ dans les eaux océaniques de surface nous apprend qu'un autre tiers est absorbé par les mers. Restent 2 Gt, mais cela suffit pour un effet cumulatif impressionnant. Nous en sommes à 800 Gt de carbone aujourd'hui dans l'atmosphère, soit une augmentation de l'ordre du tiers qui est assurément énorme, l'énoncé du problème qui se pose présentement étant le suivant : que se passe-t-il lorsque, dans l'atmosphère de la Terre, on élève de 600 à 800 Gt le carbone qu'il renferme sous la forme de dioxyde ?

On a un début de réponse. C'est — sans surprise — une élévation de la température moyenne de la Terre. C'est par ailleurs, et cela n'avait pas été prévu, une tendance à voir les différences s'accentuer.

Un second aspect de l'action de l'homme est qualitatif. Nous en avons une illustration avec la couche d'ozone. Sont d'une manière générale concernées par ce poste les interfaces : pour mettre des chiffres sur notre graphe fondamental du système Terre sous le rayonnement solaire nous avons évoqué des proportions de rayonnement réfléchies, absorbées ou transformées. Or ces nombres dépendent des interfaces que les lignes rencontrent avec la considération que de très faibles écarts pourront changer sensiblement le bilan.

Un enchevêtrement de réseaux

En tout état de cause, eau et dioxyde de carbone ne sont plus les seuls gaz à effet de serre. Une boucle du méthane prend actuellement un singulier développement, avec une augmentation de 1% par an, nourrie par des processus aussi différents que les gaz de torchères ou les émanations des vaches. Et c'est sur un taux de 2% que l'on doit tabler quant à l'ozone troposphérique, créé par exemple lorsque des étincelles sont produites dans l'oxygène (vous sentez son odeur lorsque vous prenez le métro). Dès la deuxième décennie du XXIe siècle, sa contribution à l'effet de serre pourrait dépasser celle à l'actif du dioxyde de carbone.

Enfin, il n'y a pas que des gaz et de l'eau dans l'atmosphère de la Terre. Des particules solides sont présentes sous la forme de poussières, appelées aérosols, d'un diamètre compris entre 0,1 et 100 μm : 20% d'entre elles ont une origine anthropique. Singulièrement, elles émanent des régions industrielles de l'hémisphère Nord. Se comportant en absorbeurs et en réflecteurs du rayonnement solaire, les aérosols sont présumés réduire de 0,2 W/m^2 la puissance solaire. Ils combattraient donc l'effet de serre si l'on pouvait raisonner à l'échelle globale. Mais leur concentration l'interdit et c'est là que les modélisations apparaissent importantes.

Elles nous apprennent que, sur la trame d'un réchauffement global, les aérosols contribuent à induire le refroidissement de certaines régions, notamment près du Groenland et en Méditerranée orientale. C'est la confirmation d'une accentuation des disparités, incitant à annoncer, pour les années à venir, une géographie différente de la forêt mondiale, globalement plus importante, mais avec des sécheresses plus marquées en Afrique, un développement de la savane dans le nord de l'Australie, un remplacement de la toundra par la forêt en Sibérie et en Alaska, alors que, dans d'autres parties des États-Unis, il faut attendre que la forêt régresse ; les zones désertiques et les prairies de l'ouest semblent promises à s'étendre vers le nord et vers l'est. Et il devrait y avoir moins de forêts tropicales au sud-ouest de la Chine.

Telles sont du moins les prévisions de certains spécialistes, mais elles sont empreintes d'une grande prudence, une extrapolation ne pouvant être que risquée dans un système où tout est bouclé sur tout, de sorte que l'on en est encore à rechercher certaines grandes lignes de l'évolution climatique et à privilégier la méthode consistant à intégrer au système des boucles secondaires en nombre toujours plus grand. Ce sont d'abord celles par lesquelles nous devrions être directement concernés.

Tel est notamment le cas si l'on s'emploie à analyser les déplacements de l'eau. Du scénario que nous avons évoqué pour étayer sa boucle, on peut retirer l'impression que toute l'eau présente dans l'atmosphère provient de l'évaporation de l'océan si bien qu'un échauffement de celui-ci envoit davantage d'eau dans l'atmosphère. On table, pour un accroissement de 0,1°C de la température des océans, sur 2500 t de plus dans l'atmosphère, ce qui accentuera l'effet de serre (dans la mesure où les effets de ce surplus ne seront pas neutralisés par une accélération du cycle de l'eau). Alors sera nourrie une rétroaction positive dans le sens d'une amplification des écarts climatiques.

Avec, à la clé un enseignement important : une plus importante évaporation des continents pourrait contribuer globalement à accroître la masse d'eau présente dans l'atmosphère.

Les micro-systèmes

Mais l'on ne peut se borner, cela va sans dire, à raisonner sur la base d'« une » boucle de l'eau, dont on regarderait les aspects maritime et continental comme si les processus d'évaporation concernaient un point nominal de la mer ou de la Terre tandis que la pluie alimenterait un fleuve modèle.

Il faut, à l'origine et à l'arrivée, envisager autant de cas d'espèces.

Ainsi, pour une température donnée, l'évaporation de la mer dépend de son état, notamment de son interaction avec l'atmosphère, le vent étant créateur de vagues et d'une houle selon des processus ayant à peine été mis en équations. Une attitude, aujourd'hui, consiste à prendre en considération la texture de la mer, à savoir l'image radar que l'on en recueille, très différente selon son état d'agitation, afin de créer un catalogue de textures : il sera celui des paramètres à attribuer à la mer pour un certain rayonnement solaire.

Quant à l'évaporation du sol, elle se fait dans une proportion de l'ordre de 60% par la végétation, dont les changements par conséquent l'affectent.

À l'arrivée, c'est tout le problème de l'écoulement qui est posé. Dans les plaines, les fleuves tendent à décrire des méandres dont la forme semble obéir à une loi mathématique de changement minimal de leur direction. Et il faut prendre en compte tout ce qui permet à une partie de leur eau d'entrer dans la terre qu'ils baignent : ce scénario d'infiltration semble concerner 20% du débit du fleuve, et ainsi doit-on parler d'une fraction appréciable pour laquelle le retour à l'océan se fera par le chemin des écoliers, contribuant à assurer au sol une certaine humidité. On méditera que l'eau des terrains de la planète pourrait représenter, du fait qu'elle y séjourne très longtemps, un réservoir beaucoup plus important que l'ensemble des fleuves et rivières. Ce passage de l'eau d'une rivière dans la terre, vous l'interdisez là où vous bétonnez les berges.

Prenez-vous en considération l'eau lorsqu'elle est dans l'atmosphère ? Il faut savoir que tout nuage d'eau se trouve au sein d'un nuage de vapeur dont la masse peut représenter 4 fois la sienne, avec de subtils échanges entre les deux phases. Ils dépendent du diamètre des gouttes. À ce stade se pose un problème mathématique de la *goutte*.

Au sein d'un nuage, les gouttelettes — minuscules (elles ont un diamètre de quelque 10 μm) — sont sphériques. Dans un espace de dimension trois, la sphère est en effet la surface fermée minimale, de sorte que les échanges avec le milieu ont la valeur la plus faible. Mais les gouttes grossissent à la fois parce qu'elles constituent autant de noyaux de condensation pour la vapeur d'eau dont, dans le nuage, elles sont enrobées et parce qu'elles fusionnent. Tel est le phénomène dit de coalescence : il prend une ampleur particulière lorsque l'eau tombe sous forme de pluie, celle-ci étant faite de gouttes dont les tailles, et de ce fait les vitesses de chute, sont très différentes.

Leur diamètre se situe entre 200 et 500 μm dans un crachin, où elles peuvent être assimilées à de petits ballons descendant vers le sol à une vitesse inférieure à 1 m/s. Mais les gouttes d'une averse ont un diamètre compris entre 0,5 et 5,5 mm (au-delà, elles tendent à se fissionner) avec des vitesses de chute pouvant dépasser 5 m/s.

On retiendra que jamais les gouttes n'ont la forme de larmes que l'on a pris l'habitude de leur attribuer. Si leur taille est petite, elles se présentent comme des sphères ; cela nous apparaîtra logique si les conditions sont telles que l'on peut se permettre de ne prendre en compte que la tension superficielle. Il en va différemment — on pourrait parler de sphères aplaties — si une taille plus importante oblige à considérer d'autres facteurs, à commencer par la résistance de l'air, ainsi que l'a montré — à partir d'une équation rendant compte de la pression interne au sein d'un fluide quelconque — James McDonald, un mathématicien faisant partie d'une équipe de l'université de Chicago qui a étudié la physique des nuages.

Et lorsque l'eau prend la forme de neige — c'est le cas si les gouttes se trouvent propulsées à haute altitude — alors on assiste à la naissance de cristaux souvent hexagonaux, toujours extraordinairement subtils et variés au point que l'on a pu se demander si jamais deux cristaux de neige identiques sont tombés sur la Terre depuis que celle-ci s'est formée.

Une architecture fractale

Le fait que les éléments du système Terre soient des systèmes eux-mêmes souvent constitués par des systèmes généralise le concept de fractal, aujourd'hui très connu sous une forme intervenant à de nombreux titres dans les sciences du globe.

Le concept est simple. Un segment AB joignant deux points a une longueur bien déterminée. Il fait partie d'une droite et vous n'avez aucune information nouvelle à espérer au sens mathématique du terme quel que soit le grossissement de l'instrument que vous utiliserez pour l'observer. Le propos vaut pour toute courbe suffisamment régulière dont vous avez l'équation : celle-ci donne à l'arc $\overset{\frown}{AB}$ compris entre deux de ses points une valeur déterminée, à défaut de pouvoir toujours être algébriquement explicitée.

Il en va différemment avec une ligne naturelle : le plus souvent, non seulement elle n'a pas d'équation algébrique mais sa longueur n'est même pas définie comme le montre le contour d'une côte, pour prendre un exemple rendu célèbre par Mandelbrot. Lorsque l'on considère l'image obtenue avec un certain pouvoir de résolution, on regarde comme confondus deux points dont la distance est inférieure à celui-ci. Aussi néglige-t-on des détails : la côte a une certaine longueur. Ce sera celle mesurée en la suivant sur une carte au 1/1 000 000. Mais des cartes au 1/100 000 et au 1/10 000 montrent davantage de choses, de sorte que la longueur de la côte est chaque fois plus grande ; elle sera plus importante encore si, *in situ*, vous prétendez suivre le contour des rochers. Autrement dit, la longueur de la côte est une fonction de la résolution : elle croît quand celle-ci est meilleure.

Cela introduit le concept de dimension fractale, très révélateur puisqu'il traduit le degré de complexité d'une ligne naturelle. Ainsi la dimension fractale des côtes de Bretagne (1,3) est-elle différente de celle des côtes situées en bordure d'une montagne (1,5).

On introduira avantageusement le concept pour décrire un système fluvial. Le mathématicien Beauvais s'est intéressé au réseau hydrographique d'un affluent de l'Oubangui, le Mbomou. Deux dimensions fractales (1,08 à 1,32), du même ordre que celles de côtes océaniques, révèlent bel et bien deux types de profil avec constatation que l'on passe de l'un à l'autre lorsque la pente dépasse 5.10^{-4}. De même que l'outil statistique révèle un mélange de population quand la distribution d'une grandeur n'est pas gaussienne, l'outil fractal fait savoir si l'on est en présence d'un ou de plusieurs processus.

Les fractales permettent d'interpréter les irrégularités du géoïde. On peut dire que les bosses et les creux des océans confèrent à la Terre une certaine rugosité, le terme ayant un sens pas très différent de celui que nous lui donnons lorsque nous déclarons une balle de ping-pong moins rugueuse qu'une balle de golf. Assurément nous sentons les aspérités de celle-ci : elles sont toutefois distribuées de façon régulière. Or une telle régularité n'existe pas en ce qui concerne le géoïde, dont de surcroît le nombre des creux et des bosses dépend du pouvoir résolvant. À l'image d'une ligne sur laquelle deux points sont confondus si leur distance est inférieure à r, on substituera celle d'une calotte de rayon *r* sur le géoïde : deux points à l'intérieur de cette calotte sont indiscernables. Or plusieurs dimensions fractales sont mises en évidence, comme si plusieurs phénomènes jouaient pour valoir au géoïde sa rugosité.

Ce n'est pas une surprise si l'on considère les rôles différents joués, quant à la Terre, par son manteau et par son écorce. De leurs manifestations, le géophysicien est instruit par les conditions dans lesquelles se propagent les ébranlements : ceux des explosions atomiques souterraines hier, ceux créés par les séismes aujourd'hui. Autant de phénomènes générateurs d'ondes que réfléchissent les discontinuités et que réfractent d'une manière spécifique les milieux traversés, les données recueillies ayant délimité un certain nombre de domaines à l'intérieur de la Terre.

En son centre, le noyau interne, considéré comme solide, a un rayon voisin de 2 900 km. Il est enrobé dans un noyau fluide lui-même entouré par un manteau : à la discontinuité existant entre ceux-ci est liée la valeur élevée de la dimension fractale observée à grande longueur d'onde alors que les valeurs plus faibles semblent afférentes au manteau. Quant à la lithosphère, elle se caractérise par une variabilité régionale reflétant sa grande hétérogénéité.

Celle-ci est fort intéressante pour qui est à l'affût de ressources terrestres. Les prospecteurs s'emploient aujourd'hui à localiser les gisements en appliquant sur le sol, en un certain nombre de points, des plaques vibrantes créatrices d'ondes acoustiques tandis qu'en d'autres sites sont placés des microphones captant ces ondes lorsqu'après différents parcours dans le sous-sol elles se sont trouvées renvoyées de quelque manière vers la surface. C'est une très complexe mixture sonore que l'on recueille, mais le mathématicien sait l'analyser avec, notamment, la méthode dite « des ondelettes » conçue par l'ingénieur géophysicien Jean Morlet dans le cadre de recherches pétrolières, puis structurée et considérablement développée par le mathématicien Yves Meyer. On peut parler de l'invention d'un microscope mathématique en ce sens qu'au principe d'un développement en fonctions élémentaires standards on substitue celui d'un développement en fonction dédiées selon les faits à observer, l'expérience enseignant que, sous réserve de bien choisir l'ondelette fondamentale, on modélise très bien le sous-sol. En témoigne le fait que, pour la plupart des matières premières (et d'abord pour le pétrole), le rythme de la découverte dépasse aujourd'hui celui de la consommation.

Les z négatifs : que se passe-t-il à l'intérieur de la Terre ?

Une connaissance de l'intérieur de notre globe est par ailleurs capitale pour faire découvrir un aspect fondamental du système Terre puisque nombre de boucles se ferment dans ses entrailles. Ainsi le sort du dioxyde de carbone n'est pas scellé lorsque ce composé a atteint la mer : il est transformé en lourds carbonates qui viennent s'accumuler sur les fonds marins pour être entraînés vers l'intérieur du globe avec le mouvement des plaques tectoniques. Comme celles-ci, il est recyclé : il refera surface dans une éruption volcanique des millions d'années après. En règle générale, à ce stade, les constantes de temps sont très longues, difficiles à mesurer ; surtout, on ne saurait tabler pour l'intérieur de la Terre sur une modélisation aussi fine que pour son environnement.

À défaut d'obtenir facilement des données sur l'intérieur de la Terre, c'est un autre intérêt direct de la planétologie — après une étude générale des atmosphères planétaires et des phénomènes dont elles peuvent être le théâtre — que de nous apporter des informations sur l'intérieur des autres mondes. Sur notre globe, la mécanique du volcanisme est aujourd'hui mise en équations avec la considération des divers aspects qu'il peut revêtir : le Mauna Loa à Hawaï, le Surtsey en Islande, la montagne Pelée à la Martinique, le Vésuve en Italie, le Stromboli sur la plus septentrionale des îles Lipari sont autant de cas d'espèces.

Or nous sommes aujourd'hui conduits à regarder le volcanisme comme un phénomène omniprésent dans le système solaire. Mieux : deux origines lui ont été découvertes. Au sein d'Io, premier satellite galiléen de Jupiter, un volcanisme intense — au point de remodeler la surface de l'objet en cent ans — découle d'un effet de marée parce que, dans le très fort champ de gravitation de la planète géante, les masses présentes au sein d'Io sont fortement sollicitées à chaque révolution de celui-ci autour de Jupiter. Les éruptions offrent cependant de grandes analogies d'aspect avec nos propres volcans, singulièrement avec le Mauna Loa dont les gigantesques panaches sont créés quand, après un parcours terrestre, la lave vient à tomber dans l'océan : pareillement, sur Io, des panaches naissent de l'action exercée par la lave sur les champs de dioxyde de soufre qu'elle vient à rencontrer.

Quant aux planètes proches de nous, elles mettent en présence d'un volcanisme de type terrestre par sa genèse (du fait d'une chaleur interne propre à l'objet). Le cas martien est particulièrement intéressant du fait que ce monde ignore la dérive des continents ; ainsi, des milliards d'années durant, les mêmes cheminées ont-elles pu être empruntées avec notamment, pour conséquence, un très impressionnant soulèvement de la province Tharsis.

La cosmologie ici est importante pour nous aider à comprendre l'intérieur de notre monde. Elle nous apprend en effet que les objets secondaires — à commencer par la Terre — qui se formèrent à partir du collage de grains étaient autrefois satellites de l'étoile les ayant laissés pour compte. Ce processus de collage débuta à froid ; il se poursuivit à chaud lorsque les objets formés eurent une gravitation appréciable. Telle est l'origine première d'une chaleur interne, capable d'être très longtemps conservée, pour tout à la fois alimenter un volcanisme pendant des milliards d'années et assurer un dégazage de l'objet dont naîtra le plus clair de son environnement, une autre contribution importante à celui-ci ayant été le bombardement par des météorites : sans doute apportèrent-elles de grandes quantités d'eau et de composés carbonés.

Le dégazage de la Terre a présenté la particularité d'être sélectif en raison d'échanges à peu près inexistants au sein de notre globe entre son manteau supérieur (jusqu'à une profondeur d'environ 600 km) et son manteau inférieur (au-delà). On peut raisonner comme si, après 4,55 milliards d'années, le dégazage du manteau inférieur était encore, à l'heure actuelle, à peine commencé. On en a le témoignage par des éjections, à partir des points chauds de l'océan — là où se trouvent dans les grands fonds marins des évents autour desquels s'est développée une vie étonnante — d'un hélium originaire du manteau inférieur dans lequel le rapport $^{4}He/^{3}He$ est voisin de 5000 comme dans la nébuleuse primitive dont il apparaît en conséquence que ce manteau inférieur a encore la substance.

Enfin, à partir de gigantesques quantités de données, les mathématiciens ont pu extraire des éléments ayant permis de proposer un modèle fondamental non plus pour la surface de la Terre mais pour son volume, considérant que l'on est en présence d'un objet qui se déforme non pas certes à vue d'œil mais — on pourrait poursuivre le parallèle avec le dessin des constellations — d'une manière qui est à la fois calculable et mesurable avec des moyens relevant d'une haute technicité.

Cela conduit, dans la foulée des réflexions auxquelles nous nous sommes livrés quant au concept de structure, à évoquer l'évolution de grandeurs autrefois considérées comme des constantes.

La diminution de l'aplatissement de la Terre n'étonnera pas dès l'instant où sa rotation se ralentit. Le fait remarquable est que le phénomène ait pu ne pas être seulement affirmé *a priori*. La valeur annoncée doit bel et bien être considérée comme le résultat d'une mesure. Non pas certes avec un pied à coulisse dans lequel la Terre aurait été insérée, mais à partir de coefficients tels le facteur J_2 d'ellipticité géopotentiel ($J_2 = 0{,}001\ 082\ 63$) qui intervient directement dans la détermination de la forme de la Terre.

Ainsi faut-il tabler sur un aplatissement en diminution annuelle de $4{,}5.10^{-11}$, de sorte que le rayon polaire de notre planète croît de 0,01 mm en dix ans. Que le mathématicien puisse faire état d'une valeur aussi modique témoigne de la qualité de son outil.

Le pôle ne saurait d'autre part être assimilé à un point géographique. Il décrit une courbe non fermée qui lui fait reprendre une position voisine au bout de 460 jours en raison d'une restructuration quasi cyclique des masses intérieures, la graine s'étant révélée à la fois plus aplatie et plus complexe que l'on ne croyait. Il en résulte que le barycentre *G* de la Terre se déplace. On ne saurait l'imaginer confondu avec le centre de figure *C* de notre globe. Autour de *C*, le point *G* décrit, dans un plan dont l'inclinaison est voisine de 45°, une ellipse dont les axes valent respectivement 3 mm et 4 mm environ.

L'attention ne manque alors d'être attirée sur l'égalité de cette période et de celle inhérente à la nutation de l'axe de la Terre dont on sait qu'il perce la sphère céleste en un point actuellement proche de la Polaire. Il décrit non un cercle mais une succession d'arches, chacune étant parcourue en 460 jours. C'est ainsi la mise en évidence d'une résonance entre les deux phénomènes avec la présomption d'une amplification du mouvement gyroscopique naturel de la Terre par l'activité de ses régions centrales, une telle considération instruisant, si besoin en était, quant à la grande subtilité du système Terre.

Chapitre 12
Mathématiques et biologie

Après la découverte d'une extrême complexité des sciences de la Terre, relever le défi biologique est le problème suprême. Les mathématiques sont sollicitées pour étudier les moyens auxquels, dans le cadre terrestre, la vie a eu recours. Plus encore, on leur demande de nous révéler la nature de celle-ci.

Elle se caractérise par une rupture avec la physique — les lois de la thermodynamique ne s'appliquent plus et la *fidélité* tend à se substituer au *déterminisme* —, doublée d'une rupture avec le milieu. Face à son environnement, l'être vivant trouve sa force dans une concertation de ses parties : ainsi est-il un système dont on peut dire qu'il constitue un univers dans l'univers.

Cela avait été entrevu au XIXe siècle. Claude Bernard (1813-1878) avait souligné ce trait commun aux êtres vivants : une autonomie par le biais de multiples régulations. Dans une communication à l'Académie des sciences, il en avait, en 1867, décrit un aspect : des nerfs pneumogastriques ralentissant le cœur alors que des nerfs orthosympathiques l'accélèrent. Ainsi l'organe peut-il déployer un effort adapté à la résistance à vaincre. Plus généralement, les êtres vivants disposent de réserves pour assurer la fixité de leur milieu interne, avait souligné Claude Bernard, aux yeux duquel l'histoire de la vie avait vu la rétention de moyens toujours plus élaborés pour lutter contre le hasard compte tenu de la manière dont il affectait leur milieu.

Une autonomie, en effet, est seulement concevable à partir des ressources matérielles et énergétiques que le milieu extérieur offre et dans lequel les êtres vivants puisent ; c'est cela qui les rend autonomes sous certaines conditions. Deux systèmes sont en présence : un englobé — l'être vivant — et un englobant représenté par l'environnement de cet être, c'est-à-dire la partie du monde directement en contact avec lui. La vie est le jeu de leur antagonisme : l'englobé sera vivant aussi longtemps que seront efficaces les moyens à sa disposition pour perpétuer son autonomie, la reproduction étant l'un d'eux.

Un individu ne saurait en effet être éternel du fait que les dimensions du hasard sont infinies. S'il est autonome dans un milieu, il suffira que les caractéristiques de celui-ci changent considérablement pour qu'il cesse de l'être : cela ne manquera pas d'arriver à quelque moment. Le calcul des probabilités enseigne que si Pierre, possesseur d'une fortune finie, joue à un jeu équitable contre Jean ayant une fortune infinie, sa ruine est certaine. La situation est différente quand Jean a en face de lui non pas un adversaire unique mais une équipe constituée de Pierre, Paul, Patrice et d'autres que des tiers viendront relayer si l'un d'eux est ruiné. *A fortiori*, la survie de cette équipe sera assurée si elle met en œuvre une stratégie par laquelle le hasard est faussé, de sorte que le jeu aura cessé d'être équitable.

Ainsi l'aventure biologique a-t-elle vu survivre non pas l'individu — à savoir un système autonome dans l'instant — mais l'espèce à laquelle naissance est donnée lorsque, dans ce système, se trouve un substrat génétique capable, à partir de matériaux puisés dans le milieu, de fabriquer sa réplique. Sachant qu'en raison du caractère forcément limité de l'information représentée par ce substrat, le nouvel être ne saurait être une copie conforme de son géniteur. Des variantes valurent aux espèces d'évoluer.

Le graphe de la vie doit traduire ce couplage d'un support génétique filiforme (en pratique replié sur lui-même, l'ADN de nos chromosomes est long de 10 km) et d'un réseau de protéines ouvert sur le milieu : on imaginera l'association d'un trait et d'un cercle évocateur de la lettre Ю dans l'alphabet cyrillique. L'histoire de la vie a fait assister à la complexification de ce système hybride à partir d'une formule initiale ayant dû être assez simple pour apparaître spontanément sur notre jeune planète.

La nécessité qu'un mouvement en ce sens ait pu s'amorcer avec des structures relativement élémentaires et, à partir de celles-ci, se développer est le problème des systèmes vivants posé aux mathématiciens. Il se doublera de la considération qu'après un certain temps — plus de deux milliards d'années sur notre planète — aient pu naître des systèmes S relevant de la même logique, avec pour éléments s non plus des molécules mais des systèmes vivants. Alors une nouvelle dimension se trouva donnée à l'antagonisme entre l'être et son milieu. Cela impliqua que ces s « acceptent » de coopérer, autrement dit qu'il y ait une allégeance des s à S comme, au sein d'un s, il y avait eu allégeance de ses parties au système par elles constituées. Là réside le concept de fidélité.

Le phénomène biologique doit être inscrit dans l'évolution de notre monde puisque la vie lui doit d'être apparue. Elle devait en retour — à l'instar de ce qui se passe quand, dans un réseau, un sous-réseau prend son autonomie — avoir sur lui une incidence grandissante sans jamais pouvoir être séparée fondamentalement des sciences de la Terre. Mieux : les transformations de celle-ci ont donné une trame à l'évolution des espèces.

Cela signifie que, dans l'hypothèse où l'on serait capable d'attacher à l'être vivant un jeu d'équations, elles devraient faire intervenir le milieu. Inversement, dans les sciences de la Terre, il s'impose d'inclure ces systèmes étonnants : les êtres vivants. Nés de son activité, ils n'ont pas cessé de la modifier. Ce fut d'abord lentement mais sûrement et en profondeur au sens propre du terme, avec dans le sous-sol des concentrations de matériaux. Surtout, au cours des temps géologiques, la vie a changé la composition de l'atmosphère, ayant *in fine* injecté dans celle-ci de grandes quantités d'oxygène dont elle dut être la première victime : il faut présumer que de nombreuses bactéries ne survécurent pas.

L'un des objectifs de la biologie mathématique est de dégager une logique des êtres vivants en relation avec leur milieu et interagissant les uns avec les autres. Par exemple, la végétation apparaît sur les continents à partir de la plus simple des réactions chimiques, une dissociation par étapes de la molécule d'eau : l'hydrogène libéré est introduit dans des composés carbonés. Ce sont d'abord de simples tiges, particulièrement sensibles à la fraction la plus énergétique du rayonnement solaire. Il est capté en quantités plus grandes quand des feuilles en émanent. Mais la prolifération de celles-ci est à l'origine d'ombrages ; alors, les plantes tendent à s'élever. Elles deviendront des arbres dont le développement est aujourd'hui simulé sur les ordinateurs.

Les formes des animaux — ces êtres ayant trouvé dans les composés carbonés des végétaux le vecteur énergétique de leur mobilité — a donné lieu à des considérations non moins passionnantes. Créateur du terme morphologie, Goethe voit dans la vie une esclave de la géométrie. La formule est reprise par Sir d'Arcy Wentworth Thompson (1860-1948). Publié en 1917, l'ouvrage de ce biologiste écossais *On Growth and Form* prendra avec le temps une importance qui ne cessera de croître. Il compare les crânes de différentes espèces. Il montre comment la diversité d'aspect des êtres marins peut souvent être expliquée par des coordonnées transformées : des dessins sur papier millimétré font découvrir qu'une anamorphose permet de passer d'une espèce à une autre, par exemple d'un poisson effilé à un poisson plat. Nous comprenons que des stries peuvent assurer un supplément de vitesse par un autre comportement des couches limites. Sur l'écran d'un ordinateur, nous faisons aujourd'hui apparaître la courbe, dite « du poisson », qui est attachée à l'équation $125\,y^2 = 2\,x^3 - 42\,x^2 + 220\,x$ (pour $0 \leqslant x \leqslant 15$) : nous observons les changements de sa forme induits par des coefficients légèrement différents.

Logique de la vie

L'être vivant, c'est en tout état de cause un système dont toutes les parties sont à son service alors qu'il est en rébellion contre le milieu. Il a du composer avec celui-ci pour survivre et s'est trouvé modelé en conséquence dans sa matière comme dans ses logiciels : la chronobiologie des animaux est, dans les régions tempérées, réglée afin de faire naître les petits au printemps. Les animaux des pays tropicaux ignorent cette procédure, mais ils l'adoptent quand ils sont transportés dans une région tempérée.

Plus que partout ailleurs, le problème clé est bien dans les relations entre des parties et un tout. En biologie, nous voyons les recherches suscitées par deux mouvements dans des directions opposées. C'est, d'une part, la volonté de découvrir les rouages des systèmes vivants, à l'heure d'un prodigieux essor de la biologie moléculaire avec les moyens assurés par l'IRM (prenant en compte le comportement des atomes, singulièrement d'hydrogène, sous un champ magnétique de plusieurs teslas), l'EEG (suivant la variation des tensions dans le système nerveux) ou la MEG (mesurant les champs magnétiques créés par des neurones en action). Une conjugaison de ces techniques permet d'interpréter les flots de données en provenance de notre cerveau, mais également de l'ensemble de notre corps selon des méthodes évocatrices de celles permettant de prospecter le sous-sol.

À l'opposé de ces moyens visant à procéder à des analyses de plus en plus fines, c'est la synthèse nécessaire sachant que l'être vivant se comporte comme un tout, quintessence du milieu terrestre dont il est né et dont il reste tributaire. Le cerveau, qui gère notre personne, apparaîtra à son tour constituer une image du corps et donc une représentation du milieu terrestre au second degré.

Entre les deux mouvements, c'est toutefois souvent le dialogue de sourds et le haro. À l'enseigne d'une dissymétrie fondamentale. On compte en centaines de milliers les chercheurs s'intéressant à un phénomène biologique particulier avec des moyens techniques toujours plus puissants, alors que les esquisses de synthèses sont plutôt rares.

Peu de moyens semblent en l'occurrence s'offrir. Surtout, l'ampleur de la tâche rebute, nous voulons parler de la complexité du problème dont certains aspects — il n'y aura pas lieu de s'en étonner à la lumière des réflexions ci-dessus — ne sont pas sans évoquer les sciences de la Terre lorsqu'on cherche à modéliser celle-ci à partir de tous les événements se déroulant dans sa masse, dans son atmosphère, dans son océan et cela à toutes les époques. Nous avons fait état d'une structure t_1, pouvant être considérée comme rigide sur une certaine tranche de temps, mais non sur une durée beaucoup plus longue. De même, à un instant donné, un être vivant a une structure, mais elle évolue : il grandit, il vieillit. C'est une autre plasticité à l'échelle de l'espèce, avec le portrait de nos aïeux il y a dix siècles, dix millénaires, dix millions d'années, cent millions d'années...

De ce problème des structures évolutives, théâtre d'événements qui les modifient, la complexité est chez l'être vivant incomparablement plus grande que ce que nous avaient fait découvrir les sciences de la Terre.

Vous en prendrez conscience en notant que votre corps est fait de quelque 10^{28} atomes, chacun jouant un rôle. Or si vous prétendez créer une maquette de votre personne dans laquelle ces atomes seraient autant de minuscules billes — identifiables grâce à un code de couleur — séparées par des distances de l'ordre du millimètre afin que votre œil puisse voir quelque chose, cette représentation aura la taille de la Terre. Et ce ne sera encore rien. De ces atomes, il faudra traduire les « activités dirigées ». Ils font partie de molécules non contentes de constituer des tissus ou de cheminer vers un site : elles échangent des atomes ou des groupes d'atomes, ne cessant de se transformer en induisant des changements dans d'autres. Les sciences de la Terre ne peuvent ignorer la chimie mais, essentiellement, ce sont des phénomènes physiques qu'elles prennent en compte. *A contrario*, la biologie relève largement de la chimie, et c'est en l'occurrence une chimie extrêmement sophistiquée si l'on considère la complexité des réactions auxquelles participent des substances qui se comptent en centaines de milliers.

Il pourrait sembler s'imposer de voir en elles les véritables constituants de notre corps, ses 10^{28} atomes entrant dans quelque 10^{24} molécules actives. Surtout celles-ci sont constitutives de quelque 10^{13} cellules dans lesquelles on doit voir autant d'êtres vivants. Ce sont les *s* du *S* que représente notre personne, chacun de ces *s* constituant un tout avec ses lois et cet objectif : servir le moi de ce *S*. À cette fin, des agents de liaison desservent les *s*. L'expérience est connue, consistant à plonger des cellules dans la fluorescine ; elles s'en imprègnent ainsi que l'on peut s'en convaincre par leur luminosité lorsqu'on les observe dans l'obscurité. Détruit-on cette fluorescine par un pinceau laser, on voit les cellules devenir sombres, mais pour peu de temps : bientôt l'arrivée de messagers les aura à nouveau rendues lumineuses.

Mais par ailleurs, tout se passe comme si une complicité existait bel et bien entre les molécules d'une cellule, comme entre les cellules de notre organisme. C'est une fantastique organisation tenant compte d'une configuration variable des molécules dans laquelle les niveaux d'organisation, nombreux, sont flous et subtils. Les supérieurs, en effet, ne se contentent pas de converser entre eux : ils écoutent les observations des subordonnés, si tant est que l'on puisse tenir un tel langage. La hiérarchie est en effet souple, sans cesse remaniée. Vous devez prendre en compte des communications en tout sens avec des inductions pratiquement à tous les niveaux, et méditer sur ce que chacun de vos cheveux est élaboré par une usine soumise au vote d'une assemblée.

Des briques actives

Pas davantage on ne saurait être rigide quant à la distribution des grandes fonctions dans notre corps. Une étude anatomique de celui-ci conduit à évoquer un système digestif, un système respiratoire, un système musculaire, un système osseux, un système nerveux, un système reproducteur. C'est là une distinction que nul ne songerait à contester. On allongerait plutôt la liste en accordant une place à part entière au système immunitaire. Il était naguère réduit à la portion congrue. Or la grande variété des moyens mis en œuvre par notre organisme pour chasser les intrus n'a d'égale que leur remarquable coordination. Comme le système nerveux, le système immunitaire est intelligent ; il possède une mémoire.

Et si la police est dévolue au système immunitaire, les relations extérieures sont du ressort de la peau. Ce système, que Bergson disait né d'un effort pour se défendre contre les espèces ennemies, a chez l'homme une masse de 3 kg lui permettant de contrôler les 2 m^2 que représentent sa surface. Au centimètre carré, il compte trois millions de cellules pour servir trois vaisseaux sanguins, une dizaine de pores, une douzaine de nerfs, une quinzaine de glandes sébacées et une centaine de glandes sudoripares.

Cependant ces systèmes n'opèrent pas indépendamment les uns des autres. Ils sont étroitement liés, là est une double tâche dévolue aux mathématiques. Il s'agit d'abord de décrire les différents systèmes avec une terminologie identique. Alors on passera au stade de l'intégration, qui ne peut être que mathématique, l'interdépendance des systèmes confirmant qu'aux concepts d'une hiérarchie et d'une division du travail il convient de susbstituer une synergie au service de l'être.

C'est patent en ce qui concerne le système circulatoire, décrit par un modèle hydraulique depuis qu'au XVIIe siècle le médecin William Harvey (1578-1657) — chargé d'une chaire d'anatomie et de chirurgie au Royal College — montra que, dans nos artères (auparavant considérées comme acheminant l'air dans l'organisme à partir des poumons), circule du sang comme dans nos veines. Le cœur fut alors assimilé à une double pompe pour que le sang se comporte en rivière enchantée à l'égard de notre organisme. On apprit à mesurer sa vitesse et sa pression (fâcheusement appelée tension) et l'on eut recours à une science de la viscosité, largement développée par Jean-Louis Poiseuille (1799-1869), pour rendre compte de son cheminement dans les capillaires. Et il fallut directement faire intervenir la chimie sur la constatation que la viscosité du sang est fortement élevée s'il vient à coaguler par autodéfense de l'organisme afin qu'en cas de blessure, le précieux liquide ne s'échappe pas en quantités appréciables. Il aurait été tentant de voir dans ce système circulatoire un auxiliaire desservant notre corps sans en faire vraiment partie puisqu'il a pour rôle de délivrer des substances aux cellules en certain nombre, à l'instar de la cité enfouie par laquelle Disneyland est desservi. Or il est intégré à notre corps pour opérer selon ses directives.

D'ores et déjà, la mentalité a changé en ce qui concerne les « briques de la vie », un terme consacré par l'usage mais malheureux du fait qu'il suggère l'image de simples matériaux de construction. Or, au service du graphe IO, nous découvrons des briques actives avec les deux classes de substances dont sont faits tous les êtres vivants, la première — intervenant essentiellement dans le O de ce graphe —, étant le monde des protéines.

Qu'il s'agisse du lactose du lait, de l'osséine de l'os ou de l'hémoglobine du sang, toutes les protéines sont faites d'acides aminés à base de carbone, hydrogène, oxygène, azote, soufre, phosphore, ces acides — au nombre de 20 pour le biologiste — devant être regardés comme les grands artisans de notre corps : ils ont la possibilité de se déplacer selon la nécessité. Ainsi arrive-t-il à des protéines de trouver place dans des vésicules. Dans certains cas, elles empruntent des navettes. George Palade — Nobel de médecine en 1974 — nous a décrit les « trains » leur permettant de voyager dans le pancréas.

Le fait que toutes les protéines soient faites d'acides aminés en nombre inférieur à celui des lettres de l'alphabet a pu un moment apparaître sinon comme une promesse de simplification, du moins comme un moyen pour comprendre les protéines et écouter leur langage aux portes de la cryptographie. D'autant plus que, dans nombre d'entre elles, on retrouve les mêmes séquences, comme si elles étaient nées les unes des autres.

Aux différents tronçons d'une protéine, il aurait de ce fait été séduisant d'attacher des propriétés dont la combinaison aurait expliqué sa molécule. Mais toutes les tentatives de travailler selon une telle méthode de « mot à mot » se sont soldées par des échecs et une échappatoire. Renonçant à comprendre les protéines, dont le nombre est, dans notre corps, notablement supérieur à 100 000, les biologistes se sont intéressés au ruban chromosomique — le I du graphe IO — qui les code, pour à la fois établir leur formule et entrevoir leur filiation à partir de changements dans ce ruban. Cela a permis d'introduire le concept de « distance génétique » entre deux êtres vivants. Aussi longtemps que celle-ci est inférieure à 0,2, l'interfécondité est courante ; elle reste possible mais rare jusqu'à 0,5, cette valeur marquant les limites de l'espèce. Au-delà, on parlera d'un genre.

Ce problème de la protéine est aujourd'hui abordé dans un esprit mathématique avec déjà à ce stade la recherche d'une intégration par différentes équipes de chercheurs dont Lisa Holm et Chris Sander à Hinxton Hall, dans le cadre d'un laboratoire européen de biologie moléculaire à Cambridge (Grande-Bretagne). Ils conjuguent la composition chimique d'une protéine (séquence des acides aminés qui le constituent) et sa forme, raisonnant dans un espace topologique. Quarante pour cent des domaines (chaînes peptidiques) dont une protéine est constituée sont en effet décrits par 16 classes de pliages auxquelles on sait attacher des diagrammes topologiques (hélice, arc, mèche, barreau épais, barreaux minces, chaînes connectives parallèles, connexions antiparallèles...). Avec mise en évidence de régions pouvant jouer le rôle d'attracteurs. Cela a permis de créer une Protein Data Bank, mais toujours avec cette constatation : il reste difficile d'expliquer une protéine à partir de ses tronçons, un seul changement pouvant se traduire par des grands effets.

On ne saurait par ailleurs raisonner comme si la vie avait « choisi » parmi les potentialités de la matière. Elle a utilisé ce qui existait, singulièrement des acides aminés apparus très tôt sur la Terre.

Peut-être alors l'argile eut-elle une fonction.

Au Ames Research Center, en Californie, les biologistes James Lawless et Nissim Levi (du National Research Council d'Israël) ont fait état du rôle joué par une argile à base de nickel. Elle se serait comporté en concentrateur d'acides aminés, les rassemblant dans de tout petits domaines. Les expérimentateurs ayant versé une solution très étendue d'acides aminés sur de l'argile de nickel, puis ayant chauffé le mélange et l'ayant laissé sécher et ayant réitéré, des chaînes de 8 acides aminés se sont formées. Les mêmes chercheurs constatèrent qu'une argile de zinc lie ces composants du ruban chromosomique : ses nucléotides.

À plusieurs titres, les mathématiciens sont sollicités pour résoudre nombre de problèmes liés au génome, et d'abord expliquer l'étonnante complicité constatée entre gènes et protéines, aux molécules présentant des architectures très spécifiques.

Il est en effet bien connu que chacun de nos dizaines de milliers de gènes a pour épine dorsale une chaîne sucre-phosphate-sucre-phosphate... constitutive d'un ADN ou acide désoxyribonucléique. Cette substance avait été, au siècle dernier, décelée dans la laitance de poisson avant qu'en 1943, un chercheur à l'Institut Rockefeller de New York — Oswald Avery (1877-1955) — la désigne comme vecteur de l'hérédité. Présente dans tous les noyaux de toutes les cellules d'un organisme, elle est porteuse d'une information du fait qu'à chaque sucre (un pentose) une base est attachée parmi quatre ayant reçu ces noms : adénine, cytosine, thymine, guanine. Ils ont été inspirés par les circonstances de leur découverte dans une glande (aden), une cellule (cytos), le ris de veau (thymus) ou des excréments (guanos). On les désigne communément par leurs initiales : A, C, T, G.

Une redondance existe quant à cette information car l'ADN se présente — ainsi que Francis H. Crick et James D. Watson l'ont montré en 1953, de façon assez retentissante, sous les traits de deux hélices complémentaires appariées par leurs bases : A se lie à T et C à G pour créer — toutes ces bases se présentant sous les traits de larges plaques minces — les marches A-T ou C-G d'un escalier hélicoïdal : cela permet à un brin devenu autonome de créer un brin complémentaire auquel il s'associera. Ainsi est conféré à la guirlande chromosomique son premier attribut : la possibilité de se dupliquer par un processus spécifiquement chimique qu'en 1957 Arthur L. Kornberg mettait en évidence.

Pourquoi une hélice ? Kepler s'était demandé si *n* sphères identiques occupent l'espace le plus réduit quand, étant tangentes, leurs centres constituent un réseau cubique : Sleane donne en 1998 une réponse affirmative, et se pose le problème plus général du volume minimal dans lequel peut trouver place un tube cylindrique flexible de rayon *r*, modèle grossier d'une molécule en chaîne. Une solution, montre le mathématicien Amos Maritan à l'International School for Advanced Studies (SISSA) de Trieste, est la double hélice ayant un pas *d* tel que $d/r = 2\pi$. L'ADN fait découvrir une valeur très voisine (35,7/5,92).

Mais par ailleurs l'ADN joue un rôle actif : il commande la fabrication de protéines dont la structure — à savoir la séquence de ses acides aminés — est déterminée par la nature de ses bases. Là est la seconde grande classe de substances biologiques, représentée par les 20 acides aminés biologiques : chacun est désigné par 3 bases de l'ADN.

La combinatoire ne manque pas d'intriguer puisque 3 bases pourraient, dans l'absolu, autoriser une distinction entre 64 cas. En fait, il arrive que d'autres acides aminés trouvent place dans certaines protéines, mais c'est exceptionnel. On présume que des critères d'optimisation ont joué.

Et bien entendu, on imagine qu'avant l'adoption d'un code à 3 bases, une vie balbutiante dut commencer par une formule à 2 bases. Elle permettait un choix entre 16 cas seulement. Avec 3 bases , le nombre de cas devenait trop grand mais la ressource s'offrait qu'un même acide aminé puisse être désigné par plusieurs combinaisons de 3 des 4 lettres A, C, T, G . Cela est constaté dans le tableau de correspondance que le biologiste nous présente aujourd'hui entre 20 acides aminés et des triplets de bases.

Aux yeux du mathématicien, la considération de ce tableau est évocatrice des conditions dans lesquelles dut s'opérer le passage d'un code à 2 bases à un code à 3 bases. Il apparaît que 8 de nos 20 acides aminés biologiques sont appelés par 2 bases seulement, en ce sens que, s'ils sont moléculairement désignés par 3 bases, la troisième peut être quelconque. Et si l'on passe en revue les 12 autres acides aminés, ce sera pour noter que 11 d'entre eux laissent 2 possibilités quant à la troisième base. Un seul acide aminé — le tryptophane — exige 3 lettres spécifiques. Faites le total : 8 fois 4 + 11 fois 2 + 1 = 55. Cela exclut seulement 9 cas dont 3 non-sens.

Déchiffrer les génomes est devenu une entreprise majeure de la biologie puisque, de la séquences des bases le constituant, dépendent les protéines de l'espèce et donc les caractéristiques des êtres auxquels elle donne le jour. Pour effectuer ce travail, les progrès de la biochimie ont fourni des moyens à l'heure actuelle extraordinairement puissants, la perspective s'offrant qu'au cours des prochaines années on aura déchiffré, outre le génome de l'homme, celui d'un certain nombre d'animaux et de plantes. Appel sera alors fait aux mathématiques pour interpréter les résultats en faisant la part entre le contingent — conduisant tous les êtres d'une espèce à avoir des génomes quelque peu différents — et ce qui, dans le génome, est fondamental, devant être regardé comme un ensemble de structures caractéristiques de l'espèce. Cela rejoint l'autre préoccupation, non moins importante, à savoir la compréhension des conditions dans lesquelles les protéines sont fabriquées, autrement dit des activités que l'ADN exerce indépendamment de son aptitude à se dupliquer.

Il permet des transcriptions, nom donné à des opérations se déroulant à l'intérieur du noyau, à l'instar de la reproduction dont elles seront considérées comme des variantes tactiques. Il s'agit, par un mécanisme lui-même enzymatique, de délivrer la copie d'un tronçon d'ADN sous la forme d'un ARN ou acide ribonucléique, toujours avec un langage à 4 bases, la guanine étant remplacée par l'uracil. Cet ARN est alors exporté selon des processus dont rendent compte des modèles mathématiques du noyau et du cytoplasme, regardés comme des systèmes couplés, d'abord en raison de transferts à travers la membrane du noyau : elle laisse passer les ARN messagers par lesquels une synthèse de protéines a lieu dans le cytoplasme.

Mais qui prend l'initiative de ces activités ? Seraient-elles commandées par le noyau qui « déciderait » d'assurer une certaine maintenance à l'être ayant vu le jour à son instigation et dont il faudrait admettre qu'il a suivi le destin ? Ou devrait-on imaginer que les différents systèmes de notre corps éprouvent le besoin de se renouveler, ce qui les conduirait à passer des commandes à l'instar d'une entreprise qui se réapprovisionne ?

Unité de la vie

On est enclin à admettre que l'un et l'autre processus jouent. Comme si une concertation existait entre le noyau et le cytoplasme. Celui-ci est vivant par sa substance et par l'être dont il fait partie. Quant au gène, ainsi que l'un des auteurs de ce livre le rapportait dans un précédent ouvrage en parlant du bouillant ADN (*L'Objet vivant*, Stock), il est de plus en plus regardé non comme une archive mais comme un réseau qui calcule et agit, son comportement étant celui d'un être cybernétique. Ainsi le nom d'opérons est-il donné à de véritables microprocesseurs biologiques par lesquels une fonction est contrôlée. Non seulement des capacités d'induction ou de de répression sont reconnues à des parties du génome mais certains de ses éléments sont mobiles, la découverte de « gènes sauteurs » ayant valu à Barbara McClintock un prix Nobel à part entière en 1983. Il s'agit, disent les biologistes, de « transposons » capables de se déplacer dans le gène pour affiner sa dynamique de sorte qu'un gène ne se contente pas de commander une protéine ; on doit voir en lui un système dédié manifestant une certaine intelligence dans ce grand réseau que constitue l'ensemble du génome.

Cela lui assure, à l'échelle de l'espèce, une plasticité permettant la rétention de certaines formules par un consensus du réseau dont, *a contrario*, le fonctionnement est instaurateur d'un service de correction des erreurs de transcription, sachant que celles-ci seraient incomparablement plus nombreuses si le système se contentait d'opérer à la manière d'un copiste. À l'échelle de l'individu, cette dynamique est d'autre part garante d'une maintenance. Cela chez tous les êtres, tel étant le premier aspect d'une unité de la vie.

Les gènes se comportent en effet en organisateurs : leur présence sur tel site à un instant donné vaut aux événements de se dérouler d'une certaine manière. Or l'étonnant est de retrouver les mêmes processus tout au long de l'évolution, pour la fabrication d'un nouvel être comme pour son développement. Selon le même plan, l'unité moléculaire a pour écho une unité macroscopique, tant il est vrai qu'en dépit des apparences, sur notre planète, les schémas fonctionnels de tous les êtres vivants relèvent d'une même logique.

Singulièrement, par des gènes dits « hox », les cellules de l'embryon sont placées au bon endroit et activées au bon moment. C'est vrai quant à l'axe du corps — quatre gènes antagonistes imposent aux cellules d'abord d'être ventrales ou dorsales et ensuite de prendre certains emplacements — et quant aux membres : dans des plans d'organisation généraux, ce sont tout au plus des variantes. Des hox 9 et 10 dirigent l'élaboration de l'humérus ou du fémur ; pour le radius et le cubitus, ce sont les hox 10 et 11. Puis le hox 13 pour la main ou le pied.

Il n'en va pas différemment si nous recherchons comment les membres antérieurs ont pu devenir des ailes. Nous découvrons la même architecture, qu'il s'agisse d'un reptile du secondaire ou d'un oiseau : chez celui-ci, le poignet et la main sont devenus une baguette sur laquelle des plumes se sont insérées.

Dans la nervation d'une aile de cigale, on a retrouvé les lois mathématiques dont dépendent les ramifications d'une tige.

Plus encore, on est frappé par l'unicité du système nerveux. Walter Gehring montre en 1995 que l'œil de tous les animaux se forme à l'instigation d'un seul et même supergène. Et d'une manière générale, on trouve les mêmes médiateurs et des circuits semblables à travers tout le monde animal depuis les êtres les plus primitifs dont la considération est à ce titre instructive.

Escherichia coli

On s'aperçoit en effet qu'un être vivant d'une masse aussi faible qu'un picogramme (10^{-12} gramme) est déjà un système très élaboré. On en a un exemple avec *Escherichia coli*, une bactérie qui prolifère dans votre intestin (contribuant à l'équilibre de sa flore) : elle fut étudiée par l'entologiste Karl Escherich (1871-1954), professeur de zoologie appliquée à l'université de Munich, sa forme de bâton — en réalité un cylindre que deux hémisphères terminent — lui ayant valu le nom de bacille. À ce petit être, en 1977, l'université de San Francisco affichait l'ambition d'assigner une carrière industrielle. Dans cet animalcule dont la taille ne dépasse guère le micromètre, ainsi est-on bien en deçà du ciron de Pascal, les fonctions de la vie sont présentes avec toutes leurs potentialités, dont fabrication de protéines à partir d'un acide nucléique.

Ainsi fut-il envisagé de l'utiliser pour produire à bon compte la somatotropine, une hormone de croissance que 191 acides aminés constituent. *Escherichia coli* élabora une molécule presque identique mais la petite différence suffit pour induire des effets très fâcheux. C'est un avertissement dont le génie génétique a dû tenir compte.

Il est assurément intriguant que, dans un être aussi petit, il y ait tous les attributs de la vie. À l'université Harvard de Cambridge (Massachusetts), Howard Berg souligne qu'en dépit de sa petite taille *Escherichia coli* se livre à des discriminations, jugeant de ce qui est bon ou mauvais pour elle. Quant à ses capacités locomotrices, elles sont assez stupéfiantes puisqu'elles lui permettent de parcourir en une seconde 35 fois son diamètre. Cela grâce à un jeu de moteurs rotatifs d'un diamètre de 45 nm dont un schéma est donné par l'université Brandeis. Il entraîne des flagelles avec une grande efficacité, son action pouvant relever de deux régimes, selon que le mouvement est provoqué par l'environnement ou commandé par le bacille.

Tout cela alors qu'*Escherichia coli* est fait d'un nombre de molécules inférieur au milliard, la plupart de ses 4288 gènes codant des protéines pour, dans un milieu fertile, fabriquer un nouveau bacille en moins de vingt minutes. Sans doute les êtres primitifs étaient-ils plus élémentaires encore ; ils devaient être constitué par un acide nucléique lié à une protéine, image la plus simple du graphe IO. *Escherichia coli* témoigne des performances d'un être encore minuscule.

La dynamique des animaux

Avec l'apparition d'êtres pluricellulaires, les aptitudes motrices sont devenues beaucoup plus grandes, toujours au service d'une logique tenant compte du milieu, jusqu'à la mécanique des animaux « modernes » pouvant prendre appui très différemment sur le sol.

Si celui-ci est dur, une petite surface suffit. C'est, chez le cheval, l'extrémité d'un orteil (les autres doigts ayant disparu) : le quadrupède est optimisé pour la course. De surcroît, la vitesse d'un animal étant commandée par l'impulsion que crée son pied, celui-ci sera plus rapide si l'inertie des jambes est moindre. Elle est rendue faible avec les membres effilés du cheval, aux articulations éloignées du sol.

Un sol mou exige au contraire des surfaces portantes conséquentes : le canard et la grenouille sont adaptés à un terrain boueux. Ce sont, sur la neige, les larges pieds de l'ours, aux pattes massives dotées de puissants muscles. En outre, des articulations de la cheville proches du sol autorisent leur parfaite application sur celui-ci tout en offrant un pivot pour le corps. Cela donne à l'ours la possibilité de devenir bipède en déplaçant très en arrière son centre de gravité : alors la verticale de celui-ci passe dans la partie avant du polygone de sustentation, de sorte que l'animal tombera devant lui en cas d'équilibre rompu. Lors de la mémorable mission *Apollo 11*, la NASA avait conseillé à Armstrong et Aldrin, lorsqu'ils voudraient prendre un peu de repos lors de leur marche sur la Lune, d'adopter la position d'un ours fatigué pour s'éviter de tomber à la renverse au risque de déchirer leur costume.

Entre ces deux solutions — l'échasse du cheval et le socle de l'ours —, nombreux sont les cas intermédiaires, faisant découvrir autant de formules. À l'arrêt, le chien, le chat et le lapin peuvent — à la différence du cheval — s'accroupir sur leurs jarrets. Ils courent en revanche à la manière d'un cheval, en ce sens que leurs jarrets sont raides ; cependant le poids de leur corps repose non pas sur l'extrémité d'un os mais sur les doigts de leurs pattes. Mais le plus élaboré des pieds est assurément celui, intelligent et polyvalent, de l'homme. Sa structure lui permet de jouer un quadruple rôle : statique (répartition optimale du poids du corps sur une petite surface), adaptatif (sa géométrie est variable selon le terrain), équilibriste (la cheville prend en compte la déclivité du sol), propulsif (une bonne adhérence autorise une dynamique de locomotion).

De la marche au saut, il n'y a qu'un pas. Un animal qui galope peut, à certains moments, ne pas toucher le sol. En fait, la course relève de plusieurs formules : l'une d'elles implique une synchronisation des pattes arrière et des pattes avant, le corps s'arc-boutant.

Il est fréquent que les animaux se comportent en ressort chez les petites espèces. Parmi les grands mammifères, le kangourou nous donne un exemple de centre de gravité encore beaucoup plus en arrière que chez l'ours ; il peut se situer en arrière des pattes sans que l'animal tombe à la renverse quand son corps se cambre au-delà de la verticale. Il s'appuie sur sa queue. Et alors le triangle de sustentation formé par celle-ci avec les pattes pliées peut jouer le rôle d'une plate-forme pour permettre à l'animal — créateur de 2 à 3 *g* par le déploiement de ses jambes — de bondir à plus de 2 mètres au-dessus du sol pour franchir 7 mètres. Le même processus joue, à l'issue du saut, pour freiner le contact avec le sol, retrouvé de façon élastique : un énorme tendon permet de stocker 45% de l'énergie pour un nouveau bond. Au MIT, McLucam souligne l'analogie paradoxale avec le déplacement du dindon qui avance horizontalement en rebondissant de temps en temps.

La marche, la course, la reptation ont été adoptées par les animaux selon les terrains. Ceux-ci n'étaient jamais plats comme le sont aujourd'hui les voies construites pour nos véhicules à roues. Sur une Terre sauvage, la formule aurait été d'autant moins heureuse que, même là où le relief est peu marqué, elle n'aurait pas permis de bénéficier de la cinématique autorisée par des jambes aux articulations multiples dont la commande n'est pas loin de faire intervenir tout le corps. Cela illustre le fait que, pour son déplacement comme pour toutes ses autres activités, l'être vivant fait appel à l'ensemble de ses moyens dans une grande concertation.

Singulièrement, les muscles des membres dépendent de réseaux de neurones, situés dans la moelle épinière, offrant la possibilité d'exécuter plusieurs programmes — le pas, le trot et le galop pour un cheval — grâce à autant de cycles d'excitation. Le logiciel n'est pas fondamentalement différent des systèmes à bascule créés par des composants électroniques, encore que leur complexité est incroyablement plus grande — une vingtaine d'équations est nécessaire pour la seule description des événements au niveau d'une fente synaptique — et leur subordination à l'être totale.

Il est particulièrement intéressant d'étudier la manière dont les membres ou les organes sont commandés car l'origine du cerveau est là, dans les réseaux de neurones dont les êtres vivants se dotèrent pour d'abord se déplacer de la façon la plus judicieuse, ces réseaux ayant littéralement explosé depuis des êtres aussi primitifs qu'*Escherichia coli*. Ce fut, chez les pluricellulaires, l'aplysie : 4 neurones commandent le cœur de ce mollusque marin ressemblant à une grosse limace. Et 162 cellules forment le petit cerveau d'un ver primitif, l'ascaris.

Les besoins furent considérables chez le rapide mammifère, induisant un développement multifonctionnel de l'organe cérébral. À l'homme, il permet entre autre chose de retrouver un certain état passé lui ayant donné conscience d'un événement : il le revit. Il exécute des gestes en conséquence, cela également à la lumière du passé, c'est-à-dire sans être astreint à se pencher sur leurs modalités, il suffit de vouloir atteindre un but, pas plus que le lièvre fuyant le chasseur ne doit se livrer à des calculs pour décider du travail des muscles commandant ses pattes. Il a ce seul objectif : fuir au plus vite. Les mouvements, commandés par un réseau au service du système, sont élaborés en conséquence.

Ce caractère holiste du geste biologique contraste avec la démarche séquentielle, souvent maladroite, du robot. C'est là, plus encore que pour des difficultés matérielles, la raison profonde n'ayant pas permis de construire des robots dont la locomotion, ou plus généralement la gestique, simulerait l'être vivant. Certes, des hexapodes ont marché. Et un robot a pu monter un escalier, en dépit de l'extrême difficulté technique, compte tenu des multiples équilibres qui doivent être assurés, de faire avancer une machine sur deux pieds. Mais toujours il s'agit de programmes destinés à être exécutés dans un contexte déterminé, à partir de données fournies par des capteurs ou par des détecteurs d'amers. Cela laisse très loin de l'universalité d'action des êtres vivants, maîtres de gestes qu'il leur suffit de vouloir exécuter.

Les équations du robot

Pour prétendre imiter l'homme, la gestique du bras d'un robot devrait être non seulement globale, mais élaborée en tenant compte de son déplacement. C'est là un nouvel aspect de l'intégration : il ne saurait être question que les degrés de liberté soient pris en considération les uns après les autres. Ce n'est même pas une solution rationnelle que — par télécommande ou par des boucles cybernétiques fermées sur le milieu — un robot arrive sur un site pour ensuite élaborer un programme d'action en conséquence. Il sera peu probable que — quand il se sera immobilisé — le robot se trouve à l'endroit idéal, dans la meilleure attitude pour exécuter les bons gestes. Il est judicieux que les deux opérations soient conjuguées.

En tout état de cause, un robot mobile ne saurait être assimilé à un point matériel. S'il est doté d'un train avant (avec une ou deux roues) et, à l'arrière, de roues indépendantes ou liées par un différentiel, son déplacement fait appel à des mathématiques subtiles. Un positionnement par odométrie conduit à prendre en considération l'angle θ entre l'axe du robot et la direction de son mouvement. En notation vectorielle, les coordonnées de son centre obéissent à une relation :

$$dx_\mu = J\,dx_n \quad \text{avec} \quad J = \begin{bmatrix} \cos\theta & \sin\theta & 0 \\ \sin\theta & \cos\theta & 0 \\ 0 & 0 & 1 \end{bmatrix}$$

l'inversion de cette matrice étant facile (il suffit de changer θ en $-\theta$). Par ailleurs, si la méthode simple pour concevoir un déplacement est de l'imaginer comme une suite de translations et de rotations, la discontinuité cinématique représente une perte de temps et d'énergie, indépendamment de sa contravention formelle au principe des mouvements intégrés. Il est opportun de concevoir le déplacement comme une suite de segments de droite et d'arcs de *clothoïdes*, la clothoïde, encore appelée spirale de Cornu, étant ici exploitée pour ses propriétés mécaniques après avoir été introduite en optique avec les intégrales de Fresnel à partir d'expressions, dans le plan complexe, de type :

$$I = \int e^{ipx^2/2}\, dx.$$

On peut bien entendu doter le robot d'une calculatrice qui, à partir de ses x_i, y_i, θ_i initiaux lui donnera le meilleur bouquet de clothoïdes pour atteindre des x_f, y_f, θ_f finaux avec épisodiquement des recalages pour reprogrammer le robot à partir de ses positions réelles. Mais l'être vivant opère autrement, sans calculs algébriques avons-nous souligné, sous la commande d'un réseau neuronal que l'expérience a éduqué. Et son déplacement relève d'une tout autre formule : la gestique du bras est enclenchée avant que l'exécution du programme de déplacement ait été totale. Là est le secret de leur coordination : un « fondu-enchaîné » entre la phase finale du premier et la phase initiale du second, pour une éventuelle correction de celui-ci par celui-là si un repositionnement du robot s'avérait nécessaire.

La robotique est évidemment intéressante pour ses applications, à savoir les machines qu'elle produit pour nous assister, singulièrement dans des lieux insalubres ou dangereux. Elle ne l'est pas moins par les problèmes qui se posent — certains essentiellement mathématiques comme celui du déménageur de piano — lorsqu'on cherche à faire en sorte que les robots exécutent nos mouvements. On s'aperçoit que, le plus souvent, ce n'est pas possible en raison de leur intégration à notre moi de sorte que d'autres solutions doivent être recherchées.

Le déménageur de piano

Ce problème du déménageur de piano est abordé de façon exhaustive le 1er juin 1991 lors d'une journée annuelle de la Société mathématique de France ayant pris pour thème « Mathématiques et robotique ». Marie-Françoise Roy, de l'université de Rennes, montre qu'on peut le ramener à cette question d'algorithmique en géométrie algébrique réelle : deux points d'un ensemble semi-algébrique sont-ils dans la même composante connexe ? Une première étude de ce problème du déménageur de piano a permis de passer d'une complexité rendue doublement exponentielle par le nombre des variables, à une complexité simplement exponentielle à la lumière de la théorie de Morse. Ivan Kupka, de l'université Paris-VI, lui succède à la tribune pour présenter un certain nombre d'exemples : stabilisation d'un pendule double renversé, dynamique d'une lourde chaîne verticale déplacée horizontalement, commande optimale d'un système véhicule-remorque, équilibre élastique de barres minces, mouvement d'un corps rigide doté d'une antenne élastique. C'est l'occasion, chaque fois, de préciser d'abord les règles du jeu par un énoncé précis, pour ensuite considérer les solutions obtenues et les moyens mathématiques mis en œuvre, la part étant faite entre des acquis et des interrogations.

Mention doit par ailleurs être faite du problème des bras manipulateurs dans l'espace auxquels une absence de pesanteur, mais non d'inertie, confère un aspect particulier. Pour extraire des satellites de sa soute, la navette a été munie d'un bras long de 15 m à la commande duquel, souvent, des femmes ont été affectées. Un astronaute entraîné intègre littéralement le bras dans sa personne, réagissant beaucoup plus subtilement que ne pourrait le faire n'importe quel robot et d'aucuns en concluent que si l'on avait conçu la navette pour des robots, le besoin se serait fait sentir — dans l'esprit des considérations ci-dessus —, d'envoyer à leurs côtés des hommes afin de les assister. Pour la station internationale ISS, c'est, à la lumière de ces enseignements — pour conjuguer la souplesse cinématique du robot et l'intelligence de l'homme —, un nouveau bras, beaucoup plus élaboré, que les Canadiens ont conçu sous le nom de SPDM (*Special Purpose Dextrous Manipulator*) avec l'ambition d'une cinématique universelle par la nature des déplacements comme par la masse des objets manipulés.

Vito Volterra

Vito Volterra (1860-1940) est l'un des auteurs d'une « théorie des fonctionnelles » faisant correspondre à une courbe mathématique définie par n paramètres un point dans un espace à n dimensions. Sous son impulsion s'esquisse une biologie mathématique, étudiant les interactions au sein d'un être vivant comme entre les êtres d'un milieu dont le retentissement est immense. Cela en liaison avec l'école mathématique française qui, alors, vit son deuxième sommet après celui du XVIIe siècle. En 1898, une année sabbatique a permis à René Baire de se rendre auprès de Vito Volterra. Au point qu'en 1928 Émile Borel (1871-1936) invitera ce dernier à donner à l'Institut Henri-Poincaré des conférences sur une « Théorie mathématique de la lutte pour la vie ». Gaston Julia (1893-1978) en insérera le texte dans ses *Cahiers scientifiques.*

Des modèles de croissance sont proposés. Une population comporte évidemment un nombre entier d'individus N ; s'il est grand, il est toutefois licite de lui substituer une grandeur continue et de comparer son taux de variation dN/dt à l'importance de la population en écrivant $dN/dt = \varepsilon N$.

Par ce coefficient ε est prise en compte l'apparition de nouveaux êtres (quand naissances et immigration l'emportent sur décès et émigration). Dans le cas où ε est constant, N augmente proportionnellement à sa dérivée. Donc sa croissance est exponentielle. N_0 étant la population au temps $t = 0$, sa valeur au temps t est : $N = N_0 \, e^{\varepsilon t}$.

Si $\varepsilon < 0$, N tend vers zéro. C'est l'extinction d'une espèce fixée dans un refuge. Mais on peut aussi bien prendre en compte une catégorie particulière de la population d'un pays, par exemple ses physiciens ou ses mathématiciens, dont le nombre deviendra toujours plus faible en raison d'une fuite des cerveaux par l'appât de plus hauts salaires ou de meilleures conditions de travail ailleurs.

Si $\varepsilon = 0$, la population reste constante. Le cas apparaîtra tout théorique. Il peut en fait être imposé par des rétroactions.

Enfin si $\varepsilon > 0$, alors N double au bout du temps T tel que $e^{\varepsilon T} = 2$, soit $T = (\ln 2)/\varepsilon$. C'est un concept fécond en démographie : par exemple, à la fin du XXe siècle, les valeurs de T ont été voisines de 29 ans, 25 ans, 22 ans respectivement pour les populations du Nigeria, de l'Algérie et du Maroc.

Quel que soit le type de population, sa croissance exponentielle ne saurait toutefois se poursuivre que pendant un temps : des termes limitatifs interviendront. Ce sera, par exemple, entre individus, l'instauration de situations conflictuelles en nombre proportionnel à celui de leurs rencontres, soit $N(N-1)$, assimilable à N^2 si N est grand. Ainsi Verhulst put proposer une équation de la forme :

$$dN/dt = \varepsilon N - k N^2.$$

La loi de croissance est alors dite logistique. Après un début quasi exponentiel, on observe un ralentissement. Puis, c'est l'apparition d'un point d'inflexion, la croissance étant toujours plus lente jusqu'à une asymptote horizontale. On notera que la population des États-Unis est remarquablement modélisée par deux lois logistiques (avant et après 1945).

Volterra a étudié le scénario de plusieurs espèces sur un même territoire. Elles peuvent avoir besoin les unes des autres, et alors on se trouvera en présence d'un phénomène de synergie exigeant de prendre en compte le développement du « cénon » que leur ensemble constitue. Il comprendra des espèces végétales, animales et bactériennes. Le mathématicien sera par conséquent fondé à le représenter par un réseau : il est vulnérable si certains de ses nœuds sont occupés par une seule espèce. *A contrario*, une espèce peut faire partie de plusieurs cénons, cela augmentant ses chances de survie.

Encore que la distinction soit parfois subtile, la jungle est à l'opposé du cénon. Elle est l'entité que constituent n espèces se disputant une nourriture limitée, ou se nourrissant les unes des autres. Or les mathématiques contredisent certaines notions reçues. Ainsi aurait-on pu penser que la chasse et la pêche faisaient disparaître les espèces qui, étant les moins voraces, sont peu armées pour se défendre. C'est le contraire, montre Volterra, dont les conclusions sont corroborées au lendemain de la Première Guerre mondiale par Umberto d'Ancona. Durant le conflit, la pêche a été moins intense dans des ports tels que Trieste, Fiume et Venise. Or on constate un accroissement de la population des sélaciens très voraces se nourrissant d'autres poissons. On découvre aujourd'hui l'erreur d'avoir cru qu'en élevant des poissons dans des fermes — la production de celles-ci ayant doublé au cours des quinze dernières années — on assurerait une meilleure survie aux espèces dans la mer. Un bilan publié par *Nature* (29 juin 2000) fait ressortir certains effets pervers de l'aquaculture par les nouveaux réseaux qu'elle instaure. Dans le même ordre d'idées, le conseil est donné d'étudier comment varient les paramètres des plantes lorsque leurs parasites sont combattus.

Dans le cadre d'une théorie générale des systèmes, le professeur Bernard Elie-Weil a récemment montré que, si pour combattre un mal, on dispose de deux agents, A semblant efficace et B paraissant ne pas l'être, le mal pourra empirer si l'on retient exclusivement A mais diminuer par un emploi simultané de A et B...

Le nouveau hasard

C'est dans un nouvel esprit que les problèmes relatifs au hasard sont abordés. L'œuvre magistrale d'Émile Borel avait pu longtemps apparaître exhaustive à la fois sur le plan théorique et d'un point de vue pratique en nous invitant à regarder comme impossible, à l'échelle d'une vie humaine, un événement dont la probabilité est inférieure à 10^{-6}, et par ailleurs à nous méfier des évidences apparentes. Si, face à un groupe de 60 enfants, on vous demande la probabilité pour qu'il y en ait au moins deux à avoir la même date d'anniversaire, il faut donner une valeur très proche non de 1/6 mais de 1...

Un problème est aujourd'hui — à l'intention des systèmes dans lesquels on envoie des nombres aléatoires — la production d'un « hasard fort », pas tellement facile à obtenir mais indispensable pour interdire le décryptage, au moyen de machines injectant une « graine » dans une formule mathématique complexe et continuellement changeante.

C'est par ailleurs un haut niveau de sophistication qu'avaient atteint hier les travaux relatifs au mouvement brownien ainsi dénommé pour avoir été décrit par Robert Brown (1773-1858). À ce botaniste écossais, il était apparu que si l'on observe au microscope une poussière à la surface d'un liquide, elle est bousculée par les molécules de celui-ci et suit une trajectoire faite de tronçons stochastiques.

Un mouvement brownien formel est aujourd'hui étudié lorsque, à partir d'un point O, un mobile M peut se déplacer d'un pas en direction du nord, du sud, de l'est ou de l'ouest. Imaginez un parcours sur les lignes d'une feuille de papier quadrillé, le chemin étant dit auto-évitant s'il ne se recoupe pas. Alors, $OM_n = a_n$ croîtra lentement mais sûrement, le problème étant de savoir comment et pour cela de s'intéresser à la grandeur $(a_n)^{1/n}$. Or la loi se révèle identique quelle que soit la structure du treillis : au lieu d'être quadrangulaire, il peut être triangulaire. La suite a_n varie comme $m^{11/32}\mu^n$, cette fraction 11/32 revenant dans nombre de problèmes. On la retrouve par exemple dans la rencontre aléatoire. Lorsque M et M' partis respectivement de A et de B se recherchent mutuellement par des mouvements browniens formels, leur probabilité de ne pas se rencontrer est une fonction du nombre n de leurs pas communs qui varie comme $n^{-11/32}$. Cela dans $\mathbb{R}^2$, nous voulons dire dans le plan, car il n'y a apparemment pas de réplique de ces lois dans $\mathbb{R}^3$.

Le moi et la physique

Au sein d'une espèce, la biométrie étudie la distribution de différents paramètres sachant qu'il n'existe pas d'être vivant standard. Nombreuses sont par ailleurs, dans les sciences de la vie, les disciplines relevant des mathématiques.

Paradoxalement, c'est dans l'étude du système nerveux qu'elles semblent à la veille d'une impressionnante percée alors que sa mise en équations apparaît la plus audacieuse vu le rôle joué par un « moi », omniprésent en biologie. Nous avons mis l'accent sur la naïveté de prétendre étudier isolément un système de notre corps, même lorsqu'il semble jouer un rôle essentiellement physique et par ailleurs fait état des obstacles rencontrés quand on prétend copier la gestique de l'homme.

La sensation soulève les mêmes réflexions que l'action, et cela même si l'on étudie un organe dont la compréhension débute par des leçons d'optique géométrique pour expliquer l'œil et la manière dont il accommode : le cristallin est une lentille dont des muscles changent la forme afin d'obtenir l'image la plus nette sur la rétine, l'ouverture étant commandée automatiquement par l'éclairement. Tel fut le premier pas avant que l'électronique soit sollicitée pour expliquer la suite des événements : la rétine est en effet aujourd'hui regardée moins comme une plaque photographique que comme la cellule CCD d'une caméra numérique, avec deux différences majeures. C'est d'abord la sophistication du récepteur : un bâtonnet comporte à sa partie supérieure 2000 disques empilés, chacun étant construit sur une molécule d'opsine dont les 348 acides aminés sont enroulés selon 7 hélices, l'une d'elles portant un complexe chimique bistable dont l'excitation par la lumière est à l'origine d'une cascade de phénomènes.

C'est aussi sur la rétine une répartition non uniforme des cellules : leur nombre est considérable à l'intérieur d'une petite tache centrale, la fovéa, sur laquelle — par un diligent balayage cavalier — l'œil fait arriver, les unes après les autres, les parties d'une scène ayant retenu l'attention, en prélude à une décortication du message visuel qui commence dans la rétine même. Derrière 140 millions de cônes et bâtonnets, on compte 1 million de fibres seulement, pour envoyer au cerveau une information pertinente.

Ainsi sommes-nous plus acteurs que spectateurs. Nous choisissons ce que nous voulons voir, appauvrissant certains aspects du message reçu par notre œil alors que d'autres sont richement parés de nos souvenirs. Après avoir fait appel à différents chapitres de la physique pour décrire la chaîne visuelle, les neurosciences doivent de ce fait avouer leur incapacité à en comprendre le fonctionnement sans une permanente référence à l'ensemble, c'est-à-dire à notre moi, cette chaîne ne pouvant pas être étudiée comme, au laboratoire, nous mettons en équations un dispositif de transmission fonctionnant de la même manière, quel que soit le système dans lequel on l'insérerait. Et sans doute faut-il imaginer qu'il en va de notre milieu intérieur mental comme de notre milieu intérieur physique : chaque individu, qu'il soit mathématicien, peintre ou philosophe, construit son modèle de cosmos en fonction duquel il organise sa vie pour y trouver, disait Einstein, la paix et la tranquillité que ne lui assure pas le monde tourmenté dans lequel il est plongé.

Conformation du cerveau

Si nous nous tournons vers le tabernacle de ce moi, le cerveau, nous découvrons une étrange forme lobée qu'il s'impose de cartographier. Cela en vue d'interventions, mais d'abord pour comprendre l'organe, l'ambition étant d'en donner une représentation sur un support à deux dimensions à l'instar de ce que sait faire le géographe pour la Terre. Bien qu'elle soit ronde, c'est possible par sa projection, dite « de Mercator », sur un plan tangent, à condition d'accepter d'en ignorer les canyons.

Or les canyons du cerveau sont nombreux autant qu'importants ; c'est d'abord eux que l'on veut voir du fait qu'une grande partie de la surface cérébrale est quasi perpendiculaire au scalp.

Sir d'Arcy Thompson s'était attaché à dégager ce qui reste invariant dans une transformation géométrique. On eut ensuite recours aux nombres complexes. Enfin Riemann put montrer que, sous réserve de ne pas présenter de trou, une surface quelconque est justifiable de la transformation conforme — nous voulons dire conservatrice des angles — qui lui permettra d'être représentée sur un disque. Il ne donnait pas de procédure. Toutefois, en 1868-1870, de façon indépendante, Hermann Schwarz (1843-1921) et Christoffel trouvaient des formules pour cartographier sur un disque des régions polygonales, c'est-à-dire séparées les unes des autres par des segments de droite. Leur intérêt apparaissait alors théorique en raison du gigantisme des calculs. Or ils sont aujourd'hui possibles et l'on n'hésite pas à les demander aux ordinateurs pour, par exemple, prévoir les résultats d'une chirurgie.

Une autre attitude consiste à recourir à l'inversion avec la technique purement géométrique dite « de l'enveloppe circulaire », proposée par William Thurston de l'université de Californie à Davis — médaille Fields en 1985 — dans la foulée de recherches auxquelles s'était livré Eugenio Bertini (1846-1933) qui, après avoir combattu aux côtés de Garibaldi pour l'indépendance de l'Italie, enseigna la géométrie projective à l'université de Rome. L'inversion autorise en effet la projection stéréographique d'une sphère sur un plan : en France, cette transformation figurait autrefois au programme de mathématiques élémentaires (devenue terminale C, puis — dans un certain sens — terminale S), sa disparition de l'enseignement ayant été assez incompréhensible. Le principe, déjà évoqué à propos de la lemniscate, consiste, étant donné un point M à la distance ρ d'un « centre d'inversion » O et distinct de O, à lui faire correspondre le point M' à la distance ρ' de O telle que M et M' étant alignés avec O et du même côté de lui, on ait $\rho\rho' = k^2$: l'inversion « conserve » les angles (en fait, elle oppose leurs mesures algébriques), et l'on montre que, si O est un point d'une sphère (S), son inverse est un plan tandis que les parallèles et méridiens de (S) sont respectivement des cercles concentriques et des diamètres de ces cercles.

Non seulement l'inversion conserve les angles, mais la démonstration avait été donnée par Liouville que, dans un espace de dimension trois, il n'y a pas de transformation de ce type (dite conforme) autre que la translation, la rotation, la dilatation (agrandissement ou réduction) et l'inversion, cette dernière étant la seule par laquelle l'aspect de la courbe se trouve changé. D'où les études théoriques — pour lui assurer une extrême rigueur — auxquelles elle donne aujourd'hui lieu, singulièrement en optique. Dans le cas du cerveau, il suffit de procéder à des triangulations à partir des données que peuvent fournir les techniques PET. Une triangulation du *cerebellum* est réalisée, à la Florida State University, par Monica Hurdal et DeWitt Summers.

La formule respecte les symétries plus que toutes les autres méthodes, mais celles-ci peuvent trouver la faveur du praticien. Notamment, le recours aux imaginaires reste très apprécié, dans la foulée des recherches dont Joukovski avait montré l'immense intérêt en aéronautique, les utilisateurs affichant un intérêt particulier pour des transformations de type $Z = \ln z$ ou $Z = z^i$.

Brodmann

On représente très bien l'organe cérébral, mais c'est alors que les vrais problèmes se posent tant il est vrai que l'on ne saurait comparer sa carte à un plan du métro, en raisonnant sur le cerveau standard de Korbin Brodmann (1868-1918) dont les 52 aires occuperaient les mêmes emplacements et seraient identiques chez tous les sujets.

D'un individu à l'autre, les écarts peuvent se mesurer en centimètres pour une formation aussi fondamentale que la scissure de Rolando séparant les lobes frontal et pariétal. Non seulement chacun a son cerveau propre mais il en est le maître, le transformant selon les activités auxquelles il se livre — la fréquence d'un geste a des incidences sur l'aire cérébrale concernée, comme on le constate chez un violoniste faisant largement intervenir son auriculaire — et selon le mode opératoire : deux personnes ne recourent pas forcément aux mêmes groupes de neurones pour exécuter un même mouvement.

Cela, à considérer un usage normal car les transformations sont évidemment profondes dans le cas de jeunes enfants chez lesquels on a dû procéder à l'ablation d'une zone de leur cerveau, voire d'un hémisphère : l'autre se réorganise pour assumer au moins une partie de ses fonctions. Certains vont jusqu'à affirmer qu'à la naissance il n'y aurait guère de zone dédiée. Au demeurant qu'entend-t-on par là ? L'aire de Broca est présentée comme « le centre du langage ». Or concrètement, on peut seulement dire qu'elle contrôle les muscles des lèvres, de la langue, du voile du palais et des cordes vocales, l'effet pouvant être à peu près le même lorsque d'autres aires viennent à exercer ces fonctions. Les aires cérébrales seraient largement polyvalentes comme lorsque vous vous installez dans un appartement : vous tenez compte de l'exposition d'une pièce pour en faire une chambre, une salle de séjour ou une cuisine, mais à la rigueur, vous pourriez les affecter à votre gré.

Cela fait présumer que, dans le cerveau, importerait moins la substance de ses différentes parties que leur affectation.

Qui en décide ? Vous, bien entendu. Pas en tant qu'individu qui connaîtrait le plan de votre cerveau et l'exploiterait en conséquence mais en tant que système auto-organisateur. La vie mentale offrirait une réplique au scénario imaginé par le biologiste Hans Spemann (1869-1941) — prix Nobel de médecine en 1935 — pour rendre compte du développement d'un embryon : toutes les cellules de celui-ci ont les mêmes potentialités, mais le système constitué par leur ensemble intervient pour commander leur destin. Cela corrobore, si besoin en était, la nécessité — pour l'étude du cerveau plus encore que pour celle de l'être vivant — de s'intéresser aux rapports entre les parties et le tout. C'était en biologie la vie, c'est ici l'esprit si l'on donne ce nom à l'entité constituée par le cerveau quand on prend en compte non les parties mais l'organisation — nous avons proposé de dire le *sémantiel* — dont elles sont créatrices.

Cela revient à voir dans le cerveau un magasin dont cet esprit serait le magasinier, en l'occurrence un magasin de données. On s'interrogera en premier lieu sur sa capacité.

Or la quantité d'information pouvant être présente dans un système dépend de sa variance, c'est-à-dire du nombre des « positions » qu'il peut prendre. Les mémoires de nos ordinateurs sont des disques, sur lesquels des 1 et des 0 sont consignés sous la forme d'aimantations ou d'un relief (disque optique). Ce sont encore des circuits semi-conducteurs dont on ferme ou ouvre les portes selon un certain code : toujours une « adresse » désigne la zone où a été stockée une suite de 1 et de 0, représentative de données. La variance du cerveau est dans la connectique de ses 100 milliards de neurones, chacun envoyant des trains d'impulsions à beaucoup d'autres. Cela se traduit par une fabuleuse combinatoire doublée d'une grande cohésion : si l'on part d'un quelconque neurone, on peut généralement en atteindre un autre par un nombre réduit d'étapes, une telle situation autorisant des réponses rapides. Ce sont par ailleurs une extrême souplesse et une continuelle mouvance : tous ces neurones entrent dans des boucles qui se commandent mutuellement, restructurant le cerveau et étant restructurées par lui. Le fait pour un neurone de faire partie de l'extraordinaire réseau cérébral se traduit par un bruit, aujourd'hui décelé par des microélectrodes : elles mesurent un potentiel de membrane dont les fluctuations révèlent l'activité de ce réseau dont le nombre configurations potentielles est gigantesque.

Il est en fait incomparablement supérieur à toute l'information que nous lui demanderons d'enregistrer au cours de notre existence, tant il est vrai que c'est là seulement une de ses fonctions, assumée d'une manière très différente de celle de nos machines. On doit considérer en effet que le cerveau « est » mémoire. Il n'a pas de mémoire en ce sens que l'on ne saurait l'assimiler à une série de compartiments auxquels on accéderait par un code. Les données sont stockées par autant d'aspects de sa configuration, aux niveaux du cerveau entier, d'une zone de celui-ci, voire d'un neurone qui pourra être le porte-parole d'une assemblée. On préférera parler de points de passage obligés plutôt que de localisations. À chaque neurone, son emplacement dans le réseau vaut une signature sans que celle-ci soit immuable : elle est modifiée par des excitations en provenance du monde extérieur, par sa vie propre, par l'esprit ; un neurone aura le cas échéant plusieurs signatures selon les boucles dont il fait partie. Cela incite à voir dans les gestes mentaux la réplique des gestes physiques, avec des algorithmes de pensée homologues des algorithmes de mouvement.

Gerald Edelman, prix Nobel de physiologie et de médecine en 1972, a proposé le modèle d'un darwinisme neuronal pour rendre compte de l'organisation du cerveau et des boucles qui en émergent. Transposant au cerveau le principe de sa « topobiologie », le directeur de l'Institut des neurosciences à La Jolla souligne qu'avec une régularité moyenne le cerveau se situe à mi-chemin entre le chaos d'objets et un polyèdre régulier. En revanche, il est extrêmement haut en complexité : cela lui assure à la fois une extrême stabilité et un nombre considérable d'états valant à ce grand intermédiaire entre la sensation et l'action de pouvoir subtilement moduler celle-ci.

La magie des équations intrinsèques

La conduite par l'être vivant d'une action judicieuse sur le milieu passe en effet par une modélisation de celui-ci, et c'est une étonnante solution que le cerveau a donnée au passionnant problème mathématique de la reconnaissance. Comment identifier les lieux, les choses ou les êtres ? Comment s'assurer que nous avons devant nous ce que nous avons déjà vu ?

Nous savons que les robots recourent surtout à des amers. Un oiseau se guide par la collection de paramètres attachés à un lieu.

La vision offre de larges possibilités mais sa mise en œuvre n'est pas facile. Un calcul de probabilité apprend que nous n'avons pratiquement aucune chance de contempler deux fois la même scène, entendons que chacune des 140 millions de cellules de chacune de nos rétines recevrait le même éclairement. Ainsi vous avez quotidiennent l'occasion de regarder votre stylo sous tous les angles ; cependant il vous donne des images rétiniennes toujours différentes du fait que sa distance, son orientation, son éclairement ne sont pas les mêmes.

Mais vous êtes capables de le reconnaître parce que votre système nerveux « casse » le message visuel jusqu'à trouver des éléments qui, eux, auront déjà été vus sur cet objet ou sur d'autres.

Ce sont notamment des lignes : elles définissent le contour des choses et elles les segmentent. Il faut en l'occurrence instruire le procès des coordonnées cartésiennes vantées sur un plan mathématique. Elles donnent une intéressante représentation d'une courbe, surtout si l'on prend pour origine un point remarquable de celle-ci. Mais il y aura autant d'équations que de systèmes d'axes.

Il en va autrement avec l'équation dite intrinsèque qui autorise la description d'une ligne L sans faire intervenir de facteur extérieur. Vous l'obtenez si, partant d'un point A de cette ligne (son extrémité, si elle en a une), vous explicitez la relation qui existe nécessairement entre l'arc $\overset{\frown}{AM} = s$ et le rayon de courbure R en M. Par exemple

R garde une valeur constante si L est un cercle ou une droite (R est infini dans ce dernier cas). Dans le cas général, la fonction $R(s)$ caractérise la ligne à une similitude près. Or on peut dire qu'elle est trouvée par notre cerveau : ses colonnes substituent en effet aux éléments d'une ligne L une suite de petits traits dont il suffit de prendre en considération les différentes orientations quand la courbe est parcourue. Notre « souvenir » de L sera ainsi la séquence des virages révélés ; elle nous permettra de reconnaître L facilement si elle se représente à nous dans la même attitude (l'horizontale étant *a priori* prise pour référence).

Cette séquence sera en effet caractéristique de L. Ainsi avons-nous en mémoire des catalogues de lignes types, nous permettant de dire que telle personne « ressemble » à une persienne ou à un sapin. Un objet sera d'une manière générale un bouquet de lignes ayant des positions relatives déterminées. Les mathématiques ont dégagé la logique de l'opération, les neurologues ont étudié la décomposition de messages visuels jusqu'à ses éléments premiers appelés *geons* (*geometric ions*) par Bidermann.

Eccles

« Esprit » est donc le nom proposé pour désigner l'entité non physique associée au cerveau, créée par l'ensemble de ces connexions et ayant un rôle actif. Une entité dont on ne saurait dire qu'elle est l'émanation du cerveau puisqu'elle le commande : elle l'incite à fabriquer de la dopamine à la seule pensée d'un événement. Elle l'utilise. Mais elle a besoin de lui comme l'être vivant trouve dans son milieu les ressorts de son autonomie d'abord parce que — nous avons tenu à le souligner — il y puise la matière de sa survie : il est autre chose que cette matière, mais elle lui est nécessaire. Pareillement, l'esprit doit sa vie aux richesses sémantielles inhérentes à la variance du cerveau, la question majeure étant de savoir comment il agit sur celui-ci.

Modifierait-il sa connectique ? C'est ce qu'avait, dans un premier temps, imaginé le prix Nobel John C. Eccles (1903-1996), qui posa le problème à divers spécialistes, dont Eugen Wigner, lui-même fort attaché à comprendre le phénomène de conscience : une piste a été suggérée par le directeur du département de Physique nucléaire à l'université de Darmstadt, Friedrich Beck. Celui-ci partit de la considération que le monde particulaire est régi par une mécanique quantique, dans laquelle interviennent les concepts d'indétermination et de liberté. Ils s'estompent à une échelle macroscopique dans la plupart des cas mais pas dans tous, et notamment ils resteraient dominants — pour rendre compte du libre arbitre d'un moi — dans une organisation telle que le cerveau, macroscopique par sa dimension mais largement régie par une mécanique particulaire du fait de la très petite échelle à laquelle se déroulent les phénomènes par lesquels la vie et la pensée sont concernées.

Or le calcul fit déboucher sur une découverte de taille. À la question de savoir si l'esprit peut agir sur une synapse de notre cerveau, c'est une réponse négative que Beck se trouva conduit à donner : l'équation de Margenau est loin de fournir l'énergie suffisante pour que la connectique des neurones devienne différente. En revanche, l'esprit est créateur d'un champ pouvant biaiser l'activité du cerveau et, dans des conditions critiques, induire la levée d'options dans un certain sens. Traduisez : vous avez un libre arbitre « au second degré ». En voulant une chose, vous créez un climat mental qui, à l'occasion, augmentera vos chances de l'obtenir, sans qu'une correspondance biunivoque soit concevable entre l'esprit et le cerveau. Nous ne sommes pas à même de changer le cours des événements à tout bout de champ : nous le pouvons épisodiquement et, d'une certaine manière, à condition de le vouloir tout le temps.

Dans cette « conclusion », d'aucuns verront un prologue à une science de l'esprit, le moi et la conscience — cet écho en nous de l'entité attachée à tout ce qui, face à l'univers, s'organise — promettant d'être étudiés dans la foulée des travaux auxquels s'est livré ce précurseur en une telle discipline comme dans d'autres : Von Neumann. Des données dans notre cerveau deviennent des informations dans notre esprit, avait-il considéré, évoquant l'acte d'assimilation que ce passage implique. Il exige souvent ce que, dès 1890, le pragmatiste William James (1842-1910) avait présenté comme un muscle mental : l'attention. Nous avons la perception d'une chose quand nous en avons fait un objet à usage interne, avait pour sa part considéré Husserl.

La possibilité s'offre de créer des objets mentaux artificiels. Dans le rêve, nous croyons être le témoin de scènes qui n'existent pas. La fabrication d'objets mentaux par des sujets éveillés a d'autre part été étudiée, notamment à Lyon par Marc Jeannerod et à San Diego par Vilayanar S. Ramachandran : si l'on présente à un sujet un mannequin que l'on touche en même temps que l'on exerce pareille action sur lui, il inclura le mannequin dans son moi, la démonstration étant donnée d'une intégration possible d'objets extérieurs au corps.

Surtout, une question majeure ne manque de se poser alors que les techniques électroniques et informatiques permettent à l'homme d'être mieux nourri intellectuellement après qu'une nourriture elle-même beaucoup plus riche a été procurée à son corps.

La plasticité du cerveau jouant, il faut entrevoir la perspective que son sémantiel sera demain considérablement plus élaboré et donc que l'esprit puisse en assurer plus efficacement la commande. Si tel était le cas, la révolution du XXIe siècle serait moins biologique que mentale, à l'enseigne d'une fantastique promotion des mathématiques.

Objets mathématiques, seriez-vous notre âme ?

Nous raisonnons en effet comme si une entité non matérielle et spécifiquement qualitative, inductrice de l'esprit, devait être associée aux organisations ainsi que l'avait déjà suggéré Riemann. Or une organisation est un objet mathématique.

Et là, c'est une singulière actualisation de la distinction qu'Aristote avait autrefois faite, voyant dans les mathématiques le moyen de bâtir et d'explorer l'espace immatériel. Aujourd'hui peuplé de symboles et de relations, il débouche en biologie sur l'esprit, le mental apparaissant de plus en plus comme un écho du neuronal, sans cependant avoir avec lui des liens autres que ceux existant entre une réalité physique et son objet mathématique associé. Nos apports sensoriels comme nos mémorisations ont en effet des supports neuronaux spécifiques ne rendant pas compte de la perception. Cependant, à l'instant de l'univers physique, notre univers mental tient ses attributs de son contenu de sorte qu'une description de l'esprit exige de prendre en considération des objets mathématiques, et cela dans un espace de dimension n si le réseau neuronal qui le sous-tend se caractérise par n mailles principales.

La considération mérite de retenir au plus haut point l'attention, en prélude à une étude du système nerveux, quand on étudie un réseau : s'il possède n mailles fondamentales, il est le théâtre d'événements se déroulant dans leur espace.

D'où l'intérêt que présentent les espaces de dimension n, naguère étudiés sur un plan théorique faute de représentation quand l'entier n franchit les 3 unités imparties comme cran d'arrêt à la géométrie non libérée du monde réel, ainsi que le disait joliment Georges Bouligand dans sa *Théorie des groupes.* Il a pu être établi qu'après un nombre infini de polygones réguliers dans $\mathbb{R}^2$ et 5 polyèdres réguliers dans $\mathbb{R}^3$, on doit tabler, dans $\mathbb{R}^4$, sur l'existence de 6 « polytopes » réguliers pouvant se manifester par certains effets, nos polyèdres 3 D en cristallographie. Trois de ces polytopes réguliers dans $\mathbb{R}^4$ sont formés de 5, 16 et 600 cellules tétraédriques ; ce sont d'autre part l'hypercube (encore appelé tesseract) fait de 8 cellules cubiques, un polytope de 24 cellules octaédriques et un polytope de 120 cellules octaédriques. Dans $\mathbb{R}^n$, les polytopes réguliers — dont le nombre est uniformément égal à 3 pour $n \geqslant 5$ — ont pour cellules des polytopes réguliers de R_{n-1}.

On introduit d'autre part dans $\mathbb{R}^n$ le concept de « boule » généralisant celui de cercle dans $\mathbb{R}^2$ et de sphère dans $\mathbb{R}^3$ avec la possibilité de calculer son volume par les formules :

$$\begin{cases} V = \dfrac{\pi^d R^n}{d!} & \text{pour } n = 2d \\[2ex] V = \dfrac{2^{d+1}\pi^d R^n}{1.3.5.....(2d+1)} & \text{pour } n = 2d+1. \end{cases}$$

Charles Ehresmann (1905-1979)

Il nous faut en ce sens évoquer l'œuvre fort importante du mathématicien Charles Ehresmann. Elle présente trois volets.

C'est d'abord sa contribution au développement de la géométrie différentielle dans le prolongement d'une thèse sur la topologie des espaces homogènes, soutenue en 1934. Il l'avait préparée sous la direction d'Élie Cartan et écrite à Princeton où il avait été *Procter Visiting Fellow* deux années durant, après un séjour d'études à Göttingen avec Hermann Weyl.

C'est ensuite son œuvre de cocréateur d'une *théorie des catégories*, un domaine des mathématiques introduit au lendemain de la Seconde Guerre mondiale par Samuel Eilenberg (1913-1998) et Saunders Maclane (né en 1909) pour associer canoniquement des groupes à d'autres objets mathématiques et forger un outil d'organisation des mathématiques. Un groupe est une catégorie particulière. Ehresmann introduit les catégories à partir des groupoïdes, eux-mêmes généralisant la théorie des groupes. Une catégorie est une classe d'éléments qui obéissent à une loi de composition partiellement définie, vérifiant divers axiomes. Un élément — le morphisme — est représenté par une flèche entre une source et une cible pour créer une cartographie dynamique, particulièrement intéressante en neurosciences.

Après la disparition d'Ehresmann en 1979, son travail a été rassemblé et son œuvre continuée par son épouse, mathématicienne, en collaboration avec un médecin, Jean-Pierre Vanbremeersch, leurs mémoires sur les systèmes évolutifs et une modélisation de la conscience représentent une des plus précieuses contributions, en langue française, sur ce thème. Ils mettent l'accent sur une situation que nous avons rencontrée avec les sciences de la Terre, lorsque des constantes de temps très différentes sont attachées à des phénomènes imbriqués : ce qui change sur la durée est structure sur une courte tranche de temps, donc mémoire puisque représentant un ensemble de contraintes — hérité du passé — à travers lequel le présent est traité.

L'état d'un système évolutif, avec ses éléments et leurs relations, est modélisé par une catégorie décrivant son organisation avec la possibilité de prendre en compte ses états successifs grâce à des foncteurs décrivant des transitions : le nom de *foncteur* est donné à des liens assurés entre catégories avec respect des lois de composition. Lorsque les objets sont répartis selon des niveaux de complexité, on se trouve en présence d'un système évolutif hiérarchique. Il évolue toutefois moins à la manière d'un cube d'Ernö Rubik, auquel le groupe des rotations permet de prendre ou reprendre des aspects remarquables, que d'un être vivant en raison à la fois de ses modifications internes et de ses échanges avec le milieu sous l'effet d'un réseau de corégulateurs. Un corégulateur pourra être à l'origine d'une stratégie en supprimant ou en ajoutant des boucles — ainsi évolue le sémantiel d'un réseau — avec la possibilité que s'élabore un objet complexe et que se développe un processus d'apprentissage par essais et erreurs avec, à chaque instant, une représentation interne et une possible intervention d'évaluateurs. Cela rend compte, en termes abstraits mais adéquats, de l'être vivant en tant qu'objet biologique. Et également de l'esprit, objet non matériel, le cerveau étant leur interface.

Cela alors que les mathématiques trouvent leur unité. Là aura été le troisième volet de la contribution de Charles Ehresmann, à savoir une conception des mathématiques ayant dépassé le temps de problèmes à résoudre, libre cours devant être laissé à son évolution créatrice.

Le mouvement serait comparable à celui vécu en chimie, à savoir une prédictivité pour la synthèse de substances après une étude des combinaisons apparues naturellement, l'une et l'autre prenant en considération les potentialités de la matière. Ce sont ici les potentialités de l'esprit, au centre d'une conception « unitaire » des mathématiques, activité suprême au sens platonicien du terme, à la fois science, art et philosophie à travers la question : « D'où vient-il que nous pouvons être conscients d'elles et quelle est leur essence ? » Un thème développé lors de la conférence prémonitoire *Trends forward unity in mathematics* que Charles Ehresmann donna à l'université du Kansas le 25 avril 1966.

Conclusion

Les mathématiques sont si jubilatoires et si omniprésentes dans tous les aspects de notre société hypertechnologique que l'on serait fondé à croire chacun désireux d'en psalmodier les vertus. Hélas ! leurs ennemis sont légion et ils occupent largement la scène médiatique : il n'est pas de bon ton de dire aujourd'hui que l'on aime les mathématiques.

Qui oserait déclarer ne s'être jamais senti à l'aise devant les problèmes de critique littéraire, alors que presque tout un chacun avoue volontiers avec coquetterie, s'identifier au Victor Hugo des *Contemplations* (« Aurore », XIII, « À propos d'Horace ») :

> *J'étais alors en proie à la mathématique.*
> *Temps sombre ! enfant ému du frisson poétique,*
> *Pauvre oiseau qui heurtais du crâne mes barreaux,*
> *On me livrait tout vif aux chiffres, noirs bourreaux.*

Avant lui, pour Chateaubriand, les mathématiques *« ne sont en effet que des signes généraux d'idées qui nous épargnent la peine d'en avoir »* (extrait d'un texte donné à commenter dans une classe de première d'un lycée parisien). Il ajoute : *« En outre, est-il bien vrai que les mathématiques soient si nécessaires dans la vie ? »*

À toute époque dans les salons, certains habitués, qui n'avaient pas le génie de Hugo ou de Chateaubriand, ont ironisé sur l'esprit de géométrie opposé à l'esprit de finesse. Ils commettaient là un contresens, à jamais enfoncé dans les crânes, sur un mot de Pascal qui savait, lui, de quoi il parlait.

Du Capitole à la roche Tarpéienne

Toutes ces imprécations bien excessives ont longtemps fait sourire. En réalité et pendant plus d'un siècle, *« les X et les Y »* sur l'affreux chevalet desquels on *« tordait »* notre poète furent, au contraire, souvent considérés avec respect et honneur dans la société industrielle qui donnait toute sa place à la science : elle impliquait de plus en plus son évolution. Heureusement, d'autres géants de la littérature, Lautréamont et Stendhal par exemple, montreront moins de hargne que les deux formidables procureurs cités plus haut...

Aujourd'hui pourtant, et presque dans le monde entier, les anathèmes hugoliens — utilisés non sans malice un peu médiocre comme thème d'une épreuve écrite du baccalauréat de français en 1999 — seraient volontiers repris par nombre de censeurs, intellectuellement corrects, prêts à vilipender *« le théorème orné de tous ses corollaires. »* Plus choquant que les tirades de deux grands hommes pétris de certitudes et sans doute emportés par leur ego apparaît ce fait que les attaques contemporaines contre les mathématiques viennent d'où on ne les attendrait pas. Ce sont en effet de vrais scientifiques de haut niveau qui, ces dernières années, sont montés à l'assaut avec une détermination et une hargne qui ont séduit, au moins temporairement, l'opinion publique.

Donnons quelques citations — inutile d'en indiquer les auteurs, les polémiques étant ici sans intérêt :

« Les mathématiques ne constituent pas une culture. »

« Je n'ai pas toujours été convaincu, je ne suis pas convaincu de la légitimité de l'enseignement mathématique dans le secondaire. »

« Nous voyons dans les mathématiques l'archétype de la science, alors qu'elles ne sont pas une science "ordinaire". C'est une construction neuronale magnifique et un superbe outil pour la science, mais pas une science qui étudie les lois de la nature. »

« L'institution d'un concours à l'entrée de Polytechnique impose les mathématiques comme outil de recrutement, pour la simple raison que c'est la matière la plus facile à corriger de manière objective. »

« La science des ordinateurs s'est développée presque sans [mathématiques], *en alliant technologie et combinatoire, sans théorèmes ni formules complexes. »*

« Va-t-on continuer à recourir aux mathématiques pour calculer ? Depuis l'apparition des calculettes on n'enseigne plus à extraire une racine carrée, ni à se servir d'une table de logarithmes. »

« Découvrir les mystères du monde par la seule puissance de l'esprit, n'est-ce pas le rêve platonicien qui hante les esprits de tous les théoriciens, et qu'Einstein traduisait par le

célèbre aphorisme "Je veux connaître la pensée de Dieu, le reste n'est que détail". Pourtant il ne faut voir là qu'une orgueilleuse illusion... »

Et enfin : *« les mathématiques sont en train de se dévaluer de manière quasi inéluctable. Désormais, il y a des machines pour faire les calculs.* Idem *pour les constructions de courbes. »*

Les grands médias n'en croient pas leurs yeux, et jubilent en condamnant *« une consternante "géométrisation des esprits dirigeants" [...] La France n'a-t-elle pas toujours préféré "les certitudes de l'esprit aux incertitudes dérangeantes du monde réel" ? »*, tout cela sous le titre gourmand et alléchant : *« La science piégée par les maths »*. En voici un autre, qui tout en reconnaissant que les mathématiques *« ne sont pas, non plus, universellement mauvaises »* (merci !), met au pilori *« la spécialisation mathématique de l'enseignement [...] entraînant une monodimensionnalité culturelle et une méconnaissance dramatique des grands thèmes de la science moderne »* (ouf).

Le dernier commentateur cité croit enfoncer le clou par cette diatribe : *« Pourquoi ne pas piquer la curiosité avant de la satisfaire ? »*, et jette l'anathème sur ce qui lui paraît un sombre corollaire de la démarche néoplatonicienne : vouloir à tout prix *« extraire* [des problèmes tels qu'il sont] *une réduction, immédiatement mathématisable, mais détachée du réel »*. Cette animosité vient des mathématiques modernes.

L'aventure des mathématiques « modernes »

Le haro sur les mathématiques « classiques », en 1966, est lancé à un moment très particulier. On a vu s'esquisser une symbiose entre sciences humaines et sciences mathématiques, les premières ayant besoin des secondes pour cesser d'être floues : les mathématiques leur fournissent l'objectif permettant d'obtenir une image nette. Au lieu d'enlever quelque chose, elles assurent un apport. Jean Papillon l'explique bien, dans un article publié dans *Le Figaro* du 25 mai 1964 dans le compte-rendu des entretiens de Monaco, qui placent les mathématiques au centre de toutes les disciplines. Celles-ci sont promises à se développer dans la mesure où les mathématiques progresseront elle-mêmes.

Singulièrement, l'attention est attirée à l'époque sur la double fécondité du concept de modèle. Avec lui s'opère la jonction souhaitée ; des hommes conscients de la complexité de la réalité et de la valeur des outils mathématiques sont à même de dire lesquels rendront le mieux compte de la réalité. Et aussi, la puissance toujours croissante des machines mathématiques donne d'un phénomène une image que l'on pourra rendre aussi fidèle que l'on voudra. Cela annonce le prototype d'emblée parfait, l'avion qu'il ne sera plus nécessaire de tester dans une soufflerie autre que mathématique. Le rôle que les simulateurs vont jouer dans une nouvelle civilisation est bien expliqué par Louis Chevallier, professeur au Collège de France, qui nous donne cette définition du modèle : *une expression mathématique permettant de dire quelque chose sur une grandeur si l'on en connaît une autre.*

D'où vient-il que les mathématiques dites « modernes » soient soudain imposées avec un tout autre état d'esprit ? Leur histoire mérite d'être contée.

L'histoire des mathématiques modernes (*new maths* dans le monde anglo-saxon) ne peut qu'être évoquée ici. On trouvera par exemple quelques éléments de réflexion complémentaires dans différents ouvrages parus en 2000, par exemple *Homo mathematicus*, et surtout dans l'excellent numéro spécial de la revue *Pour la science* consacré à Nicolas Bourbaki. L'épisode nous importe dans la mesure où ce qui fut une mode impressionnante a marqué l'apogée de la faveur des mathématiques, avant de les précipiter dix ans plus tard dans un enfer où elles se sont de plus en plus enfoncées jusqu'à ce jour.

Il s'agissait en fait d'une lame de fond mondiale, à considérer dans sa spécificité française, sans doute d'ailleurs la plus riche et la plus excessive. L'année 1956 a vu l'introduction de notions d'algèbre linéaire dans les concours des grandes écoles. Il est vrai que l'enseignement d'un Henri Cartan (né en 1904), à l'École normale supérieure, ou d'un Gustave Choquet (né en 1915), à la Sorbonne, avait déjà secoué salutairement à partir de 1950 l'enseignement supérieur un peu endormi sur ses lauriers. Cela dit, on pourrait dater l'irruption des mathématiques modernes, hors du cercle étroit des spécialistes, de l'époque du transfert de l'École des hautes études commerciales. Les deux auteurs de ce livre y étaient alors professeurs, sur son campus de Jouy-en-Josas en 1966.

Sous l'influence du professeur Pierre Rosenstiehl, de retour des États-Unis, cette école décide de suivre la voie ouverte par les *Business Schools* américaines, en adoptant leur enseignement des mathématiques « discrètes », dites de la décision. L'inspection générale de mathématiques accepte alors intelligemment de rédiger, avec l'aide de Rosenstiehl et de l'un de ses professeurs, un premier programme pour les classes préparatoires au haut enseignement commercial où l'on voit poindre des notions de la célèbre théorie des ensembles (mise au point vers 1870 par Georges Cantor ! excusez pour la modernité), notamment en vue des probabilités, des statistiques et des rudiments d'algèbre linéaire déjà présents dans les cursus d'ingénieurs.

Pour s'occuper des premières « petites classes » où seront enseignées ces techniques nouvelles, il est piquant de relever qu'HEC n'a pu trouver dans le vivier des mathématiciens « classiques » que très peu de personnes capables de se renouveler suffisamment vite. L'essentiel des pionniers alors engagés furent de jeunes et brillants ingénieurs à l'esprit souple (polytechniciens pour la plupart), futurs présidents des plus grandes banques (d'affaires ou de dépôt), ou de prestigieuses maisons d'édition.... Les mathématiques modernes auront mené à tous les métiers !

En cette même année 1966, se tient à Moscou un Congrès international des mathématiques. Un quotidien et un mensuel expliquent au public ce que sont les médailles Fields qui y sont décernées (par exemple celle d'Alexandre Grothendieck). Laurent Schwartz, professeur à l'École polytechnique, né en 1915, lui-même médaillé en 1950, souffle à un journaliste qu'il serait peut-être intéressant de profiter de cette tribune rare. Il faut expliquer qu'il n'est que trop urgent de réformer un enseignement secondaire qui en était resté, pour l'essentiel, à ce qu'il était au temps de Poincaré ; Schwartz dicte pratiquement l'article.

Celui-ci attire l'attention de Michel Bruguière, normalien littéraire membre du cabinet du Premier ministre, qui demande au signataire, camarade d'École, de lui confimer l'intérêt (sinon la nécessité) d'une profonde réforme. Le conseiller de Georges Pompidou pour les questions d'éducation (l'inspecteur général Henri Domerg) accepte alors de proposer au Premier ministre la création d'une commission ayant carte blanche. Le nom d'André Lichnérowicz (1915- 1998), intellectuel chaleureux et plein d'humour, brillant mathématicien ayant toujours travaillé dans des domaines proches de la physique théorique, s'impose alors, celui de Schwartz étant encore trop marqué par la période difficile de la guerre d'Algérie.

La commission Lichnérowicz

Cette commission sera formée, comme il est d'usage, de mathématiciens de l'enseignement supérieur, du doyen de l'inspection générale et de professeurs de lycée (notamment liés à l'Association des professeurs de mathématiques de l'enseignement public — APMEP). Il est regrettable, avec le temps, de noter qu'à part l'exception assurément très notable de son président, elle n'a pas su retenir en son sein, pour la rédaction effective des programmes, les personnalités de premier rang qu'elle avait recrutées. La lourdeur du travail aidant, seuls sont restés en lice, crayon en main, des mathématiciens moins confirmés, ou plus novices, qui n'ont pas su borner leur enthousiasme sincère en tenant compte des réalités pourtant tangibles. Investis d'une sorte de mission créatrice, un peu analogue à celle des conventionnels rebâtissant la société, ils n'ont souvent pas su voir les limites à ne pas franchir, et leur président n'a pas toujours pu les contenir.

De l'adulation à l'ostracisme

À l'époque, il y eut une réelle adhésion de l'ensemble du corps social, à l'exception de la majorité des professeurs en fin de carrière naturellement. Les médias raffolaient des « *new maths* », « branchées » à souhait. Fleurissaient des livres de mathématiques pour papa, pour maman. Un dictionnaire *raisonné* de mathématiques, le premier du genre depuis celui de 1691 de Jacques Ozanam (1640-1717), sous-titré *Des mathématiques classiques à la mathématique moderne*, préfacé en juin 1966 par André Lichnérowicz, connaîtra édition sur édition et son auteur recevra, en octobre 1969, le prix Camille-Flammarion de l'Association des écrivains scientifiques français. Les mathématiques se vendaient fort bien.

L'accent mis sur les structures renvoyait à un mythe plus ancien : la philosophie des années cinquante à soixante-dix insistait volontiers sur le structuralisme, aussi bien en sciences (théories générales des systèmes) qu'en lettres, concurremment avec des outils de compréhension comme la psychanalyse lacanienne qui cohabitait fort bien avec les grammaires formelles mathématisées à la Chomsky. Un grand éditeur, Paul Flamand (l'un des fondateurs du Seuil à la Libération) n'hésitait pas alors à se déplacer lui-même pour rencontrer dans la banlieue lyonnaise le philosophe réputé François Dagognet qui, avec une poignée d'auteurs maison, patronnait une collection de prestige où le mathématicien avait toute sa place. Ouverte aux non-spécialistes et destinée à un public cultivé, elle se voulait explicative des mécanismes internes de la pensée de la science. Illusion certes, mais pour le moins généreuse. La collection en question changea ensuite de cap, mais elle publia quelques œuvres importantes, sur la philosophie positiviste par exemple, en faisant aussi connaître en France les travaux de Konrad Lorenz (accusé aujourd'hui d'obscurantisme) et en ouvrant la voie à une écologie intelligente par le livre *Quelle Terre laisserons-nous à nos enfants ?* de l'Américain Barry Commoner.

Voilà dans quel état d'esprit, quinze ans après leur percolation dans le supérieur, vinrent dans notre pays les mathématiques modernes enfin introduites dans l'enseignement secondaire (lycées et collèges de l'époque), voire primaire. Mais la lune de miel dura bien peu : dès avant 1980, le charme était totalement rompu.

Aujourd'hui un grand nombre d'innovations de ce temps-là se sont révélées salutaires (ne serait-ce qu'au niveau du langage, ou de certaines notations et notions de logique formelle qui n'apparaissent plus nécessairement en tête de chapitres, mais structurent encore l'esprit de l'enseignement). Cette époque fut celle des études des deux derniers récipiendaires français d'une médaille Fields (Pierre-Louis Lions et Jean-Christophe Yoccoz en 1994) ainsi que celles d'une grande partie du corps enseignant de qualité qui a tenu, depuis, les postes les plus enviés de l'Éducation nationale et de la recherche. Cela dit, il faut bien avouer que le pourcentage de ceux qui croient en un bilan positif est faible.

Le scandale de la droite réelle

L'œuvre présentait des failles béantes.

Nous ne donnerons ici qu'un exemple, très caricatural mais hélas authentique, et qui a fait beaucoup de mal, celui de *la définition de la droite réelle en classe de quatrième* : une droite reélle est un ensemble d'éléments appelés points tel que le groupe additif des réels agisse fidèlement et transitivement sur lui.

Comme toujours, il s'agissait au départ des meilleures intentions. La droite réelle sert à mesurer des longueurs. Le mot « droite », évoquant naturellement une notion d'alignement rigide à l'infini, cadre mal avec le fait, bien connu, qu'un mètre de couturière sert aussi à mesurer des longueurs ! On voit que les soucis des réformateurs n'étaient pas toujours éloignés du concret...

La propriété fondamentale d'une graduation d'un arc de courbe (on parle techniquement d'*abscisse curviligne*, terme suffisamment parlant par lui-même) est la suivante : un point A étant donné, il existe un point B et un seul sur cette courbe tel que la mesure algébrique $\overset{\curvearrowright}{AB}$ de l'arc AB ait une valeur donnée. Elle peut être négative, selon l'orientation ; de plus, si l'on considère un troisième point C, on dispose de l'égalité de Chasles :

$$\overset{\curvearrowright}{AC} = \overset{\curvearrowright}{AB} + \overset{\curvearrowright}{BC} .$$

Cela se prouve facilement à l'aide d'une bijection arbitraire de la courbe sur le corps $\mathbb{R}$, associant à un arc $\overset{\curvearrowright}{AB}$ le nombre réel $x = b - a$ où a et b sont les images de A et B, c'est-à-dire leurs abscisses. Mais une telle bijection présente l'inconvénient de dépendre fondamentalement de deux points : l'origine (le zéro) arbitrairement choisie sur la courbe pour définir les abscisses curvilignes, et le point, tout autant arbitraire, d'abscisse un.

Ces deux choix disparaissent dans l'énoncé suivant, simple corollaire de la remarque ci-dessus : la courbe considérée est telle que, à tout nombre réel x, on peut associer au moins une bijection de la courbe sur elle-même, associant à tout point A le point B tel que l'abscisse curviligne de B soit égale à la somme de x et de celle de A. Techniquement, dans le langage de la théorie assez complexe des *actions de groupe*, cela se traduit par l'incantation suivante : une courbe rectifiable est telle que l'addition des réels agisse transitivement et librement sur elle (action : relation de Chasles ; transitive et libre : existence et unicité de l'abscisse). Remplacez maintenant *courbe rectifiable* par *droite réelle* et le tour est joué (reportez-vous au *Canard Enchaîné* de l'époque). De telles gaffes pédagogiques — pensez à ce que peut en comprendre un élève de treize ans en quatrième —, basées sur l'idée, ô combien saine, de prouver comment les mathématiques peuvent rendre rigoureusement compte du réel, ont bien entendu marqué brutalement contre leur camp.

Répétons pour conclure cette brève et espérons honnête rétrospective de ce qui a laissé jusqu'à aujourd'hui des plaies encore mal cicatrisées : de cette aventure, qui fut passionnante mais enivrante comme toutes les entreprises de reconstruction *ex nihilo* (ou presque), les mathématiciens et les enseignants n'ont finalement retenu que le meilleur, considérable malgré tout.

Puissance incontournable

Tant pis, ou plutôt tant mieux, si aujourd'hui les mathématiques sont mises au ban, depuis vingt ans.

Revenons à la remarque perfide sur la *curiosité*, véritable mère de toute démarche scientifique : quelques-uns des chapitres qui précèdent ont justement été conçus dans le but d'engendrer cette curiosité dans l'esprit de leurs lecteurs. Comment nier que les mathématiques comptent parmi les lieux d'excellence où cette fameuse curiosité et cette exigeante demande de savoir naissent le plus spontanément ? Le plaisir de lire, ou d'écrire soi-même, une « belle démonstration » n'est rien à côté de l'émergence d'une conjecture, de l'intuition fulgurante de la recherche ardue d'une preuve irréfutable.

Nous aimerions que l'on ait compris comment sont nés les principaux problèmes d'où sont issus les grands thèmes qui ont fait la *richesse jubilatoire* des mathématiques. Mais cette description raisonnée a été également conçue pour prouver leur *puissance incontournable.* Au contraire des condamnations ci-dessus, elles demeurent comme on l'a vu **le meilleur instrument de connaissance du réel, qu'elles ne cessent d'interroger, au plus grand profit de toutes les sciences**, y compris celles de leurs détracteurs les plus violents.

Peut-être certains ont-ils été étonnés de voir que l'on parle ici beaucoup de physique, ou de sciences de la Terre et du ciel. Sans doute d'autres regretteront le niveau résolument modeste des démonstrations de la complète implication des mathématiques dans ces domaines, trop souvent mal connus des enseignants qui autrement en tireraient un meilleur parti. Ce sont là les limites normales d'explications destinées à un « honnête homme ». De toute façon, il est frappant de constater que, même sans technicité dépassant le niveau du baccalauréat, tout ce que l'on peut tirer d'une simple formule comme $F = KMm/d^2$ est déjà suffisamment substantiel pour que l'on n'ait pas besoin d'aller chercher son Bourbaki préféré pour comprendre comment l'étude du ciel aurait été impossible sans Euclide ni Newton. Il ne faut pas non plus s'étonner que, pour ne pas lasser, on n'ait pas répété sans cesse : *sans les mathématiques, on n'aurait pu comprendre ceci ou cela*, le contexte étant suffisamment clair à qui veut bien réfléchir de bonne foi.

On a également apporté des restrictions, volontaires, aux paragraphes sur les mathématiques elles-mêmes dans les chapitres plus spécialement destinés à leur description. Dans l'absolu, tout est médiatisable, sous réserve de passer par les démarches nécessaires. Le temps étant malheureusement fini, des choix s'imposent. Il y a probablement plus de cent cinquante ans que personne, y compris parmi les plus grands professionnels, ne peut plus se vanter d'être chez lui dans chaque coin du domaine. Gauss et Cauchy ont été les derniers, même si certains pensent que Poincaré (mort avant la Première Guerre mondiale) avait pu s'approcher de cette universalité. Jean Dieudonné (1906-1992), dont l'érudition était exceptionnelle, avouait ignorer presque tout de pans entiers des mathématiques appliquées. À un niveau bien plus modeste, l'un des auteurs a souvent été invité à des soutenances de thèses ou d'habilitations à diriger les recherches d'anciens étudiants qu'il avait aidés à ouvrir les portes de l'École normale supérieure ou de Polytechnique ; avant un quart d'heure, il était souvent lâché par la technicité du sujet...

C'est encore par le biais de l'histoire, donc de sujets devenus presque tous totalement triviaux, que l'on pouvait essayer de faire admirer de loin l'éclat de telle ou telle théorie dès sa naissance, obligés que nous sommes de l'abandonner dès qu'elle gagne en efficacité. Essayons maintenant de tirer un bilan.

Les mathématiques obligent à la **rigueur de l'esprit** :

Deux historiettes et une moralité :

• Le 22 juillet 1962, après 290 secondes de vol, *Mariner I*, la toute première fusée américaine envoyée en direction de Mars, explosait, suite à une consigne d'autodestruction prévue au cas où le programme Fortran la pilotant constaterait une anomalie. Ce programme comportait une ligne de la forme suivante $DO\ 17\ I = 1{,}10$ ce qui signifie « effectuer pour les valeurs de l'indice I variant de 1 à 10 les instructions strictement comprises entre cette ligne et l'étiquette 17 » (un label, ou étiquette, est quelque chose comme un numéro de ligne en Basic). Malheureusement, la virgule y avait été remplacée par un simple blanc : $DO\ 17\ I = 1\ 10$ a été lu comme assignant la valeur 110 à une variable de nom $DO17I$ (Fortran n'oblige pas, comme Pascal, une variable à avoir été prédéclarée, et ne reconnaît pas les espaces). Le coût de cette légère distraction d'un programmeur n'a pas été dévoilé à l'époque.

• Le 23 septembre 1999, au moment d'aborder, *Mars Climate Orbiter* déviait de sa route et finalement disparaissait à jamais des écrans. Cet échec était dû à la collision entre deux bouts de programmes, celui du Jet Propulsion Laboratory avec le mètre pour unité et celui de Lockeed Martin avec le pied pour unité. Ici le coût est estimé à quelques 165 millions de dollars. Sans que les techniciens, face au mauvais déroulement des opérations, aient eu le réflexe de réagir.

Quand les mathématiques sont considérées comme des servantes presse-boutons, elles se vengent, et parfois luxueusement.

Les mathématiques conduisent au **doute systématique** et contraignent à la **probité intellectuelle** :

C'est la seule discipline, scientifique ou littéraire, où un instituteur de campagne pourrait, le cas échéant, prouver démocratiquement et sans réplique possible à un professeur du Collège de France qu'il s'est trompé. Sans aller à de telles extrémités, il n'y a pas d'exemple d'enseignant qui n'ait été repris, à juste titre, par l'un de ses enseignés. Deux mathématiciens de bonne foi — condition nécessaire, bien entendu — qui ont un conflit sur une proposition donnée peuvent être enfermés dans quelque chapelle Sixtine : ils ne sortiront qu'en cas d'acceptation commune de la position de l'un d'eux, voire en cas d'accord sur le fait que tous deux ont tort, mais ils en sortiront au bout d'un temps plus ou moins long.

Si c'est Descartes qui nous a répété avec force que nous ne devions croire que ce que nous pouvions jauger à notre aune, nous savons depuis Hilbert qu'il n'y aura jamais de rigueur absolue, de preuve complètement inoxydable ; un théorème n'est accepté que si les professionnels du temps qui ont à l'examiner l'acceptent sans réticence. On sait par l'histoire récente qu'il n'est pas toujours facile de donner l'imprimatur à un résultat important comme le théorème de Fermat. Andrew Wiles a du subir les critiques de dizaines de confrères, jusqu'à devoir accepter de se remettre à l'ouvrage fin août 1993 après que quelques censeurs vigilants — dont essentiellement Nick Katz et le Français Luc Illusie — eurent refusé l'une de ses affirmations. Cela lui coûtera treize mois de plus jusqu'au 19 septembre 1994 (et sans doute la médaille Fields pour une raison de date de naissance), mais le prix en était justifié au-delà de toute mesure.

Pour bien faire comprendre que deux mathématiciens peuvent quand même avoir du mal à se mettre à l'unisson, et combien est essentiel le rôle de l'intuition — soigneusement entretenue par des années de métier —, rappelons l'histoire (presque vraie) des deux Dupon. Par un chaud jour d'été, Dupond fait cours devant une dizaine d'étudiants confirmés, la porte ouverte. Son collègue Dupont passant par là l'interrompt gentiment : « Es-tu sûr de ce que tu viens de dire ? »

et introduit la tête dans l'amphi. L'autre répond, très sérieux : « Bien sûr, c'est évident ! » et s'assied sur un coin de sa chaire tandis que l'agresseur se glisse sur un banc, le menton dans la main. Pendant les dix premières minutes de profond silence, l'assistance se vide discrètement, laissant les deux Dupon face à face ; enfin au bout de trois heures, l'envahisseur se lève, sourit, confirme : « Oui tu as raison, c'est évident » et s'en va heureux. Cette historiette est moins superficielle qu'il n'y paraît. Il semble impossible qu'elle puisse être adaptée à d'autres disciplines où le point final à une dispute n'est pas toujours assuré au bout d'un temps fini, et qui laissent parfois sans vraie réponse la question ultime de l'Homme : « *Quod est Veritas ?* »

Les mathématiques glorifient **la liberté individuelle** :

La persuasion que nous venons d'évoquer, celle de la maïeutique de Socrate, peut opérer sans manipulations à la paillasse, sans fouilles archéologiques, sans références obligatoires à des documents existants (même si recourir à des éléments extérieurs est évidemment parfois bien utile, mais jamais à strictement parler nécessaire). Qu'y a-t-il de plus formateur que de voir quelqu'un accéder, les mains dans les poches, à la vérité — ou à la meilleure vérité possible dans une société donnée —, par la seule force de ses cellules grises ? Il n'y a pas d'argument d'autorité dans notre discipline, même si certains mandarins ont su se glisser çà ou là : mais ils sont vite repérés et ont intérêt à se trouver un poste administratif — recteur par exemple —, autant que possible bien en cour.

Les mathématiques apprennent l'**efficacité**, par exemple par la **généralisation systématique** :

On dit parfois que les mathématiciens sont les plus paresseux des intellectuels, qui ne cessent d'inventer des méthodes générales afin de cesser de s'ennuyer à toujours accomplir les mêmes routines. Mais Dieu les a punis de leur prétention à profiter doucement de leurs efforts, en les armant d'une curiosité infinie. À peine auraient-ils inventé la dérivée pour rendre automatique l'étude du sens de variation des fonctions qu'auraient surgis mille problèmes : toute fonction est-elle dérivable ? une fonction dérivée est-elle nécessairement continue ? que signifie une dérivée seconde toujours positive... et en voilà pour mille ans de plus à ramer délicieusement sur l'océan des tempêtes sous les crânes.

Les mathématiques forgent la **curiosité scientifique** :

Nous venons de voir que le désir d'en savoir toujours plus empêchait les mathématiciens de s'endormir sur leurs lauriers. Mais la curiosité scientifique n'est pas toujours immédiate à ressentir, et demande souvent un effort. Expliquez à votre voisin l'extraordinaire configuration neuf points-neuf droites. Il acquiescera sans doute par un grognement lorsque vous lui direz que les trois derniers points *U*, *V* et *W* sont toujours alignés si les autres le sont, mais ne verra pas là de quoi révolutionner le monde. C'est seulement par une assez longue maïeutique que l'on peut lui faire comprendre pourquoi de telles coïncidences, aux applications immédiates sans doute bien lointaines, sont en réalité extrêmement étonnantes, et étrangement puissantes.

Un certain apprentissage est donc nécessaire pour saisir l'objet des mathématiques, et l'intérêt de comprendre les caractéristiques de la nature. Il en va évidemment de même pour toute autre science, mais ceci leur est spécial : les problèmes de base peuvent être introduits avec très peu de moyens, un crayon et un papier — auxquels on peut ajouter aujourd'hui un ordinateur —, et le passage de simples constatations de phénomènes étonnants à une étape théorique justifiant les coïncidences observées peut se faire à très faible coût. L'interrogation naturelle « pourquoi ça marche ? » s'applique à de nombreux domaines ; elle n'est jamais plus simple à déclencher et à prolonger qu'en mathématiques, puisque c'est là que la démarche scientifique, née de ces questions de curiosité pure et désintéressée, peut être poussée le plus loin sans mettre en œuvre des matériels sophistiqués.

Les mathématiques forcent à **expérimenter** :

Le seul moyen imaginé à ce jour pour communiquer avec d'éventuelles autres civilisations est de graver dans le métal la suite II, III, IIIII, IIIIIII, IIIIIIIIIII, IIIIIIIIIIIII, IIIIIIIIIIIIIIIII... Toute intelligence ouverte vers un monde extérieur a, de l'avis unanime des scientifiques et des psychologues, un jour considéré la suite des nombres premiers 2, 3, 5, 7, 11, 13, 17, etc. : l'absence de tout nombre pair autre que 2, des impairs 9 et 15 ne pourra être imputée au hasard par un être vivant doué d'une raison dont seule la mathématique peut prouver l'universalité.

C'est l'expérimentation systématique des nombres qui a conduit Legendre et Gauss au théorème d'Hadamard et La Vallée-Poussin, même s'il a fallu ensuite un siècle pour l'établir.

C'est l'expérimentation qui a montré qu'il existait sans doute une infinité de nombres premiers de la forme $p = n^2 + 1$; bien que nous ignorions encore si cette célèbre conjecture est correcte, Henryk Iwaniec et John Friedlander viennent tout juste (1997) de prouver qu'il en existait une infinité de la forme $p = n^2 + m^4$, bien que cet ensemble, comme le précédent, soit de densité nulle : la route sera-t-elle encore longue ? Les partants sont nombreux pour la suivre.

C'est l'expérimentation systématique des formes célestes qui a conduit les astronomes antiques à la notion d'étoiles et de planètes, puis à celle de mouvement des astres, et enfin — grâce à Tycho Brahe précédant Kepler — à l'hypothèse du mouvement elliptique confirmée par Newton.

Sans expériences, pas de triangle 3-4-5 induisant le théorème de Pythagore, pas de somme des angles d'un triangle justifiant l'axiome des parallèles, pas de séries de Fourier permettant de dominer les phénomènes ondulatoires (son, lumière, ondes électriques, champs magnétiques...). Les outils de notre temps, informatiques pour la plupart, ont allongé démesurément notre main et ses crayons, et rendu cette demande d'expérimentation encore plus facile et irrésistible : comment croire encore à une mathématique dédaigneuse d'ouvrir les yeux sur ce qui nous entoure et drapée dans une abstraction glacée ?

Les mathématiques obligent à **observer tout azimut** et à **prendre des initiatives** :

La grand vulgarisateur des mathématiques que fut notre ami commun François Le Lionnais nous a raconté personnellement comment, enfant, entre 1906 et 1908 — entre cinq et sept ans — il découvrit cette science qui l'a toujours fasciné par la suite. La table de multiplication par neuf lui inspira notamment un jour l'étrange vision selon laquelle, parmi les multiples successifs 18, 27, 36, 45, 54, 63, 72 et 81, régnaient deux motifs étonnants : d'une part, la somme de leurs deux chiffres est toujours neuf ; ensuite, les extrêmes 18 et 81 sont inversés l'un par rapport à l'autre, comme le sont également 27 et 72, 36 et 63, 45 et 54. Seuls les deux multiples spéciaux 9 et 90 semblaient réfractaires à ces lois ; tout s'arrangea pourtant lorsque qu'il prit l'initiative de remplacer 9 par 09. Un mathématicien, au moins amateur — et bon amateur —, était né (on lira des détails sur d'autres expériences dans le *Prélude* de ses *Nombres remarquables*, Hermann, 1983).

Retrouvons ce sens obligatoire de l'observation et de l'action dans quelques passages de notre livre :

• Dans les exercices de probabilités proposés au sujet du problème de Pascal, il faut d'abord comprendre que certaines données (nombres de bonbons par exemple) sont sans intérêt, la question devant être placée au niveau le plus général possible, et les solutions d'apparence paradoxales ne pouvaient être dégagées qu'après de nombreuses manipulations effectuées sur de petites valeurs des paramètres conduisant à des conjectures qu'il reste ensuite à prouver, ce qui n'est pas le plus difficile.

• Dans l'exercice de géométrie proposé en contrepoint à l'axiomatique d'Euclide, il fallait observer que les points O,P,B,D,R sont sur un même cercle, le tracer, puis remarquer que O est l'un des deux milieux de l'arc $\overset{\frown}{RB}$. Dans une version en géométrie analytique, il fallait remarquer qu'il y avait trois tangentes à un cercle ; on pouvait par exemple en déduire qu'une manière commode de travailler consistait à définir ces trois droites sous la forme $x\ \cos\theta + y\ \sin\theta = 1$, avec le centre à l'origine et un choix de l'axe des abscisses correspondant à $\theta = 0$ ou $\theta = \frac{\pi}{2}$ pour respecter une certaine symétrie des données. L'idiot parfait qui prendrait ses axes n'importe où devrait payer bien cher sa légèreté.

• Dans l'étude de l'équation diophantienne des triangles cartésiens, il faut être capable d'écrire l'équation initiale $x^2 + xy + y^2 = z^2$ sous la forme équivalente $z^2 - (x - y)^2 = 3\,xy$, de factoriser le premier membre, puis d'avoir l'idée de poser enfin :

$$\frac{z + x - y}{3y} = \frac{p}{q}$$

ce qui permet de retrouver les formules de Descartes. Ce genre d'initiative est le pain quotidien du mathématicien ; priver des élèves de la possibilité d'agir personnellement en les restreignant à des domaines où leur liberté d'action est nulle est un gâchis d'intelligences et de capacités à proprement parler consternant.

Les mathématiques impulsent une **émotion esthétique incomparable** :

Nul ne nie que pour pouvoir vibrer devant un peintre aussi grand que Kandinsky, par exemple, il faut mettre quelque temps car les intentions de l'auteur ne peuvent sauter directement aux yeux d'une personne pour qui la culture picturale en serait restée à Puvis de Chavannes. Cela dit, au bout de très peu d'expériences visuelles, la force et le génie d'un tel créateur ne peuvent que devenir évidentes à qui les recherche de bonne foi.

L'on comprend de même que les élèves de collège, voire certains bacheliers, aient du mal à saisir les règles du jeu mathématique. Par exemple ils peinent à comprendre qu'une grande partie du travail d'un professionnel ne consiste pas seulement à trouver la démonstration efficace d'une conjecture qu'il s'est fixée comme but, où à réaliser un programme que l'on pourrait qualifier de pédagogique consistant à mettre de l'ordre et à classifier une certaine quantité de résultats épars. Il s'agit surtout de bâtir un corpus technique d'autant plus nécessaire et efficace qu'il est tout simplement *beau.*

Lorsque Andrew Wiles, après son lourd échec sur le théorème de Fermat, est enfin parvenu au terme de sa quête du Saint Graal, l'écrivain Simon Singh nous rapporte qu'il se serait écrié les larmes aux yeux : « C'était indescriptiblement beau ; c'était si simple et élégant. »

Deviner le texte mathématique (livre, conférence, intuition peu importe) qui vous fera vibrer, vous lecteur qui nous lisez, c'est possible individuellement pour qui vous connaît mais impossible en général car il dépend forcément trop de votre expérience personnelle. Débutant lycéen, ingénieur cherchant à repenser une carrière où il a parfois plus appliqué des algorithmes que touché le fond des choses, cousin scientifique désirant prendre de la hauteur et comprendre notre fascinante présence, philosophe toujours irrité par la singularité d'un Archimède et d'un Newton, honnête homme ébloui par l'harmonie des sphères : pour chacun d'entre vous, il existe un sujet, un théorème, une figure, une démonstration qui pourraient vous faire toucher en un éclair à la joie sauvage d'un créateur, faisant de vous un instant l'égal d'un Eudoxe ou d'un Descartes, persuadé d'avoir enfin franchi le miroir et entrevu le reflet d'une demi-page du « Livre de Dieu » d'Erdös.

À vous par conséquent de trouver cette petite phrase, cette musique écrite pour vous seul semble-t-il, qui vous fera comprendre enfin que la mathématique est simple parce que nécessaire pour expliquer le monde, et belle et plaisante parce que simple et raffinée. Charles Hermite, l'auteur d'une des épigraphes de cet ouvrage, ne s'attachait-il pas justement à plaider pour que l'on instruise la jeunesse à coups de « choses simples et belles » ?

- Pour l'un, ce sera la plus admirable démonstration du théorème de Pythagore. Souvent citée par Georges Bouligand (1889-1979), elle consiste simplement à tracer la hauteur AH d'un triangle BAC rectangle en A : du fait qu'une aire est de dimension deux et que ce triangle BAC, d'hypoténuse BC, est la réunion de deux autres triangles BHA d'hypoténuse BA et AHC d'hypoténuse AC qui lui sont semblables, on peut affirmer que $BC^2 = BA^2 + AC^2$.

Cette preuve, traduction sophistiquée du fait que l'aire du grand triangle, réunion des deux petits, est la somme de leurs aires, est profonde et repose sur des

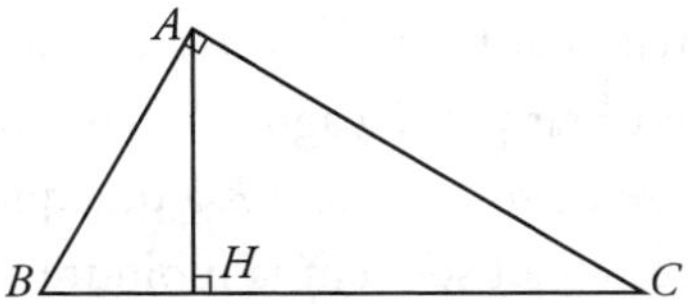

figure 55. Théorème de Pythagore

concepts plutôt difficiles, mais est à proprement parler éblouissante pour qui est intellectuellement armé pour la saisir. Ce ne serait pas une bonne démonstration pour un enfant des écoles, ni pour un ordinateur du commerce !

• Pour un autre, ce sera la découverte du théorème selon lequel, si n et nm sont des sommes de deux carrés, il en va de même pour m. C'est une sorte de réciproque de l'égalité :

$$(a^2 + b^2)(c^2 + d^2) = (ac + bd)^2 + (ad - bc)^2$$

qui montre que l'ensemble des sommes de deux carrés est fermé par rapport à la multiplication. Nous pouvons témoigner que le jeune étudiant qui parvient à démontrer cette propriété peut se croire, un instant très bref mais inoubliable, l'émule direct d'un Euler ou d'un Lagrange. S'il découvre peu après que ce résultat n'a rien d'original, puisque le premier l'avait conjecturé le 30 juin 1742 dans une lettre à Goldbach et que le second l'avait démontré en 1770, c'est sans importance puisque le prix personnel de la découverte est le même, que la proposition soit nouvelle ou non : la joie profonde est comparable dans les deux cas de figure.

Multiplier les exemples serait trop facile ; citons encore pourtant la formule de Poisson en théorie des séries de Fourier, ou l'admirable distribution, en les points d'une surface régulière S, des centres de courbures associés à toutes les courbes tracées sur la surface qui passent par un point donné de S : l'harmonie des règles qui gouvernent leur distribution avait fasciné Gauss. Chacun peut se fabriquer ainsi son petit musée privé où se ressourcer.

Notre titre mélangeant *plaisir* et *nécessité* trouve sans doute, ici plus qu'ailleurs, ce que nous croyons être sa profonde justification : il n'y a pas de mathématique vivante qui ne soit belle, donc source de plaisir, et dont la nécessité — pour comprendre la nature ou, parfois plus modestement, pour structurer l'un de ses chapitres internes — ne soit aveuglante. *Nul n'entre ici s'il n'est géomètre*, disait le philosophe grec ; nous devrions ajouter : *nul n'entre ici s'il ne prétend à l'élégance.*

Si ces pages ont pu indiquer à quelques-uns un peu de ce qu'il y a derrière le rideau sévère du mathématicien fasciné par ses compas et ses nombres, elles auront peut-être contribué pour leur part à gagner le pari fantastique de l'année 2000 : que notre société ingrate cesse de tourner le dos à quelques-uns de ses enfants qui la rendent meilleure sans qu'elle en ait souvent la moindre idée.

En 1800, Carl Friedrich Gauss mettait à vingt-trois ans la dernière main à son chef-d'œuvre qui fondait à jamais la théorie des nombres.

En 1900, Henri Lebesgue mettait à vingt-cinq ans la dernière main à son chef-d'œuvre qui fondait à jamais une théorie efficace de l'intégration.

En 2000, des équipes internationales mettaient la dernière main aux démonstrations de conjectures de géométrie algébrique — Taniyama-Shimura-Weil, programme de Langlands — qui impliqueront d'innombrables conséquences, comme on ne manquera pas de le voir très vite, et dont on sait déjà qu'elles ont par exemple permis la démonstration finale du théorème de Fermat.

Chaque tournant de siècle est-il ainsi nécessairement porteur d'espoir quant à la pugnacité et à la fécondité de notre discipline ? Trois exemples ne fondent pas une science ; que l'on nous permette cependant, pour conclure cet essai de défense et illustration d'une grande dame envers qui l'on a montré récemment bien peu de considération, de reprendre tout simplement les derniers mots de Hilbert lors de la mémorable séance du 8 août 1900 dans le Grand Amphithéâtre de la Sorbonne :

« Le caractère d'unité de la mathématique est l'essence même de cette science. En effet, les mathématiques sont les fondements de toutes les connaissances naturelles exactes. Pour qu'elles remplissent complètement ce but élevé, puissent-elles être dans le nouveau siècle cultivées par des maîtres géniaux et par nombre de jeunes gens brûlant d'un noble zèle ! »

Index

B

C

D

E

F

G

H

I

J

K

L

M

N

O

P

Q

R

S

T

U

V

W

Y

Z

Imprimerie France Quercy - 46001 Cahors
N° d'impression : 10984 - N° d'éditeur : M.J. 196bis
Dépôt légal : avril 2001